"十四五"职业教育国家规划教材

国家精品课程配套教材
国家精品资源共享课配套教材
国家级职业教育教师教学创新团队课题研究项目（YB2020080102）

通信技术基础

第四版

新世纪高职高专教材编审委员会 组编
主　编　于宝明　王书旺
副主编　许　萌　顾振飞　霍艳飞

大连理工大学出版社

图书在版编目(CIP)数据

通信技术基础 / 于宝明，王书旺主编. -- 4 版. -- 大连：大连理工大学出版社，2022.1(2025.5 重印)
新世纪高职高专通信类课程规划教材
ISBN 978-7-5685-3714-8

Ⅰ.①通… Ⅱ.①于… ②王… Ⅲ.①通信技术－高等职业教育－教材 Ⅳ.①TN91

中国版本图书馆 CIP 数据核字(2022)第 021602 号

大连理工大学出版社出版

地址：大连市软件园路 80 号 邮政编码：116023
发行：0411-84708842 邮购：0411-84708943 传真：0411-84701466
E-mail：dutp@dutp.cn URL：https://www.dutp.cn
大连图腾彩色印刷有限公司印刷 大连理工大学出版社发行

幅面尺寸：185mm×260mm 印张：17.25 字数：399 千字
2011 年 6 月第 1 版 2022 年 1 月第 4 版
2025 年 5 月第 6 次印刷

责任编辑：马　双 责任校对：周雪姣
封面设计：张　莹

ISBN 978-7-5685-3714-8 定　价：55.00 元

本书如有印装质量问题，请与我社发行部联系更换。

#

《通信技术基础》(第四版)是"十四五"职业教育国家规划教材、"十三五"职业教育国家规划教材、"十二五"职业教育国家规划教材、国家精品课程配套教材、国家精品资源共享课配套教材,也是新世纪高职高专教材编审委员会组编的通信类课程规划教材之一。

党的二十大报告指出,加快建设制造强国、质量强国、航天强国、交通强国、网络强国、数字中国。数字基础设施作为数字中国建设的重要内容,在支撑各行业数字化、网络化、智能化发展,助力推进中国式现代化方面发挥重要作用,是生产方式、生活方式和治理方式数字化变革的基础支撑。加快打造全球领先的数字基础设施,将为加快建设网络强国、数字中国提供战略支撑,从而更好地发挥数字时代推进中国式现代化的重要引擎作用。要夯实数字中国建设基础、打通数字基础设施大动脉,系统掌握通信知识和技能的应用型人才必不可少。

近几年来,作为信息化时代的关键技术,通信技术的发展日新月异,使我们的日常生活和工农业生产方式产生了巨变。掌握相关的通信技术已不再限于通信技术专业,电子信息、计算机应用等专业的技术人员熟悉通信的相关技术也成为必要。

本教材遵循技术技能型人才成长规律,尊重学习者的认知特点,以通信技术相关知识的逻辑层次为主线,合理安排教材内容。全书共分8章,第1~5章介绍了通信的基本概念和主要技术,包括通信技术概论、信号与信道、数字编码技术、数字基带传输系统、调制与解调技术;第6~8章介绍了常见的通信系统与网络,包括光纤通信系统、计算机网络、无线通信系统。教材中的"拓展阅读"部分,可作为课程思政素材供授课教师参考。

希望通过本课程的教学实施,达到以下目的:

1.通过在课程中引入多种先进通信技术,拓宽学生的专业知识面,继而引发学生对专业的兴趣,也为学生进一步的学习指明方向。

2.通过构建"电路—功能模块—整机—系统—网络"的体系,从微观到宏观,帮助学生建立系统的概念,培养学生系统分析问题的能力。

3.在课程教学过程中,根据实际条件,选择多种形式的教学方式:研究性学习、仿真训练、实习等,提高学生的实践能力、综合分析能力和学习能力。

本教材由南京信息职业技术学院于宝明、王书旺任主编,南京信息职业技术学院许萌、南京信息职业技术学院顾振飞、大连海洋大学应用技术学院霍艳飞任副主编,南京信息职业技术学院高燕、李芳苑、王红然和南京东大智能化系统有限公司刘哲涵参与编写。具体分工为:李芳苑编写第1章,王红然编写第2章,许萌编写第3章,高燕编写第4章,顾振飞编写第5章,王书旺编写第6~8章,霍艳飞和刘哲涵负责全书实际工程资料及案例的提供。全书由于宝明统稿。

本教材的编写和出版得到了"国家级职业教育教师教学创新团队课题研究项目(YB2020080102)""江苏省职业教育教师教学创新团队项目(BZ150706)""物联网领域创新团队建设协作共同体"的支持,四川信息职业技术学院、伊犁丝路职业学院的多位教师也为本教材的编写提供了帮助,在此一并表示感谢。

在编写本教材的过程中,编者参考、引用和改编了国内外出版物中的相关资料以及网络资源,在此表示深深的谢意! 相关著作权人看到本教材后,请与出版社联系,出版社将按照相关法律的规定支付稿酬。

本教材可作为高等职业院校和成人教育电子信息类、通信类、计算机类专业的教材,也可供相关工程技术人员和管理人员学习与参考。

在使用本教材时,可根据专业的不同和学时数的不同选取相关章节。建议本课程的教学学时为70学时。

欢迎登录本课程精品资源共享课网站交流,网址为 http://www.icourses.cn/sCourse/course_3149.html。

编 者

所有意见和建议请发往:dutpgz@163.com
欢迎访问职教数字化服务平台:https://www.dutp.cn/sve
联系电话:0411-84707492　84706104

目 录

第1章 通信技术概论 ... 1
1.1 通信技术的一般概念 ... 2
1.1.1 信号 ... 2
1.1.2 信道 ... 3
1.1.3 通信系统 ... 4
1.1.4 通信网络 ... 6
1.2 通信方式 ... 9
1.3 信号交换 ... 10
1.3.1 电路交换 ... 10
1.3.2 报文交换 ... 11
1.3.3 分组交换 ... 12
1.3.4 ATM ... 13
1.4 通信系统性能指标 ... 13
1.4.1 一般通信系统的性能指标 ... 13
1.4.2 信息及其度量 ... 14
1.4.3 有效性指标的具体表述 ... 15
1.4.4 可靠性指标的具体表述 ... 15
本章小结 ... 16
实验与实践 通信技术调研 ... 16
习题与思考题 ... 17
拓展阅读 通信工程中有线传输技术的应用与发展探究 ... 17

第2章 信号与信道 ... 20
2.1 信号的频谱 ... 21
2.2 常用信道及其特性 ... 22
2.2.1 双绞线电话信道 ... 22
2.2.2 同轴电缆信道 ... 24
2.2.3 光导纤维信道 ... 24
2.2.4 无线信道 ... 29
2.3 信号在信道中的传输 ... 33
2.3.1 衰减 ... 33
2.3.2 失真 ... 35

  2.3.3 噪声与干扰 ………………………………………………………………… 36
 本章小结 ……………………………………………………………………………… 37
 实验与实践 信号频谱仿真观测与通信介质认识 ………………………………… 38
 习题与思考题 ………………………………………………………………………… 38
 拓展阅读 气吹型光纤复合电缆简介 …………………………………………… 39

第3章 数字编码技术   42

 3.1 信源编码 ……………………………………………………………………… 43
  3.1.1 信息码 …………………………………………………………………… 43
  3.1.2 语音编码 ………………………………………………………………… 43
  3.1.3 图像编码 ………………………………………………………………… 53
 3.2 信道编码 ……………………………………………………………………… 57
  3.2.1 差错控制编码的基本概念 ……………………………………………… 58
  3.2.2 差错控制编码的方法 …………………………………………………… 60
 3.3 时分多路复用 ………………………………………………………………… 67
  3.3.1 TDM 基本原理 ………………………………………………………… 67
  3.3.2 30/32 路 PCM 系统的帧结构与终端组成 …………………………… 69
 本章小结 ……………………………………………………………………………… 70
 实验与实践 信号编解码仿真实验 ……………………………………………… 71
 习题与思考题 ………………………………………………………………………… 71
 拓展阅读 商品二维码及其标准 ………………………………………………… 72

第4章 数字基带传输系统   74

 4.1 数字基带传输的基本知识 …………………………………………………… 75
  4.1.1 基带传输系统的构成 …………………………………………………… 75
  4.1.2 数字基带信号的码型 …………………………………………………… 75
  4.1.3 数字基带信号的频谱 …………………………………………………… 77
 4.2 数字基带传输的线路码型 …………………………………………………… 77
  4.2.1 数字基带传输的码型要求 ……………………………………………… 77
  4.2.2 常用的传输码型 ………………………………………………………… 78
  4.2.3 传输码型变换的误码增殖 ……………………………………………… 81
 4.3 数字基带信号传输特性与码间干扰 ………………………………………… 81
  4.3.1 数字基带信号传输的基本特点 ………………………………………… 81
  4.3.2 数字基带信号的传输过程 ……………………………………………… 82
  4.3.3 数字基带信号传输的基本准则(无码间干扰的条件) ………………… 83
 4.4 基带传输系统的性能分析 …………………………………………………… 84
  4.4.1 影响基带传输系统性能的因素 ………………………………………… 84
  4.4.2 系统性能的描述方法——眼图 ………………………………………… 86
  4.4.3 改善系统性能的方法 …………………………………………………… 87

- 4.5 同步技术 ········· 91
  - 4.5.1 载波同步 ········· 92
  - 4.5.2 位同步 ········· 92
  - 4.5.3 群同步 ········· 93
  - 4.5.4 网同步 ········· 95
- 4.6 串行传输与并行传输 ········· 96
  - 4.6.1 并行接口 ········· 96
  - 4.6.2 串行接口 ········· 97
- 本章小结 ········· 101
- 实验与实践　信号传输实验 ········· 102
- 习题与思考题 ········· 102
- 拓展阅读　常用串行通信接口 ········· 103

第 5 章　调制与解调技术 ········· 106

- 5.1 调制与解调技术概述 ········· 107
  - 5.1.1 基本概念 ········· 107
  - 5.1.2 调制的类型 ········· 108
- 5.2 模拟调制技术 ········· 109
  - 5.2.1 模拟线性调制(幅度调制) ········· 109
  - 5.2.2 模拟非线性调制(角度调制) ········· 109
  - 5.2.3 各种模拟调制方式的总结与比较 ········· 110
- 5.3 二进制数字调制原理 ········· 111
  - 5.3.1 二进制振幅键控(2ASK) ········· 112
  - 5.3.2 二进制移频键控(2FSK) ········· 114
  - 5.3.3 二进制移相键控(2PSK)和差分移相键控(2DPSK) ········· 116
  - 5.3.4 三种基本调制方式的比较 ········· 119
- 5.4 改进的数字调制方式 ········· 119
  - 5.4.1 多进制移相键控 ········· 119
  - 5.4.2 多进制振幅相位联合调制 ········· 121
  - 5.4.3 正交频分复用(OFDM)调制 ········· 124
- 5.5 扩频调制 ········· 127
  - 5.5.1 扩频的概念和理论基础 ········· 127
  - 5.5.2 扩频的分类 ········· 127
  - 5.5.3 扩频通信的特点 ········· 134
- 5.6 频分多路复用与码分多路复用 ········· 134
- 本章小结 ········· 136
- 实验与实践　调制解调实验 ········· 137
- 习题与思考题 ········· 138

拓展阅读 振幅调制解调系统设计与仿真 ………………………………… 139

第6章 光纤通信系统 …………………………………………………………… 143

6.1 光纤通信系统的基本组成 …………………………………………………… 144
6.2 光传输原理 …………………………………………………………………… 144
6.3 无源光器件 …………………………………………………………………… 145
6.4 光发射机 ……………………………………………………………………… 146
6.5 光接收机 ……………………………………………………………………… 149
6.6 中继器与掺铒光纤放大器 …………………………………………………… 151
6.7 波分复用技术 ………………………………………………………………… 152
6.8 光传送网 ……………………………………………………………………… 153
  6.8.1 准同步数字系列(PDH) ……………………………………………… 154
  6.8.2 同步数字系列(SDH) ………………………………………………… 155
  6.8.3 多业务传送平台(MSTP) …………………………………………… 160
  6.8.4 分组传送网(PTN) …………………………………………………… 162
  6.8.5 OTN 技术 ……………………………………………………………… 164
6.9 光接入网 ……………………………………………………………………… 166
  6.9.1 光接入网的基本组成 ………………………………………………… 167
  6.9.2 光接入网的分类 ……………………………………………………… 167
  6.9.3 APON ………………………………………………………………… 170
  6.9.4 EPON ………………………………………………………………… 170
  6.9.5 GPON ………………………………………………………………… 172
  6.9.6 下一代无源光网络 …………………………………………………… 174
本章小结 …………………………………………………………………………… 178
实验与实践 光通信系统认识与设备参观 ……………………………………… 178
习题与思考题 ……………………………………………………………………… 179
拓展阅读 赵梓森：中国光纤之父 ……………………………………………… 179

第7章 计算机网络 ……………………………………………………………… 183

7.1 计算机网络的发展 …………………………………………………………… 184
7.2 计算机网络的组成 …………………………………………………………… 185
  7.2.1 计算机网络协议与体系结构 ………………………………………… 186
  7.2.2 硬件系统 ……………………………………………………………… 189
  7.2.3 软件系统 ……………………………………………………………… 203
7.3 IP 规划 ………………………………………………………………………… 204
  7.3.1 IP 地址 ………………………………………………………………… 205
  7.3.2 ARP 协议 ……………………………………………………………… 207
  7.3.3 子网划分 ……………………………………………………………… 208
  7.3.4 IPv6 简介 ……………………………………………………………… 209

7.4 域名系统 DNS ······ 211
　　7.4.1 域名的结构 ······ 212
　　7.4.2 DNS 服务原理 ······ 212
7.5 VLAN 划分 ······ 213
　　7.5.1 VLAN 划分方法 ······ 215
　　7.5.2 VLAN 工作过程 ······ 216
本章小结 ······ 220
实验与实践　Packet Tracer 的使用 ······ 220
习题与思考题 ······ 220
拓展阅读　关于未来网络技术体系创新的思考 ······ 221

第 8 章　无线通信系统 ······ 225

8.1 短距离无线通信系统 ······ 226
　　8.1.1 短距离无线通信技术特征 ······ 226
　　8.1.2 常见的短距离无线通信技术 ······ 226
　　8.1.3 短距离无线通信技术的应用领域 ······ 229
　　8.1.4 短距离无线通信技术的优势 ······ 229
　　8.1.5 RFID 技术 ······ 230
　　8.1.6 蓝牙技术 ······ 233
　　8.1.7 ZigBee 技术 ······ 238
8.2 移动通信系统 ······ 242
　　8.2.1 GSM 蜂窝移动通信系统 ······ 244
　　8.2.2 CDMA 蜂窝移动通信系统 ······ 249
　　8.2.3 5G 通信技术 ······ 251
　　8.2.4 6G 通信技术展望 ······ 253
8.3 卫星通信系统 ······ 254
　　8.3.1 基本概念 ······ 254
　　8.3.2 人造卫星的分类 ······ 254
　　8.3.3 静止卫星 ······ 255
　　8.3.4 卫星通信系统的组成 ······ 257
　　8.3.5 卫星通信的工作频段 ······ 260
本章小结 ······ 260
实验与实践　无线通信功能需求调研 ······ 261
习题与思考题 ······ 261
拓展阅读　大国竞争格局下新型举国体制的实践与完善——以中国移动通信产业发展为例 ······ 261

参考文献 ······ 264

微课列表

序 号	主 题	页 码
1	通信技术的发展	1
2	信号概述	2
3	通信系统的组成	4
4	通信网络的组成	6
5	通信方式	9
6	信号交换	10
7	通信系统的技术指标	13
8	信号的频谱	21
9	常用信道及其特性	22
10	衰 减	33
11	失 真	35
12	噪声与干扰	36
13	信源编码目的与分类	43
14	波形编码的基本原理	44
15	PCM 编码的基本原理	45
16	差分脉冲编码调制	52
17	差错控制编码的基本概念	58
18	差错控制编码方法 1	60
19	差错控制编码方法 2	62
20	时分多路复用	68
21	基带传输系统的构成	75
22	数字基带信号的码型	76
23	数字基带信号的频谱	77
24	数字基带传输的码型要求	78
25	常用的传输码型	79
26	数字基带信号的传输过程	82
27	数字基带信号传输的基本原则	83
28	系统性能的描述方法——眼图	86
29	载波同步	92
30	群同步	93
31	调制与解调的基本概念	107

序号	主题	页码
32	二进制数字调制原理	112
33	2ASK 调制	113
34	2ASK 包络解调	113
35	2ASK 相干解调	113
36	2FSK 产生	114
37	2FSK 解调包检法	115
38	2FSK 解调	115
39	2FSK 功率谱	115
40	2DPSK 调制	116
41	2PSK 产生	116
42	2PSK 相干解调	118
43	2DPSK 相干解调	118
44	2DPSK 差分相干解调	118
45	正交频分复用调制	125
46	扩频技术	127
47	扩频的分类、PN 码的产生	128
48	直接序列扩频	129
49	跳频扩频	133
50	频分多路复用与码分多路复用	135
51	光隔离器原理图	145
52	半导体激光器产生激光原理	148
53	PIN 光电二极管的工作原理	149
54	雪崩光电二极管光电转换原理	149
55	掺铒光纤在信号光激励下实现光的放大	153

第1章 通信技术概论

通信技术的发展

学习目标

1. 了解模拟信号和数字信号的特征；
2. 了解信道的类型；
3. 掌握基本通信系统的构成及其分类；
4. 了解网络的构成要素，熟悉网络的拓扑结构；
5. 熟悉常用的通信方式；
6. 掌握信号交换的概念和不同方式；
7. 了解通信系统的性能指标；
8. 掌握信息量的概念与计算方法。

通信技术和通信产业是20世纪80年代以来发展最快的领域之一，不论是在国际还是在国内都是如此，这是人类进入信息社会的重要标志之一。通信就是互通信息，从这个意义上来说，通信在远古时代就已经存在。用烽火传递战事情况是通信，快马与驿站传送文件当然也是通信。人与人之间的对话是通信，用手势表达情绪也可算是通信。现代社会已进入信息时代，信息的交流成为人们生活的重要内容。通信技术是各种信息交流手段的综合，它集硬件和软件于一身，包括了信息传递技术、信号处理技术和网络技术等多个方面。本章将介绍通信技术的基本知识、基本概念及通信领域的发展概况，以帮助读者为学习后面各章建立基础。

1.1 通信技术的一般概念

通信是指由一地向另一地进行信息的有效传递。通信从本质上讲就是实现信息传递功能的一门科学技术,它要将大量有用的信息无失真、高效率地进行传输,同时还要在传输过程中将无用信息和有害信息屏蔽掉。通信不仅要有效地传递信息,而且要有存储、处理、采集及显示等功能。

1.1.1 信号

在日常生活中,人们通过对话、书信、表演等多种形式进行思想的交流和现象的描述,这些过程都可以称为消息(Message)的传递。消息中所包含的对受信者有意义的内容称为信息(Information)。信息的多少用信息量表示。

信号(Signal)是信息的表现形式,它可以是声音、图像、电压、电流或光等。例如,当两个人进行面对面的谈话时,谈话的内容就是消息,其中有一部分对听者来说是有意义的,这部分称为信息;而声音的表现形式是声波,这个声波就是信号。如果这两个人通过电话交谈,声音以电流的形式被传送给对方,这时信号的形式就是电流。

在各种形式的信号中,电信号由于具有传递速度快(接近于光速),传输距离远,能承载的信息量大,并且处理方便的特点,成为通信信号的主要形式。近年来,随着光纤的大量应用,光信号也越来越多地用于通信中。这里主要讨论的是电信号,或者是由其他形式转换以后的电信号,如话音信号和图像信号。

电信号按其波形特征可分为两大类:一类是模拟信号,另一类是数字信号。

1. 模拟信号

自然界存在的信号大多是模拟信号,其主要特征有两个,即时间上的连续与状态上的连续。所谓时间上的连续,指的是在任何时刻信号的电量(电压或电流)对信号都是有意义的,而状态上的连续则说明信号的电量可能是某一个有限范围内的任意值,具体反映在模拟信号经过传输后如果与传输前的信号不一致,信号所携带的信息就会部分丢失。图 1-1(a)是一个模拟的话音信号的波形。如果该波形在 t_1 时刻受到干扰,如图 1-1(b)所示,就会在喇叭上发出异常的"咔嚓"声。常见的模拟信号有话音信号、电视图像信号以及来自各种传感器的检测信号等。

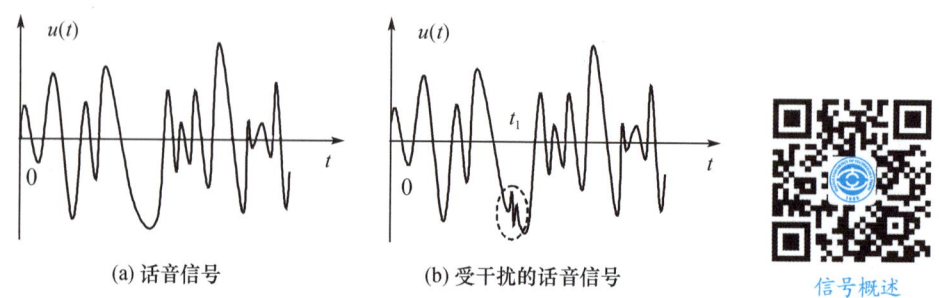

(a) 话音信号 (b) 受干扰的话音信号

信号概述

图 1-1 话音信号的波形

2. 数字信号

数字信号是用特定时刻的有限个状态来表示信息的。图 1-2(a)是一个二进制信号的波形，它的状态只有两个，分别用"1"和"0"表示，如果传输过程中信号的电平发生了一些变化，接收端可以通过比较判断将所有电平归为两个状态（如大于 0 V 的所有电平判别为高电平，小于 0 V 的电平判别为低电平），因此，数字信号在传输过程中如果电平发生了变化，只要变化量不是足够大，不影响接收端的正确判断，信息就不会丢失，例如，当接收端收到的波形如图 1-2(b)所示，如果接收端只在 $t_1,t_2,\cdots,t_n$ 时刻（即"特定时刻"）进行判断，而在其他时刻信号发生一些变化，仍然可以恢复成与发送端一样的信息，如变成图 1-2(c)所示的波形。

由于数字信号处理技术的发展，数字信号处理具有电路体积小、功能强等许多模拟信号处理所不能比拟的优点，所以，数字信号越来越多地被用于通信中。

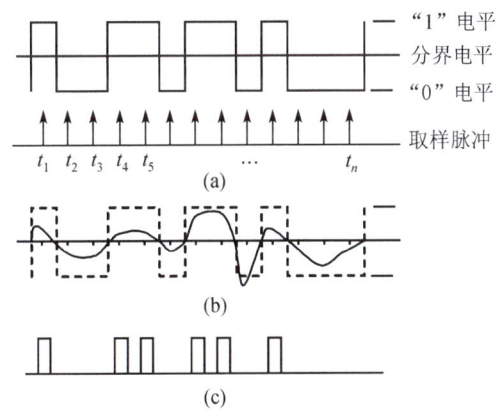

图 1-2　二进制数字信号

模拟信号与数字信号是可以相互转换的。模拟信号可以通过 A/D 转换变为数字信号，而数字信号通过 D/A 转换又可以变为模拟信号，在通信中常见的 A/D 转换方式有脉冲编码调制、增量调制以及在此基础上改进的各种方式。

1.1.2　信　道

信道(Channel)是信号传递的通道，信号要通过信道才能被传递到目的地。信道的性质和性能对通信的效果有着决定性的影响。

狭义信道可以分为有线信道、无线信道和存储信道三类。

有线信道以有形的导线为传输媒质，信号沿导线进行传输，信号的能量集中在导线中或其附近，因此高效安全，但是灵活性差；无线信道包括无线电波无线电信道和水声信道等。无线信道效率低、安全性差，但灵活性强；磁带、光盘、磁盘等数据存储媒质可以被看作存储信道；将数据写入存储媒质的过程等效于发射机将信号传输到信道的过程，将数据从存储媒质读出的过程等效于接收机从信道接收信号的过程。

广义信道可以分为调制信道和编码信道两类。

调制信道是指信号从调制器输出端传输到解调器输入端经过的部分；编码信道是指

数字信号由编码器输出端传输到译码器输入端经过的部分。

本书中我们讨论的信道主要是有线信道和无线信道这两类狭义信道。

1.1.3 通信系统

通信是将信号从一个地方向另一个地方传输的过程。用于完成信号的传递与处理的系统称为通信系统（Communication System）。现代通信要实现多个用户之间的相互连接，这种由多用户通信系统互连的通信体系称为通信网络（Communication Network）。通信网络以转接交换设备为核心，由通信链路将多个用户终端连接起来，在管理机构（包含各种通信与网络协议）的控制下实现网上各个用户之间的相互通信。

图 1-3 所示的是一个通信系统的基本构成框图。从总体上看，通信系统包括五个组成部分：信源、发送设备、接收设备、信宿、信道。其中，信源与信宿统称为终端设备（Terminal Equipments），发送设备与接收设备统称为通信设备（Communication Equipments）。信源将原始信号转换成电信号，即基带信号，常见的信源有话筒、摄像机、计算机等；发送设备将该信号进行适当的处理，比如进行放大、调制等，使其适合于在信道中传输。信道是信号传递的通道，在这个通道中信号以电流、电磁波或光波的形式传送到接收端。干扰不是人为加入的，而是信道中噪声以及通信系统其他各处噪声的集中表示。噪声通常是随机的，其形式是多种多样的，它的存在干扰了正常信号的传输。接收设备的作用是将收到的高频信号（或光信号）经过放大、滤波选择和解调后恢复成原来的基带信号。信宿将来自接收设备的基带信号恢复成原始信号，如果信源是话筒，要传输的信号是话音信号，信宿就应是扬声器（或耳机），它将话音信号转换成能为人耳所感知的声音。

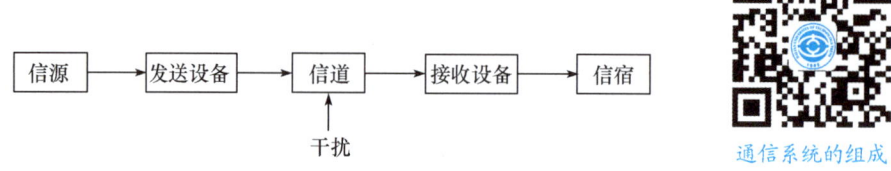

图 1-3 通信系统的基本构成框图

目前广泛使用的信道主要有双绞线（电话线）、同轴电缆、光导纤维和无线信道。这些信道有各自的传输特性，因此发送设备必须对来自信源的基带信号进行处理，使之适合在信道中传输。例如，话音信号在本地电话网双绞线中传输时，可以不经过调制，因为本地电话网双绞线的传输频率范围是 300～3 400 Hz，电话信号可以直接通过，但在传输计算机数据时，则需要对计算机数据进行调制，将已调信号的频率限制在 300～3 400 Hz；在进行无线电通信时，话音信号难以直接变成电磁波向空间辐射，因此发送设备要将话音信号进行高频载波调制，其输出端接高频天线，它能将高频电信号转换成电磁波而有效地向空间辐射。如果传输信道是光导纤维，发送设备就必须将基带信号转换成光信号。

一般来说，信源的输出与信宿的输入是相同的，两个终端的设备也是对应的，例如，发送端如果是话筒，接收端就是喇叭或耳机；发送端是摄像机，则接收端是显示器；发送端是计算机，则接收端也是计算机。

发送设备与信源、接收设备与信宿往往是合二为一的。在双向通信时，终端设备中既有信源又有信宿,如计算机既可以产生信号,又可以接收信号。通信设备中既有发送设备又有接收设备,如调制解调器,它既对要发送的信号进行调制,又对接收到的信号进行解调。更为典型的一个例子是无线电话机(手机),在一个机壳内集成了收发设备和终端设备。如图1-4所示是一个双向通信系统的组成框图。

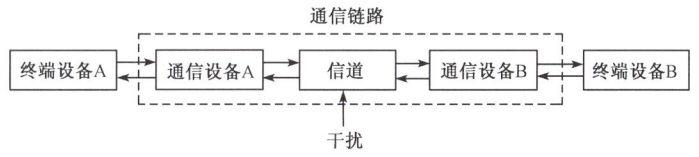

图1-4 双向通信系统的组成框图

从通信网络的角度看,通信设备A、信道和通信设备B构成了连接终端设备A与终端设备B的通道,这条通道也被称为通信链路(Link)。对于一个实际的通信系统来说,它的信源往往包含信源编码、差错控制编码和信道编码等多个部分,发送设备一般会有调制、放大、变频等电路,相应地,在信宿中有信源解码、差错控制解码和信道解码,而接收设备中有数字信号检测和数字解调电路。

按照不同的分法,通信系统可分成许多类别,下面介绍几种常用的分类方法。

1.按传输媒质分类

按消息由一地向另一地传递时传输媒质的不同,通信系统可分为两大类:一类称为有线通信系统,另一类称为无线通信系统。

所谓有线通信系统,是指传输媒质为架空明线、电缆、光缆、波导等形式的通信,其特点是媒质能看得见、摸得着。通常,有线通信可进一步分类,如明线通信、电缆通信、光缆通信等。

所谓无线通信系统,是指传输媒质为看不见、摸不着的媒质(如电磁波)的通信。无线通信常见的形式有微波通信、短波通信、移动通信、卫星通信、散射通信和激光通信等,其形式较多。

2.按信道中所传信号的特征分类

前面已经指出,按照信道中传输的是模拟信号还是数字信号,可以相应地把通信系统分为模拟通信系统与数字通信系统。

3.按工作频段分类

按通信设备的工作频率不同,通信系统可分为甚低频通信、低频通信、中频通信、高频通信、超高频通信等。

4.按是否调制分类

根据是否调制,可将通信系统分为基带传输和频带(调制)传输。基带传输是将没有经过调制的信号直接传送,如音频市内电话;频带传输是对各种信号调制后再送到信道中的传输的总称。

5.按业务的不同分类

根据通信业务,通信系统可分为话务通信和非话务通信。电话业务在电信领域中一直占主导地位,它属于人与人之间的通信。近年来,非话务通信发展迅速,它主要包括数据传输、计算机通信、电子信箱、电报、传真、可视图文及会议电视、图像通信等。另外,从广义的角度来看,广播、电视、雷达、导航、遥控、遥测等也应列入通信的范畴,因为它们都满足通信的定义。由于广播、电视、雷达、导航等的不断发展,目前它们已从通信中派生出来,形成了独立的学科。

6.按通信者是否运动分类

通信还可按收发信者是否运动分为移动通信系统和固定通信系统。移动通信是指通信双方至少有一方在运动中进行信息交换。

另外,还有其他一些分类方法,如按多地址方式可分为频分多址通信、时分多址通信、码分多址通信等;按用户类型可分为公用通信和专用通信以及按通信对象的位置分为地面通信、对空通信、深空通信、水下通信等。

1.1.4 通信网络

基本的通信系统用来解决两点之间的通信。实际上,许多通信业务发生在多点之间,例如,一个电话用户可以通过拨号与多个用户通话,银行内部的数据通信要求将一个城市内各支行的计算机连接到主计算机上。可用于多点之间通信的系统称为通信网络。通信网络是由一定数量的节点(包括用户终端节点和网络交换节点)和连接这些节点的传输系统有机地组织在一起的,按约定的信令或协议,完成任意用户间信息交换的通信体系。

构成通信网络的三个基本要素是用户终端设备、网络转接设备和通信链路,那么三者是怎样连接起来构成一张"网"的呢?这就是网络拓扑结构问题。通信网络的拓扑结构是指用通信链路互连各种网络设备(包括用户终端设备和网络转接设备)的物理布局,用来实现一个用户与网上任一其他用户之间的通信。目前较为常见的通信网络拓扑结构主要有网型网、星型网、环型网和总线型网以及复合型网。

1.网型网

网型(Mesh)网也称为完全网型网,各个用户终端之间直接以通信链路连接,其拓扑结构如图1-5所示。

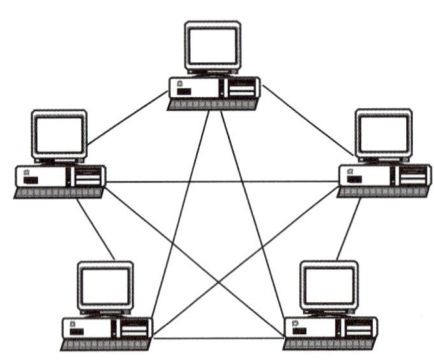

通信网络的组成

图1-5 网型网拓扑结构

在这种完全网型网中,每个用户终端与网络中其他任意终端之间建立了"直达"链路,通信过程不需要任何的转接。这种结构最大的优点是接续质量高,网络的稳定性和可靠性较高。但由于每个用户都需要与其他终端"直连",所以链路数量较多,若网络中有 N 个设备,则采用网型网连接时需要 $\frac{N(N-1)}{2}$ 条链路。当 N 增大时,链路数量急剧增多,使得网络投资费用增高,经济性较差。所以,当网络中节点数量较多时,可以采用部分连接型网络。

2. 星型网

星型(Star)网中,各用户终端都通过中心节点进行转接,这些节点可以是交换机、路由器等,星型网拓扑结构如图 1-6 所示。网络中任意两个终端设备通信时,都需要中心节点进行转接。与网型网相比,星型网的链路数量减少很多,N 个用户只需要 N 条通信链路。这种网络结构简单、容易实现、便于管理,但安全性和可靠性较差,尤其当转接设备发生故障时,可能会造成整个网内的通信瘫痪。实用的星型网可以是多层次的,这种结构有时也称为树型结构。

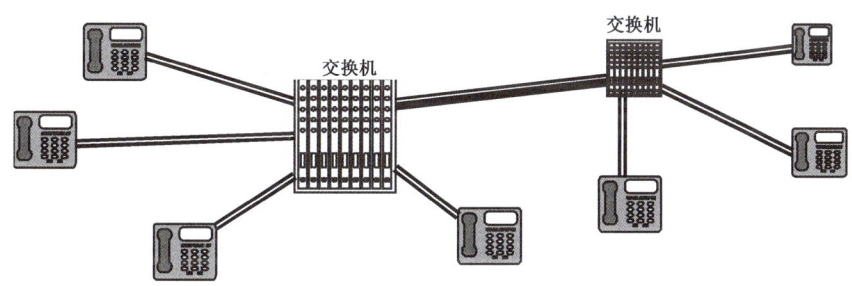

图 1-6　星型网拓扑结构

3. 环型网

环型(Ring)网的拓扑结构为一个封闭环,如图 1-7 所示。各节点通过网络通信设备 DCE(在这里起到中继器的作用)连入网内,DTE 是数据终端设备。各 DCE 间由点到点链路首尾连接,信息沿环路单向逐点传送,每个终端可提取或插入自己的信息,简化了对路径选择的控制。环型网结构简单、初始安装比较容易、传输距离远,适合于局域网和光纤网络。但当环中节点数量过多时,网络的信号传播时间也会延长。而且环型网的可靠性较差,当某一个节点单元出现故障时,可能会造成整个系统瘫痪。此外,其可扩展性、灵活性和可维护性也差于其他网络。

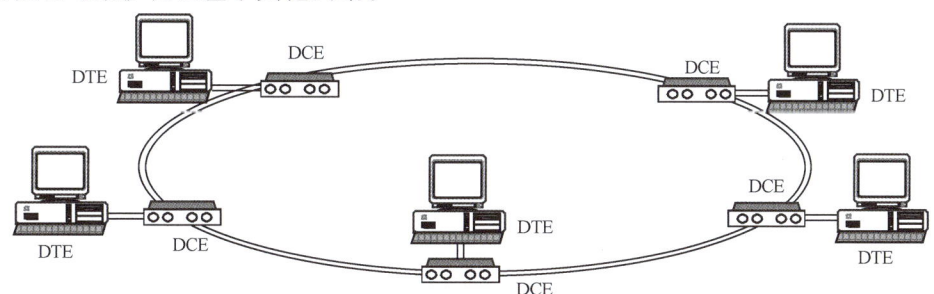

图 1-7　环型网拓扑结构

4. 总线型网

总线型(Bus)网拓扑结构如图1-8所示。采用公共总线作为传输介质,各节点都通过相应的硬件接口直接连向总线,信号沿介质进行广播式传送。由于总线结构共享无源总线,通信处理为分布式控制,每一个用户的入网节点都具有通信处理职能,能执行介质访问控制协议。总线两端一般加有匹配电阻,用来吸收在总线上传播的电磁波信号的能量,避免在总线上产生有害的电磁波反射。总线型网的主要优点是安装容易、可靠性高,新增终端只要就近接入总线即可,广泛地应用于组建以太网。但由于采用分布式控制,不易管理,故障诊断和隔离比较困难。

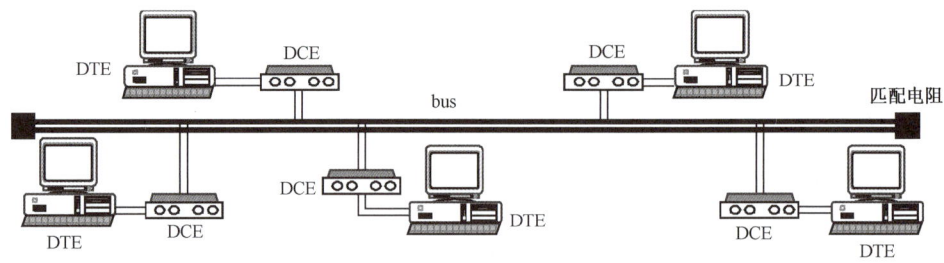

图1-8 总线型网拓扑结构

5. 复合型网

由于前面所讲的四种网络各有优缺点,所以在实际应用中,特别是构建大型网络时,并不是采用单一的拓扑结构,而是使用两种或两种以上拓扑结构来构成复合型网。常见的复合型网是由星型网和网型网复合而成的,它以星型网为基础,并在通信量较大的区间构成网型网结构,如图1-9所示。在图1-9中,用户终端电话机通过一条物理链路以星型的方式连接到交换机上,任意两个电话终端通信都需要通过一个或多个交换机转接。由于一个交换机承载多个终端的话务量信息,通信量较大,所以它们之间通过网型网互连。复合型网秉承了星型网和网型网的优点,既考虑到多个终端用户能比较经济合理地接入网络中,又保证了交换机间链路的稳定可靠性,因此在一些大型的通信网络中应用较广。

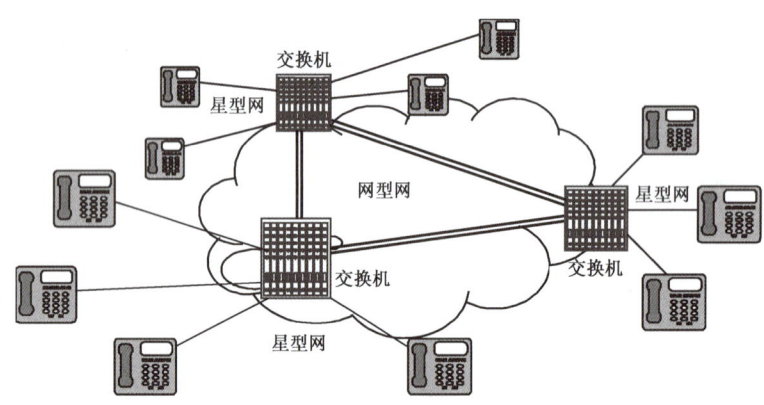

图1-9 复合型网拓扑结构

环型网和总线型网在计算机通信网络中应用较多,在这种网中一般传输信息的速率较快,它要求各节点或总线终端节点有较强的信息识别和处理能力。

1.2 通信方式

对于点对点通信,按消息传送的方向与时间,通信方式可分为单工通信、半双工通信及全双工通信三种。

所谓单工通信,是一种消息只能单方向进行传输的通信工作方式。单工通信的例子有很多,如广播、遥控、无线寻呼等。这里,信号(消息)只从广播发射台、遥控器和无线寻呼中心分别传到收音机、遥控对象和 BP 机上。

所谓半双工通信,是指通信双方都能收发消息,但不能同时进行收和发的工作方式。对讲机、收发报机等都采用这种通信方式。

所谓全双工通信,是指通信双方可同时进行双向传输消息的工作方式。在这种方式下,双方可同时收发消息。很明显,全双工通信的信道必须是双向信道。生活中全双工通信的例子非常多,如普通电话机、手机等。

实现全双工通信主要有三种方式:频分双工(FDD)、时分双工(TDD)和回波抑制(Echo-cancellation)。

1. 频分双工(FDD)

频分双工是通信双方分别占用不同的频段来收发消息,也就是通信双方的消息同时在不同的信道中传递,如图 1-10 所示,它是移动通信系统中常用的双工方式。

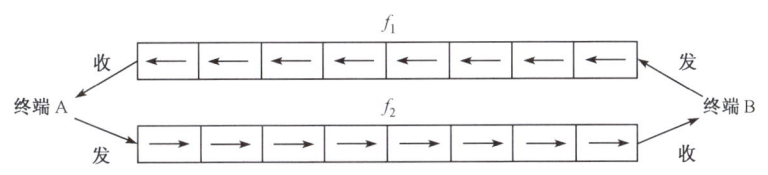

通信方式

图 1-10 FDD 方式

2. 时分双工(TDD)

时分双工又称时分法和时间压缩复用方式,在这种方式中,上行链路和下行链路中消息的传输可以在同一载波频率上进行,即上、下行链路中消息的传输是在同一载波上通过时分实现的。采用时分复用技术把数据终端送来的数字信号进行时间压缩和速率变换,变成高速窄脉冲串,将信道工作时间分成若干时隙,通信双方的窄脉冲串在各个时隙中交替传递,犹如打乒乓球一样。在接收端,这些高速的窄脉冲串被扩展恢复成原来的数字比特流,如图 1-11(a)所示。

与 FDD 方式相比,TDD 方式最大的优点是节省频率资源,收发信号可以在同一频段的不同时隙传输,在时间上进行严格分离。而且,如果通信中某一方没有信息发送,则可以将全部时隙给另一方使用,如图 1-11(b)所示。

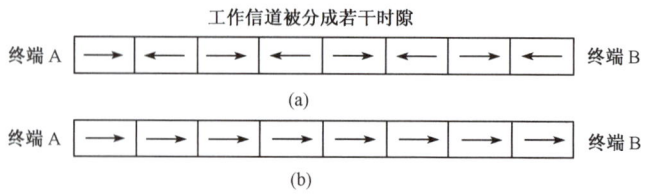

图 1-11　TDD 方式

3. 回波抑制（Echo-cancellation）

回波抑制又称单频双向方式，即采用 2/4 线混合网络，如同 2 线模拟传输一样，另加装发送信号回波抑制器，以防信号反射。

电话线路中的回波主要是由 2/4 线混合电路阻抗不匹配产生的近端回波和传输线路存在的阻抗不匹配产生的远端回波合成的总回波干扰。回波抑制器由自适应滤波器和加法器组成。自适应滤波器根据输入端的信号合成回波的估计值，在输出端将该估计值减去以达到抑制回波的目的。如图 1-12 所示。

利用回波抑制技术，就可以实现回波抑制方式的 2 线全双工数字传输。采用回波抑制技术的用户线传输系统技术上较为复杂，但采用这种方式时可达到的传输距离，要比采用 TDD 方式的传输距离长。

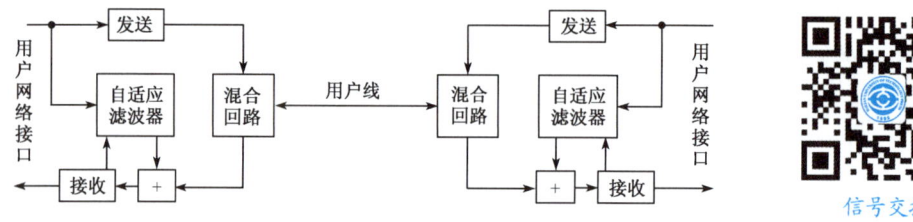

图 1-12　回波抑制法

1.3　信号交换

通信网络上各个用户之间进行通信时，由网络中的交换设备根据用户的要求选择通信对象、分配信道资源，这就是信号的交换。在通信网络中交换方式分为三种基本类型：电路交换（Circuit Switch, CS）、报文交换（Message Switch, MS）和分组交换（Packet Switch, PS），如图 1-13 所示。

1.3.1　电路交换

电路交换是在电话网中主要采用的交换方式，它是一种面向连接的通信服务。面向连接具有连接建立、数据传输和连接释放三个阶段，例如，打电话就需要这样的过程：

（1）连接建立。摘机、听到拨号音开始拨号。如图 1-14 所示，电话 A 和 B 连接到同一个交换机，不需要多次转接。若是 A 和 C 两电话之间通话，则需要经过多个交换机转接，如图中虚线所示。当呼叫信号送达接收端时，电话振铃，被叫用户摘机后连接建立。

（2）数据传输（通话）。在这个过程中，话音信号始终占用一条固定的物理链路进行

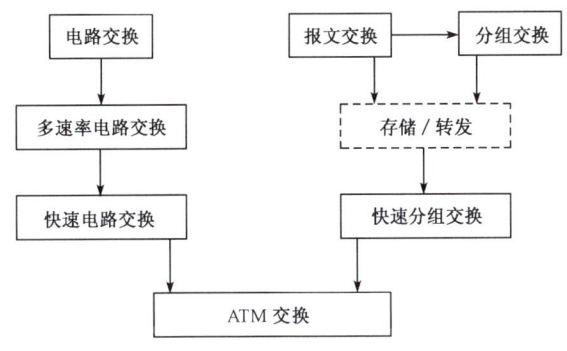

图 1-13 交换方式分类

传输,并且传输几乎没有时延,满足实时性要求。

(3)连接释放。通话结束后,通信双方挂机,连接被释放,即链路可以分配给其他用户通信。

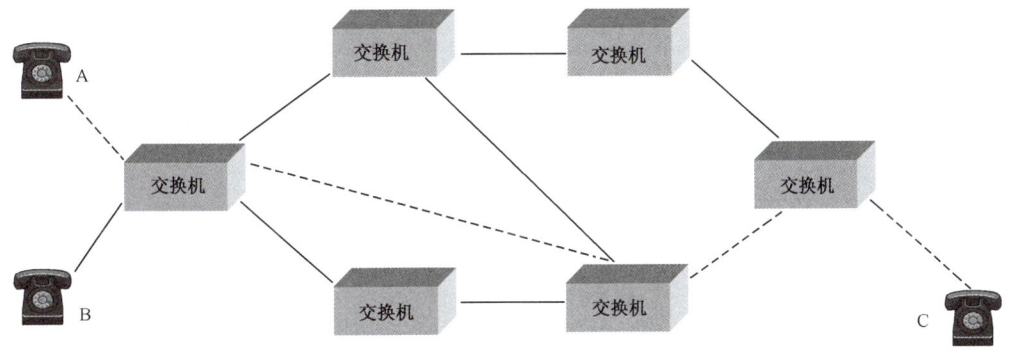

图 1-14 电路交换示意图

电路交换的突出优点是实时性好,适用于对实时(全程时延≤200 ms)要求高的话音通信。电路交换是预分配带宽的,当连接建立后即使没有信息传递也需要占用链路,而无法把空闲的链路分配给其他用户使用,这就是"独占性",就好比两个人在打电话(连接建立)的时候,就算不讲话(无信息传递),第三方打给通话中的任何一人听到的都只是"忙音"(链路被独占)。这种"独占性"导致电路交换的线路利用率较低,不适合突发性业务的需要。

1.3.2 报文交换

早在 20 世纪 40 年代,电报系统就采用了报文交换方式,它与电路交换不同,是一种存储与转发的交换方式,很适合数据通信。报文就是所需发送的数据,每个报文的报头必须含有收、发双方地址等信息。报文交换过程的示意图如图 1-15(a)所示。报文 M 沿一条路径从一个交换局发送到下一个交换局,整段报文先被完整地接收并存储到交换机的存储器中,若此时交换机空闲,则可以根据报头的地址信息将其转发;若交换机忙碌,则报文需要排队等待处理,网络中的每一个交换机都需要对报文做相同的处理。报文交换不需要呼叫建立过程,是无连接方式,它是靠报头中的信息来进行识别和传送的,报文的全部内容被送到一个节点后,该节点根据报头指示的目的地与下一个节点建立通道,但是存储/转发和排队给通信带来随机的时延。此外,当报文过长时,每个报文的处理时间会延长,还会对交换机的存储能力提出更高的要求。

1.3.3 分组交换

报文交换每次处理的是整段报文,会引起较长的排队和处理时间,发送时延较长。解决这一问题的方法是,在发送前将报文信息分成一系列有限长的数据包,每个数据包都附有控制信息,比如收发双方地址、数据包序号等,这就由数据包和控制信息构成了一个分组,然后将每个分组按顺序发送到网络中传递,这就是分组交换,分组交换的示意图如图 1-15(b)所示。当分组到达接收端后,重新排序恢复成完整报文。比较图 1-15(a)、(b)可以看出,分组交换将大段报文拆分成短小的分组,网络中的交换机每次处理分组的时间缩短,数据的传输时延也大大减少。

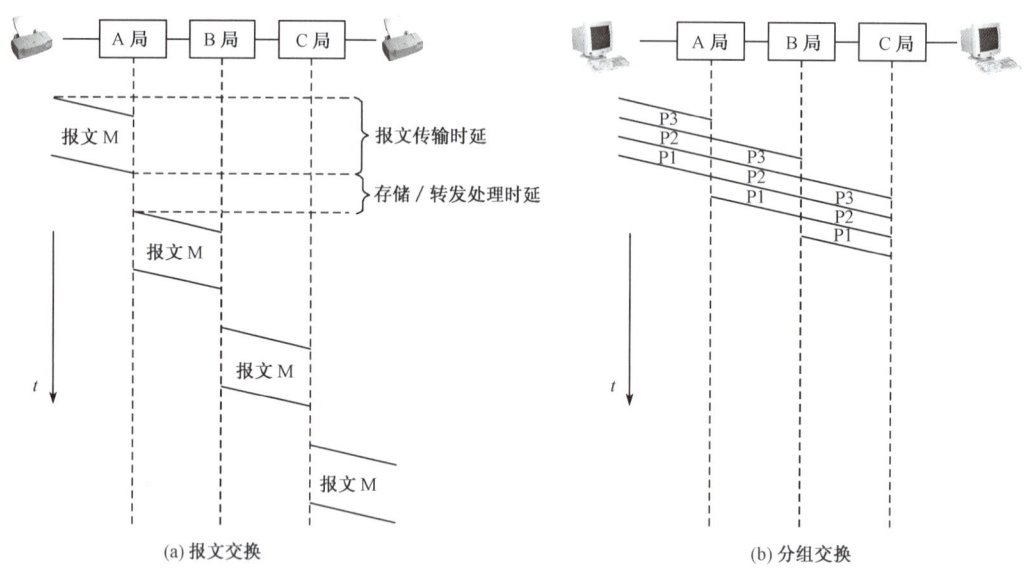

图 1-15 报文交换与分组交换

分组交换有两种基本方式:虚电路和数据报,图 1-16 表示的是两种方式的区别。虚电路方式是面向连接的,在发送分组前也需要建立一条逻辑连接,然后发送端按顺序发出分组,所有分组都沿着建立好的逻辑链路[图 1-16(a)中的 A→D→E→F]到达接收端,这条链路仅仅是一种逻辑上的连接,路径并非只确定给这个连接,其他用户的分组数据也可以通过这个路径传输,而且每一个分组仍要被存储于各个交换节点。由于各分组是按顺序到达接收端,所以不需要排序操作。当通信结束后,不需要通过呼叫释放分组来拆除逻辑连接。

数据报是一种无连接服务方式,即不需要预先在源和目的地之间建立一条逻辑链路。发送端按照顺序将分组发到网络中,当分组通过网络交换节点时,每一个节点根据分组中的目的地信息为分组选择合适的路径,然后将分组发向下一个交换节点。数据报方式如图 1-16(b)所示,发送端将分组 1、2、3 依次发出,在分组 1 传输路径中,可能有大量的其他数据分组占用链路资源(甚至可能拥塞),所以分组 2、3 选择了其他的路径到达

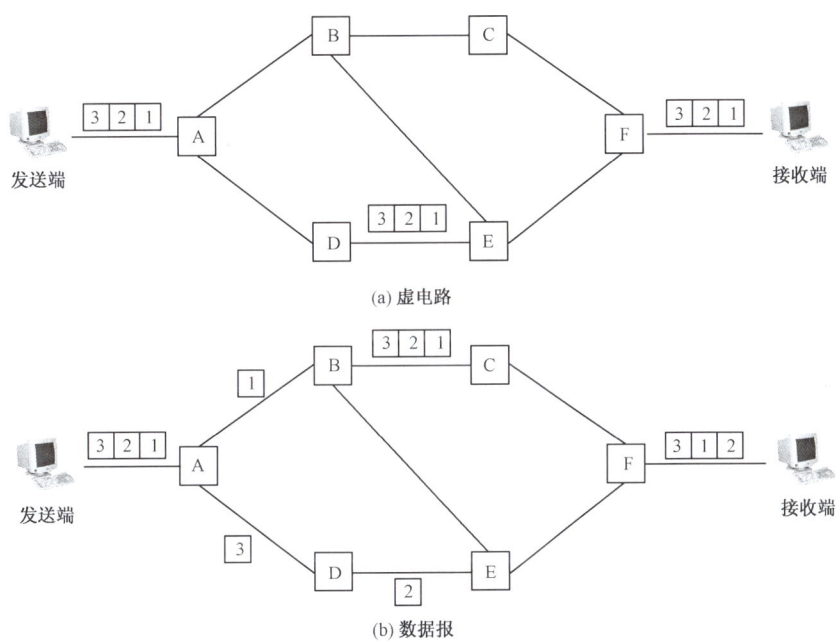

图 1-16 虚电路与数据报

接收端,并且分组 2 先于分组 1 到达,从这里可以看出采用数据报方式在接收端必须对分组做排序处理。

分组交换可以在不同类型的数据终端设备之间通信,传输质量高、可靠性高,没有"独占性",非常适合突发性或断续性业务。但是由于其仍采用存储/转发方式,尽管是对较小的数据分组进行处理,也可能产生几百毫秒的延时,而且每个分组都要附加控制信息,增加了开销,所以分组交换不适合实时性要求高、信息量大的通信环境。

1.3.4　ATM

异步传输模式(ATM)是近年来出现的一种新的交换方式,它是电路交换技术与分组交换技术的结合,能最大限度地发挥电路交换与分组交换的优点,使 ATM 具备从实时的语音信号到高清晰度电视图像等各种业务的高速综合传输能力。ATM 的基本原理是由信元进行统一的信息转移,即 ATM 是把数字化的语音、数据、图像等信息分解成固定长度的数据块,通常称为信元,在各信元中添上写有地址的信元字头即可送网络传输。为提高传输效率,在传输过程中还需要引入统计复用的链路分配传输方式。

1.4 通信系统性能指标

1.4.1　一般通信系统的性能指标

一般通信系统的性能指标归纳起来有以下几个方面:
(1)有效性:通信系统传输消息的"速率"问题,即快慢问题。

通信系统的技术指标

(2) 可靠性：通信系统传输消息的"质量"问题，即好坏问题。

(3) 适应性：通信系统适用的环境条件。

(4) 经济性：系统的成本问题。

(5) 保密性：系统对所传信号的加密措施。

(6) 标准性：系统的接口、各种结构及协议是否合乎国家、国际标准。

(7) 维修性：系统是否维修方便。

(8) 工艺性：通信系统各种工艺要求。

通信系统的任务是快速、准确地传递信息。因此，从研究消息传输的角度来说，有效性和可靠性是评价通信系统优劣的主要性能指标，也是通信技术讨论的重点。至于其他的指标，如工艺性、经济性、适应性等在这里不做讨论。

通信系统的有效性和可靠性，是一对矛盾的性能指标。一般情况下，要增加系统的有效性，就要降低可靠性，反之亦然。在实际中，常常依据实际系统的要求采取相对统一的办法，即在满足一定可靠性的条件下，尽量提高消息的传输速率，即有效性；或者，在维持一定有效性的条件下，尽可能提高系统的可靠性。

对于模拟通信来说，系统的有效性和可靠性具体可分别用有效传输频带带宽和输出信噪比（或均方误差）来衡量。

对于数字通信而言，系统的有效性和可靠性具体可分别用传输速率和误码率来衡量。

1.4.2 信息及其度量

信息可被理解为消息中包含的有效内容。消息可以有各种各样的形式，但消息的内容可统一用信息来表述。数字信息通常用数字代码表示，称为信码。例如，用来表示计算机键盘的代码就是 7 位的二进制代码（ASCII 码），话音信号经过 A/D 转换后每一个取样值都可以用一组 0、1 代码表示。当数字信息要进行传输时，必须有一个对应的信号作为信息的载体，最常见的例子是用一个一定时间长度的高电平表示代码 0（或 1），用相同时间长度的低电平表示代码 1（或 0）。例如 RS-232-C 标准规定，代表 1 码的电平是 $-3\sim-15$ V，代表 0 码的电平是 $+3\sim+15$ V，在这个范围以外的电平不做定义，接收机将不对这些信号做判断，如图 1-17 所示。

用来表示每一个信码的数字信号单元称为码元。图 1-17 中，$0\sim t_1$、$t_1\sim t_2$ 的高电平信号或低电平信号都是单个的码元。一个码元延续的时间称为码元长度（码元宽度）。

未经调制的数字信号称为数字基带信号，其来源主要是计算机数据、各种数字设备产生的信号以及模拟信号经过 A/D 转换得到的信号。

只有两种状态码元的数字信号称为二进制信号。二进制信号的每一个码元可以表示一位二进制信码。如果一个数字信号的码元有 m 种状态（比如说有 m 种电平），就称该信号为 m 进制信号，通常 m 的取值为 $4,8,\cdots,2N$，统称为多进制信号。1 位 m 进制的码元可以表示 1 位 m 进制的

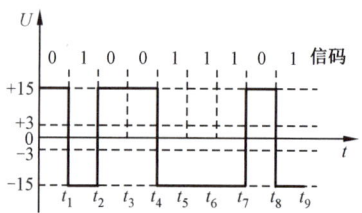

图 1-17 RS-232-C 电平图

信码,也可以表示 $N=\log_2 m$ 位二进制信码。

图 1-18 是一个四进制信号的例子,这里每个四进制码元携带 1 位四进制代码的信息,也可以携带 2 位二进制代码的信息。

信码中所包含的信息的多少用信息量来衡量,单位为"bit"或"b"。在通信系统中,规定每 1 位二进制信码携带 1 比特(bit)的信息量,

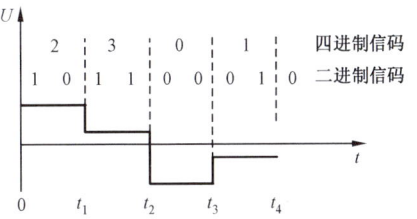

图 1-18 四进制数字信号示例

因此每 1 位二进制码元带有 1 bit 的信息量,而 1 位 m 进制码元则带有 $N=\log_2 m$ (bit)的信息量。

1.4.3 有效性指标的具体表述

数字通信系统的有效性可用传输速率来衡量,传输速率越高,系统的有效性越好。衡量一个通信系统的传输速率的指标是传码率(码元速率)与传信率(信息速率)。传码率是指单位时间内通信系统传送的码元数目,单位为"波特"或"B"。从波形上可以看到,通信系统所传送的码元长度的倒数即传码率。传码率有时也称为符号率(symbol rate)。传信率也称为比特率(bit rate),是指单位时间内通信系统所传送的信息量,单位为"bit/s"或"bps"。对于二进制传输系统来说,1 个码元带 1 bit 的信息量,因此传码率与传信率数值相同;对于 m 进制通信系统来说,由于 1 位 m 进制码元带有 $N=\log_2 m$ (bit)的信息量,因此其传信率为

$$r = R_m \log_2 m \text{ (bit/s)}$$

式中:R_m 为 m 进制的传码率。

例 1 用二进制信号传送信息,已知在 30 s 内共传送了 36 000 个码元,试求(1)传码率和传信率各为多少?(2)如果码元长度不变(即传码率不变),但改用八进制信号传送信息,则其传码率为多少?传信率又为多少?

解:(1)依题意,有

$R_2 = 36\ 000/30 = 1\ 200$ B $r_2 = 1\ 200$ bit/s

(2)若改为八进制,则

$R_8 = 36\ 000/30 = 1\ 200$ B $r_8 = \log_2 8 \times R_8 = 3\ 600$ bit/s

1.4.4 可靠性指标的具体表述

数字通信系统的可靠性可用信号在传输过程中出错的概率来表述,即用差错率来衡量。差错率越大,表明系统可靠性越差。差错率通常有以下两种表示方法。

1. 码元差错率 P_e

码元差错率 P_e 简称误码率,是指发生差错的码元数在传输总码元数中所占的比例,更确切地说,误码率就是码元在传输系统中被传错的概率。用表达式可表示成

$$P_e = \frac{错误码元数}{传输总码元数}$$

2. 信息差错率 P_{eb}

信息差错率 P_{eb} 简称误信率或误比特率,是指发生差错的信息量在信息传输总量中所占的比例,或者说,它是码元的信息量在传输系统中被丢失的概率。用表达式可表示成

$$P_{eb} = \frac{系统传输中出错的比特数}{系统传输的总比特数}$$

显然,在二进制中有 $P_e = P_{eb}$。

例 2 已知某八进制数字通信系统的传信率为 3 000 bit/s,在接收端 10 min 内共测得出现了 18 个错误码元,试求系统的误码率。

解:依题意 $r_8 = 3\ 000$ bit/s

则 $R_8 = r_8 / \log_2 8 = 1\ 000$ B

误码率 $P_e = 18/(1\ 000 \times 60 \times 10) = 3 \times 10^{-5}$

本章小结

通信是指从一地向另一地进行信息的有效传递。通信中最基本的两个要素是信号和信道。信号包含模拟信号和数字信号两类;信道有广义信道和狭义信道之分,而狭义信道包含有线信道和无线信道。

通信系统由信源、信宿、发送设备、接收设备和信道组成,并且可以根据不同的分类标准进行划分。通信网络用于实现多个用户之间的信息传递与交换,它由多个终端设备、通信链路、转接交换设备组成。通信网络可以采用网型网、星型网、总线型网和环型网等多种拓扑结构,可以是广播网络或交换网络。

对于点对点通信,按消息传送的方向与时间,通信方式可分为单工通信、半双工通信及全双工通信三种。实现全双工通信主要有三种方式:频分双工(FDD)、时分双工(TDD)和回波抑制。

衡量通信系统优劣的性能指标主要是有效性和可靠性,而有效性可以用传码率与传信率来衡量,可靠性可以用误码率与误信率分别进行具体表述。

实验与实践 通信技术调研

项目目的:
了解现今各领域常用的通信方式及涉及的通信技术。
项目实施:
利用网络和图书馆,查阅常用的通信方式和实现技术。

项目实施成果：

调研报告。

习题与思考题

1. 试举出若干模拟信号与数字信号的例子。
2. 请说明有线电视、市内电话、调频广播、移动电话、校园网等通信系统各使用哪些信道。
3. 试述通信系统的组成。
4. 一个有 10 个终端的通信网络，如果采用网型网需要用到多少条通信链路？如果采用星型网需要有多少条通信链路？
5. 试述传码率、传信率、误码率、误信率的定义和单位，并说明二进制和多进制的传码率和传信率的相互关系。
6. 描述点对点通信的几种方式。
7. 线路交换与分组交换的区别在哪里？各有哪些优点？
8. 已知二进制数字信号每个码元占用的时间为 1 ms，1、0 等概率出现，求：(1)传码率，(2)每秒钟的信息量，(3)传信率。
9. 同上题，如果码元长度不变，改用八进制传输，且各码元等概率出现，求传码率和传信率。

拓展阅读

通信工程中有线传输技术的应用与发展探究

0 引言

在社会生活中，通信是必不可少的组成部分，人们对信息的依赖表现得愈加强烈，而在通信行业方面，其核心要务是不断给人们带来更多、更好、更优质的通信服务，确保信息传输的有效、稳定。与无线传输技术相比，有线传输技术呈现出很多优势。举例来讲，有线传输技术经济效能更好、便捷程度更高，同时有着很好的可靠性和稳定性，所以在通信工程应用中有线传输技术占有非常重要的地位。鉴于有线传输技术的重要性，相关的技术人员在持续地促使该技术发展，该技术的应用不断推进通信应用技术的创新与突破。

1 通信工程有线传输技术概述

1.1 有线传输技术的含义

通信技术作为我国重要的技术类型之一，其中的信号传输技术是借助各种传输路线来进行传输的，包括光缆等。一般有线传输包含有线信道、信号处理、信息终端以及信道终端四个部分，在通信系统中包括传感器、传导材料以及调制解调器等部分，借助这些结构通信系统能够发挥出有效作用，实现对信息的传输。

1.2 有线传输技术和无线传输技术的不同

这两类技术存在着较大的不同。在有线传输技术方面，通常是借助光缆展开传输作业，而在无线传输方面则是借助电磁波去展开传输，该技术在现今实现了较为广泛的应用，可以较好地防止复杂的物理媒介传播所造成的影响，极大地保障了传输的效果。在无线传输方面，在进行信息传输的过程中往往会遭受一些电磁波的干扰，这样便会造成信号减弱，使干扰、杂质存在，整体的传输质量大大降低。而以有线传输技术来看，在展开远距离传输作业时，往往能够表现出更加高效的特点。

2 有线传输技术在通信工程中的应用

2.1 架空明线传输技术

架空明线传输技术主要是把导线构建在电线杆上，然后对导线进行连接，促使其成为通信载体。该技术在应用时相关频带一般应大于 300 Hz，而在信道频带的高低等方面往往会被间距所影响。该技术在早期应用阶段获得了极佳的效果，特别是在一些单路电路方面。然而它存在的不足是，更多地应用在一些短距离传输方面，在整体速率方面则比别的技术要差，所以为了确保该技术能够实现较好的应用效果，必须从具体的情况展开创新变革，促使其在整个通信工程中发挥对应阶段的通信效果。

2.2 同轴电缆传输技术

在这项技术方面，同轴电缆的中芯线往往会借助铜线构建从而完成相应的信息传输。借助同轴电缆电磁波的应用，相比于架空明线传输技术，同轴电缆传输技术可以较好地促使整个传输效果提升，大大增加传输效率，在使用该技术时不会被外部因素过多干扰，而且在信道频带的设计方面，该技术能够达到 10 GHz 传输速率，所以在应用效果方面表现较佳，可以在电视等领域展开使用，确保相应的传输效果。

2.3 对称电缆传输技术

所谓的对称电缆频率通常包括高频和低频，以低频电缆来看，整体的频带相对较窄，而在高频方面，频带要宽一些，可以在不同的领域使用。在使用高频电缆时，应该注意其亦存在着一定程度的差异，表现为非屏蔽双绞线和屏蔽双绞线两种，在具体的使用过程中，最大的差别为成本支出差异。以屏蔽双绞线来看，存在着质量大、材料多的特征，所以成本更高。所以在具体应用过程中，必须结合实际选择合适的电缆。

2.4 光纤传输技术

该技术存在着诸多优点，可以较好地保障传输速率且呈现出安全性高的特点，并且在传输容量方面亦很不错，容量扩容相对简单。光纤传输技术能够展开长距离传输作业部署，损耗系数较低，能够在长远距离传输时表现出极佳的性能，并且能够较好地把控相应的成本支出。该技术有着极佳的抗干扰性，可以避免信息泄露，可以确保数据的稳定性。光纤材料在环境适应方面也呈现出较强的特点，可以在一些特殊环境下使用。而在成本方面，材料价格相对便宜；在维护方面也简单、灵活；在敷设过程中，施工操作简洁，施工工艺简单，这就使得施工可以有效、大面积地进行。由此，光纤传输技术获得了广泛的推广应用。

3 通信工程中有线传输技术的优化与改进

3.1 传输线路的优化提升

如果要实现信息传输质量的增强,必须对传输线路展开敷设的优化,从而促使传输运行的可靠性得以提升。在具体的通信工程领域应用过程中,常用的传输介质通常为两种:光纤和电缆。假如可以综合地应用这两种材料对应的传输技术,就能够很好地确保不同设施之间的连接有效性。然而,在实际中,有较大一部分实施场景无法令这两种传输技术相结合,有线传输通信工程不能进行统一的规划实施,相关连接设备无法正常互相连接。比如,在进行入户安装光纤作业时,假如未对整个辖区展开相应的线路规划,那么便会造成有线传输通信工程施工与设备安装时呈现相当程度的随意性,由此造成许多用户线路、设备连接不稳定,这样在进行网络信号传输时稳定性便会大大降低。因此必须对整体环境、所用到的设施展开全方位的研判,构建出科学的传输线路敷设方案,最终提高有线传输网络的质量。

3.2 通信设备的优化提升

第一,在进行网络设施选取时必须做好相应的质量把控,由于通信设备有很多类型,而这些设备在质量以及功能方面都存在着较大的不同,所以在具体使用的过程中必须展开严格的筛选,结合用户的具体需求进行相应的方案规划,以保障整个网络的运行质量。第二,必须对设备周边的情况予以观察分析,保障设备运行时整体环境可以满足规范、标准要求。工作人员必须做好设备的挑选安装作业,还要对周边的环境展开相应的优化,才能使设备在运行时处于较高的水平,发挥最大的作用。第三,必须做好设备安装方案的规划,在设备优化提升方面进行全方位的考量。在具体的设备采购过程中展开严格的筛选,保证所用到的材料、设备都能够和具体的施工场景相符合,最终给整体通信工程的高质量运行提供强有力的支撑保障。

3.3 创新有线传输技术

通信行业只有不断深入研究,不断进行新技术的实践、探索与尝试,才能促进有线传输技术的进一步发展。在目前的有线传输技术领域,光纤传输介质的使用最为广泛,这是由光纤传输介质的技术优势所决定的,是技术创新的结果,也是网络传输的必然需求。社会在不断发展,任何一项技术如果一直停滞不前,就会被时代所淘汰。因此,通信工程研究人员一定要对有线传输技术进行不断的创新研究,才能满足人们对通信需求的日益变化,为用户提供更好的网络传输服务。

4 结语

通信工程中有线传输技术的应用,可以使信息传输的可靠性与稳定性得到有效提升。通信工程领域应该大量研究和发展有线传输技术,对其未来发展方向进行深入的探索,提升有线传输技术的整体水平,为我国通信网络技术的发展贡献力量。

(节选自:叶城青. 通信工程中有线传输技术的应用与发展探究[J]. 电子元器件与信息技术,2021,5(12):155-156.)

第 2 章 信号与信道

学习目标

1. 了解信号的频谱特征，建立频域分析意识；
2. 掌握双绞线、同轴电缆、光纤及无线信道的分类与特征；
3. 了解信号在信道中传输时的现象。

信号可以用什么方式分析其特征，常见信道有哪些，信号在信道传输过程中会受到哪些影响，传输系统又是通过什么手段去减少或消除这些影响是本章要重点讨论的问题。

2.1 信号的频谱

信号的性质可以在时域和频域两种情形下分析。在时域分析信号时,我们看到的是信号幅度随时间而变化的情形,也就是信号波形。在第 1 章中,我们提到信号可以分为数字信号和模拟信号,这就是在时域对信号进行考察的结果。但在通信领域,我们更多的是在频域对信号进行分析。

信号的电量在频率轴上的分布关系称为信号的频谱(Frequency Spectrum)。一个已知波形的信号可以通过数学分析(傅立叶级数或傅立叶变换)计算出其频谱,也可以用频谱分析仪去测出它的频谱。图 2-1 是通过计算机仿真得到的周期性方波、三角波和正弦波的时域波形与频谱图①。

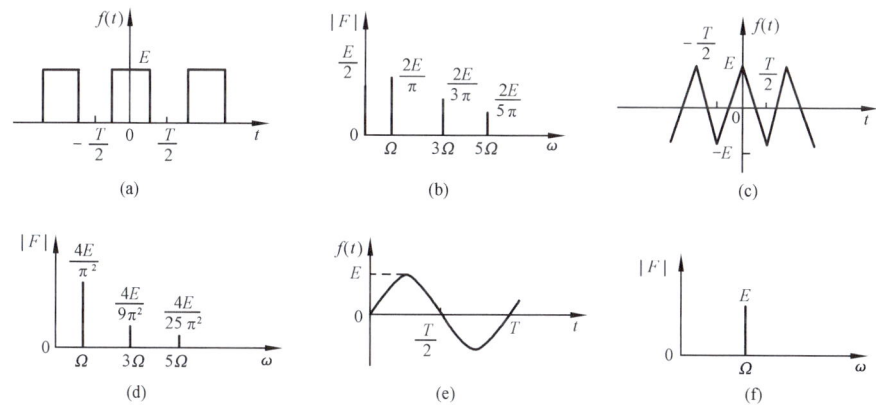

图 2-1 几种常见信号的频谱与波形

图 2-1 中,图(b)是与图(a)周期性方波对应的频谱图。周期性方波的频谱由多条谱线组成,第一条谱线称为基波,它的频率与周期信号的频率相同;随后的各条谱线分别称为周期信号的 $2,3,4,\cdots,m$ 次谐波,m 次谐波的频率是基波频率的 m 倍;各谱线的幅度有衰减振荡的变化规律,在 $f=n\times 1/T$(T 为脉冲宽度,n 为整数)处出现零点。通常将第一个零点的频率记作信号的带宽。

图(d)是与图(c)周期性三角波对应的频谱图。与方波相比,两者周期相同,故各谱线的频率也相同,但各谱线幅度衰减的速度要快于方波,零点的频率也低于方波。

图(f)是与图(e)正弦波对应的频谱图。因为正弦波只有一个频率,故频谱图上只有一条谱线。

信号的频谱

方波是数字通信中用得较多的一种波形,因此值得做进一步的分析。对图 2-2 中各种周期、占空比②下的方波信号频谱进行比较可以得到以下结论:

①同一信号相邻谱线的频率间隔相同,信号的周期越长,各谱线之间的频率间隔

---

① 图中波形与谱线的上升沿与下降沿都应是连续变化的,出现折线是屏幕分辨力不足所致。
② 占空比:在一个码元中有电脉冲的宽度与码元长度的比值。非归零波形的占空比为 100%。

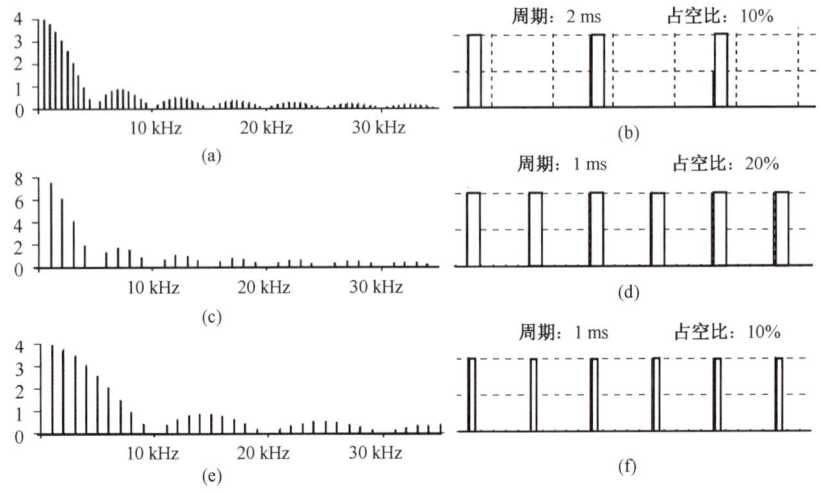

图 2-2 方波信号的频谱与波形

越小；

②脉冲宽度越窄(在相同的信号周期,占空比越小),其频谱包络线的零点频率越高,相邻两个包络零值之间所包含的谐波分量就越多(信号沿频率轴下降的速度越慢),因而信号所占据的频带宽度就越宽。

2.2 常用信道及其特性

信号在信道中传输时会受到信道传输特性的影响。有些信道的传输特性基本上是不随时间变化的,称为恒参信道。恒参信道对信号传输的影响相当于一个低通或带通滤波器,它会造成信号的衰减、延迟和线性失真。也有一些信道,其传输特性随时间做较快的变化,称为随参信道。随参信道对信号传输的影响比较复杂,通常传输的质量也比较差。

另外,信号在信道传输过程中无一例外地会受到各种干扰,导致混杂在信号中的噪声增加。不同的信道对干扰的抵御能力是不同的,一般来说,有线信道的干扰会小一些,而无线信道的干扰会大一些。

常用信道及其特性

2.2.1 双绞线电话信道

所谓双绞线(Twisted Wire),就是一对绞合在一起的相互绝缘的导线,如图 2-3 所示。双绞线可以作为计算机主机之间的连接线路,或是用户电话机与端局交换机之间的通信线路,也称作传输线。双绞线的带宽与线径及长度有关,一般几千米距离内可达到几百千赫。在低频传输时,双绞线的抗干扰性相当于或高于同轴电缆,但是超过 1 MHz 时,同轴电缆比双绞线明显优越。

图 2-3 双绞线

为了线路的敷设方便,生产厂家将 6~3 600 对双绞线封装在一个护套内形成电话线缆。相邻对线拧成的螺距不同,用于限制相互之间的串音(Crosstalk)。

当双绞线用于计算机连接时,常常是将四对双绞线封装在一起形成双绞线电缆,也就是我们常说的网线。

双绞线的性能取决于双绞线的各种参数,EIA/TIA-568-A(商用楼布线标准)将双绞线分为两种类型:屏蔽双绞线 STP(如图 2-4 所示)与非屏蔽双绞线 UTP。STP 是带有金属屏蔽层的双绞线,它对外界的干扰有很好的抑制作用,但价格较高且工程安装比较困难,因而很少使用。双绞线的标准随着技术的发展而变化,目前有七类,其中三类(CAT3,音频级)和超五类(CAT5E,数据级)线使用最为广泛。

用于数据传输的双绞线特征阻抗都为 100 Ω。双绞线的频带宽度与线规、线类及长度有关,三类线 100 m 的传输带宽为 16 MHz,而超五类线 100 m 的传输带宽为 100 MHz。

随着网络技术的发展和网络应用的普及,人们对网络传输带宽和传输速率提出了越来越高的要求。基于市场需求,目前已有六类、超六类以及七类线的标准并已有商用产品。

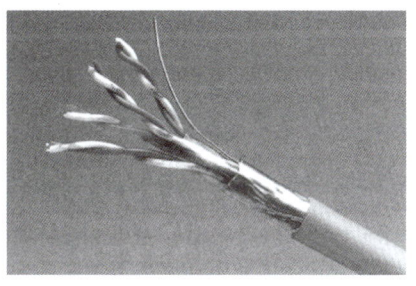

图 2-4　带屏蔽层的双绞线

六类(CAT6)线的传输频率为 250 MHz,它提供 2 倍于超五类线的带宽。六类线的传输性能远远高于超五类标准,适用于传输速率高于 1 Gbit/s 的应用。六类线与超五类线的一个重要的不同点在于:改善了串扰以及回波损耗方面的性能。对于新一代全双工的高速网络应用而言,优良的回波损耗性能是极为重要的。六类线布线标准采用星型网拓扑结构,要求的布线是永久链路,长度不能超过 90 m,信道长度不能超过 100 m。

超六类(CAT6E)线是六类线的改进版,主要应用于千兆网络中。在传输频率方面与六类线一样,也是 250 MHz,最大传输速率也可达到 1 Gbit/s,在串扰、衰减和信噪比等方面有较大改善。另一特点是在 4 对双绞线间加了十字形的线对分隔条。没有十字分隔,线缆中的一对线可能会陷于另一对线两根导线间的缝隙中,线对间的距离减小而加重串扰问题。分隔条同时与线缆的外皮一起将 4 对导线紧紧地固定在其设计的位置,并可减缓线缆弯折而带来的线对松散,进而减少安装时性能的降低。

七类(CAT7)线主要是为了适应万兆位以太网技术的应用和发展。它不再是一种非屏蔽双绞线了,而是一种屏蔽双绞线,因此它可以提供至少 600 MHz 的整体带宽,是六类线和超六类线的 2 倍以上,传输速率可达 10 Gbit/s。在七类线中,每一对线都有一个屏蔽层,4 对线合在一起,还有一个公共大屏蔽层。从物理结构上来看,额外的屏蔽层使得七类线的线径较大。

需要指出的是,线类标准不仅规定了线缆本身的质量标准,还对安装做了规定,因为线路中所有的连接件、线缆绞合的松紧、安装工艺都会对线路的传输性能产生影响。许多用户希望将七类线用于诸如 10 Gbit/s 以太网这样的高速数据传输场合,但如果在安装过程中不注意就可能失败。

以 dB 值计算的双绞线的衰减量与其长度成正比,与 $f^{1/2}$ 成正比。例如,五类 UTP 线在 1 MHz 处的衰减为 2 dB/100 m,在 16 MHz 处为 8.2 dB/100 m,在 100 MHz 处为 22 dB/100 m。特征阻抗 150 Ω 的 STP 的衰减要小于 UTP,典型值为在 100 MHz 处为 12.3 dB/100 m,在 300 MHz 处为 21.4 dB/100 m。

2.2.2 同轴电缆信道

同轴电缆(Coaxial Cable)的频带宽度要比双绞线宽得多,其上限频率一般可在几百兆赫,视线径和传输距离而定。它的衰减与频率的平方根成正比,因此在远距离传输和宽带工作时仍需要用到均衡器。同轴电缆目前主要应用于本地网(LAN)、有线电视(CATV)和海底电缆通信中。

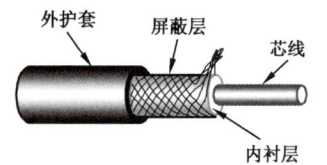

图 2-5 同轴电缆的结构

同轴电缆的结构示意如图 2-5 所示。电缆内部的信号不会泄漏到外部,同样,外部的干扰也不会进入电缆内部,因此同轴电缆信道有很好的保密性和抗干扰性。

2.2.3 光导纤维信道

1. 光纤的基本结构

光导纤维(Optical Fiber)是由高纯度的石英玻璃制成的。裸光纤由纤芯、包层和保护套三部分组成,如图 2-6 所示。纤芯在光纤的最中间,直径最小(一般为 9~50 μm),折射率为 n_1;包裹着纤芯的是包层,一般直径为 125 μm 左右,它的折射率 n_2 要小于 n_1。当光以一个较大入射角从纤芯射入光纤中,在纤芯与包层的交界面会发生全反射(因为 $n_1 > n_2$),这样光被束缚在纤芯中一边反射一边向前传输,因此纤芯和包层加在一起构成光传输的条件。

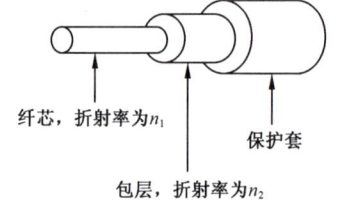

图 2-6 裸光纤结构示意图

纤芯和包层的主要成分是二氧化硅,非常脆弱,容易折断。所以在包层外面加上强度较大的保护套,可以承受较大的冲击,保护光纤。

光纤一般以光波的传输模式分类,主要有两类:多模(Multi-Mode)光纤和单模(Single Mode)光纤。

(1)多模光纤

多模光纤是一种传输多个光波模式的光纤。多模光纤适用于几十兆比特每秒(Mbit/s)到 100 Mbit/s 的码元速率,最大无中继传输距离是 10~100 km。

多模光纤可以按照光纤截面的折射率变化分为阶跃型多模光纤和渐变型多模光纤。阶跃型多模光纤结构最为简单,容易制造。在阶跃型多模光纤中,不同入射角的光会以不同的路径在光纤芯线中传播,同样长的一段光纤,以非常大的入射角传送的光线将比那些几乎根本不改变方向的光线传播更远的距离。这样,一个短的光脉冲的各部分能量由于在传输过程中的时延不同会陆续地到达输出端,造成光脉冲的扩散或发散,并且扩散会随着光纤长度的增加而增加,如图 2-7(a)所示。由于这个原因,两个光脉冲的间隔就不能太小,所以阶跃型多模光纤的传输带宽只能在几十兆赫·千米(MHz·km),不能满足高码率传输的要求,在通信中已逐渐被淘汰。而折射率分布近似抛物线的渐变型多模光纤能使模间时延差明显减小,从而可使光纤带宽提高约两个数量级,在 1 GHz·km 以上。渐变型多模光纤是单模光纤的较高带宽与阶跃型多模光纤的容易耦合之间的一种折中。

在渐变型多模光纤中,折射率在纤芯材料和包层材料之间不发生突然变化,而是从光纤中心处的最大值到外边缘处的最小值连续平滑地变化,如图 2-7(b)所示。这种渐变型多

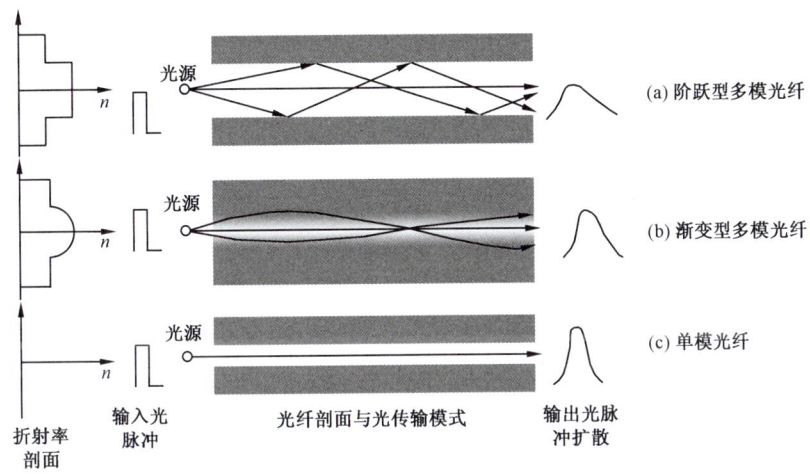

图 2-7 光纤的传输模式

模光纤的带宽虽然比不上单模光纤,但它的芯线直径大,对接头和活动连接器的要求都不高,使用起来比单模光纤要方便,对四次群以下系统还是比较实用的,所以现在仍大量用于局域网中。

(2) 单模光纤

单模光纤只能传输光的基模,不存在模间时延差,因而具有比多模光纤大得多的带宽,如图 2-7(c)所示。单模光纤主要用于传送距离很长的主干线及国际长途通信系统,速率为几个吉比特每秒(Gbit/s)。由于价格的下降以及对传输速率要求的不断提高,单模光纤也被用于原来使用多模光纤的系统。

单模光纤的外径是 125 μm,它的芯径一般为 8~10 μm,目前用得最多的 1.31 μm 单模光纤芯部的最大相对折射率差为 0.3%~0.4%。CCITT G.651、G.652 建议分别对渐变型多模光纤和 1.31 μm 单模光纤的主要参数做了规定,见表 2-1 和表 2-2。

表 2-1　　　　　　　　　渐变型多模光纤的主要参数(G.651 建议)

几何特性	芯径	包层直径	同心误差	不圆度
	50 μm,±6%	125 μm,±2.4%	<6%	芯径<6%,包层<2%
波长	850 nm		1 300 nm	
数值孔径(NA)	(0.18~0.24)±0.02 μm　(我国规定为 0.20±0.02 μm)			
折射率分布	近似抛物线			
损耗系数	A ≤3.0 dB/km B ≤3.5 dB/km C ≤4.0 dB/km		A ≤0.8 dB/km B ≤1.0 dB/km C ≤1.5 dB/km D ≤2.0 dB/km E ≤3.0 dB/km	
模畸变带宽	A B_m≥1 000 MHz B B_m≥800 MHz C B_m≥500 MHz D B_m≥200 MHz		A B_m≥1 200 MHz B B_m≥1 000 MHz C B_m≥800 MHz D B_m≥500 MHz E B_m≥200 MHz	
色散系数	≤120 ps/(nm·km)		≤6 ps/(nm·km)	

表 2-2　　　　　　　　1.31 μm 单模光纤的主要参数(G.652 建议)

截止波长(2 m 长度)		1 100～1 280 nm			
模场直径		(9～10)μm，±10%			
包层直径		(125±2)μm			
模场不圆度		<6%			
包层不圆度		<2%			
模场/包层同心度误差		≤1 μm			
分级		A	B	C	D
损耗系数不大于 (dB/km)	1 300 nm	0.35	0.50	0.70	0.90
	1 500 nm	0.25	0.30	0.40	0.50
总色散系数不大于 [ps/(nm·km)]	1 287～1 330 nm	3.5	3.5	3.5	3.5
	1 270～1 340 nm	6	6	6	6
	1 550 nm	20	20	20	20

2. 光缆

前面所述的光纤称为裸光纤，它由石英玻璃制成，比头发丝还细，强度很差，不能满足工程安装的要求。因此在光纤的拉制生产过程中还需要经过预涂覆、套塑和成缆等工序，最终形成光缆。

光缆的结构必须能够保护每一条光纤不会因为敷设、安装而损坏。与电缆相比，光缆可以省去一些诸如屏蔽层、地线等，但由于光纤很细，制造光纤的玻璃材料很脆，在常规操作中也很容易产生事故性损伤，所以光缆结构中增加了抗拉抗折的加强构件。图 2-8 是一种光缆的结构图。实用的光缆结构有很多种，室内的、室外的、用于埋层的，以及海底的光缆，它们在强度、密封性能、抗弯折和抗压性能等方面要求不同，因此其结构也不相同。

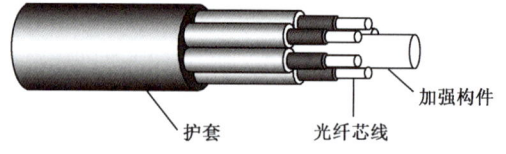

图 2-8　光缆结构

3. 光纤的连接

光纤的连接有两种情况：一种是永久性连接，类似于电线电缆中的焊接；另一种是活动连接，类似于插头与插座的连接。光纤的连接必须满足以下几点要求：

(1) 插入损耗小。接头的插入损耗的大小直接影响了光纤系统的无中继距离，一般要求接头的插入损耗小于 0.3 dB。

(2) 接头要保证有足够的机械强度。光纤和光缆在敷设过程中要承受各种拉力、弯折和挤压，在外护层和护套的作用下光纤受到保护。在光纤的连接处，由于外护层和护套被剥去，光纤芯线受到较大的力，所以需要靠接头来传递两根芯线的外护层之间的拉力，并使接头不直接承受压力和弯折力。

(3) 密封。用于防水和防潮。

(4) 方便操作。在多数情况下，光纤的连接在施工现场进行，操作条件比较差，接头的使用必须简单、方便。

造成接头插入损耗增加的主要原因是：发射芯线的直径与接收芯线的直径不等[图 2-9(a)]；

两根光纤的轴线不重合[图 2-9(b)];光纤端面之间的空隙造成菲涅尔折射[图 2-9(c)];光纤端面之间的角偏差[图 2-9(d)];端面不平整或受到污染等。

4.永久连接

(1)坍陷套管连接法

这种方法需用一根具有比被接光纤的软化点温度低的玻璃套管,其内孔径略大于光纤芯的外径。当将玻璃管加热到它的软化点时,表面张力产生作用,使它可以缩成一根实心棒,如图 2-10 所示。连接过程如下:将一根裸光纤的一端插入套管中,对玻璃棒的中心部分加热,使其坍陷卡住这根光纤的一端,形成一个精密适配的管座,然后将第二根光纤插入管中和光黏合剂结合,从而固定在合适的位置上。

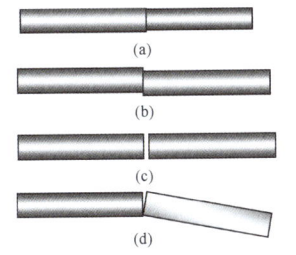
图 2-9 光纤连接不当的原因

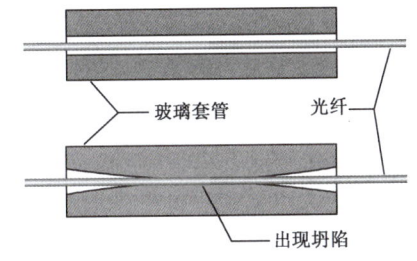
图 2-10 坍陷套管连接法

(2)电弧熔接法

电弧熔接法是将光纤两个端头的芯线紧密接触,然后用高压电弧对其加热,使两端头表面熔化而连接,图 2-11 是光纤的电弧熔接过程。

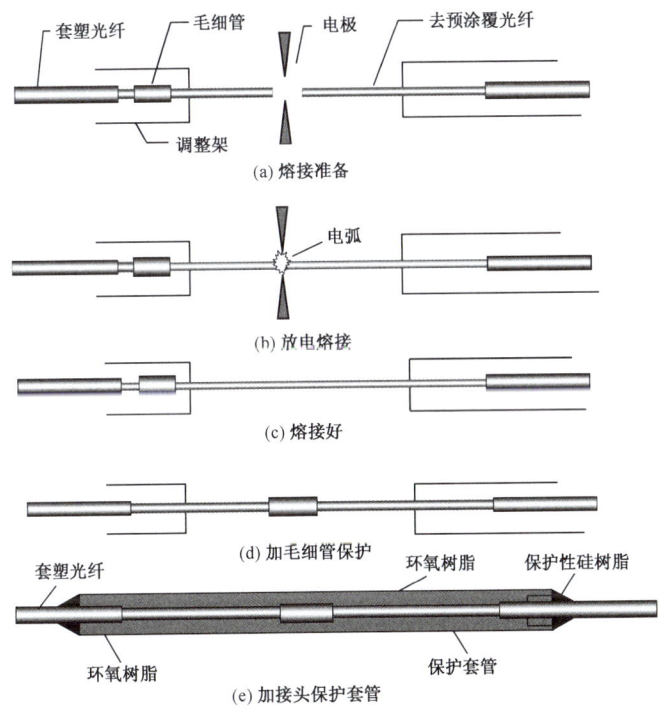
图 2-11 电弧熔接法

5.活动连接

活动光纤连接器通常由下述三部分组成：

(1)光纤端接元件,保护和定位光纤端面;

(2)对准规,定位光纤端接元件,使其耦合最佳;

(3)连接器外壳,保护光学元件不受环境的影响,将对准规和光纤端接元件固定在应有的位置,并端接光缆护套和应变元件。

活动光纤连接器有两大类。第一类是对接,在这种连接中,两个要连接的光纤端面互相靠紧并对准,以便使两根光纤的轴线重合。图 2-12 是一种光纤对接元件的结构图。将一根切头光纤固定在宝石孔的中央,形成连接器的一端,连接器的另一端有一根位于金属套的中心并伸出金属套端面的光纤。光纤的伸出部分用硅橡胶锥保护,硅橡胶锥还有助于光纤插进连接器的宝石孔内,保证初步对准。

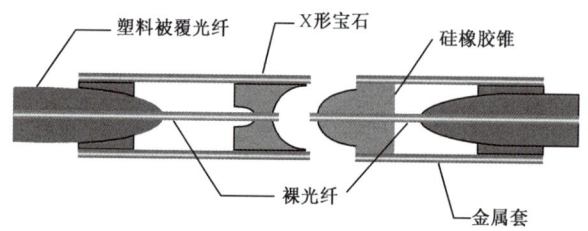

图 2-12 光纤对接元件结构图

第二类是用扩展光束法(透镜法)连接光纤。在这种方法中,发射光束由半个连接器增大,这种扩展了的光束再由另外半个连接器缩小到与接收光纤的芯线尺寸一致。由于光束被扩展,所以即使连接过程中存在两边轴线不一致的情况,其影响也会大大减小。将光纤端头做成锥形或是利用透镜,就可以使光束扩展。当把一个制备好的光纤端头固定在一个透镜的焦点上时,直径大于光纤芯线直径的准光束从透镜射出。当两个端接元件对准时就产生光学连接,如图 2-13 所示。光纤必须放在透镜的焦

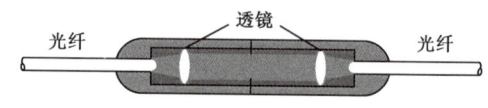

图 2-13 透镜法活动光纤连接器

点上,其准确度与两条光纤对接的准确度相同,因为接收光纤实际上是与发射光纤的镜像对接。光束直径的增大,降低了对连接公差的要求,即使存在着横向位移、轴向间隙以及端面的灰尘,衰减也不会增大很多。

活动光纤连接器从外形上看也有两大类,一类是螺旋式,另一类是插拔式。图 2-14、图 2-15 分别是这两种连接器的结构图。

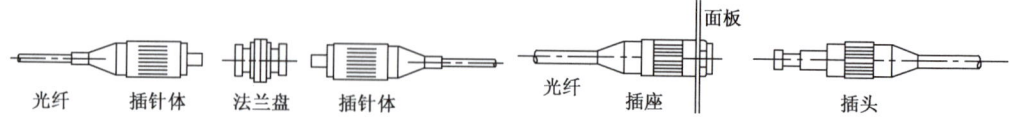

图 2-14 螺旋式活动连接器结构　　　　图 2-15 插拔式活动连接器结构

2.2.4 无线信道

无线信道包含了发送端和接收端之间的无线空间,以天线为信道的接口设备,如图 2-16 所示。无线信道的频率范围很宽,从极低频一直到微波波段,其中根据频率的不同和传播方式的不同又可以分为很多种信道,不同无线信道的传输特性与电磁波信号本身的性质有很大关系。

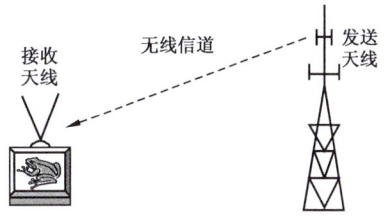

图 2-16 信号的无线传输

1. 电磁波

电与电磁波是相互关联的物理现象。一个电磁场包含了电场与磁场。所有的电路中都有场,因为当电流流过一个导体时,导体的周围会产生磁场,而任意有电压差的两点之间都会产生电场。这两个场都有能量,但在电路中这两个场能都会回到电路中去。如果场能不能完全回到电路中,就意味着电磁能量至少有一部分向外界辐射了,这个辐射能是人们不希望看到的,它会对周围的电子设备产生干扰。如果干扰来自一个无线电发射机,称为射频干扰,如果来自其他电子设备,称为电磁干扰(EMI),简称干扰。

与此相反,对无线电发射机来说,如何用天线将电磁能更有效地发向空中是主要关心的问题之一,天线设计必须要避免电磁能回到电路中。

图 2-17 是一个电磁波传播示意图,图中的两种波相互垂直且交替变化。波的极化方向取决于电场分量的方向。在图 2-17 中电场方向与地面垂直,因此这个波被称为垂直极化波,天线的指向决定了极化方向,垂直天线将产生垂直极化波。

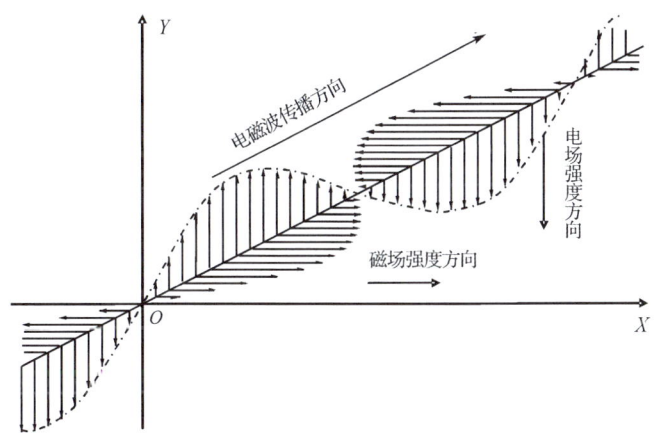

图 2-17 电磁波的传播

(1) 波前

波前可以定义为电磁波从源点向四面八方辐射时,所有同相位点组成的平面。如果一个电磁波在自由空间从一个点到四面八方是均匀的,就会产生一个球形波前,这个源被称为全向点源。图 2-18 是在自由空间中点源的两个波前的示意图。点源全向辐射,功率密度为

$$\rho=\frac{p_t}{4\pi r^2}(\text{W}/\text{m}^2)$$

这里，p_t 是点源的辐射功率，r 是波前距点源的距离。功率密度反映了在球形波前的情况下单位面积上获得的功率。由于球面面积与半径的平方成正比，所以如果波前 2 的距离是波前 1 的两倍，则密度将是波前 1 的四分之一。波前的面是曲面，但当其距源有相当距离时，一小块面可以看作平面，称作平面波前。

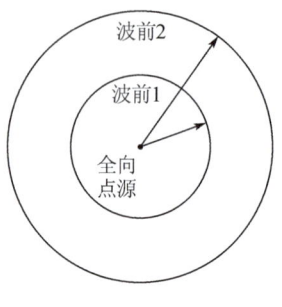

图 2-18 天线的波前

除了电磁波的功率密度外，反映某一点上电磁波强度大小的另一个参数是电场强度 ε，其计算公式如下：

$$\varepsilon=\frac{\sqrt{30P_t}}{r}$$

（2）反射

正如光波会被镜面反射一样，无线电波也会被任何导电的介质如金属表面或地球表面反射，且入射的角度与反射的角度相同，如图 2-19 所示。反射后入射波的相位与反射波的相位发生了 180°的变化。

如果反射体是理想的导体，且电场方向与反射体表面垂直，就会出现全反射，此时的反射系数为 1。反射系数定义为反射波的电场强度与入

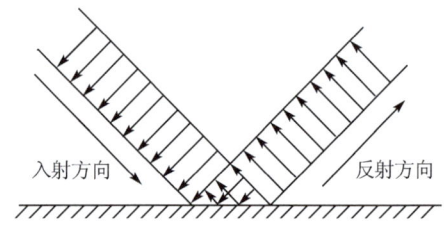

图 2-19 电磁波的反射

射波的电场强度之比。实际上一个非理想的反射体总是要吸收一部分能量，也有一部分会穿透反射体向其他方向传播，因此反射系数小于 1，也就是说，反射波的场强总是小于直射波。

如果入射波的电场方向不与反射体表面垂直，情况就会有很大的不同。在极端的情况下，如果入射波电场与反射体（导电的）表面平行，电场就会被短路，导体表面会产生电流，因而电磁波会受到很大的衰减。如果是部分平行，就会有部分衰减。所以水平极化的电磁波（如开路电视）只能以直射波传播，但在很多情况下它会受到各种建筑物（与地面垂直）的反射。

如果反射体表面是一个曲面，如一个抛物面天线，电磁波就会像光波一样被聚焦。

（3）折射

折射是电磁波传播时与光的传播类似的另一种现象。当电磁波在两种不同介质密度的介质中传播时就会发生折射。

图 2-20 是电磁波反射与折射的例子。显而易见，反射系数小于 1，因为有一部分能量通过折射进入另一个媒介中。

设入射角为 θ_1，折射角为 θ_2，两者的关系如下式：

$$n_1\sin\theta_1=n_2\sin\theta_2$$

这里，n_2 是折射介质的折射率，n_1 是反射介质的反射率。

(4)衍射

衍射是波在直线传播时绕过障碍物的一种现象。理论研究表明,球面波前的每一个点都可以被看作一个二级球面波前的源点,这个概念解释了为什么可以在山的背面接收无线电波。图2-21显示出在一个山的背面除了一小部分区域(称为阴影区)外电磁波都能被接收到,直射的波前到达障碍物后变成了一个新的点源向被阻挡的空间注入,使阴影区缩小,也就是无线电波沿着障碍物的边界产生了衍射。电磁波的频率越低,衍射越强,阴影区也越小。

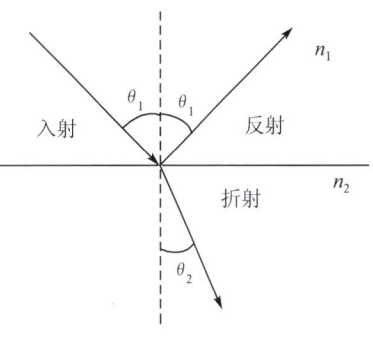

图2-20 电磁波的反射与折射

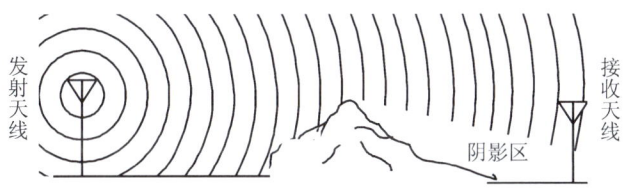

图2-21 电磁波的衍射

2.电磁波的传播模式

电磁波从发射机天线到接收机天线的传播主要有地面波、空间波和天波三种模式,在同一个无线电发送与接收系统中,这三个传播模式可能兼而有之,只是由于所选择的天线不同、工作频率不同等,三者中以其中一种为主要的传播模式。下面将要讨论,无线电波的传播特性主要取决于无线电波的频率。

(1)地面波传播

地面波是指沿地球表面传播的无线电波,也称为地表面波。地面波应是垂直极化的,否则地球表面会对水平极化的电场形成短路。地形变化对地面波的影响很大,如果地球表面的导电性很好,对电波的吸收小,电磁波的衰减也小。地面波在水面上传播要比在沙漠上传播的性能好。

地面波是很可靠的通信链路,不像天波一样会受时间与季节的影响。只要功率足够大,频率足够低,地面波可以传播到地球的所有地方。普通收音机接收的中波(535～1 605 kHz)广播就是以地面波的形式传播的。

地面波的衰减会随着频率的升高而增大。由于这个原因,地面波在频率高于2 MHz时不能有效传播。

地面波会受到另一种形式的衰减,如图2-22所示,原发射波应是垂直极化的,但由于地球表面是一个曲面,所以电磁波在绕地球传播过程中极化方向逐步发生了倾斜,到了离发射机有一定的距离后变成了水平极化波,电场被短路。电磁波的波长越长,频率越低,倾斜就越慢,地面吸收衰减也越小。高于5 MHz的地面波传播距离很短,主要的原因是极化倾斜导致地面吸收衰减增大。

(2)空间波传播

空间波有两种形式,一种是直射波,另一种是地面反射波,如图2-23所示。直射波在无线电通信中很常用,直射波的传播直接从发射天线到接收天线,无须沿地球表面传播,

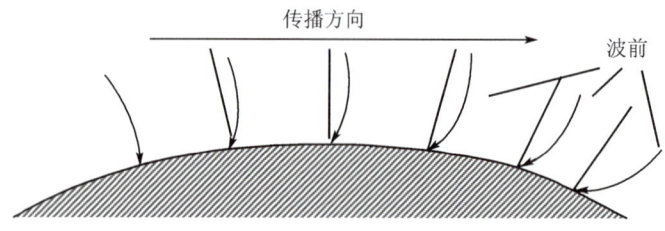

图 2-22 地面波传播过程中的极化倾斜

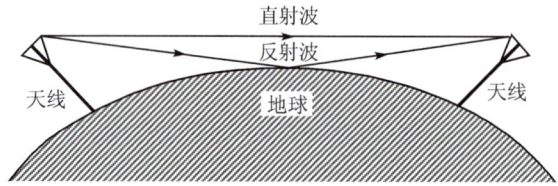

图 2-23 空间波传播

因此地球表面不对它产生衰减,也不会产生极化倾斜。

直射波只能进行视距传播,因此天线高度与地球曲率是限制直射波传播距离的主要因素。在地面上直射波的传播距离可以按如下公式估算:

$$d \approx 3.57(\sqrt{h_\mathrm{t}} + \sqrt{h_\mathrm{r}})$$

这里,d 为传播距离,也就是收发天线之间的距离,单位为 km;h_t 为发射天线的高度,单位为 m;h_r 为接收天线的高度,单位为 m。

直射波基本上不受频率的影响。在 30 MHz 以上波段,由于地面波和天波都不能用,所以基本上都是空间直射波。目前利用空间波进行传播的无线电通信系统主要有 900 MHz 移动通信系统、150 MHz 寻呼系统、调频广播、电视广播、卫星通信、地面微波通信等。当电磁波的频率在 30 MHz 以上时,空间波是主要的传播方式。

(3) 天波传播

天波传播是远距离通信的常用方式。距地面 60 km 以上的空间有一个由电子、离子等组成的电离层。电离层中的电子浓度、高度和厚度受太阳的电磁辐射、季节的变化等影响发生随机变化。当电磁波以较大的仰角向空中辐射到电离层时,电离层中的每一个带电粒子受电磁场的作用产生振动,这种运动的带电粒子又会向外辐射电磁波,宏观上看形成了电磁波的折射,其中有一部分会返回地面,就好像电离层对电磁波进行了反射,故将这种信道称为电离层反射信道,如图 2-24 所示。

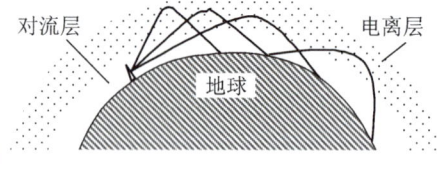

图 2-24 电离层反射波

电离层对短波波段(3~30 MHz)的电磁波的反射作用比较明显,故电离层反射常被用于短波通信和短波广播[①]。由于地球表面对短波电磁波也有反射作用,所以借助于电离层与地面之间的多次反射,可以进行全球通信。

---

① 短波也可沿地球表面传播,但距离较近,一般在 20 km 以内。

电离层反射信道是一种随参信道,其特性将随时间变化,主要表现在以下几个方面:
① 电离层对信号的衰减随时间变化
② 电离层对信号的延时随时间变化
③ 电波传播路径随时间变化

由于这几方面原因,接收端的信号会出现一致性衰落和选择性衰落。一致性衰落是指信号的各个频率成分受到相同的随机衰减,选择性衰落是指信号的各个频率成分受到不同程度的随机衰减。无论何种衰落对信号的正常接收都是不利的,尤其对宽带信号的接收更有害。在短波通信中,一般采用功能强的 AGC 电路来消除衰落的影响,如果必要,可以采取其他办法来消除衰落的影响。

无线信道的工作频率和传播方式见表 2-3。

表 2-3　　　　　　　　无线信道的工作频率和传播方式

名称	频率范围	波长范围	主要传播方式	用途
长波	30～300 kHz	1～10 km	地面波	远距离通信、导航
中波	300 kHz～3 MHz	0.1～1 km	地面波	调幅广播、船舶通信、飞行通信
短波	3～30 MHz	10～100 m	地面波 电离层反射	调幅广播、单边带通信
超短波	30～300 MHz	1～10 m	直射波 对流层散射	调频广播、雷达与导航、移动通信
微波	300 MHz 以上	1 m 以下	直射波	微波接力通信、卫星通信、移动通信

2.3 信号在信道中的传输

当一个信号从发送设备注入信道中进行传输时,有几种现象必然会发生:首先,信号从一地传到另一地需要时间,因此会产生传输时延(Propagation Delay)。其次,由于信号能量会向四面八方扩散或受到传播介质的损耗,所以接收端获得的信号电平可能会远小于发送端输出的电平,这种现象称为衰减(Attenuation)。如果一个信号的各个频率分量都受到相同比例的衰减,信号波形的形状就不会发生变化,仅仅是信号的大小变化而已。但实际上,信道的传输特性不可能是理想的,它对信号不同频率成分的衰减有所不同,因此就会产生波形的线性失真(Distortion)。最后,信号在信道内传输过程中还会受到干扰与噪声的影响,它们同样会使信号的波形发生变化。

2.3.1 衰减

衰减是由于信号在信道内传播过程中因能量损耗而导致的幅度减小。衰减通常用分贝值(dB)表示。设注入信道的信号电压(最大值或有效值)为 U_i,输出的信号电压(相应的最大值或有效值)为 U_o,则信道对该信号的电压衰减值为

$$L_U = 20\lg \frac{U_o}{U_i} \text{(dB)}$$

衰减

有时信道衰减也用功率衰减值表示:

$$L_P = 10\lg \frac{P_o}{P_i} \text{(dB)}$$

必须注意的是,分贝值只反映两个信号的相对大小,不能看作一个电压值或功率大小。有的资料中可能用分贝值的大小来表示一个信号的大小,它一定是相对于某一基准而言的。也有的资料在表述系统中某一点的电压或功率时,会以 dBμ 或 dBm 为单位,实际上指的是该电压值比 1 μV 大多少个分贝(dB)或功率值比 1 mW 大多少个分贝(dB)。

信号在有线信道中传输时,只有少量的能量会泄漏,因此能量扩散损耗较小;有线信道的介质对信号能量有一定的吸收作用,因此就有介质损耗。表 2-4 列出了用于 CATV 的同轴电缆的衰减特性。

表 2-4 同轴电缆的衰减特性

型号	衰减/(dB·km^{-1})		
	30 MHz	200 MHz	800 MHz
双屏蔽藕芯电缆Φ9 mm	22.0	61.0	132.0
SYV-75-5(实心)	70.6	190.0	473.0
SYV-75-7	51.0	140.0	—
SYV-75-9	36.9	104.0	—
SYV-75-12	34.4	96.8	—

例 2-1 频率为 200 MHz、电压电平为 78 dBμ 的有线电视信号,在通过长度为 100 m 的 SYV-75-7 同轴电缆后,其输出的电压电平是多少?

解:从表 2-4 中可查到,100 m 的 SYV-75-7 同轴电缆的衰减量为 14 dB。因此电缆的输出电平为

$$U_o = U_i - L = 78 - 14 = 64 \text{(dBμ)}$$

信道对不同频率的信号有不同的传输能力,这种能力通常用信道的传输特性表示。例如,公共交换电话网(PSTN)只能让 300～3 400 Hz 的信号(话音信号)通过。一条长度 1 km 的同轴电缆的传输特性如图 2-25(a)线所示,它具有低通特性,可以使包括直流在内的各种信号通过,并且随着信号频率的增加,信号的衰减增大;如果这条

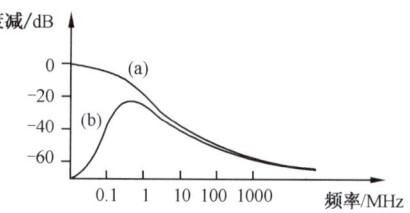

图 2-25 1 km 同轴电缆的传输特性

电缆通过一个电容与收发设备相连,则其传输特性可能是如图 2-25(b)线所示的特性。由于电容的作用,直流不能通过信道,低频信号也有较大的衰减,因此信道具有带通特性。由此可见,信道对于不同频率的信号具有不同的衰减。如果做进一步分析,可以发现,信道对不同频率的信号还有不同的相移。

当信号以电磁波的方式在无线信道中传输时,由于电磁波会向四面八方传播,真正到达接收天线上的信号能量很少,扩散损耗非常大。电磁波在自由空间传播的扩散损耗可以用以下公式计算:

$$L = 10\lg\left(\frac{4\pi d}{\lambda}\right)^2 \text{(dB)}$$

式中:d 为传播距离,λ 为电磁波的波长。

图 2-26 是自由空间电磁波能量扩散损耗曲线。例如,在距离 900 MHz 移动通信基

站 1 km 处电磁波的损耗约为 91.53 dB。自由空间是指电磁波传播过程中没有任何反射和吸收的区域，地面上的通信由于地球表面及各种建筑物的影响，各点上的传播损耗（包括扩散损耗和介质损耗）与计算值会有所不同。

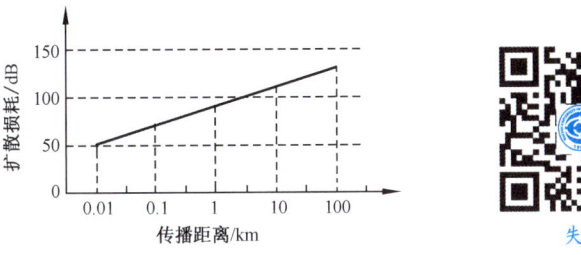

图 2-26　电磁波能量扩散损耗曲线

实际的无线电通信系统的收发双方都会采用有向天线。发送天线可以将信号的能量集中到接收方向，而接收天线可以将接收电磁波的范围扩大，这两者都是抵消过大的能量扩散的有效措施。

2.3.2　失　真

当一个正弦信号通过一个线性的信道时，正弦波的幅度会衰减，还会有相移（时延），但仍然是相同频率的正弦波。现有的信道绝大多数可以看作线性信道，因此信号在其中传输时不会出现非线性失真，不会产生新的频率成分。

实际的信号有一定的频带宽度，可以看作是由多个正弦分量组成的，如果信道对不同频率的正弦分量表现出不同的衰减量和时延，这样的信号在信道中传输时会不可避免地产生失真。这种失真不会产生新的频率成分，称为线性失真（Linear Distortion）。

例如，一个方波信号经过信道传输后，由于高频分量受到衰减，信道输出的波形发生了变化，如图 2-27 所示。图 2-28 是一个有一定带宽的信号在通过具有带通特性的信道后信号频谱发生变化的示例。图中，假定传输前的信号在 $f_1 \sim f_2$ 频率范围内各频率成分的大小是一样的，信道的传输特性反映了它对各频率成分的不同衰减，因此信号经过信道传输后各频率成分的大小发生了变化。

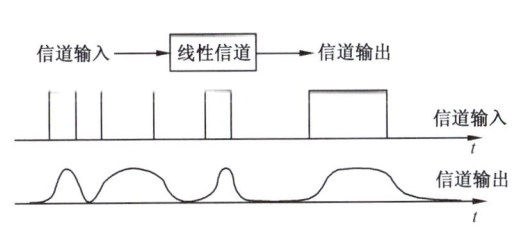

图 2-27　信号在信道中传输时的波形失真

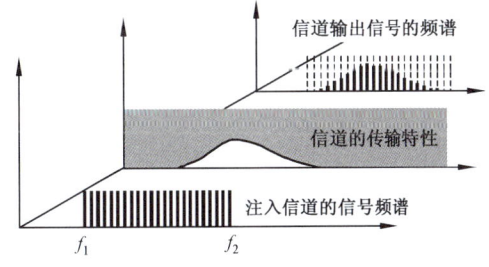

图 2-28　信号传输过程中的线性失真

信号在信道中传输产生线性失真的现象与信号通过滤波器后一些频率成分被滤掉（受到很大的衰减）是类似的，当信号的频带宽度相对于信道的带宽来说很窄时，一般不考虑信号会受到线性失真。

线性失真可以通过在信道输入端或输出端加均衡器的方法进行补偿，如图 2-29 所示。

均衡器根据信道的传输特性进行设计与调节,其主要作用是对信号不同频率成分进行不同的衰减与时延,使信号各频率成分通过信道和均衡器后总的衰减与时延基本相同。

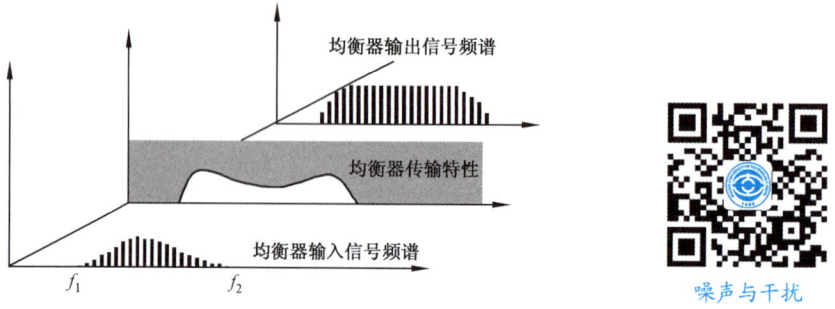

图 2-29　对线性失真信号的均衡示意图

2.3.3　噪声与干扰

噪声(Noise)是电量的随机波动,它会使信号受到影响。信号在信道中传输时,来自信道和传输设备的各种噪声都会叠加到信号上。图 2-30 是一个受到噪声影响的数字信号波形,噪声的存在将会影响接收机对信号电平的判断,严重时会造成对信号码元的错误接收(误码)。如果噪声具有与信号频率相同的分量,接收机就很难用一般的滤波器将它从信号中去除。信号受噪声的影响大小取决于信号与噪声的功率比值,简称信噪比(SNR),其定义为

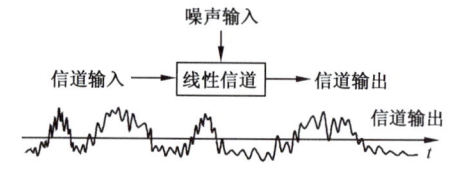

图 2-30　噪声对信号的影响

$$SNR = \frac{平均信号功率}{平均噪声功率}$$

信噪比越大,信号的质量就越好。

噪声有多种来源且形式也不同。比较常见的一种噪声是热噪声,它的功率均匀地分布在相当宽的频带范围内,就好像多种色彩的光合成白光一样,故也称为白噪声。热噪声起源于电子的热运动。因为所有的电导体都会产生热噪声,所以所有的电子设备内部都会产生热噪声。

热噪声无处不在且很难抑制。当信号在信道中传输时,噪声会在信道的任一点上产生,并且会逐点积累,如图 2-31 所示。因此在离发送端越远的地方信号的信噪比越小;放大器可以使信号的功率增加,同时也使噪声的功率增加,因此不会改

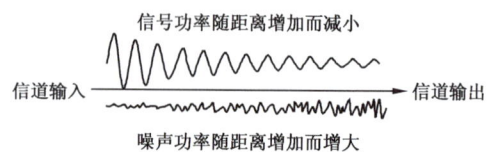

图 2-31　传输距离与信噪比的关系

善信噪比,相反地,由于放大器本身会引入噪声,放大后的信噪比会变差,在信号比较小的情况下尤其如此。由此可见,噪声是影响通信系统性能的重要因素之一。

噪声的另一种形式是串音(Crosstalk),来自其他通信系统,一般情况下称之为干扰(Disturbance)。在有线通信系统中,两条并行的通信线路之间由于分布电容的存在或互

感耦合会造成信号的相互干扰,使信道 1 的输出信号中含有来自信道 2 的一部分能量,如图 2-32(a)所示;在频分多路复用系统中,一个信道中同时有多个不同频率的信号在传播,也可能会造成信号的相互干扰,如图 2-32(b)所示;在无线电通信系统中,接收天线会同时收到来自多个通信设备发送的电磁波,它们之间也会产生相互干扰,如图 2-32(c)所示。

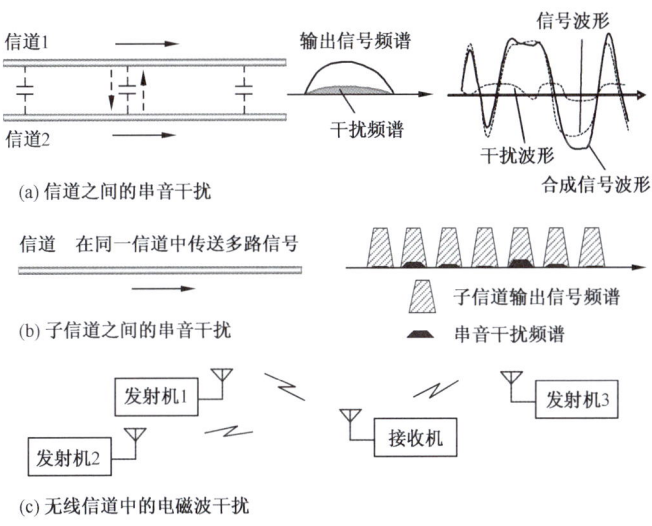

图 2-32 来自其他通信系统的干扰

上述干扰大致上可以分成两类:一类是同频干扰,另一类是非同频干扰。对于同频干扰,由于干扰的频率与信号的频率相同,接收设备几乎无法处理,只能通过对信道的有效屏蔽或改变通信频率避开干扰;对于非同频干扰,接收机可以用合适的滤波器滤除。必须注意的是,由于接收电路可能存在的非线性,非同频干扰在电路的非线性作用下会形成组合而转化成同频干扰,因此在一些接收机电路中对前端电路往往提出很高的线性要求。

还有一种噪声称为脉冲噪声,由系统外部的各种电气设备产生,如开关、电机等,太阳黑子爆发、雷电等也会产生这种噪声,其特性有的类似于热噪声,有的类似于其他通信设备干扰。良好的屏蔽装置可有效地抑制脉冲噪声和串音。

信号在远距离传播时,虽然可以用足够数量的放大器来补偿传播损耗,但信道中引入的干扰与噪声(包括放大器本身的噪声)会不断积累,最终会使信号的信噪比太小而导致接收端无法正常接收。

本章小结

信号的性质可以在时域和频域两种情形下分析。在时域分析信号时,我们看到的是信号波形;但在通信领域,我们更多的是在频域对信号进行分析,即考察信号的频谱。方波信号的频谱受信号的周期及脉冲宽度影响。

常见的信道有双绞线、同轴电缆、光纤等有线信道和无线信道。信号在信道中传输时会衰减、失真和遇到各种干扰与噪声。根据信号的特点合理地设计和调整信道特性可以提高通信性能。

实验与实践　信号频谱仿真观测与通信介质认识

项目目的：

1.观察信号的频谱特征,了解信号时域波形和频谱形状的联系,建立信号频域分析的概念；

2.观察常用通信介质,学会使用常用通信线路加工及检测工具。

项目实施：

一、信号观测

1.熟悉信号发生器、示波器和频谱仪的使用；

2.正确连接信号发生器、示波器和频谱仪,观察信号的波形和频谱；

3.记录示波器和频谱仪上信号的参数,分析信号的时域和频域特征。

二、通信介质的观察、加工和检测

1.双绞线

(1)认识各种音频双绞线、数据双绞线(网线)；

(2)掌握双绞线的色标识别方法；

(3)掌握卡线刀的使用；

(4)掌握网线的压接方法,尤其是屏蔽双绞线的制作；

(5)掌握双绞线测试仪的使用方法。

2.同轴电缆

(1)认识各种不同型号的同轴电缆；

(2)认识同轴电缆的 Q9、L9 等不同的接头；

(3)掌握同轴电缆的接头焊接方法；

(4)掌握综合数据测试仪的使用。

3.光纤与光缆

(1)认识光纤及不同用途、结构的光缆；

(2)观察通信光缆及光缆接头盒的结构；

(3)掌握光纤熔接机的使用；

(4)掌握 OTDR 的使用。

项目实施成果：

1.卡接正确的音频双绞线；

2.制作正确的网线；

3.制作正确的同轴电缆接头；

4.熔接正确的光纤；

5.实验报告。

习题与思考题

1.用于电话网中的双绞线其传输带宽：_____。

A.随线径的增加而增加　　B.随线径的增加而减小　　C.与线径无关

2.一般来说,传输媒介的传输带宽：_____。

A.随传输距离的增加而增加　B.随传输距离的增加而减小　C.与传输距离无关

3.同轴电缆用_____信号来传递信息。

A.红外　　　　　　B.光　　　　　　C.声　　　　　　D.电

4.下列通信介质中,传输频率最高的介质是_____。
　A.双绞线　　　　B.同轴电缆　　　　C.地面微波　　　　D.光纤

5.设两个频率分别为 30 MHz 和 200 MHz,功率为 110 dB 的载波,经过 1.5 km 的同轴电缆(型号为 SYV-75-5)传输后,其输出端匹配负载上的信号功率是多少?

6.单模光纤和多模光纤有何区别?

7.设某一电视发射塔距地面的高度为 300 m,电视机天线距地面的高度为 10 m,如果电视台发送的信号功率足够大,请问该电视信号的覆盖范围是多大?

8.在一个无线电发射机发射功率确定的情况下,为了使接收端可以得到更大的信号电平,请问是提高接收天线的增益好还是在接收端加放大器好?为什么?

9.如果要从一个频率为 1 kHz 的周期性方波中取出频率为 3 kHz 的正弦波,请问要用什么样的滤波器?

拓展阅读

气吹型光纤复合电缆简介

2013 年 11 月 12 日国家发布了低压光纤复合电缆国家标准 GB/T 29839—2013《额定电压 1 kV(U_m＝1.2 kV)及以下光纤复合低压电缆》。2015 年 4 月 2 日国家能源局发布了中压光纤复合电缆标准 NB/T 42050—2015《光纤复合中压电缆》。国家电网公司自主设计研发了一款气吹型光单元后敷设光纤复合电缆。

1　结构优势

图 1 和图 2 分别示出了常规光纤复合电缆和气吹型光纤复合电缆的结构。可见,两者结构基本相同,只是前者的缆芯由动力线芯与光单元直接复合而成,而后者的缆芯由动力线芯与光通信管道复合而成。气吹型光纤复合电缆中光通信管道是为光单元预留的通道,待需要时再利用机械推进器和空气压缩机把强大气流输送进管道,气流促使光单元前进,实现光单元的后敷设功能。

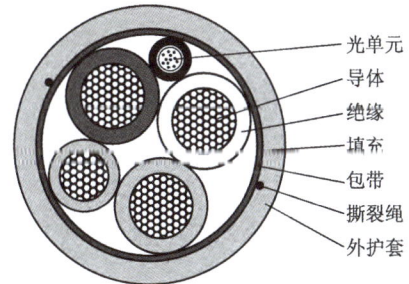
图 1　常规光纤复合电缆的结构

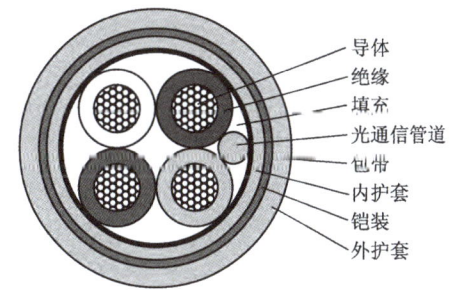
图 2　气吹型光纤复合电缆的结构

2　功能优势

2.1　光纤增补与扩容功能

常规光纤复合电缆是将光单元与动力线芯直接复合,电网设计部门在初期设计选型时往往只考虑当前的使用需求,一旦后期涉及小区扩建、用户端增加或相关不可预料的情况,需要重新增补光单元时,便无能为力,因此造成了唯一的解决方案是新增管道,敷设新的光缆以满足用户需求。

气吹型光纤复合电缆在产品设计时将光通信管道与动力线芯直接复合,对于规划时难以预料的情况,可以选用管束型光通信管道(如图3所示),即先使用一根光通信管道,后续在用户端增加时再利用其余提前预置的光通信管道,管束型光通信管道中敷设的微型光

图3 管束型光通信管道实物照片

单元的光纤芯数容量远远大于普通光单元(一根管道就能容纳144芯的光单元),因此采用管束型光通信管道与动力线芯进行复合,基本能满足任何情况下的光单元增补与扩容需求。

2.2 光单元更换功能

在施工及使用过程中会因一些情况造成光纤复合电缆光单元的意外损伤而需要更换,或者在使用一段时间后设计部门及用户想更换成性能更好的光单元。

这对于在成缆复合时光单元即与动力线芯绞合在一起的常规光纤复合电缆来说,因无法将光单元直接从缆芯中抽出,更换功能是不可能实现的。气吹型光纤复合电缆在设计理念上就是一款光单元后敷设的光纤复合电缆,因此当需要更换光单元时,可直接利用气吹原理将原先使用的光单元吹出,再敷设新的光单元即可完美实现光单元的更换功能。

3 经济优势

通过市场调研发现,电网设计部门在设计选型时选用的光纤复合电缆,只是考虑了日后可能有的使用需求。提前设计好的光纤复合电缆,在实际使用时其光单元大多并未得到利用,而处于闲置状态,这造成了很大的资源浪费。气吹型光纤复合电缆则可在需求无法确定时,先不敷设光单元,一旦有使用需求就可随时进行敷设。气吹型光纤复合电缆只需要使用最普通的高密度聚乙烯管(SYH型光通信管道)与动力线芯复合即可满足使用需求,由此与需求不确定而后续光单元未完全使用情况下的生产成本进行了对比,见表1。可见,相对于常规光纤复合电缆的光单元,气吹型光纤复合电缆的光通信管道成本投入至少节约50%。

表1 常规光纤复合电缆光单元和气吹型光纤复合电缆光通信管道的成本对比

单元	单价/(元·m^{-1})
GT2-24B1 光单元	12.0
GT1-24B1 光单元	15.0
SYH 型光通信管道	6.0

4 应用优势

与电网设计部门沟通后发现,目前仍有一些应使用光纤复合电缆的场所,在设计时并未采用光纤复合电缆,而仍采用两条管道分别敷设电力电缆与光缆的方式,其原因主要有以下两方面:a.有些线路设计时动力线芯的接续位置与光单元的接续位置有一段距离(一般≥10 m),如采用常规光纤复合电缆,一方面增加了成本,需增加电缆的生产长

度,重新截断电缆露出光单元,再进行光单元的接续,另一方面光单元长距离的直接裸露敷设很容易造成损伤;b.一些线路电力电缆与光缆只共有一段路由,特别是终端接续不在同一室内,两者间相互距离则更长,常规光纤复合电缆根本无法满足安装及使用需求。

  气吹型光纤复合电缆的结构设计可彻底解决以上难题:a.对于终端处动力线芯与光纤接续盒有一定距离的情况,可采取两端直接预留光通信管道的方式(如图4所示)。由于光单元含有光纤,一旦光单元遭遇弯折、磕碰等情况,光纤极易受损,所以在生产常规光纤复合电缆时无法做到直接预留,否则将很容易导致光单元受损,如果增加动力线芯的生产长度以对光单元进行保护,则将造成生产成本的浪费,并且在后续使用过程中也很难保证光单元不受损伤。由于气吹型光纤复合电缆采用了光通信管道复合结构,而光通信管道材质主要是聚乙烯管或硅塑复合管,不管是强度还是抗弯曲性能均能满足电缆生产要求,因此在生产气吹型光纤复合电缆时可直接预留光通信管道,且管道伸出部分不再需要动力线芯的保护,这不仅节约了生产成本,而且光单元在后敷时直接置放于管道内,也避免了使用过程中光单元的损伤问题。b.对于动力线芯与光单元只有一段路由是共有的情况,可采用气吹型光纤复合电缆边侧外接光通信管道分支的方案进行解决。在共有路由部分,气吹型光纤复合电缆可直接按常规工艺方法进行制作,仅在动力线芯与光单元需分流的位置增加一根光通信管道分支(即接插管道,如图5所示),接插管道的长度可根据使用要求设计,不同环境的使用需求不同,光通信管道可以通过增加护层、铠装等结构加以满足。在接插管道与主缆进行分支续接后,同样可通过气吹原理进行光单元敷设,实现管道共用功能。

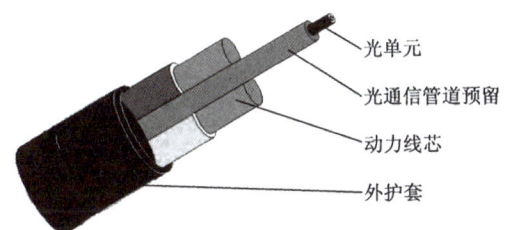

图4 两端光通信管道预留示意图

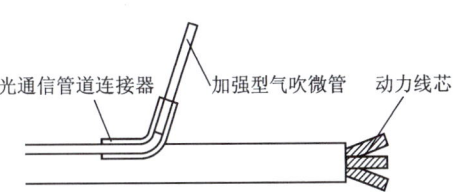

图5 光通信管道分支接插示意图

(节选自:张涛,虞踏峰,钱子明.气吹型光纤复合电缆优势解析[J].光纤与电缆及其应用技术,2017(5):42-43.)

第3章 数字编码技术

学习目标

1. 了解信源编码的目的与分类；
2. 掌握PCM语音编码技术；
3. 了解信道编码的目的与分类；
4. 掌握几类常用信道编码技术；
5. 掌握时分多路复用的原理与参数。

编码与解码是数字通信中应用的主要技术之一。编码是指用二进制的数字代码来表示信息。在数字通信中，编码是指用一组组二进制的数字代码来表示一个个模拟信号抽样值的过程。所以简而言之，编码就是把模拟信号转化为数字代码序列的过程。

信号经过编码变成数字信号传送给对方，对方需要把它还原成原来的信号才能让接收者了解所传送的信息的内容。把二进制数字信号还原为模拟语音信号的过程就叫作"解码"。解码又叫作"译码"，就是把信号从编码的形式恢复成原来的信息形式。

数字编码有两种类型：一类是信源编码，信源编码可以定义为将信息或信号按一定的规则进行数字化的过程；第二类是信道编码，也称差错控制编码，它是为了让误码所产生的影响减至最小所进行的编码。

3.1 信源编码

在自然界中信号有两种形式：一种本身具有离散的特点，如文字、符号等，对这一种信号可以用一组一定长度的二进制代码来表示，这一类码统称为信息码；另一种是连续信号，如语音、图像等，对这种信号的数字编码与解码过程，实际上就是模/数转换（A/D转换）和数/模转换（D/A转换）。

信息码的编码比较简单，它实际上是把离散且状态有限的值用二进制数来表示。更复杂的编码是对模拟信源的数字编码。来自自然界的信息主要是模拟信息，由于数字通信在信号的传输质量、信号的处理等方面具有模拟通信系统所不可比拟的特性，模拟信号的数字传输已成为现代通信的重要组成部分。要实现模拟信号的数字传输，首先必须将模拟信号进行数字编码，也就是 A/D 转换。通信系统对 A/D 转换的要求大致有以下几个方面：

（1）每一路信号编码后的速率要低。在传码率一定的传输系统中，每一路信号的码元速率越低，意味着系统的利用率就越高，也就是可以传送更多路的信号。

（2）量化噪声要小。量化噪声在模拟信号数字化过程中必然存在。在信号电平一定时，量化噪声越小，信号的质量就越高，解码后的信号就越接近原信号。

（3）要便于通信系统的多路复用。一个大的通信系统一般要传输多路信号，这就是多路复用，数字化的信号应适合进行多路复用。

（4）编码与译码电路要简单。

3.1.1 信息码

信源编码目的与分类

文字或符号之类的信息本身有数字特性，可以用一个等长的码组表示，这种码组称为信息码。信息码的码组长度与符号的总数有关。设符号的总数为 N，码组的长度为 B，则有 $B \geqslant \log_2 N$。

这里的 B 应是整数。从提高编码效率的角度出发，B 的取值应尽量小。例如，对 26 个英文字母进行二进制编码时，$B_{min} = \log_2 26 \approx 4.7$，因此可取 $B=5$。

ASCII 码是最常用的信息码之一，ASCII 码是码组长度为 7 位的二进制码，可以表示 128 个不同的字符。

3.1.2 语音编码

语音编码技术通常分为三类：波形编码、参量编码和混合编码。其中，波形编码和参量编码是两种基本类型。

波形编码是将时间域信号直接变换为数字代码，力图使重建语音波形保持原语音信号的波形形状。波形编码的基本原理是在时间轴上对模拟语音按一定的速率抽样，然后将幅度样本分层量化，并用代码表示。解码是其反过程，将收到的数字序列经过解码和滤波恢复成模拟信号。波形编码具有适应能力强、语音质量好等优点，但所用的编码速率高，在对信号带宽要求不太严格的通信中得到应用，而对频率资源相对紧张的通信系统来说，这种编码方式显然不合适。

脉冲编码调制(PCM)和增量调制(DM),以及它们的各种改进型自适应增量调制(ADM)、自适应差分编码调制(ADPCM)等,都属于波形编码技术。它们分别在64 kbit/s 以及16 kbit/s 的速率上,能给出高质量的编码,当速率进一步降低时,其性能会下降较快。

参量编码又称为声源编码,是将信源信号在频率域或其他正交变换域提取特征参量,并将其变换成数字代码进行传输。具体说,参量编码通过对语音信号特征参数的提取和编码,力图使重建语音信号具有尽可能高的可靠性,即保持原语音的语意,但重建信号的波形同原语音信号的波形可能会有相当大的差别。这种编码技术可实现低速率语音编码,比特率可压缩到 2.0~4.8 kbit/s,甚至更低,但语音质量只能达到中等,特别是自然度较低,连熟人都不一定能听出讲话人是谁。线性预测编码(LPC)及其他各种改进型都属于参量编码。

混合编码将波形编码和参量编码组合起来,克服了原有波形编码和参量编码的弱点,结合各自的长处,力图保持波形编码的高质量和参量编码的低速率,在 4~16 kbit/s 速率上能够得到高质量的合成语音。多脉冲激励线性预测编码(MPLPC)、规划脉冲激励线性预测编码(KPELPC)、码本激励线性预测编码(CELP)等都属于混合编码。很显然,混合编码是适合于数字移动通信的语音编码技术。

虽然实际应用的编码技术有多种不同形式,但波形编码体现了语音编码的最基本特征,所以下面以波形编码为例来介绍语音编码技术。

1. 波形编码的基本原理

绝大多数模拟信号从波形上看是时间上连续、状态(电压值)连续的信号,而数字信号则是时间上离散、状态离散且用数字代码表示的信号,因此模拟信号的数字编码通过取样、量化和编码三个步骤实现。

(1)取样

波形编码的第一个步骤是将时间上连续的模拟信号转换成时间上离散的模拟信号。这个过程可以通过对模拟信号的取样来实现。图 3-1 是取样电路原理及其工作波形。取样电路实际上是一个电子开关,取样脉冲是一个周期性的矩形脉冲。在取样脉冲高电平出现期间电子开关导通,输出模拟信号,其余时间电子开关关闭,输出零电平。这样,随着电子开关的周期性导通与关闭,模拟信号被转换成了样值脉冲序列。这个样值脉冲序列也称为脉冲幅度调制(PAM)信号。

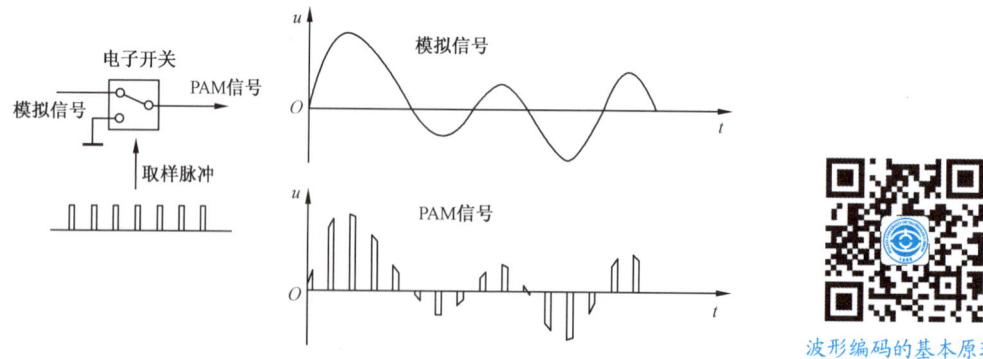

图 3-1 取样电路原理及其工作波形

取样脉冲的重复频率必须满足取样定理的要求,否则就无法将 PAM 信号恢复成原来的模拟信号。如果一个模拟信号的最高频率为 f_H，取样定理要求取样速率必须不小于 $2f_H$。$2f_H$ 称为奈奎斯特速率。

(2) 量化

波形编码的第二个步骤是将每一个样值进行量化。量化是将每一个样值用有限个规定值替代的过程，这些规定的值称为量化电平。例如，设模拟信号的电压为 $-1.0\sim+1.0$ V，如果规定量化电平为 $-1.0、-0.9$ V，$\cdots$，$+0.9、+1.0$ V，则当信号样值在 $+0.85\sim+0.95$ V 时，就用规定的量化电平($+0.9$ V)去代替。图 3-2 是对样值脉冲进行量化的示意图。

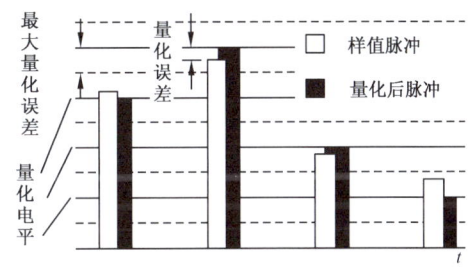

图 3-2　量化及量化误差

样值脉冲一旦进行了量化，以后不管如何处理，只能恢复成量化电平，无法再精确地恢复到原来的值，这样量化前的信号脉冲与量化后的脉冲值之间出现了误差，这个误差称为量化误差，在通信中表现为一种加性噪声，所以也称为量化噪声。信号功率与量化噪声功率之比称为量化信噪比，它是衡量编码器性能优劣的重要指标之一。量化信噪比一般用分贝值表示，计算公式如下：

$$\frac{S}{N} = \frac{信号功率}{量化噪声功率}(dB)$$

(3) 编码

波形编码的第三个步骤是用一组代码来表示每一个量化后的样值。量化以后每一个样值都被有限个量化电平代替，这些电平可以用一定长度的码组表示，这就是编码，如图 3-3 所示。通常波形编码过程中量化与编码同时进行。

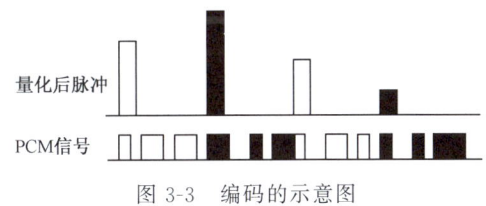

图 3-3　编码的示意图

2. 脉冲编码调制(PCM)

脉冲编码调制(PCM)是一种在通信领域用得较为普遍的波形编码方式。图 3-4 给出了 PCM 系统的编解码过程。

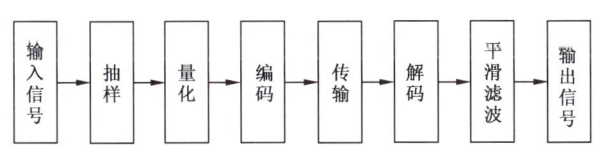

图 3-4　PCM 系统的编解码过程

PCM编码的基本原理

图 3-4 中，解码是编码、量化的逆过程，而平滑滤波则是将解码后的 PAM 信号通过低通滤波器恢复成原有的模拟信号。

(1) 编码率

编码率表示对一秒钟特定信号编码后产生的数据量。通信系统要求编码率尽可能地降低，这样可以提高系统的利用率，在同样资源下为用户传输更多的信息。编码率=取样频率×码组长度,所以在取样频率已确定时,减小码组长度可以降低编码率。在信息码部分我们已经看到,码组长度与信号的状态数有关。采用非均匀量化可以减少状态数,进而做到在满足量化信噪比要求的前提下减小码组长度。

(2)均匀量化与非均匀量化

图 3-5 是均匀量化与非均匀量化的量化误差与量化电平对照示意图。量化电平差为 1 V,则共有 16 个量化电平,每一个量化电平需要用 $\log_2 16 = 4$ 个二进制代码表示,最大量化误差为 0.5 V。当信号为 1 V 时量化信噪比为4(6 dB),当信号为 8 V 时量化信噪比为 256(24 dB)。

非均匀量化时,量化电平差随信号大小而变化,分别为 0 V(0~1 V)、1 V(1~2 V)、2 V(2~4 V)、4 V(4~8 V)和 8 V(8~16 V),最大量化误差也随之发生变化,当信号为 1 V

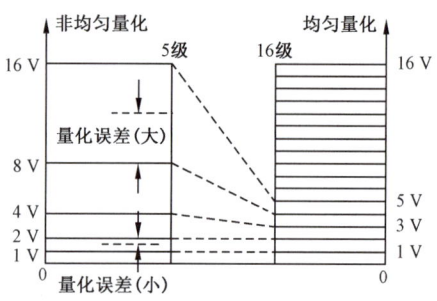

图 3-5 均匀量化与非均匀量化的量化误差与量化电平对照示意图

时,最大量化误差为 0.5 V,量化信噪比为4(6 dB),当信号为 8 V 时,最大量化误差为 4 V,量化信噪比仍为4(6 dB),可见非均匀量化使大信号的量化信噪比下降,但由于只有 5 个量化电平,只需 3 位二进制代码就可以表示每一个量化电平,非均匀量化的编码率低于均匀量化。

采用均匀量化时其量化信噪比随信号电平的减小而下降,造成大信号时信噪比有余而小信号时信噪比不足的缺点。如果使小信号时量化级间宽度小些,而大信号时量化级间宽度大些,就可以使小信号时和大信号时的信噪比趋于一致,称为非均匀量化。非均匀量化的特点是:信号幅度小时,量化间隔小,其量化误差也小;信号幅度大时,量化间隔大,其量化误差也大。

非均匀量化与均匀量化的量化电平对应关系可以用如图 3-6 所示的曲线表示。非均匀量化过程如图 3-7 所示。如果对 x 轴的信号进行不等比例压缩,如将 8~16 V 压缩到 4~5 V,将 4~8 V 压缩到 3~4 V……就可得到一条线性的线,因此这条曲线也称为压缩特性曲线。

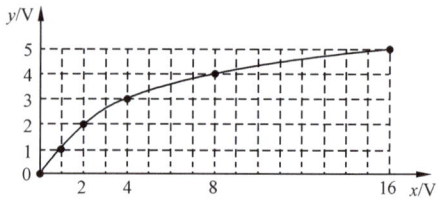

图 3-6 压缩特性曲线

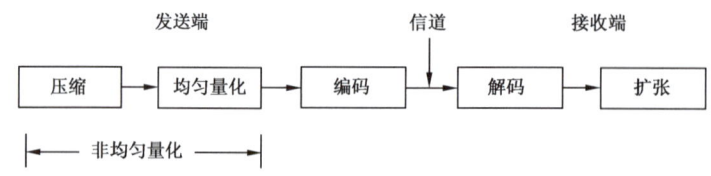

图 3-7 非均匀量化过程

CCITT G.711 对 PCM 的压扩特性有两种建议,分别称为 A 压扩律和 μ 压扩律。我国采用的是 A 压扩律。

(3) A 律 13 折线压扩特性

设在直角坐标系中 x 轴与 y 轴分别表示压缩器的输入信号与输出信号的取值域,并假定输入信号与输出信号的最大范围是 $-E\sim +E$。具体实现的方法是:对 x 轴在 $0\sim 1$(归一化)范围内以 $1/2$ 递减规律分成 8 个不均匀段,其分段点是 $1/2$、$1/4$、$1/8$、$1/16$、$1/32$、$1/64$ 和 $1/128$。然后将每一段均匀地分为 16 个量化级,这样,在 $0\sim +E$ 范围内共有 $8\times 16=128$ 个量化级,各段之间量化电平差是不相同的,而同一段内各量化级的量化电平差是相同的。第 8 段的量化电平差最大,$\xi_8=\dfrac{E}{2}\div 16=\dfrac{E}{32}$,第 1、2 段的量化电平差最小,$\xi_{1,2}=\dfrac{E}{128}\div 16=\dfrac{E}{2\,048}$,设 $\Delta=E/2\,048$,则 x 轴上各量化电平值见表 3-1。

表 3-1　　　　　　各段起始电平与量化电平差(基本单位 1)

段落	1	2	3	4	5	6	7	8
起始电平	0	16	32	64	128	256	512	1 024
量化电平	0、1、…、15	16,17,…、31	32,34、…,62	64,68、…,124	128,136、…,248	256,272、…,496	512,544、…,992	1 024,1 088、…,1 984
量化电平差	1	1	2	4	8	16	32	64

把 y 轴的信号取值区间均匀地分为 8 段,每段再均匀地分为 16 等份,这样也得到了均匀的 128 个量化级。如果将 x 轴上各段的起始电平作为横坐标,将 y 轴上对应段的起始电平作为纵坐标,则可在坐标系的第一象限上得到 9 个点(包括第 8 段终点)。将两个相邻的点用直线连接起来,得到 8 条折线。实际上第一、二条折线的斜率是相同的,再考虑到 $(-E,0)$ 区间,总共可得到 13 条折线。由这 13 条折线构成的压扩特性具有 A 律压扩特性,故称为 A 律 13 折线压扩特性,如图 3-8 所示。

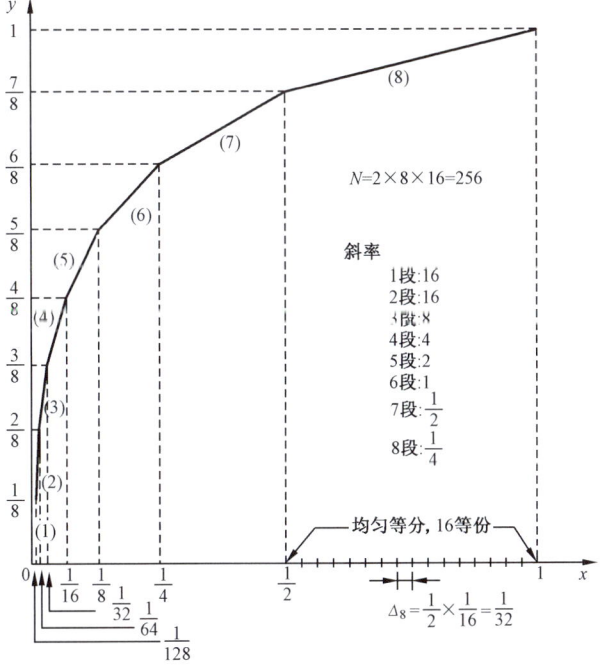

图 3-8　A 律 13 折线压扩特性

(4) A 律 13 折线编码方法

采用 A 律 13 折线压扩特性的 PCM 编码，每一个样值脉冲用 8 位二进制码表示。8 位二进制码共有 256 种组合，分别代表 256 个量化电平。采用的码型是折叠二进制码，折叠二进制码沿中心电平上下对称，适于表示正负对称的双极性信号。它的最高位用来区分信号幅值的正负。折叠码的抗误码能力强。表 3-2 列出了用 4 位二进制码表示 16 个量化级的折叠码型。

表 3-2　　　　　　　　　　　　折叠二进制码

样值脉冲极性	自然二进制码	折叠二进制码	量化级
正极性部分	1111	1111	15
	1110	1110	14
	1101	1101	13
	1100	1100	12
	1011	1011	11
	1010	1010	10
	1001	1001	9
	1000	1000	8
负极性部分	0111	0000	7
	0110	0001	6
	0101	0010	5
	0100	0011	4
	0011	0100	3
	0010	0101	2
	0001	0110	1
	0000	0111	0

折叠二进制码的特点是正、负两部分对半分，除去最高位后，呈倒影关系、折叠关系，最高位上半部分为全"1"，下半部分为全"0"。这种码的明显特点是，对于双极性信号，可用最高位表示信号的正、负极性，而用其余的码表示信号的绝对值，即只要正、负极性信号的绝对值相同，就可进行相同的编码。也就是说，用第一位表示极性后，双极性信号可以采用单极性编码方法。因此，采用折叠二进制码可以简化编码的过程。

折叠二进制码的另一个特点：对大信号时的误码影响大，对小信号时的误码影响小。例如由大信号的 1111→0111，对于自然二进制码，解码后的误差为 8 个量化级；而对于折叠二进制码，误差为 15 个量化级。由此可见，大信号误码对折叠码影响很大。但如果是由小信号的 1000→0111，对于自然二进制码，误差为 8 个量化级，而对于折叠二进制码，误差为 1 个量化级。这对于语音信号是十分有利的，因为语音信号中小信号出现的概率较大，所以在语音信号 PCM 系统中大多采用折叠二进制码。

(5) PCM 编码过程

图 3-9 是逐次反馈比较型 PCM 编码器的组成框图，它由取样器、整流电路、保持电路、比较器和本地译码器等组成。

信号通过取样器得到如图 3-10(c) 所示的 PAM 信号。整流电路将负极性的取样脉冲转换成正极性的脉冲，同时输出一位标志该脉冲极性的码（P_1 码），如图 3-10(d) 所示。

第 3 章 数字编码技术

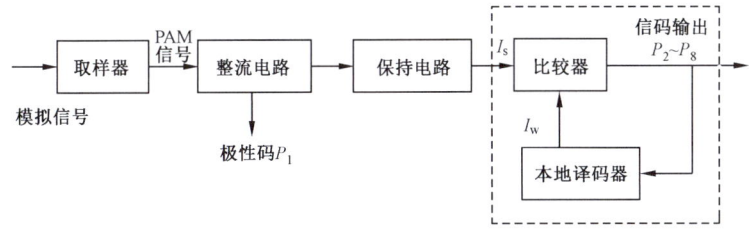

图 3-9 逐次反馈比较型 PCM 编码器

为了留给量化编码器足够的时间进行编码,取样以后的信号要通过保持电路进行保持,如图 3-10(e)所示。比较器和本地译码器构成了编码电路,按顺序通过逐次比较完成对 $P_2 \sim P_8$ 的编码。

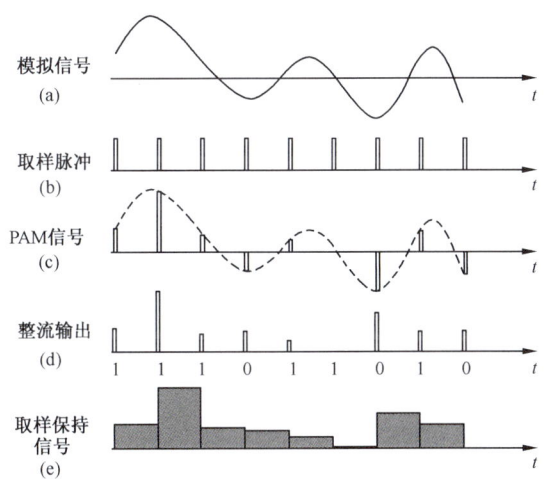

图 3-10 取样保持电路输出波形

8 位码的具体安排如下:

$$P_1 \quad P_2 P_3 P_4 \quad P_5 P_6 P_7 P_8$$
极性码 段落码 段内电平码

$P_1=1$,表示正极性;$P_1=0$,表示负极性。

$P_2 P_3 P_4$ 为 000~111,共有 8 种组合,分别表示对应的 8 个分段,即第 1 段至第 8 段。

$P_5 P_6 P_7 P_8$ 为 0000~1111,共有 16 种组合,表示每段的 16 个分级。

(6)极性码的判决

极性码的判定值为零,它根据输入信号 I_s(以电流表示)的极性来决定,即

$I_s \geqslant 0$ 时,$P_1=$"1"码;

$I_s < 0$ 时,$P_1=$"0"码。

(7)段落码的判决

对 A 律 13 折线编码是将编码电平范围(归一化 0~1)以量化段或量化级为单位,逐次对分,对分点的电流(或电压)即判定值 I_r。

(8)段内电平码的判决

当段落码确定之后,接着确定出该量化段的起始电平 I_i 和该量化段的量化间隔 Δi,

由此,就可以进行段内电平码的判决了。

例 3-1 设一脉冲编码调制器的最大输入信号范围为 −2 048～+2 048 mV,试对一电平为 +1 270 mV 的取样脉冲进行编码。

解:设取样脉冲电平为 I_s,且 $I_s = +1 270$ mV。

因为 $I_s > 0$,所以 $P_1 = 1$;

因为 $I_s > 128$ mV,所以 $P_2 = 1$;

因为 $I_s > 512$ mV,所以 $P_3 = 1$;

因为 $I_s > 1 024$ mV,所以 $P_4 = 1$;

因为 $I_s < 1 536$ mV,所以 $P_5 = 0$;

因为 $I_s < 1 280$ mV,所以 $P_6 = 0$;

因为 $I_s > 1 152$ mV,所以 $P_7 = 1$;

因为 $I_s > 1 216$ mV,所以 $P_8 = 1$。

因此,编码器的输出为 11110011。编码流程如图 3-11 所示,编码器的工作过程如图 3-12 所示。其中,两个阴影块分别表示样值为 1 270 mV 和 881 mV 的取样脉冲,粗线波形表示本地译码器的输出波形,最左边的波形为编码器输出波形。

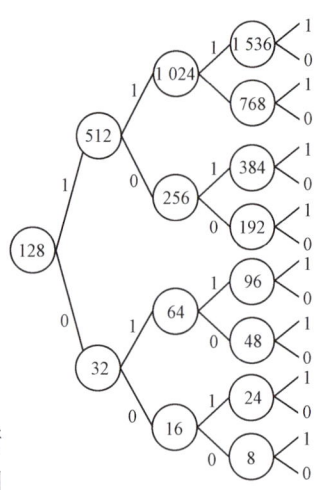

图 3-11 编码流程

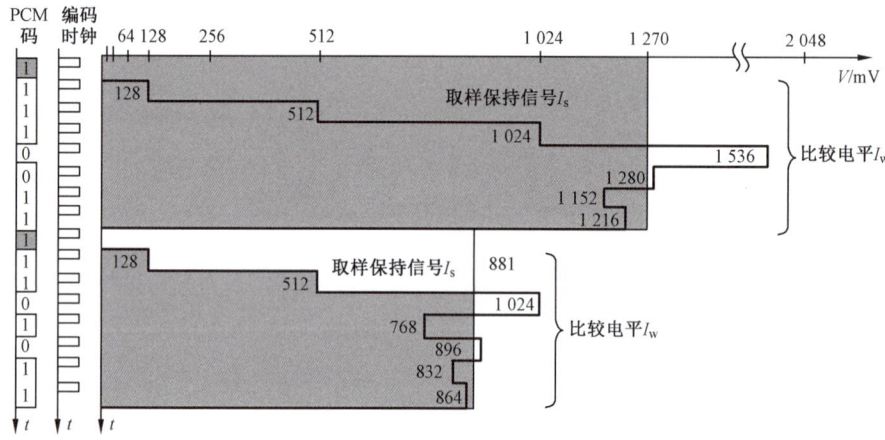

图 3-12 逐次反馈比较型编码器工作过程

(9) PCM 译码

由例 3-1 可知,本地译码器在确定 P_8 时输出的比较电平(1 216 mV)已经接近信号的取样值,它是根据 $P_2 \sim P_7$ 的结果而得到的,对于编码器来说,编完 P_8 就可以结束一个取样脉冲的编码,本地译码器的输出回到 128 mV,准备下一个取样脉冲的编码。而 $P_8 = 1$ 说明信号取样值在 1 280 mV 和 1 216 mV 之间,因此可以设想,在 PCM 解调器内也采用与本地译码器类似的电路,并且译码器在收到 $P_8 = 1$ 后将输出增加半个量化电平差(32 mV),这样可使译码输出与原信号取样值的差减小到 ±32 mV 范围内。在上例中,译码器的最终输出为 1 216+32 = 1 248 mV,量化误差为 1 270−1 248 = 22 mV。

PCM 译码器原理图如图 3-13 所示。

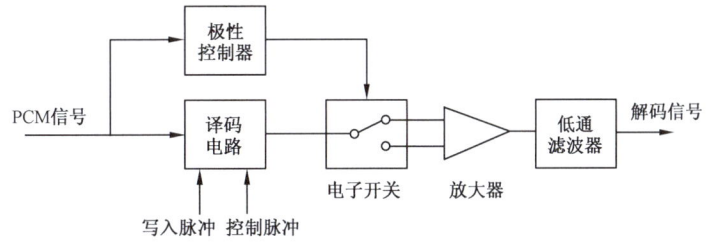

图 3-13　PCM 译码器原理图

极性控制器从 8 位二进制码组中取出 P_1（极性码）控制极性转换电路。译码电路依次将后 7 位码元输入进行译码，当第 7 位码元进入译码电路后在控制脉冲的作用下将译码结果输出。译码输出信号经过同相或反相放大后变成 PAM 信号，由低通滤波器滤除高频分量后即得到恢复的模拟信号。

3.其他波形编码

在脉冲编码调制中，模拟信号有规律抽样，并对样值编码。为了减小量化噪声，编码需要多位比特，这就会使编码速率大幅度提高，编译码电路也比较复杂。为了降低编码速率，增量调制（DM 或 ΔM）技术被提了出来。在这种调制方式中，比较相邻的两个样值并对它们的差值用一位比特编码。在接收端也只需要一个简单的解码器便可恢复原模拟信号。由于采用一位编码，所包含的信息比较少，DM 系统需要比 PCM 更高的抽样速率。DM 系统的优势在于简单，但这种简单同时带来了精确度不足的缺点，作为改进，自适应增量调制（ADM）比增量调制具有更好的性能。而对相邻样值的差值采用多位编码，就是差分脉冲编码调制（DPCM），它的改进方案即自适应差分脉冲编码调制（ADPCM）。

（1）增量调制

在 PCM 编解码的过程中，用一个阶梯波来近似模拟信号。类似的，在增量调制中，也是用一个阶梯波来近似模拟信号。它的每个台阶宽度 Δt 等于抽样间隔，即 $\Delta t = T_s$，高度等于 Δ。只要 Δt 和 Δ 足够小，阶梯波就可以很好地近似模拟信号。

由于这种阶梯波相邻的台阶相差均等于 Δ，这样编码就比较简单。在某一时刻，若台阶上升 Δ，就可以用 1 表示此时刻阶梯波的变化；若台阶下降 Δ，则用 0 表示此时刻阶梯波的变化。反之亦可。也就是说，可以用一位编码表示抽样时刻波形变化的趋势。

DM 波形编码的原理如图 3-14 所示。纵坐标表示"模拟信号输入幅度"，横坐标表示"编码输出"。用 i 表示采样点的位置，$x[i]$ 表示在 i 点的编码输出。输入信号的实际值用 y_i 表示，输入信号的预测值用 $y[i+1] = y[i] \pm \Delta$ 表示。假设采用均匀量化，量化阶的大小为 Δ，在开始位置的输入信号 $y_0 = 0$，预测值 $y[0] = 0$，编码输出 $x[0] = 1$。

现在让我们看几个采样点的输出。在采样点 $i = 1$ 处，预测值 $y[1] = \Delta$，由于实际输入信号大于预测值，因此 $x[1] = 1$……在采样点 $i = 4$ 处，预测值 $y[4] = 4\Delta$，同样由于实际输入信号大于预测值，因此 $x[4] = 1$；其他情况依此类推。

从图 3-14 中可以看到，在开始阶段增量调制器的输出不能保持跟踪输入信号的快速变化，这种现象就称为增量调制器的"斜率过载"（Slope Overload）。一般来说，当输入信号的变化速率超过反馈回路输出信号的最大变化速率时，就会出现斜率过载。之所以会出现这种现象,主要是因为反馈回路输出信号的最大变化速率受到量化阶大小的限制,而量化阶的大小是固定的。

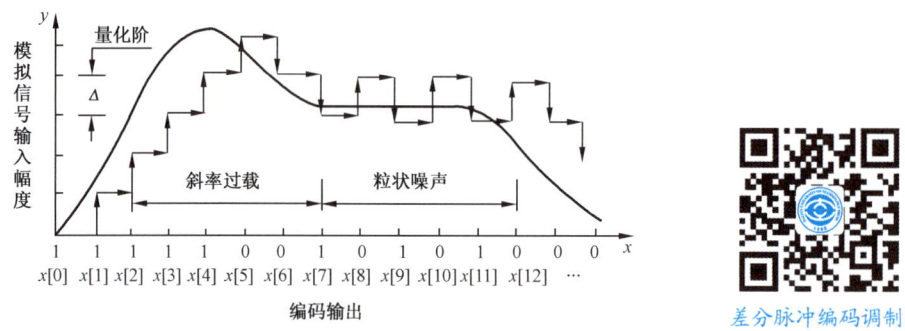

图 3-14　DM 波形编码示意图

从图 3-14 中还可以看到,在输入信号缓慢变化部分,即输入信号与预测信号的差值接近零的区域,增量调制器的输出出现随机交变的"0"和"1"。这种现象称为增量调制器的粒状噪声(Granular Noise),这种噪声是不可能消除的。

在输入信号变化快的区域,斜率过载是关注的焦点,而在输入信号变化慢的区域,粒状噪声是关注的焦点。为了尽可能避免出现斜率过载,就要加大量化阶 Δ,但这样做又会加大粒状噪声;相反,如果要减小粒状噪声,就要减小量化阶 Δ,这又会使斜率过载更加严重。这就促进了对自适应增量调制(ADM)的研究。

自适应增量调制是能够自动调节其量化级(即 Δ 值)大小的增量调制。在大信号(信号斜率大)时增大 Δ,减小过载噪声;在小信号(信号斜率小)时减小 Δ,提高小信号的量化信噪比,并增加编码的动态范围。

(2)差分脉冲编码调制

由于语音信号的相邻抽样点之间有一定的幅度关联性,所以,可根据以前时刻的样值来预测现时刻的样值,只需传输预测值和实际值之差,而不需要每个样值都传输。这种方法就是预测编码。PCM 采用的是绝对的编码方式,每一组码表示的是取样信号的值,换句话说,只要得到一组代码,就可以知道一个取样脉冲的值。但实际上,语音信号的相邻取样值之间有一定的相关性,也就是说,后一个取样脉冲与前一个取样脉冲,甚至更前面若干个取样脉冲的值不会相差太大。这样,如果根据前些时刻所编的码(或码组)进行分析计算,预测出当前时刻的取样值,并将其与实际取样值进行比较,将差值进行编码,就可以用较少的码对每一个样值编码,可降低编码率,这就是差分脉冲编码调制(DPCM)的基本原理。

图 3-15 给出了 DPCM 系统原理框图。图中输入样值信号为 $m(n)$,接收端重建信号为 $\hat{m}(n)$,$\varepsilon(n)$ 是输入信号与预测信号 $\tilde{m}(n)$ 的差值,$\hat{\varepsilon}(n)$ 为量化后的差值,$c(n)$ 是 $\hat{\varepsilon}(n)$ 经编码后输出的数字码。

编码器中的预测器与解码器中的预测器完全相同。因此,在无传输误码的情况下,解码器输出的重建信号 $\hat{m}(n)$ 和编码器的 $\hat{m}(n)$ 完全相同。

DPCM 的总量化误差 $e(n)$ 定义为输入信号 $m(n)$ 与解码器输出的重建信号 $\hat{m}(n)$ 的

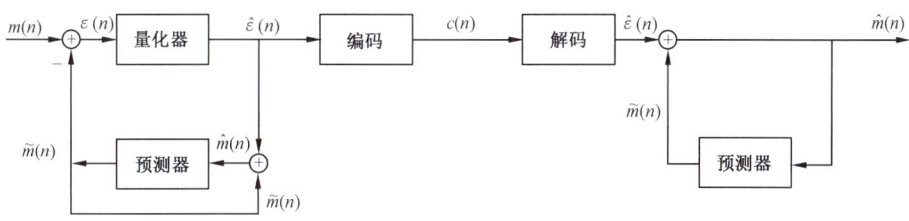

图 3-15 DPCM 系统原理框图

差值。即有

$$\varepsilon(n) = m(n) - \tilde{m}(n)$$
$$\hat{m}(n) = \tilde{m}(n) + \hat{\varepsilon}(n)$$
$$e(n) = m(n) - \hat{m}(n) = \varepsilon(n) - \hat{\varepsilon}(n)$$

由上式可知,在这种 DPCM 系统中,总量化误差只和差值信号的量化误差有关。

设原始信号序列为 $\cdots m(n-j) \cdots m(n-2), m(n-1), m(n) \cdots m(n+j) \cdots$,其中 $m(n)$ 是序列 $\{m(n)\}$ 中现在的样值,而 $m(n-N)$ 是 $m(n)$ 的前 N 个样值。若选用 $m(n)$ 的前 N 个样值来预测 $m(n)$,并用 $\tilde{m}(n)$ 表示预测值,则

$$\tilde{m}(n) = W_1 m(n-1) + W_2 m(n-2) + \cdots + W_N m(n-N)$$
$$= \sum_{j=1}^{N} W_j m(n-j)$$

其中 j 为任意整数;$W_1, W_2, \cdots, W_N$ 为预测系数或加权系数,N 为预测阶数。由上式可见,线性预测中,第 n 个预测值 $\tilde{m}(n)$ 是过去 N 个样值的线性组合。

但是,对语音信号进行预测和量化是十分复杂的技术问题,这是因为语音信号在较大的动态范围内变化,所以只有采用自适应系统才能得到最佳的性能。有自适应系统的 DPCM 称为自适应差值脉码调制,记作 ADPCM。自适应可包括自适应量化和自适应预测。自适应量化指量化器的量化阶随信号的瞬时值变化做自适应调整;自适应预测指预测器的预测系数随语音瞬时变化做自适应调整,从而得到高预测增益。

ADPCM 编码一般是先对信号进行 PCM 编码,然后按一定的算法在数字信号处理器(DSP)内进行运算,得到 ADPCM 信号。

3.1.3 图像编码

图像是指景物在某种介质上的冉现,图像信息在人类感觉中起着重要作用。对图像信息的编码原理上与语音信息的编码相同,一样需要取样、量化、编码这些步骤。但由于图像信息固有的特性,用语音信息的编码方法来处理图像信息将会得到非常大的数据量,所以我们这里讨论的图像编码,更多是指图像压缩编码。

1. 图像信息的特点

图像信息与语音信息相比有以下特点:

图像信息是二维或二维以上的多维信息。例如在各种图像中,比较简单的是黑白静止图像,它可以看作由许多亮度不同的点组成。黑白静止图像在任一点的亮度是图像所在平面上直角坐标 x、y 两个变量的函数,可用一个二维函数 $A(x,y)$ 来描述。而黑白活

动图像,由于其每一点的亮度又是随时间变化的,因此可以表示为 x、y、t 的函数 $A(x,y,t)$。对于彩色图像来说,函数的维度将更高。而语音信息只随时间变化,它可以用函数 $B(t)$ 表示,是一个一维信号。

图像信息的频带非常宽,约为声音信号频谱的 1 000 倍。在数字传输体制中,如果对图像只用简单的脉冲调制方式进行编码,则一路模拟彩色电视信号所需传码速率将高达 108 Mbit/s。

与语音信息相比,图像信息的冗余度大,这就促使人们在消除冗余度后再进行编码,从而减小传输信号的频带。

2. 图像信号的冗余

图像信号之所以可以压缩,是因为图像数据表示中存在着大量的冗余。去除那些冗余数据可以使原始图像数据极大地减少,从而解决图像数据量巨大的问题。图像的冗余是多方面的,一般包括空间冗余、结构冗余、图像区域的相同性冗余、纹理的统计冗余、视觉冗余等,下面将分别简单介绍。

(1)空间冗余

空间冗余是静态图像存在的最主要的一种数据冗余。一幅图像记录景物的采样点颜色之间,往往存在着空间连贯性,但是像素采样没有利用景物表面颜色的这种空间连贯性,从而产生了空间冗余。我们可以通过改变物体表面颜色的像素存储方式来利用空间连贯性,达到减少数据量的目的。例如:在静态图像中有一块表面颜色均匀的区域,在此区域中所有点的光强和色彩以及饱和度都是相同的,因此数据有很大的空间冗余。

(2)结构冗余

有些图像的纹理区,图像的像素值存在着明显的分布模式。例如,方格状的地板图案等。我们称此为结构冗余。已知分布模式,可以通过某一过程生成图像。

(3)图像区域的相同性冗余

图像区域的相同性冗余是指在图像中两个或多个区域所对应的所有像素值相同或相近而产生的数据重复性存储。在以上情况下,记录了一个区域中各像素的颜色值,则与其相同或相近的其他区域就不再需要记录其中各像素的值。

(4)纹理的统计冗余

有些图像纹理尽管不严格服从某一分布规律,但是它在统计的意义上服从该规律。利用这种性质也可以减少表示图像的数据量,所以我们称之为纹理的统计冗余。

(5)视觉冗余

人类的视觉系统对图像内像素的敏感度相差很大。实验发现,视觉系统对亮度的敏感度远远高于对色彩度的敏感度;对灰度值发生剧烈变化的边缘区域和非边缘区域敏感度相差很大;但是图像的记录是将敏感度等同对待的,从而产生了比理想编码(即把视觉敏感和不敏感的部分区分开来编码)更多的数据,这就是视觉冗余。

正是因为有了这许多的冗余,人们才能通过各种有效的算法对图像进行压缩。随着对人类视觉系统和图像模型的进一步研究,人们可能会发现更多的冗余,使图像数据压缩编码的可能性越来越大,从而推动图像压缩技术的进一步发展。

3. 图像信息的压缩编码

压缩编码方法有许多种,从不同的角度出发有不同的压缩方法,比如从信息论角度出发可分为两大类:

(1)冗余度压缩方法,也称无损压缩编码、信息保持编码或熵编码。具体讲就是解码图像和压缩编码前的图像严格相同,没有失真,从数学上讲是一种可逆运算。

(2)信息量压缩方法,也称有损压缩编码、失真度编码或熵压缩编码。也就是说解码图像和原始图像是有差别的,允许有一定的失真。

哈夫曼编码、算术编码、行程编码等属于无损压缩编码;预测编码、子带编码、分形编码等属于有损压缩编码;生活中常用的 JPEG、MPEG 等属于混合编码方法,即综合运用多种编码方法。

衡量一个压缩编码方法优劣的重要指标是:

(1)压缩比是否高,有几倍、几十倍,也有几百乃至几千倍;

(2)压缩与解压缩是否快,算法是否简单,硬件实现是否容易;

(3)解压缩的图像质量是否好。

选用编码方法时一定要考虑图像信源本身的统计特征、多媒体系统(硬件和软件产品)的适应能力、应用环境以及技术标准等因素。

(1)预测编码

预测编码是根据离散信号之间存在着一定关联性的特点,利用前面一个或多个信号预测下一个信号,然后对实际值和预测值的差(预测误差)进行编码。如果预测比较准确,误差就会很小。在同等精度要求的条件下,就可以用比较少的比特进行编码,达到压缩数据的目的。

如果能猜出下一个样值,那么差值就会是零,当然这种情况是没有意义的,因为若预先知道下一样值,就不需要进行通信了。但可以肯定,如果我们不仅利用前后样值的相关性,同时也利用其他行、其他帧像素的相关性,用更接近当前样值的预测值与当前样值相减,小幅度差值就会增加,总数码率就会减小,这就是预测编码的方法。预测编码的电路与差值编码类似,或者说差值编码就是以前一样值为预测值的预测编码,又称为一维预测编码。如果用到以前行的像素或以前帧的像素,则称为二维或三维预测编码。在美国国际电话电报公司(ITT)生产的数字电视机芯片中视频存储控制器芯片 VMC2260 就用了二维预测编码,预测器用了三个像素作为下一个像素的预测值,即预测值等于 1/2 前一像素加 1/4 上一行相应像素再加 1/4 上一行相应的前一像素。这样不仅利用了前一像素的相关性,也利用了上一行相应像素的相关性,这样做要比差值编码有更大的码率压缩。如果再用上前一帧的像素会进一步降低数码率。但为了得到前一帧的像素必须要使用帧存储器,所以造价比较高。只用到帧内像素的处理称为帧内编码(Intraframe Coding),用到前后帧像素的处理称为帧间编码(Interframe Coding)。要得到较大的码率压缩就必须使用帧间编码。帧内编码大多用于静止图像处理,而帧间编码主要用于运动图像的处理。

(2)变换编码

预测编码是一种较好地去除音频、图像信号相关性的编码技术,而变换编码也可有效去除图像信号的相关性,而且其性能还往往优于预测编码。

变换编码不是直接对空域图像信号编码，而是首先在数据压缩前对原始输入数据做某种正交变换，把图像信号映射变换到另外一个正交向量空间，产生一批变换系数，然后再对这些变换系数进行编码处理。它首先在发送端将原始图像分割成 n 个子图像块，每个子图像块经过正变换、滤波、量化和编码后送信道传输到达接收端。接收端做解码、逆变换、综合拼接，恢复出空域图像。变换编解码原理示意图如图 3-16 所示。常用的编码技术见表 3-3。

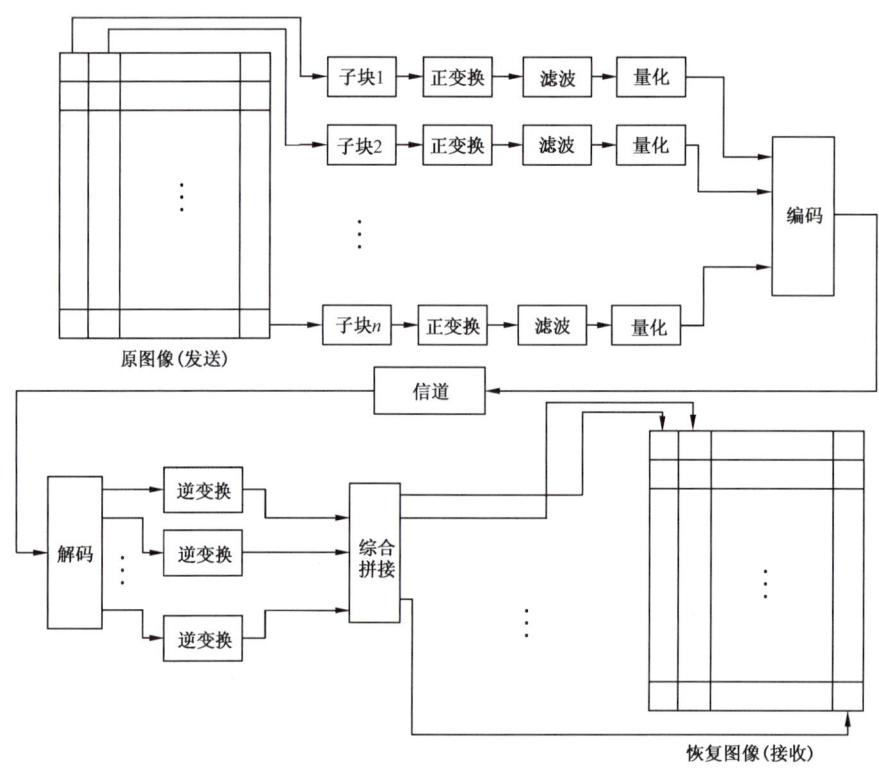

图 3-16　变换编解码原理示意图

表 3-3　　　　　　　　　　　常用的编码技术

多媒体数据编码算法	PCM	自适应、固定式
	预测编码	自适应、固定式(DPCM、DM)
	变换编码	傅立叶、离散余弦(DCT)、离散正弦(DST)、哈尔、斜变换、沃尔什-哈达玛、卡洛南-洛伊(K-L)、小波
	统计编码(熵编码)	哈夫曼、算术编码、费诺、香农、游程编码(RLE)、LZW
	静态图像编码	方块、逐渐浮现、逐层内插、比特平面、抖动
	电视编码	帧内预测
		帧间编码　运动估计、运动补偿、条件补充、内插、帧间预测
	其他编码	矢量量化、子带编码、轮廓编码、二值图像

（变换编码行及帧间编码右侧合并为"混合编码"）

（3）数据压缩编码国际标准

目前有多个压缩编码标准，其中 H.261 是可视电话、电视会议中采用的视频、图像压缩编码标准,由 CCITT 制定,1990 年 12 月正式批准;JPEG 是由 ISO 与 CCITT 成立的"联合图像专家组(Joint Photographic Experts Group,JPEG)"制定的用于灰度图、彩色图的连续变化静止图像编码标准,于 1992 年正式通过;而 MPEG 则是以 H.261 为基础发展而来的。它是由 ISO 和 IEC 成立的"运动图像专家组(Moving Picture Experts Group,MPEG)"制定的,于 1992 年通过了 MPEG-1 标准。

①JPEG

JPEG 是联合图像专家组的英文缩写,其算法称为 JPEG 算法,并且成为国际上通用的标准,因此又称为 JPEG 标准。JPEG 是一个适用范围很广的静态图像数据压缩标准,既可用于灰度图像又可用于彩色图像。

②MPEG

ISO 和 IEC 于 1988 年成立"运动图像专家组(MPEG)",研究制定了视频及其伴音国际编码标准。MPEG 阐明了声音电视编码和解码过程,严格规定了声音和图像数据编码后组成位数据流的句法,提供了解码器的测试方法等。

目前,已经开发的 MPEG 标准有:

MPEG-1:1992 年正式发布的数字电视标准;

MPEG-2:数字电视标准;

MPEG-3:于 1992 年合并到高清晰度电视(HDTV)工作组;

MPEG-4:1999 年发布的多媒体应用标准;

MPEG-7:多媒体内容描述接口标准;

MPEG-21:有关多媒体框架的协议。

3.2 信道编码

不管是模拟通信系统还是数字通信系统,都存在因干扰和信道传输特性不好对信号造成的不良影响。对于模拟信号而言,信号波形会发生畸变,引起信号失真,并且信号一旦失真就很难纠正回来,因此,在模拟系统中只能采取各种抗干扰、防干扰措施,尽量将干扰降到最低程度以保证通信质量;而在数字系统中,尽管干扰同样会使信号产生变形,但一定程度的信号畸变不会影响对数字信息的接收,因为我们只关心数字信号的电平状态(是高电平还是低电平,或者是正电平还是负电平),而不太在乎其波形的失真。也就是说,数字系统对干扰或信道特性不良的宽容度比模拟系统大(这也是为什么说数字通信比模拟通信抗干扰能力强的原因之一)。但是当干扰超过系统的限度就会使数字信号产生误码,从而引起信息传输错误。

数字通信系统除了可以采取与模拟系统同样的措施以降低干扰和信道不良对信号造成的影响之外,还可以通过对所传数字信息进行特殊的处理对误码进行检错和纠错,以进一步将误码率降低,从而满足通信要求。因此,数字通信系统可以从硬件上的抗干扰措施和软件上的信道编码两个方面对信息传输中出现的错误进行控制和纠正。

信道编码的目的是改善数字通信系统的传输质量,它包括位定时、分组同步、减少高频分量、去除直流分量等内容,差错控制编码(纠错编码)是其中最主要的部分。本节主要介绍基带信号码型设计与选择及差错控制编码的相关内容。

3.2.1 差错控制编码的基本概念

差错控制编码的基本思路是根据一定的规律在待发送的信息码中加入一些多余的码元(冗余码),以保证传输过程的可靠性。这些冗余码起监督作用,所以也称为监督码元。差错控制编码的任务就是构造出以最小冗余度为代价换取最大抗干扰性能的"好码"。

差错控制编码的基本概念

香农理论为通信差错控制编码奠定了理论基础。

香农的差错控制编码定理指出:对于一个给定的有干扰信道,如信道容量为 C,只要发送端以低于 C 的速率 R 发送信息(R 为编码器输入的二元码元速率),则一定存在一种编码方法,使编码错误概率 p 随着码长 n 的增加按指数规律降低到任意小的值。这就是说,可以通过编码使通信过程实际上不发生错误,或者使错误控制在允许的数值之下。

一般来说,引入监督码元越多,码的检错、纠错能力越强,但信道的传输效率下降也越多。人们研究的目标是找到一种编码方法使所加的监督码元最少,而检错、纠错能力高且便于实现。

1. 随机误码与突发误码

随机误码与突发误码是传输过程中的两种主要误码形式,如图 3-17 所示。如果在传输过程中,噪声独立地影响着每个传输码元,这种传输信道称为无记忆信道或随机信道。以高斯白噪声为主的信道属于这类信道,比如卫星信道、同轴电缆信道、光缆信道等。此类信道产生的误码是独立随机出现的,称为随机误码。

如果在传输过程中,噪声、干扰的影响是前后相关的,这种传输信道称为记忆

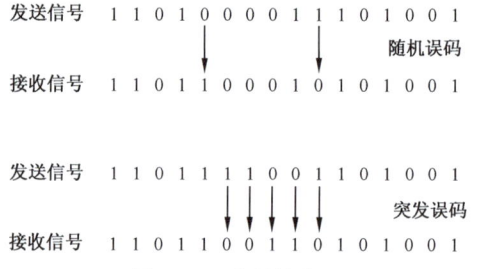

图 3-17 误码的类型

信道或突发信道。实际的衰落信道、码间干扰信道均属于这种信道,如短波信道、移动通信信道等。此类信道产生的误码是成串出现的,称为突发误码。

但大多数实际信道既会产生随机误码,又会产生突发误码,此类信道称为混合信道。对不同类型的信道,要设计不同类型的差错控制编码,才能收到良好的效果。

2. 差错控制编码方式

根据差错控制编码系统的检错、纠错能力,对信道的要求及适应性,编、译码器的复杂性、实时性等性能指标,可将其分为以下四类分别讨论。

(1)自动重发请求(Automatic Repeat Request,ARQ)

在这种编码系统中,发送端经编码后发出能检错的码,接收端收到后进行检验,再通过反向信道反馈给发送端一个应答信号。发送端收到应答信号后进行分析,如果是接收端认为有错,发送端就把存储在缓冲寄存器中的原有码组读出后重新传输,直到接收端认为已正确收到信息为止。自动重发请求也称为反馈重传。

从上可知,应用 ARQ 方式必须有一个反馈信道,一般适用于用户一对一(点对点)通信,且要求信源能够控制,系统收发两端必须互相配合、密切协作,所以这种方式的控制电路比较复杂。由于反馈重发的次数与信道干扰情况有关,若信道干扰很频繁,则系统

经常处于重发消息的状态,所以这种方式传送消息的连贯性和实时性较差。

该方式的优点是:编译码设备比较简单;在一定的冗余码元的情况下,检错码的检错能力比纠错码的纠错能力要强得多,因而整个系统的检错能力很强,能获得很低的误码率;由于检错码的检错能力与信道干扰的变化基本无关,所以这种系统的适应性很强。

(2)前向纠错(Forward Error Correction,FEC)

如果出现下面几种情况:没有可用的反向信道、实时性要求较高、重发策略无法简便实现或出现重传次数较多的概率较大等,就要用 FEC 来代替 ARQ。在 FEC 系统中,由发送端对信号进行编码使其具有一定的规律,接收端按照这个规律进行检测,确定错码所在的位置,自动进行纠正。

FEC 的优点是:接收端可自动发现错误、纠正错误;不需要反向信道;能进行一点对多点的同播通信,可以是单向通信,也可以是双向通信;与 ARQ 相比,实时性好且控制电路简单。

FEC 的主要缺点是:译码比较复杂;所选用的纠错码要和信道的干扰情况相匹配,对信道的适应性较差;为了获得较低的误码率,一般以最坏的信道情况来设计纠错码,故所需要的冗余码比检错码要多很多,所以编码效率低。但由于这种方式能同播通信,特别适用于军事通信,而且随着编码理论的发展和编译码设备所需要的大规模集成电路成本的不断降低,译码设备可能做得越来越简单,成本越来越低,因而在实际的数字通信中逐渐得到广泛应用。

(3)信息重发请求(Information Repeat Request,IRQ)

这种方式也称回程校验。在此方式下,接收端把收到的数据通过反馈信道原封不动地发到发送端,发送端把反馈回来的数据与发送的数据进行比较并判断是否有错。若有错,将该数据再发送一次。重复该过程直至发送端没有发现错误为止。

这种方式的原理和设备都比较简单。但需要有双向信道,而且传输效率低。

(4)混合纠错(Hybrid Error Correction,HEC)

有的通信系统采用 ARQ 和 FEC 两者混合的方式,即对少量的接收差错进行自动纠正,对超过纠正能力的差错则向发送端请求重发。无论采用哪一种方式,都需要在发送端对信号进行差错控制编码,在接收端进行相应的解码(检错与纠错)。

由于混合纠错结合了 ARQ 和 FEC 两者的优点,在双向通信中实际应用较多,当然,其构成要相对复杂些。以上所述的几种差错控制编码方式的示意如图 3-18 所示。图中有斜线的方框表示在此处进行误码检测。

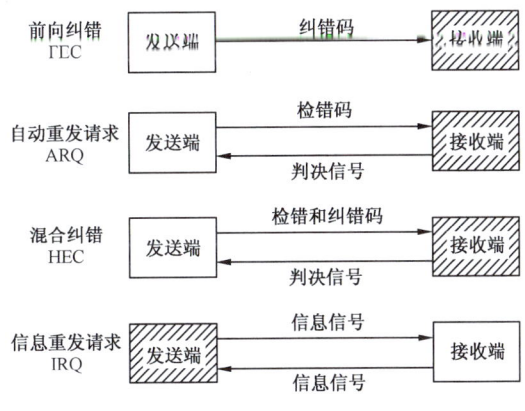

图 3-18 差错控制编码方式

3.2.2 差错控制编码的方法

1. 差错控制码的分类

差错控制码分类如图 3-19 所示。不同的差错控制编码方式需要不同的差错控制码，根据差错控制码的功能不同，我们可以将其分为三类：

(1) 检错码：只能发现错误，不能纠正错误。
(2) 纠错码：能够发现错误并能纠正错误。
(3) 纠删码：能够发现错误并能纠正或删除错误。

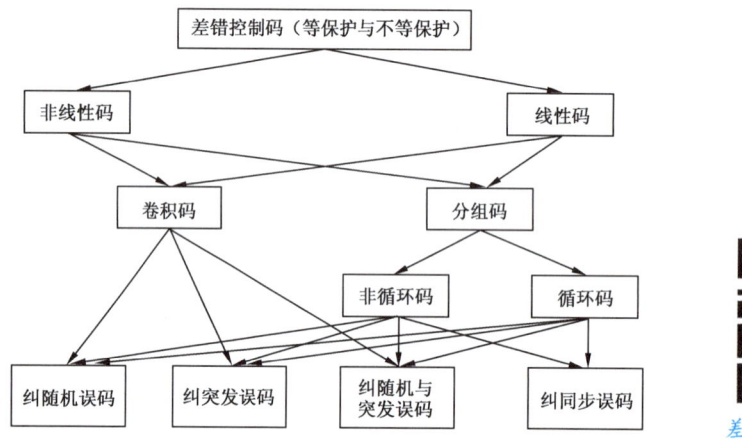

差错控制编码方法1

图 3-19 差错控制码分类

但这三类码没有明显区分。以后将看到，任何一类码，按照译码方法不同，均可作为检错码、纠错码或纠删码来使用。

除了上述的划分方法外，通常还按以下方式对差错控制码进行分类：

(1) 按照对信息元处理方法的不同，分为分组码和卷积码。分组码的各码元仅与本组的信息元有关；卷积码中的码元不仅与本组的信息元有关，而且与前面若干组的信息元有关。

(2) 根据差错控制码各码组信息元和监督元的函数关系，可分为线性码和非线性码。如果函数关系是线性的，即满足一组线性方程式，则称为线性码，否则为非线性码。

(3) 根据纠正错误的类型可分为纠正随机错误的码、纠正突发错误的码和纠正同步错误的码，以及既能纠正随机错误又能纠正突发错误的码。

(4) 按照对每个信息元保护能力是否相等，可分为等保护码与不等保护码。

用差错控制编码提高通信系统的可靠性，是以降低有效性为代价换来的。我们定义编码效率 R 来衡量编码的有效性：

$$R = \frac{k}{n}$$

其中，k 是信息元的个数，n 为码长。

对纠错码的基本要求是：检错和纠错能力尽量强；编码效率尽量高；编码规律尽量简

单。实际中要根据具体指标要求,保证有一定的纠错、检错能力和编码效率,并且易于实现。

2.常用的几种简单信道编码方法

(1)奇偶校验码

发送端将二进制信息码序列分成等长码组,并在每一码组之后添加一位二进制码元,该码元称为校验码(检错纠错码)。校验码取"1"还是"0",要根据信息码组中1的个数而定。如果是奇校验码,在附加上一个校验码以后,包含 n 个码元的信息码组中1的个数为奇数个,满足

$$a_{n-1} \oplus a_{n-2} \oplus \cdots \oplus a_0 = 1$$

校验码 a_0 的取值(0 或 1)可由下式决定:

$$a_0 = a_{n-1} \oplus a_{n-2} \oplus \cdots \oplus a_1 \oplus 1$$

如果是偶校验码,在附加上一个校验码以后,包含 n 个码元的信息码组中1的个数为偶数个,满足

$$a_{n-1} \oplus a_{n-2} \oplus \cdots \oplus a_0 = 0$$

校验码 a_0 的取值(0 或 1)可由下式决定:

$$a_0 = a_{n-1} \oplus a_{n-2} \oplus \cdots \oplus a_1$$

接收机中的计数器对收到的码组进行检验,若发送端采用奇校验法而接收端判定码组中"1"的个数为偶数,即认为该码组中有误码。

根据奇偶校验的规则我们可以看到,当码组中的误码为偶数时,校验失效。比如有两位发生错误,会有这样几种情况:00 变成 11、11 变成 00、01 变成 10、10 变成 01,可见无论哪种情况出现都不会改变码组的奇偶性,偶校验码中1的个数仍为偶数,奇校验码中1的个数仍为奇数。因此,简单的奇偶校验码只能检测出奇数个码元发生错误的码组。

(2)二维奇偶校验码

二维奇偶校验码又称方阵码,它将要传送的信息码按一定的长度分组,每一组码后面加一位校验码,然后在若干码组结束后加一组与信息码加监督码等长的监督码组。例如表 3-4 所示的即二维偶校验码。

表 3-4　　　　　　　　　　二维偶校验码

	信息码	监督(校验)码
码组 1	0 1 0 1 1 1 0 1 1 0 0	1
码组 2	0 1 0 1 0 1 0 0 1 0	0
码组 3	0 0 1 1 0 0 0 0 1 1	0
码组 4	1 1 0 0 0 1 1 1 0 0	1
码组 5	0 0 1 1 1 1 1 1 1 1	0
码组 6	0 0 0 1 0 0 1 1 1 1	1
码组 7	1 1 1 0 1 1 0 0 0 0	1
监督码组	0 0 1 1 1 0 0 0 0 1	0

二维奇偶校验码比一维奇偶校验码多了一列校验,因此,其检错能力有所提高。除了检出行中的所有奇数个误码及长度不大于行数的突发性错误外,还可检出列中的所有奇数个误码及长度不大于列数的突发性错误。

此外,二维奇偶校验码还能检出码组中大多数出现偶数个错误的情况,比如,在码组 1 中头两位发生错误,从 01 变成 10,则第 1 列的 1 就变成 3 个,第 2 列的 1 也变成 3 个,而两列的校验码都是 0,所以可以查出这两列有错误。也就是说,码组中出现了 2 位(偶数位)误码,但具体是哪一个码组(哪一行)出现误码还无法判断。

差错控制编码方法2

（3）群计数码

在奇偶校验码中,我们通过添加监督位将码组的码重(码组中"1"的个数)配成奇数或偶数。而群计数码的编码原则是先算出信息码组的码重,然后用二进制计数法将码重作为校验码添加到信息码组的后面。例如表 3-5 所示的即群计数码。

表 3-5　　　　　　　　　　群计数码

	信息码	监督(校验)码
码组 1	0 1 0 1 1 0 1 1 0 0	0101
码组 2	0 1 0 1 0 1 0 0 1 0	0100
码组 3	0 0 1 1 0 0 0 0 1 1	0100
码组 4	1 1 0 0 0 1 1 1 0 0	0101
码组 5	0 0 1 1 1 1 1 1 1 1	1000
码组 6	0 0 0 1 0 0 1 1 1 1	0101
码组 7	1 1 1 0 1 1 0 0 0 0	0101

群计数码检错能力很强,除了能检出码组中奇数个错误之外,还能检出偶数个 1 变 0 或 0 变 1 的错误,但对 1 变 0 和 0 变 1 成对出现的误码无能为力。可以验证,除了无法检出 1 变 0 和 0 变 1 成对出现的误码外,群计数码可以检出其他所有形式的错误。

（4）恒比码

恒比码的编码原则是从确定码长的码组中挑选那些"1"和"0"个数的比值一样的码组作为许用码组。

这种码通过计算接收码组中"1"的数目是否正确,就可检测出有无错误。表 3-6 是我国邮电部门在国内通信中采用的 5 单位数字保护电码,它是一种 5 中取 3 的恒比码。每个码组的长度为 5,其中"1"的个数为 3,每个许用码组中"1"和"0"个数的比值恒为 3/2。许用码组的个数就是 5 中取 3 的组合数,正好可以表示 10 个阿拉伯数字。

表 3-6　　　　　　　　　　恒比码

阿拉伯数字	编码	阿拉伯数字	编码
0	01101	5	00111
1	01011	6	10101
2	11001	7	11100
3	10110	8	01110
4	11010	9	10011

恒比码能够检出码组中所有奇数个错误和部分偶数个错误,其主要优点是简单,适用于对电传机或其他键盘设备产生的字母和符号进行编码。

(5)正反码

正反码是一种简单的能够纠正错码的编码。其中的监督位数目与信息位数目相同,监督码与信息码相同(是信息码的重复)或者相反(是信息码的反码),由信息码中"1"的个数决定。现以电报通信中常用的5单位电码为例来加以说明。

电报通信中的正反码码长 $n=10$,其中信息位 $k=5$,监督位 $r=5$。其编码规则如下:

当信息位中有奇数个"1"时,监督码是信息码的简单重复;

当信息位中有偶数个"1"时,监督码是信息码的反码。

例如,若信息码为 11001,则码组为 1100111001;若信息码为 10001,则码组为 1000101110。

接收端解码的方法为:先将接收码组中信息码和监督码按位模2相加,得到一个5位的合成码组,然后,由此合成码组产生一个校验码组。若接收码组的信息码中有奇数个"1",则合成码组就是校验码组;若接收码组的信息码中有偶数个"1",则合成码组的反码作为校验码组。最后,观察校验码组中"1"的个数,按照表3-7进行判决及纠正可能发现的误码。

表 3-7　　　　　　　　校验码组与误码对应情况

	校验码组的组成	误码情况
1	全为"0"	无误码
2	有4个"1",1个"0"	信息码中有一位误码,其位置对应信息码中"0"的位置
3	有4个"0",1个"1"	信息码中有一位误码,其位置对应信息码中"1"的位置
4	其他组成	误码多于一个

例如,发送码组为1100111001,接收码组中无误码,则合成码组应为 11001⊕11001=00000。由于接收码组中信息码有奇数个"1",所以校验码组就是00000。按照表3-7判断,结论是无误码。若传输中出现了差错,接收码组变成1000111001,则合成码组为10001⊕11001=01000。由于接收码组中信息码有偶数个"1",所以校验码组应取合成码组的反码,即10111。由于其中有4个"1",1个"0",按表3-7判断信息码中左边第二位为误码。其他情况同理可得。

上述这种长度为10的正反码具有纠正一位误码的能力,并能检测全部两位以下的误码及大部分两位以上的误码。

3.线性分组码

分组码一般可用(n,k)表示。其中,k是每组二进制信息码的数目,n是编码码组的码元总位数,又称为码组长度,简称码长。$n-k=r$为每个码组中的监督码数目。简单地说,分组码是对每段k位长的信息组以一定的规则增加r个监督位,组成长为n的码字。在二进制情况下,共有2^k个不同的信息组,相应地可得到2^k个不同的码字,称为许用码组。其余2^n-2^k个码字未被选用,称为禁用码组。

在分组码中,非零码元的数目称为码字的汉明(Hamming)重量,简称码重。例如,码字 10110,码重 $w=3$。

两个等长码组之间相应位取值不同的数目称为这两个码组的汉明(Hamming)距离,简称码距。例如 11000 与 10011 之间的距离 $d=3$。码组中任意两个码字之间距离的最小值称为码的最小距离,即最小码距,用 d_0 表示。最小码距是码的一个重要参数,它是衡量码检错、纠错能力的依据。

任一 (n,k) 分组码,若要在码字内:

(1) 检测 e 个随机错误,则要求码的最小距离 $d_0 \geqslant e+1$;

(2) 纠正 t 个随机错误,则要求码的最小距离 $d_0 \geqslant 2t+1$;

(3) 纠正 t 个同时检测 $e(\geqslant t)$ 个随机错误,则要求码的最小距离 $d_0 \geqslant t+e+1$。

线性分组码是指信息码与监督码之间的关系可以用一组线性方程来表示的分组码,即在 (n,k) 分组码中,每一个监督码都是码组中某些信息码按位模 2 相加而得到的。线性分组码是一类重要的纠错码,应用很广。本节将以汉明(Hamming)码为例引入线性分组码的一般原理。线性分组码的构成如图 3-20 所示。

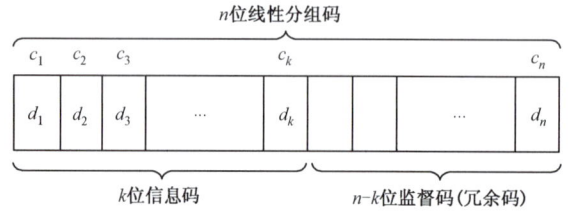

图 3-20 线性分组码的构成

在正反码中,使用的监督码和信息码一样多,即编码效率只有 50%。那么,为了纠正一位误码,在分组码中要增加多少监督码才行呢?编码效率能否提高呢?从这种思想出发,汉明码诞生了。汉明码是一种能够纠正一位误码并且编码效率较高的线性分组码。下面介绍汉明码的构造原理。

先来回顾一下偶校验码的条件。增加一位监督码后,各码元应满足 $a_{n-1} \oplus a_{n-2} \oplus \cdots \oplus a_1 \oplus a_0 = 0$。在接收端解码时,实际上就是在计算

$$S = a_{n-1} \oplus a_{n-2} \oplus \cdots \oplus a_1 \oplus a_0$$

若 $S=0$,就认为无错;若 $S=1$,就认为有错。上式称为监督关系式,S 称为校正子。由于 S 的取值只有这两种,它就只能代表有错和无错这两种信息,而不能指出误码的位置。可以推想,如果监督码增加一位,就能增加一个监督关系式,也就增加了一个校正子。两个校正子可能有四种组合:00,01,10,11,故能表示 4 种不同信息。若用其中一种表示无错,则其余三种就可以用来指示一位误码的三种不同位置。同理,r 个监督关系式能指示一位误码的 (2^r-1) 个可能位置。

一般来说,若码长为 n,信息位数为 k,则监督位数 $r=n-k$。如果希望用 r 个监督码构造出 r 个监督关系式来指示一位误码的 n 种可能位置,则要求

$$2^r - 1 \geqslant n \text{ 或 } 2^r \geqslant k+r+1$$

4. 卷积码

卷积码,又称连环码,是由伊莱斯(P.Elis)于 1955 年提出的一种非分组码。它与前

面讨论的分组码不同。

分组编码时,先将输入的信息序列分为长度为 k 个码元的段,然后按照一定的编码规则(由生成矩阵或监督矩阵决定),给含有 k 个信息元的段附加上 r 长的监督元,于是生成 $n(n=r+k)$ 长的码组。在编码时,各 n 长码组是分别编码的,各码组之间没有约束关系,因此在译码时各码组是分别独立地进行。卷积编码则不同于此。卷积码中编码后的 n 个码元不仅与当前段的 k 个信息有关,也与前面 $(N-1)$ 段的信息有关,编码过程中相互关联的码元为 nN 个。因此,这 N 段时间内的码元数目 nN 称为这种码的约束长度。通常人们还称 N 为码的约束长度,不同的是 nN 是以比特为单位的约束长度,而 N 是以码组为单位的约束长度。本书将 N 作为约束长度,卷积码可表示为 (n,k,N),其中 k 为输入码元数,n 为输出码元数,N 为编码器的约束长度。卷积码编码器的一般形式如图 3-21 所示。

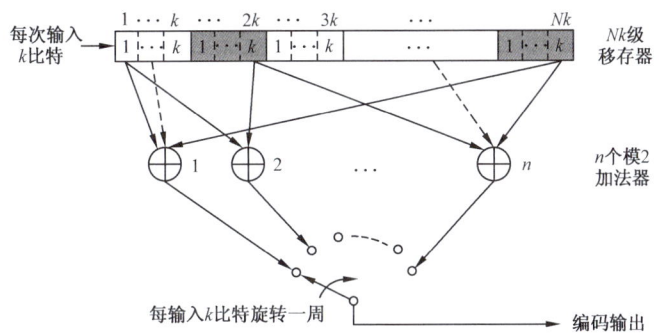

图 3-21 卷积码编码器的一般形式

正由于在卷积码的编码过程中充分利用了各组之间的相关性,所以与分组码同样的码率和设备复杂性条件下,无论从理论上还是从实际上均已证明卷积码的性能至少不比分组码差。但由于卷积码各组之间相互关联,所以在卷积码分析过程中,至今未找到像分组码那样有效的数学工具,以致性能分析比较困难。

5. 交织编码

前面介绍的各类编码方法大多是针对随机误码设计的,处理突发误码应该有特定的方法,其中一个有效的方法是对编码数据实行交织,把短时间内集中出现的错码分散,使之成为随机误码,再用差错控制编解码器对随机误码进行检测与纠正,这样用前面所介绍的各种抗干扰编码就可以产生最佳效果。

采用交织技术的原理框图如图 3-22 所示,编码数据经交织器重新排序后在信道上传输。在接收端解调后,去交织器将数据复原到正确的顺序后送入信道解码器。图 3-23 是一种分块交织器的工作原理图。分块交织器实际上是一个特殊的存储器,它将数据逐行输入,排成 m 行 n 列的矩形阵列,再逐列输出。去交织是交织的逆过程,去交织器将接收到的数据逐列输入、逐行输出。在传输过程中如果发生突发误码,比如某一列全部受到干扰,实际上相当于每一行有一位码受到干扰,经去交织后集中出现的误码转换成每一行数据有一位误码,如图 3-24 所示,可以由信道解码器纠正。

使用交织编码的好处是在不增加新的监督码元的情况下,提高了抗突发误码的能

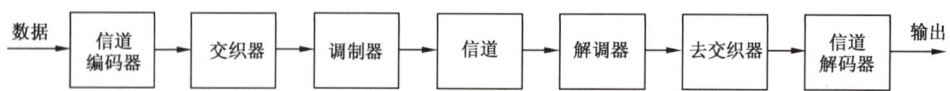

图 3-22 交织技术原理框图

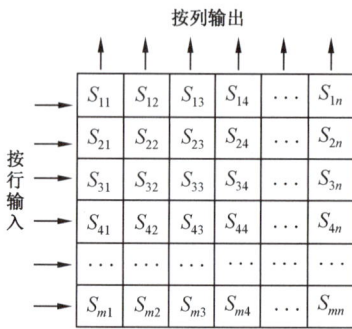

图 3-23 分块交织器工作原理图

图 3-24 突发误码经交织编解码后变成随机误码

力。由于不会增加监督码元,因此不会降低编码效率。理论上讲,交织深度(n值)越大,抗突发误码的能力就越强,但要求解码器的暂存区也越大,而且解码延时也会相应增大。因此,实际工程中会根据设计成本和系统的延时要求选取合适的交织深度。

6. 网格编码调制(TCM)

任何纠错码纠错能力的获取都是以冗余度为基础的,即通过编码使误码率降低需付出一定代价。这种代价可能是频带利用率的降低,可能是功率利用率的降低,抑或是设备更复杂和昂贵。

在 20 世纪 70 年代中期,梅西(Massey)根据信息论,证明了将编码与调制作为整体考虑的设计可以明显地改善系统的性能。1982 年,昂格尔博克(Ungerboeck)提出了卷积码与调制相结合的网格编码调制(Trellis Coded Modulation,TCM)。这种方法既不降低频带利用率,也不降低功率利用率,而是以设备的复杂度为代价换取编码增益。

TCM 码是利用编码效率为 $n/(n+1)$ 的卷积码,将每一码段映射为 $2n+1$ 个调制信号再集中的一个信号,使信号点之间相互依赖。它有两个基本特点:

(1)在信号空间中的信号点数目比无编码的调制情况下对应的信号点数目要多,这些增加的信号点使编码有了冗余,而不牺牲带宽。

(2)采用卷积码的编码规则,使信号点之间具有相互依赖关系。仅有某些信号点图样或序列是允许用的信号序列,并可模型化为网格状结构,因此又称为"格状"编码。

在接收端采用 Viterbi 译码算法执行最大似然检测。编码网格图中的每一条支路对应一个子集,而不是一个信号点。检测的第一步是确定每个子集中的信号点,在欧式距离意义下,这个子集是最靠近接收信号的子集。

图 3-25 描述了最简单的传输 2 比特码字的 8PSK 四状态 TCM 编码方案。它采用了效率为 1/2 的卷积码编码器,对应的网格图如图 3-26 所示。

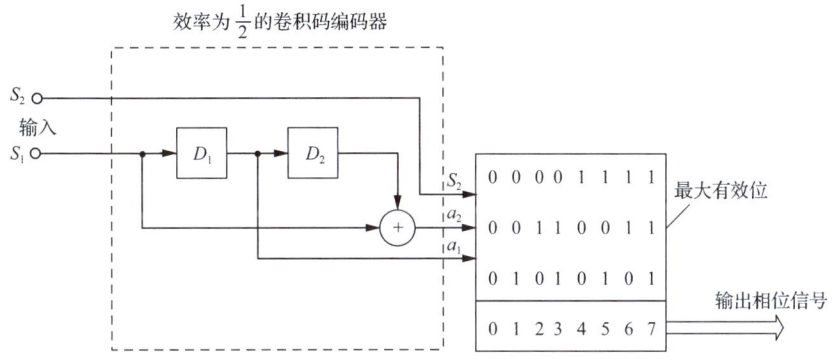

图 3-25　8PSK 四状态 TCM 编码方案

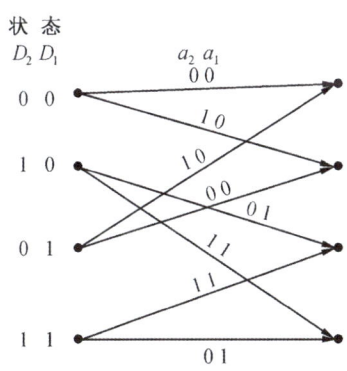

图 3-26　卷积编码网格图

在当前集成电路高速发展、传输媒体成本高于终端设备成本而成为通信成本的第一考虑因素时,TCM 码无疑是非常具有吸引力的。目前,TCM 码已在频带、功率同时受限的信道如太空、卫星、微波、同轴电缆、对绞线等通信中大量应用。

3.3　时分多路复用

一个大型的数字通信系统具有较高的信息传递速率,而单个用户所需要的传码率往往并不是很高,因此在数字通信中也存在着多路信号使用同一个通信系统(或传输信道)的问题,这就是多路复用。所谓"复用",是一种将若干彼此独立的信号合并为一个可在同一信道上传输的复合信号的方法。常用的复用方式有频分多路复用(FDM)、时分多路复用(TDM)、波分多路复用(WDM)等。这里我们先介绍 TDM,FDM 和 WDM 将分别在调制解调和光纤通信部分做详细介绍。

3.3.1　TDM 基本原理

所谓时分多路复用(TDM),就是将信道的工作时间按一定的长度分段,每一段称为一帧,一帧又分为若干时隙。用户的信号在每一帧中各自占用一个预先分配的时隙,这样就可以实现多路信号在同一个信道中的不同时间里进行传输。TDM 是在时域上将各路信号分离,但信号的频谱可以是混叠的;FDM 是在频域上将各路信号分离,但信号在时域上可以是混叠的。

图 3-27 是一个时分多路复用的示意图。图中的圆弧表示导电片,箭头表示簧片,旋转箭头表示抽样速率,左边机构为复用器,右边机构为解复用器,两者以相同的速度旋转。设 a、b、c 为三个发送信号的用户,a′、b′、c′为对应的接收用户,与用户相连的线路称为用户线路,复用器与解复用器之间的线路称为中继线路,则各用户线路与中继线路上信号的波形如图 3-28 所示。

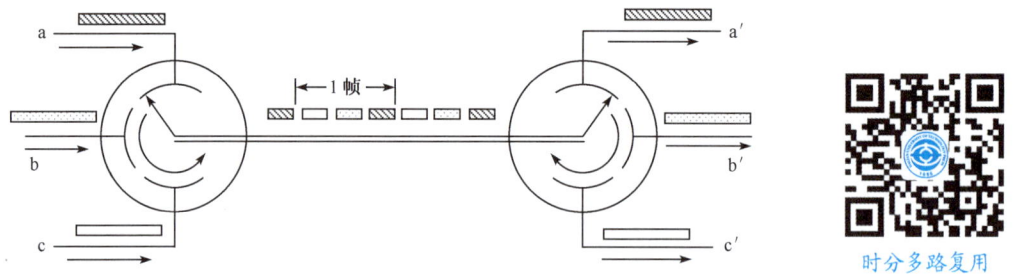

图 3-27 时分多路复用示意图

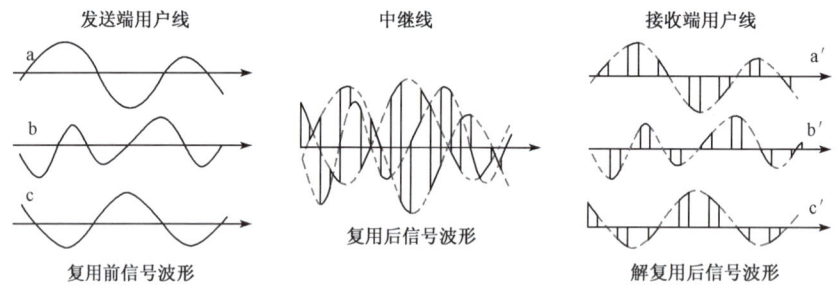

图 3-28 时分多路复用系统波形图

从图 3-28 中可以看出,复用器将发送端的每一路信号进行取样,使之成为 PAM 信号,各路信号的取样频率(就是帧频)是相同的,但取样的时刻不相同,每一路信号取样值各自占用自己的时隙,因此当各路信号合路时在时间上不重叠,接收端的解复用器可以将它们分路而相互不干扰。只要取样频率满足取样定理的要求,解复用后的各路信号通过一个低通滤波器就可重建原信号。

对于脉冲编码调制的数字电话来说,采用时分多路通信是很合适的。前面已提到,对每路话音信号的取样频率为 8 000 Hz,也就是每隔 1/8 000=125 μs 时间取样一次,但取出的样值脉冲很窄,只占这段时间的很小一个时隙,因而完全可以在其余的时间内插入若干路的话音样值脉冲。通信系统将这些多路脉冲进行 PCM 编码后一起传输。在接收端则将解码后的脉冲用选通门分别选出各路的样值信号,这样就实现了时分多路通信。这里,一帧的时间是 125 μs。

来自多个数字信源的信号在进行时分多路复用时,可以有比特交错法、字符交错法和码组交错法,其中最为常用的是字符交错法,如图 3-29 所示。在这种方法中,每个复用帧包含每一个数字信源的一个字节。设数字信源的信息速率为 64 kbit/s，一个字节长 8 bit，传送一个字节的时间是 125 μs。复用器(MUX)含有多个数据缓冲器，分别与数字信源相连接。数字信源以每 125 μs 8 bit 的速率将数据存入缓冲器中，而复用器在 125 μs 时间内将所有的数据读出。以 32 路复用器为例，读每一路数据的时间约为 3.9 μs。

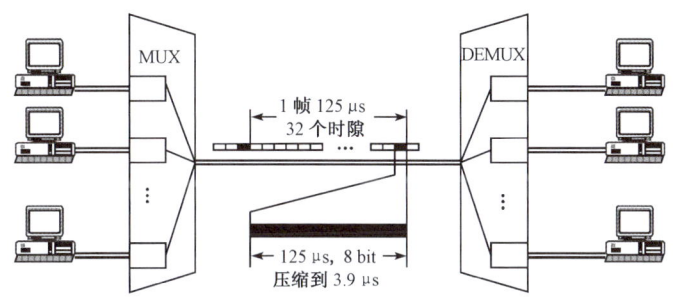

图 3-29　数字信源信号的时分多路复用

解复用器(DEMUX)将接收到的数据按时隙分路到各个缓冲器，每一字节读入的时间是 3.9 μs，读出的时间是 125 μs，这样每个接收终端可以接收到连续的速率为 64 kbit/s 的数据。

3.3.2　30/32 路 PCM 系统的帧结构与终端组成

为了传输频带为 300～3 400 Hz 的话音信号，取样频率 f_s 定为 8 000 Hz，取样周期 T_s=125 μs。在 30/32 路 PCM 系统中，要依次传送 32 路信息码组，故将每帧划分为 32 个时隙，每个时隙的宽度 t=125/32≈3.9 μs，如图 3-30 所示。每一话路的码组(代表一个取样脉冲)都只在一帧中占用一个时隙。如果每一话路都采用字长为 8 的码组，则每位码元的宽度是 $t/8$≈0.49 μs。

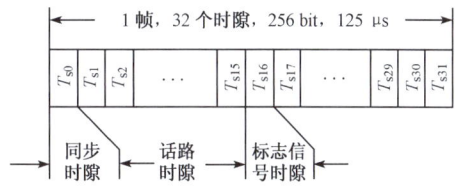

图 3-30　30/32 路 PCM 通信系统的帧结构

在 30/32 路 PCM 系统中，每 32 个时隙内只有 30 个时隙用于消息的传送；第 1 个时隙(T_{s0})在偶帧时传送同步码，码组固定为 *0011011，其中 * 为备用码元，奇帧时传送监测告警信号；第 17 个时隙(T_{s16})传送信令，每个信令用 4 位码组表示，因此每帧的 T_{s16} 可以传送两个信令。每 16 帧构成一个复帧，每个复帧的第 16 帧中的 T_{s16} 的前 4 位码组用来传送复帧同步码，码组固定为 0000。30/32 路 PCM 通信系统的总码率为

$$f_a = 8\ 000 \times 32 \times 8 = 2\ 048\ \text{kbit/s}$$

图 3-31(a) 和 (b) 分别是 30/32 路 PCM 系统终端的发送与接收部分组成框图。图 3-31(a) 中，各取样器的开关频率相同(8 kHz)，但取样时刻不同，它们分别在各自规定的时间内进行取样和编码，另外，也可以在有些时隙内传送数据信号，如计算机数据或传真；在 T_{s0} 时刻和 T_{s16} 时刻插入同步信号和信令信号；汇总器将各种信号汇合后，其输出已是一个完整的 30/32 路 PCM 复用信号，经码型变换(如 HDB$_3$)后即可送入调制信道。图 3-31(b) 中，信道输出的信号经再生整形后进行码型反变换，然后由分离器将话音信码

与其他码元分离。话音信码经 PCM 解调后经分路器分别送至各用户。

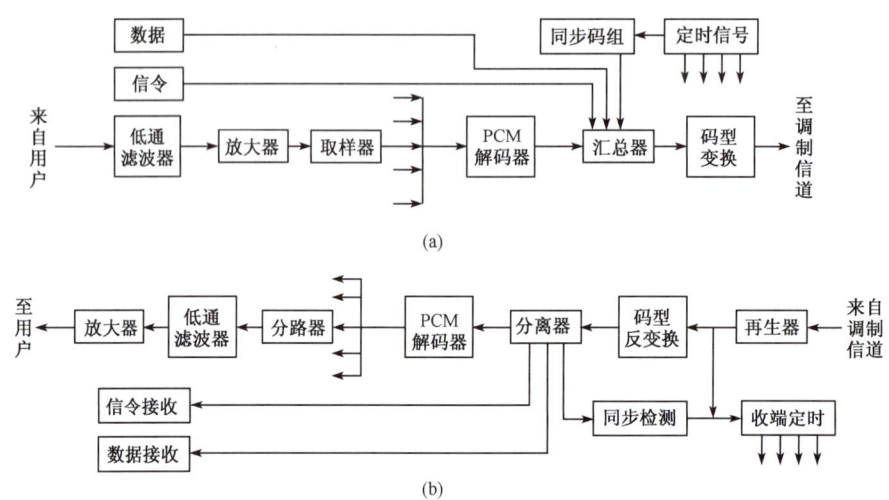

图 3-31　30/32 路 PCM 系统终端组成框图

30/32 路 PCM 通信系统的速率(2 048 kbit/s)被称为 E1 线速率,它是欧洲标准。我国的通信系统一般也采用该标准。

通信系统除常用的 E1 线外,还有北美标准 T1 线。T1 线也基于 PCM 编解码技术,但它采用 15 折线 μ 律编解码,每个 T1 帧包含 24 个时隙,传输速率为 1 544 kbit/s。

本章小结

　　本章介绍了通信中的编码技术,包括信源编码和信道编码两部分。

　　信源编码技术即把要传的信号转换成适于传输和处理的数字信号;而信道编码则是对已完成信源编码的数字信号进行处理,以保证传输的安全性和可靠性。

　　数字型的信源信息用信息码描述,最常用的是 ASCII 码;根据处理的对象不同,我们可以把模拟信源编码分为语音编码和图像编码两部分。但本质上,它们都是 A/D 转换的过程。常用的 A/D 转换方式有 PCM、ΔM 以及它们的改进型。

　　A/D 转换需要有三个过程,即取样、量化和编码。取样使信号在时间上离散,取样频率应是信号最高频率的两倍以上;量化使信号的电平离散,量化级数越多,量化噪声就越小,但编码率会越高。非均匀量化可以较好地解决量化噪声与编码率之间的矛盾。我国的 PCM 编码采用称为"13 折线 A 压扩律"的非均匀量化方法。

　　将数字码组增加一定的比特并对其进行适当的变换,使之具有一定的规律,接收端根据这个规律去判断所接收码组中是否有误码,甚至可以判断出误码的位置。这种变换就是差错控制编码。常见的差错控制编码方式有(二维)奇偶校验码、恒比码、正反码等,这些编码方式对随机出现的单比特误码有较好的检测与纠正能力。对于突发误码,可以采用交织编码的方式将其转换成随机单比特误码。

　　各种通信网络中为了充分利用通信介质的传输能力,大多会采用多种复用技术来提高系统利用率,我们这里为大家介绍了时分复用的基本原理。

实验与实践　信号编解码仿真实验

项目目的：

1. 了解语音编码的工作原理，验证 PCM 编解码原理；
2. 熟悉 PCM 抽样时钟、编码数据和输入/输出时钟之间的关系；
3. 了解 PCM 专用大规模集成电路的工作原理和应用；
4. 熟悉语音数字化技术的主要指标及测量方法。

项目实施：

一、熟悉通信原理试验箱

1. 熟悉通信原理试验箱的结构和使用；
2. 按照通信原理实验指导书的描述，正确设置试验箱的跳线和参数。

二、PCM 编码

1. 输出时钟和帧同步时隙信号观测；
2. 抽样时钟信号与 PCM 编码数据测量。

三、PCM 解码

PCM 解码器输出模拟信号观测。

项目实施成果：

实验报告。

习题与思考题

1. 对 A/D 转换的要求是什么？
2. 波形编码的三个基本过程是什么？
3. 电话语音信号的频率被限制在 300～3 400 Hz，根据取样定理对其取样，最低的取样频率应为多少？如果按 8 000 Hz 进行取样，且每个样值编 8 位二进制码，编码率是多少？
4. 采用非均匀量化的优点是什么？
5. 试述 PCM 编码采用折叠二进制码的优点。
6. 设 PCM 编码器的最大输入信号电平范围为 ±2 048 mV，最小量化阶为 1 mV，试对一电平为 +1 357 mV 的取样脉冲进行 13 折线 A 压扩律 PCM 编码，并分析其量化误差。
7. 试对码组为 10110101 的 PCM 信号进行解码，已知最小量化阶为 1 mV。
8. 试比较 PCM 与 ADPCM 的区别。
9. 当数字信号传输过程中出现误码时，通信系统采用哪些手段来减少误码的影响？
10. 现有 64 bit 二进制码帧，共分为 8 个码组，每组 8 bit，采用二维偶校验，每组的第 8 位和最后一组是校验码（组），试问其中是否有误码，是哪　位？

11001100' 10111010' 10001101' 11110101' 00101101' 10101010' 01000010' 11011011

11. 什么叫码重？什么叫码距？最小码距的物理意义是什么？
12. 试比较线性分组码与卷积码的异同。
13. 数字信号经过交织编码实际上解决了什么问题？
14. T1 线的码率是多少？E1 线的码率是多少？它们是怎样构成的？

拓展阅读

商品二维码及其标准

标准背景

二维码,或称二维条码,是指能够在两个方向上承载信息的条码符号,具有制作方便、价格低廉、信息容量大、信息密度高、能够标识中文等多种文字信息、保密防伪性强等优点。目前,主流的二维码码制有 PDF417 条码、QR 码、汉信码、DataMatrix 码等。

20 世纪 90 年代,二维码技术首先在国外的物流、单证管理、汽车、航空航天等领域实现了规模化应用,制定了多个国际码制技术与应用标准。中国物品编码中心(以下简称编码中心)在我国率先开展二维码技术研究,将 PDF417、QR 码国际标准转化为国家标准,解决了我国二维码应用无标准可循的问题,促进了我国二维码技术产业的形成和信息化建设的发展。

进入 21 世纪以来,我国二维码在物流、仓储、票证等行业应用逐步兴起,市场经济发展对我国二维码技术的自主创新提出了明确需求。2007 年,我国第一个拥有完全自主知识产权的国家二维码标准《汉信码》发布,标志着我国二维码技术产业发展走上了自主创新和大规模应用之路。

2010 年以后,随着智能手机的普及和移动通信的发展,利用手机扫描二维码,访问移动互联网已经成为人们获取信息的便捷方式。通过扫描二维码进行移动支付、网络购物、阅读广告、下载应用等的二维码新型应用已被广大消费者接受,二维码技术应用的模式从传统的行业应用扩展到了大众化开放性应用。

标准意义

随着二维码技术被广泛应用,商品相关的二维码应用越来越多,生产企业需要借助商品二维码实现线上、线下联动的移动宣传、促销活动来实现增加消费者的互动和企业产品的推广等销售目的,消费者希望通过商品二维码获取更完善的企业信息、产品信息和促销信息,进而从琳琅满目的商品中挑选出满意的产品。基于商品二维码的优惠促销、广告宣传、防伪追溯等应用已蔚然成风,越来越多的商品上开始印制二维码。由于没有标准可循,商品上二维码应用爆发增长的同时也出现了一系列问题:

1.商品二维码的编码标识不统一,不能国际互通。商品上印制的二维码编码数据结构和信息服务多由各个厂商或服务商自行定义,与国际通行的二维码编码标识不能互通,相关的信息处理和获取需要不同的手机软件或特定应用软件识读和解析处理,为我国商品的跨国流通和大规模应用带来了隐患。

2.碎片化应用问题严重。不同二维码服务厂商间相互屏蔽对方的二维码,互不共享企业和商品数据的现象严重,对商品制造企业来说,需要在不同的二维码平台上重复录入相同的产品数据,为实现不同目的,同一商品上需要印制或加贴多个二维码,效率低,成本高;对消费者来说,面对多个二维码,无从扫起,扫码体验差。

3.商品上的二维码印制质量不合格、二维码应用安全性堪忧等问题时有出现。由于商品上二维码印制质量不合格,以及消费者关于二维码应用安全方面的疑虑,二维码印制质量和用户识读率不高,阻碍了商品二维码技术的大规模应用。

为了解决这些问题,编码中心在国家质检总局和国家标准委的大力支持下,通过国家物流信息管理标准化技术委员会(TC267)提出了《商品二维码》国家标准立项申请并获批。编码中心联合了百度、苏宁、中国联通、中国电信等运营商以及中关村工信二维码研究院、邻家网络、三网科技、新大陆自动识别、汉信互联、仁聚智汇等众多的二维码信息服务商和二维码技术提供商等单位组成标准起草组,共同开展标准起草工作,历经多次研讨会和标准修订,最终完成了标准制定的各项工作并于2016年8月正式报批,2017年7月正式发布。

GB/T 33993—2017《商品二维码》国家标准规定了商品的二维码全球唯一标识以及其符号要求。该标准的发布对建设与现有商品一维码相互兼容、相互补充的商品二维码技术体系,促进我国开放流通领域二维码协调快速发展具有重要意义,主要体现在以下几个方面:

1. 本标准实现了商品的二维码全球唯一标识问题,兼容现有商品条码的全部信息,能够解决商品二维码的国际通用问题。

2. 标准规定的商品二维码可实现一类(种)一码、一批一码、一物一码,编码结构灵活,行业或企业内部编码能够嵌入通用的数据结构中,从而满足不同行业、不同应用以及社会大众对商品二维码线上、线下追溯,营销,防伪等不同的应用场景需求,实现一码绑定多种服务,从而解决商品二维码面临的碎片化应用问题。

3. 本标准规定了商品二维码的符号印制质量以及商品二维码的网络入口,解决了符号印制质量无法保证等问题;降低了消费者扫码安全风险。

未来展望

商品二维码标准是我国二维码开放应用领域的一项重要基础性标准,基于商品二维码的标准化管理,我国制造企业既可以实现对商品的一类(种)一码、一批一码或一物一码的唯一标识需求,又可以开展针对本企业的需求与产品特点的个性化商品二维码追溯、防伪、营销等线上或线下服务,商品二维码标准的制定、发布与未来的实施,有利于我国逐步规范引导商品、产品二维码的持续健康发展,促进我国以二维码为接入手段的新型产业形态和二维码移动信息服务行业的产生与完善,也将改变大众生活方式,为中国经济新常态增加色彩。

(节选自:王毅.《商品二维码》国家标准 催生新业态 添彩新经济[J].条码与信息系统,2017(6):9-10.)

第4章 数字基带传输系统

学习目标

1. 了解数字基带传输的特征及系统构成；
2. 了解数字基带信号的码型及频谱特征；
3. 了解数字基带信号的传输码型，掌握AMI、HDB_3及mBnB码的编码原理；
4. 了解数字基带系统的信号传输过程；
5. 了解影响数字基带系统传输性能的因素及改善方法；
6. 掌握眼图的原理；
7. 了解通信系统的同步技术；
8. 熟悉串行传输与并行传输的概念。

来自数据终端的原始数据信号，如计算机输出的二进制序列、电传机输出的代码，或者是来自模拟信号经数字化处理后的PCM码组、DM序列等都是数字信号。这些信号往往包含丰富的低频分量，甚至直流分量，因而称之为数字基带信号。在某些具有低通特性的有线信道中，特别是传输距离不太远的情况下，数字基带信号可以直接传输，我们称之为数字基带传输。

目前，虽然在实际应用场合，数字基带传输不如频带传输的应用那样广泛，但对于基带传输系统的研究仍是十分有意义的。一是因为在利用对称电缆构成的近距离数据通信系统中广泛采用了这种传输方式，例如以太网；二是因为数字基带传输中包含频带传输的许多基本问题，也就是说，基带传输系统的许多问题也是频带传输系统必须考虑的问题，例如传输过程中的码型设计与波形设计；三是因为任何一个采用线性调制的频带传输系统均可等效为基带传输系统来研究。

4.1 数字基带传输的基本知识

4.1.1 基带传输系统的构成

我们可以把基带传输系统用图 4-1 所示的简化模型来概括,发送滤波器传输特性为 $G_t(\omega)$,信道传输特性为 $C(\omega)$,接收滤波器传输特性为 $G_r(\omega)$。根据基带脉冲传输的特点和基带传输系统的组成,用定量的关系式表达脉冲传输的过程。

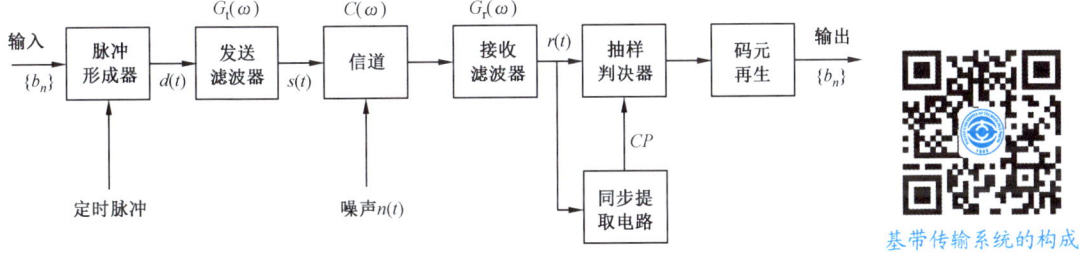

图 4-1 基带传输系统简化模型

图中各部分的功能简述如下:

(1)脉冲形成器(编码器):将信源或信源编码输出的码型(通常为单极性非归零码)转变为适合信道传输的码型。

(2)发送滤波器:将编码之后的基带信号变换成适合于信道传输的基带信号,这种变换主要是通过波形变换来实现的,其目的是使信号波形与信道匹配,便于传输,减小码间串扰,利于同步提取和抽样判决。

(3)信道:允许基带信号通过的媒质,通常为有线信道,如市话电缆、架空明线等。信道的传输特性通常不满足无失真传输条件,甚至是随机变化的。另外,信道还会额外引入噪声。在通信系统的分析中,常常将噪声等效为 $n(t)$,集中在信道中引入。

(4)接收滤波器:它的主要作用是滤除带外噪声,对信道特性均衡,使输出的基带波形无码间串扰,有利于抽样判决。

(5)抽样判决器:在传输特性不理想及噪声背景下,在规定的时刻(由位定时脉冲控制)对接收滤波器的输出波形进行抽样判决,以恢复或再生基带信号。

(6)解码器:对抽样判决器输出的信号进行译码,使输出码型符合接收终端的要求。

(7)同步器:提取位同步信号,一般要求同步脉冲的频率等于码速率。

4.1.2 数字基带信号的码型

信号波形反映信号电压或电流随时间变化的关系。用于传输的数字基带信号波形可以是各种各样的,这里介绍几种应用较广的数字基带信号码型及其波形。

(1)单极性非归零(NRZ)码

设数字信号是二进制信号,每个码元分别用 0 或 1 表示,则该码可以是图 4-2(a)的形式。这里,基带信号的 0 电平及正电平分别与二进制符号 0 及 1 ——对应。容易看出,这种信号在一个码元时间内，不是有电压(电流)就是无电压(电流)，电脉冲之间无间隔，极性单一。这种信号比较适合于被常用的数字电路处理。

(2) 双极性非归零码

双极性非归零码指二进制码元 1、0 分别与正负电平相对应的码，如图 4-2(b) 所示。它的电脉冲之间也无间隔。

与单极性码相比，双极性码有两个优点：一个是当 0、1 码元等概率出现时，它将无直流成分；另一个是当接收正负电平时可以直接用零电平作为判决电平。

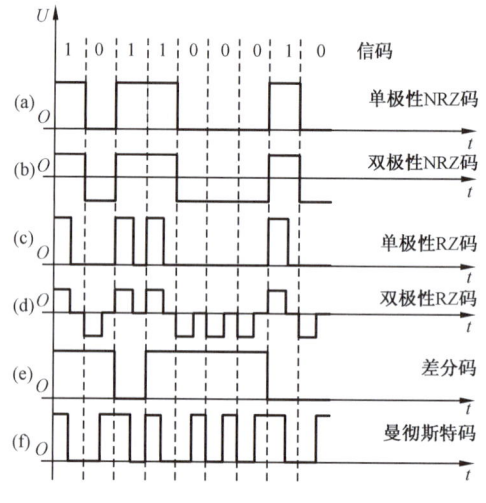

数字基带信号的码型

图 4-2 数字基带信号的常用码型

(3) 单极性归零(RZ)码

单极性归零码也称占空码，它的特点是有电脉冲的宽度小于码元长度，每个有电脉冲在一个码元内总是要回到零电平，如图 4-2(c) 所示。一个码元内高电平的宽度与零电平的宽度之比称为占空比。

(4) 双极性归零码

它是双极性码的归零形式，如图 4-2(d) 所示。由图可见，此时对应每一码元都有零电平的间隙，即便是连续的 1 或 0，都能很容易地分辨出每个码元的起止时间，因此接收机在接收这种波形的信号时，很容易从中获取码元同步信息。

(5) 差分码

差分码是一种将信码 0 和 1 反映在相邻信号码元的相对极性变化上的码。比如，以相邻码元的极性改变表示信码 1，而以极性不改变表示信码 0，如图 4-2(e) 所示。可见，这样的码在形式上与单极性码或双极性码相同，但它所代表的信码与码元本身极性无关，而仅与相邻码元的极性变化有关。差分码也称相对码，而相应地称前面的码型为绝对码。

(6) 曼彻斯特码

曼彻斯特码如图 4-2(f) 所示。每一个码元被分成高电平和低电平两部分，前一半代表码元的值，后一半是前一半的补码。例如，图中的 1 码，前半个码元是高电平，后半个码元是低电平，0 码则反之。从这个波形中可以看到，无论信码如何分布，其高、低电平的延续时间不会超过一个码元长度，因此很适合从这个信号中提取码元同步信号。这种码常被用作数字信令码。

4.1.3 数字基带信号的频谱

在数字通信中,一个1、0交替的NRZ码波形就是周期性的方波信号,它的周期T是码元长度的2倍。这种信号从频谱分析仪上可测得如图4-3(a)所示的频谱,它由频率为Ω($\Omega=2\pi/T$)的基波和奇次谐波组成。由于传输的信号在绝大多数情况下是随机的,也就是说1和0的出现是不可预知的,它与周期信号有一定的区别,所以两个信号的频谱也有所不同。图4-3(b)是一个随机信号的波形和频谱图,其功率在频率轴上的分布是连续的。

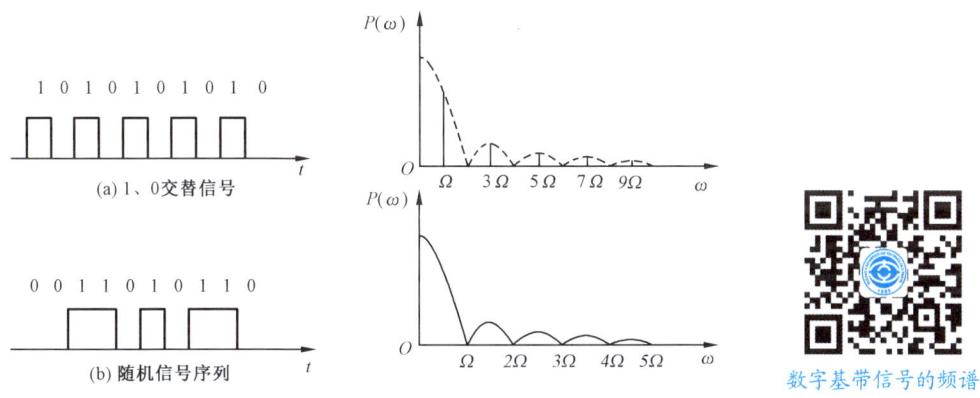

图4-3 数字信号序列与功率谱密度

二进制随机脉冲序列的功率谱密度包括连续谱和离散谱两部分,其中连续谱总是存在的,它的频谱与单个矩形脉冲的频谱有一定的比例关系,反映的是数字基带信号中交变的部分;离散谱则与信号码元出现的概率和信号码元的宽度有关,在某些情况下可能没有离散谱分量。

研究随机序列功率谱的原因是可以根据信号频谱的特点找出最适当的传输信道特性以及选定合适的传输频带;还可以根据它的离散谱是否存在,判断能否从所传输的序列中提取定时时钟信号,这对研究时分多路复用通信时钟同步问题十分重要。

4.2 数字基带传输的线路码型

4.2.1 数字基带传输的码型要求

数字基带信号是数字信息的电脉冲表示,不同形式的数字基带信号(又称为码型)具有不同的频谱结构,合理地设计数字基带信号以使数字信息变换为适合于给定信道传输特性的频谱结构是基带传输首先要考虑的问题。通常又把数字信息的电脉冲表示过程称为码型变换,在有线信道中传输的数字基带信号又称为线路传输码型。

事实上,在数字设备内部用导线连接起来的各器件之间就是用一些最简单的数字基带信号来传送定时和信息的。这些最简单的数字基带信号的频谱中含有丰富的低频分量乃至直流分量。由于传输距离很短,高频分量衰减也不大。但是数字设备之间用长距离有线传输时,高频分量衰减随距离的增加而增大,同时,信道中还往往存在隔直流电容或耦合变压器,因而传输频带的高频和低频部分均受限。此时必须考虑码型选择问题。

归纳起来,在设计数字基带信号码型时应考虑到以下原则：

(1)对于传输频带低端受限的信道,一般来讲,线路传输码型的频谱中应不含直流分量。

(2)码型变换(或叫码型编译码)过程应对任何信源具有透明性,即与信源的统计特性无关。所谓信源的统计特性,是指信源产生各种数字信息的概率分布。

(3)便于从基带信号中提取位定时信息。在基带传输系统中,位定时信息是接收端再生原始信息所必需的。在某些应用中位定时信息可以用单独的信道与基带信号同时传输,但在远距离传输系统中这常常是不经济的。因而需要从基带信号中提取位定时信息,这就要求基带信号或经简单的非线性变换后能产生出位定时线谱。

(4)便于实时监测传输系统信号传输质量,即应能检测出基带信号码流中错误的信号状态。这就要求基带传输信号具有内在的检错能力,对于基带传输系统的维护与使用,这一能力是有实际意义的。

(5)对于某些基带传输码型,信道中产生的单个误码会扰乱一段译码过程,从而导致译码输出信息中出现多个错误,这种现象称为误码扩散(或误码增殖)。显然,我们希望误码增殖越少越好。

(6)当采用分组形式的传输码型(如5B6B码等)时,在接收端不但要从基带信号中提取位定时信息,而且要恢复出分组同步信息,以便将收到的信号正确地划分成固定长度的码组。

(7)尽量减少基带信号频谱中的高频分量,这样可以节省传输频带,提高信道的频谱利用率,还可以减小串扰。

(8)编译码设备应尽量简单。

上述各项原则并不是任何基带传输码型均能完全满足,往往是依照实际要求满足其中的若干项。

数字基带传输的码型要求

4.2.2 常用的传输码型

1.CMI(传号反转)码

CMI码与曼彻斯特码相似,也是一种二电平码,输入数据"1"交替地用全占空的一个周期方波来表示(如将"1111"表示成11001100);输入数据"0"则用半占空方波来表示(如将"0000"表示成01010101),如图4-4所示。

2.AMI码

AMI码的全称是信号交替反转码。这是一种将消息代码中的0(空号)和1(传号)按如下规则进行编码的码型：代码的0仍变换为传输码的0,而把代码中的1交替地变换为传输码的+1或-1,如图4-5(a)所示。

由于AMI码的传号"1"交替反转,由它决定的基带信号将出现正负脉冲交替而0电平保持不变的规律。由此可看出,这种基带信号无直流成分,且只有很小的低频成分,因此它特别适宜在不允许这些成分通过的信道中传输。

由AMI码的编码规则可以看出,AMI码已由两种电平状态变为三种电平状态。另外,由于AMI码具有极性交替变化的特点,信号在传输过程中无论是1码还是0码出现

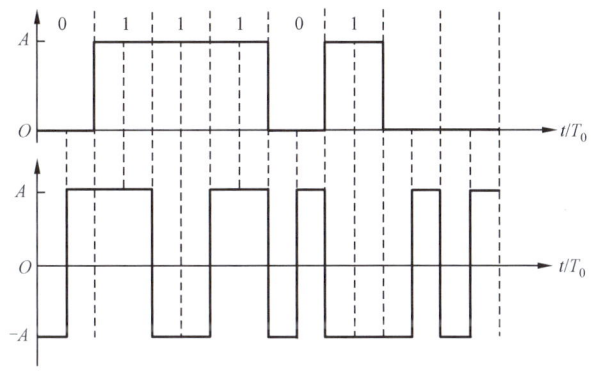

图 4-4 CMI 码波形

错误时,都会破坏极性交替变换的规律,很容易被发现,所以 AMI 码具有一定的误码检测能力,而且 AMI 码的编译码电路也比较简单,因而被广泛采用。

但是 AMI 码有一个缺点,即当用它来获取定时信息时,如果出现长时间的 0 码,则接收端会出现长时间的零电平,因而会造成提取码元同步信号困难。

3. HDB$_3$ 码

HDB$_3$ 码的全称是三阶高密度双极性码,它是 AMI 码的改进型,解决了 AMI 码在长时间连零时可能出现的位同步信息丢失的问题。它的编码原理:如果信码中没有 4 个以上的连零,则按 AMI 码的编码规则对信码进行编码;当信码中出现 4 个以上的连零时,将这 4 个连零看作一个连零段,第 4 个 0 被改成非零符号(相当于 1 码),称为 V 码,如果 V 码之后紧接着再出现 4 个以上的连零,则第 4 个零也改为 V 码。所有 V 码的极性必定与其前一个非零符号的极性相同;在编码过程中当相邻两个 V 码的极性可能会相同时,就在第二个 V 码所在的连零段中将第一个零码改为非零符号,其极性与前一个非零符号的极性相反,这个码称为 B 码,其后的 V 码极性仍与该 B 码极性相同。图 4-5(b)是一个 HDB$_3$ 码的例子,从中可以看到,HDB$_3$ 码中连续零电平码的位数不会超过 3 个,相邻 V 码的极性必定相反,V 码与其前相邻的非零符号之间的极性必定相同;同一连零段中 B 码与 V 码之间有两个零电平码。

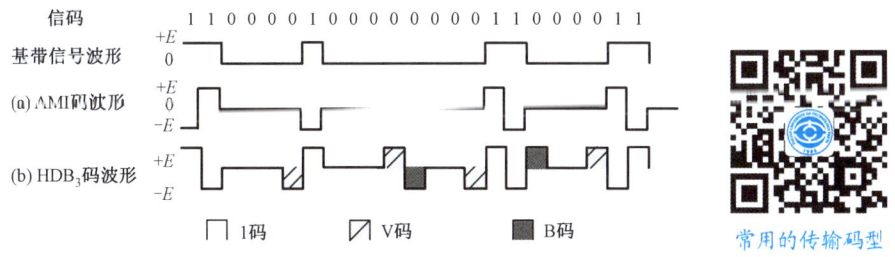

图 4-5 AMI 码与 HDB$_3$ 码波形

虽然 HDB$_3$ 码的编码规则比较复杂,但译码却相当简单,只要相邻两个非零符号的极性相同,则后一个码一定是 V 码,可译作零;V 码前一定有 3 个零码,其中可能存在的 B 码就可以转换成零码;其余的非零符号无论是正电平还是负电平都译作 1 码,则 HDB$_3$ 码的译码就可以完成了。

HDB₃码的特点是明显的,它除了保持 AMI 码的优点外,还增加了使连零码减少到至多 3 个的优点,而不管信息源的统计特性如何。这对于同步信号的提取是十分有利的。

4. 2B1Q 码

2B1Q 码是一种四电平码,它将 2 位二进制码元组合在一起以一个电平信号来代表。例如,我们可设定编码规则见表 4-1。

表 4-1　　　　　　　　　2B1Q 编码规则

码组	电平/V
10	+3
11	+1
01	−1
00	−3

5. mBnB 码

HDB₃码尽管有许多优点,但它实际上是一个三电平码,给信号的接收带来了很大的不便,而在有些情况下则必须用二电平信号,例如光通信中光只适合于表示两种状态,因此可采用 mBnB 码。

mBnB 码又称分组码。它是把输入信码流中每 m 比特码分为一组,然后变换为 n 比特,且 $n>m$。这样变换后的码流就有了冗余,除了传送原来的信息外,还可以传送与误码监测等有关的信息,并且改善了定时信号的提取和直流分量的起伏问题。m、n 越大,编码与解码器也越复杂。在光纤通信中,5B6B 码被认为在编码复杂性和比特冗余度之间是最合理的折中,在国内外三、四次群光通信系统中应用较多。表 4-2 是一种 5B6B 码的码表。

表 4-2　　　　　　　　　5B6B 码表

5B 输入码组	6B 线路码组 正模式	6B 线路码组 负模式	5B 输入码组	6B 线路码组 正模式	6B 线路码组 负模式
00000	110010	110010	10000	110001	110001
00001	110011	100001	10001	111001	010001
00010	110110	100010	10010	111010	010010
00011	100011	100011	10011	010011	010011
00100	110101	100100	10100	110100	110100
00101	100101	100101	10101	010101	010101
00110	100110	100110	10110	010110	010110
00111	100111	000111	10111	010111	010100
01000	101011	101000	11000	111000	011000
01001	101001	101001	11001	011001	011001
01010	101010	101010	11010	011010	011010
01011	001011	001011	11011	011011	001010
01100	101100	101100	11100	011100	011100
01101	101101	000101	11101	011101	001101
01110	101110	000110	11110	011110	001100
01111	001110	001110	11111	001101	001101

5B6B 码的输入码组长度为 5,共有 32 种组合方式,而 6B 线路码组(码组长度为 6)共有 64 种组合方式,即产生 64 种输出码字。我们把每个码字中"1"码和"0"码的差值叫作码字数字和,用 WDS 表示。这 64 种输出码字中的 50 种组成如下:20 个以 3 个 1 和 3 个 0 排列组成的均等码组即 WDS=0,如 111000,001101,100110 等;15 个以 4 个 1 和 2 个 0 组成的 WDS=+2 正不均等码组,如 101101,011011 等;15 个以 2 个 1 和 4 个 0 组成的 WDS=−2 负不均等码组,如 100100,010001 等。在将 5B 输入码组转换成 6B 线路码组时,只需要用到 6B 码的 32 种码组,上述的 50 个 6B 码组已经足够,其余码组的 0 和 1 的不均等性更大,可不予考虑。

编码时,6B 线路码组中的 20 个均等码组与 20 个 5B 输入码组一一对应;15 个正不均等码组和 15 个负不均等码组组成 15 对码组(分别称为正模式和负模式),删去其中三对码组(000011 和 111100、110000 和 001111、000111 和 111000),剩余的 12 对与 5B 输入码组的另外 12 个码组对应;这 12 对码组交替使用。正模式和负模式交替使用,可以保证线路码组中出现 0 和 1 的个数均等,无直流起伏,减小了判决电平的漂移。这样,用 32 个(对)6B 线路码组表示了 32 个 5B 输入码组。例如,从表 4-2 中可以查到,与 5B 输入码组 00011 对应的 6B 线路码组为 100011,因为其 WDS=0,所以正模式与负模式相同;而与 5B 输入码组 00100 对应的 6B 线路码组为 110101(正模式)和 100100(负模式),因为其 WDS=±2,所以正模式与负模式不同;当 5B 输入码组为 00100、00100 时,5B6B 编码器的输出为 110101、100100,1 码的总数与 0 码的总数相等。

码表中未列出的其他码组作为禁用码组,供码组同步与误码监测用。这种码表的最大连 0 或连 1 数为 5,码速增加 1/5,对通信系统的有效性影响不大,编译码电路较简单,并且具有一定的误码监测能力。

4.2.3　传输码型变换的误码增殖

数字信号在线路中传输时,由于信道不理想和噪声干扰,接收端会出现误码。当线路传输码中出现 n 个数字码错误时,在码型反变换的数字码中,出现 n 个以上的数字码错误的现象称为误码增殖。误码增殖是由各码元的相关性引起的。误码增殖现象可用误码增殖比来表示,定义为

$$\varepsilon = \frac{\text{反变换后的误码个数}}{\text{线路误码个数}} = \frac{f_b \cdot P'_e}{f_t \cdot P_e}$$

式中:f_t 为信道码速率;P_e 为信道误码率;$f_t \cdot P_e$ 为 1 s 内的误码个数;f_b 为码型反变换的码速率;P'_e 为码型反变换的误码率;$f_b \cdot P'_e$ 为码型反变换后 1 s 内的误码个数。

4.3　数字基带信号传输特性与码间干扰

4.3.1　数字基带信号传输的基本特点

基带传输系统中的信号未经调制,信号的性质与频带传输不同,故而基带信号传输具有其独特的性质:

(1) 基带信号的频带从 0 到几百兆赫,甚至几千兆赫,要求信道有较宽(直流到高频)的频率特性;

(2) 传输线路的电容对传输信号的波形影响很大,使传输距离受到限制,一般不大于 2.5 km;

(3) 基带传输方式简单,设备费用少,适用于传输距离不长的场合。

4.3.2 数字基带信号的传输过程

一个数字基带(串行)传输系统的示例如图 4-6 所示。这里,DTE(一台计算机)与 DCE(一台调制解调器)之间的通信采用了 RS-232-C 标准。DTE 在时钟脉冲[图 4-6(a)]的作用下以一定的码元速率向 DCE 发送数据[图 4-6(b)],每一个码元的起止时间由 DTE 的时钟脉冲严格决定。

图 4-6(b)的信号经过信道的传输波形会发生变化,变化的大小取决于信道的传输特性与噪声特性。

在信号到达 DCE 的输入端口时,可能的波形如图 4-7(a)所示。这个波形与发送端波形可能有很大的差异,需要由诸如图 4-8 所示电路来对信号进行修正。信号中的噪声由滤波电路

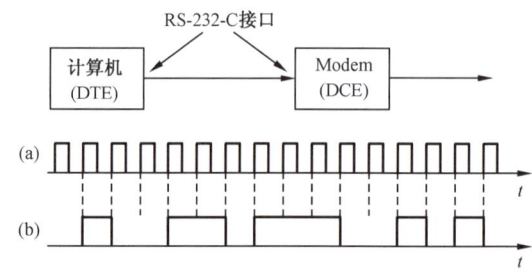

图 4-6 数字基带传输系统示例

滤除,信道的高频衰减可以用均衡器来加以补偿。经过均衡以后,信号的波形[图 4-7(b)]已比较接近发送信号,但仍然是非矩形波,需要整形。图 4-8 中的整形电路是一个差动判决电路,它将信号与一个判决电平[图 4-7(c)]进行比较,当信号的电压超过这个判决电平时输出高电平,而低于这个判决电平时输出低电平。判决电平取信号幅度的中值,它由一个幅度检波器对信号进行检波取平均值而得到,如果发送端发送的是双极性基带信号,则可取 0 电平作为判决电平。

修正以后的信号[图 4-7(d)]虽然已是一个矩形波,但其脉冲的前后沿时刻是随机的,发生在修正电路输入与判决电平相交时刻,这个时刻受信道特性与噪声的影响,因此每个码元长度也是随机变化的,需要重新定时。再定时电路包括时钟提取电路和定时触发电路两部分,由时钟提取电路从信号中提取频率 $F_s=1/T_s$ 的定时脉冲[图 4-7(e)],这个脉冲序列与发送端的时钟是严格同步的,在它的控制下,每个码元的长度固定为 T_s,如果不发生误码,定时触发电路将输出与发送端完全一样的信号[图 4-7(f)]。

从图 4-7 中还可以看到,由于每个信号码元在中间时刻受信道传输特性的影响最小,所以重新定时的时间[图 4-7(e)定时脉冲波形的上升沿]选在这个时刻可以使误码发生的可能性减小,这样,信号在传输过程中除了有信号传播延时外,还要加上半个码元长度的处理延时,总的延时为 t。

数字基带信号的传输过程

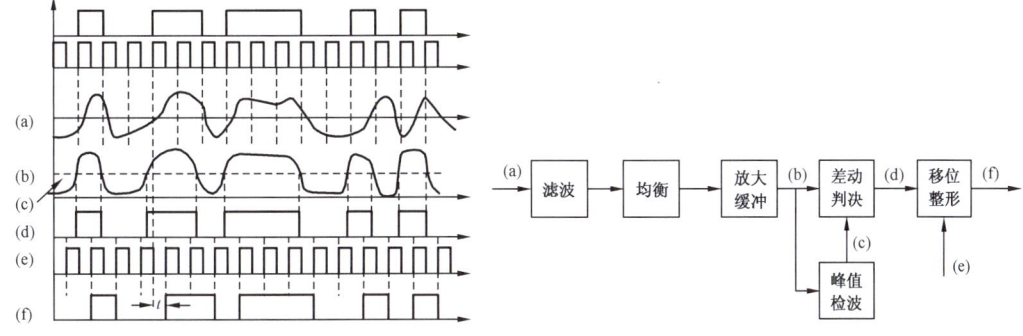

图 4-7 数字基带信号接收波形　　图 4-8 数字基带信号接收电路

4.3.3 数字基带信号传输的基本准则(无码间干扰的条件)

在数字基带传输系统中,信道具有低通特性,对于基带信号来说相当于一个低通滤波器。由于数字基带信号的频谱很宽,在通过一个低通滤波器时,高频部分的分量会受到很大的衰减,信号的波形会发生变化。这是由于滤波器的带宽不够而使信号中的高频分量丢失,从而使信号变得平滑。因此也存在着每个码元波形发生变化而对前后相邻码元产生影响的问题,这就是码间干扰(码间串扰)。

码间干扰既与信号本身有关,又与信道的传输特性有关。研究表明,如果一个通信系统具有理想的传输特性,且其频带宽度为 $B(Hz)$,则该系统无码间干扰时最高的传输速率 R_b 为 $2B$(波特)。这个传输速率通常被称为奈奎斯特速率(Nyquist Rate),$T_b=1/2B$ 为系统传输无码间干扰的最小码元间隔,称为奈奎斯特间隔。反过来说,输入序列若以 $1/T_b$ 速率进行无码间干扰传输,所需的最小传输带宽为 $1/2T_b$(Hz)。通常称 $1/2T_b$ 为奈奎斯特带宽。

通信过程中我们还常常会用到频带利用率的概念。所谓频带利用率 η,是指码元速率 R_b 和带宽 B 的比值,即单位频带所能传输的码元速率,其表达式为

$$\eta = R_b/B(\text{B/Hz})$$

显然,理想低通传输函数的频带利用率为 2 B/Hz。这是最大的频带利用率,因为如果系统用高于 $1/T_b$ 的码元速率传送信码,将存在码间干扰。若降低码元速率,即增加码元宽度 T_b,则系统的频带利用率将相应降低。

奈奎斯特速率是信号传输的极限速率。实际的系统不具有理想的传输特性,因此信号传输速率都要低于奈奎斯特速率。例如,在 GSM 移动通信系统中,每一个信道的带宽是 $25\ \text{kHz}$,信号的传输速率(二进制传输)是 $33.8\ \text{kbit/s}$。

关于无码间干扰的理论条件及实用条件可以通过详细的数学推导得到,这里不做介绍。

数字基带信号传输的基本原则

4.4 基带传输系统的性能分析

4.4.1 影响基带传输系统性能的因素

影响基带传输系统性能的因素有很多,诸如码型设计、信道特性、传输距离、噪声与干扰等。下面从以下两个因素入手来考察。

1. 误码率和误码率的累积

误码率是指无码间干扰的基带系统由于加性噪声的影响而造成的误码的统计概率。即误码率只与接收滤波器的输出平均功率信噪比,即判决器的输入平均功率信噪比 S/N 有关,且 S/N 越大,误码率越小。所以提高接收滤波器的输出信噪比可以改善接收机的抗噪声性能。

$$P_e = \frac{出现错误的码元(符号)数}{传输的总码元(符号)数}$$

误码率 P_e 是多次统计结果的平均量,所以这里指的是平均误码率。

在相同的噪声背景和误码率情况下,单极性二元码的平均功率应为双极性二元码的两倍,或者说在相同信噪比的情况下,双极性二元码的误码率低于单极性二元码,所以,一般采用双极性二元码。

多元码基带传输系统因加性噪声的影响而造成的误码率既与码元电平数 M 有关,又与平均功率信噪比 S/N 有关。在平均功率信噪比 S/N 不变的情况下,M 越大,误码率 P_e 越大;在码元电平数 M 不同的情况下,电平数越大的系统保持相同误码率所需加大的信号功率越大;在码元电平数 M 相同的情况下,判决器的输入平均功率信噪比 S/N 越大,误码率 P_e 越小。

在进行长距离基带信号传输时,通常要在传输的过程中进行中间处理,以保证通信成功。常用的一种中间处理方法是再生中继。即在传输的过程中接收信号,处理后再发出。一般通信中的这种接收-发送处理需要进行多次。关于再生中继我们将在后面的内容中进行详细讨论。再生中继处理时,每次接收信号的判决过程都可能由于码间干扰和噪声干扰等原因而导致判决电路误判,即将"1"码误判为"0"码或反之,造成误码。这种现象无法消除,每个再生中继器都有可能发送这种误码,通信距离越长,通过的再生中继器越多,误码累积也越多。

设有 m 个再生中继段,每个中继段的误码率为 P_{ei},则总误码率 P_{te} 可认为是按再生中继段数目线性累积的:

$$P_{te} = \sum_{i=1}^{m} P_{ei}$$

当每个再生中继段误码率同为 P_e,全程总误码率 $P_{te} = mP_e$。例如某一 PCM 通信系统共有 $m=10$ 个再生中继段,要求总误码率 $P_{te} = 1 \times 10^{-6}$,则由上式可算得一个再生中继

段的误码率应小于 1×10^{-7}。

当其中某一再生中继段信噪比劣化时，整个 PCM 数字中继传输系统的误码率主要由误码率劣化最严重的再生中继段决定。例如 10 个中继段有 9 个中继段误码率都达 10^{-10} 数量级，只有一个中继段的误码率较大为 10^{-6} 数量级，则整个系统误码率就由信噪比最差的中继段确定为 10^{-6} 数量级。

2. 相位抖动

PCM 信号的码流经过信道传输后，各中继器终端站提取的时钟脉冲在时间上不是等间隔的，即时钟脉冲在相位上出现了偏差，这种现象称为相位抖动，如图 4-9 所示。图 4-9(a) 为没有相位抖动的时钟脉冲；图 4-9(b) 为有相位抖动的时钟脉冲；图 4-9(c) 为相位抖动对重建信号的影响，其中曲线①为没有相位抖动时的重建模拟信号，曲线②为有相位抖动时的重建模拟信号。相位抖动将增加误码率，这是因为相位抖动使得判决时刻偏离均衡波的波峰，而使判决误判，同时重建后的

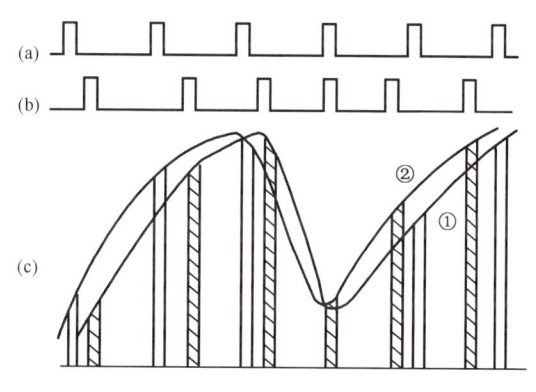

图 4-9 相位抖动及对解码的影响

PAM 信号脉冲发生相位抖动，最终使话路接收端引起失真和噪声。

抖动的大小可以用相位弧度、时间或者比特周期来表示。根据 ITU-T 建议，一个比特周期的抖动称为 1 比特抖动，常用"100%UI"表示，UI 即单位间隔。"100%UI"也相当于 2 rad(弧度)或 360°。对于传码率为 f_b 的信号，"100%UI"也相当于 $1/f_b$ s。

引起相位抖动的原因很多，如定时提取电路调谐回路失谐、信道噪声和串音干扰、PCM 信码码型中"1""0"码数目变动等。

相位抖动对一个中继器来说影响不大，但当多个中继器连接时这些抖动因素会有累积作用，对整个系统质量产生一定影响。衡量抖动对信号影响的指标是抖动信噪比，其定义为

$$SNR_j = \frac{信号功率}{抖动噪声功率}$$

可以推导得出

$$SNR_j = \frac{1}{\omega_b^2 \sigma_j^2}$$

式中：ω_b 为信号带宽；σ_j^2 为抖动时间均方值。

抖动是可以限制的。限制抖动通常采用两类技术：其一，设法防止抖动的产生和累积。例如采用扰码器使码流"1"与"0"出现的概率接近，这样可防止出现较大的抖动。其二，对已经产生的抖动设法减弱。例如采用抖动消除器就可以滤除较高频率的抖动成分。

4.4.2 系统性能的描述方法——眼图

在实际工程中,尽管经过精心设计,但是部件传输特性及调试不理想或信道特性发生变化,都可能使系统的性能达不到预期的目标。除了用专用精密仪器进行定量的测量以外,在调试和维护工作中,技术人员希望用简单的方法和通用仪器也能监测系统的性能,其中一个有效的方法就是观察接收信号的"眼图"。

下面介绍一种利用实验手段方便地估计系统性能的方法。具体做法是将接收端低通滤波器输出的基带信号加到示波器的输入通道,同时把位定时信号作为扫描同步信号。这样示波器对基带信号的扫描周期严格与码元周期同步,各码元的波形就会重叠起来。对于二进制数字信号,这个图形与人眼相像,所以称为"眼图"。观察图 4-10 可以了解双极性二元码的眼图形成情况。

系统性能的描述方法——眼图

图 4-10(a)为没有失真的波形,示波器将此波形每隔 T_s(s)重复扫描一次,利用示波器的余晖效应,扫描所得的波形重叠在一起,结果形成图 4-10(b)所示的"开启"的眼图。图 4-10(c)是有失真的基带信号的波形,重叠后的波形会聚变差,张开程度变小,如图 4-10(d)所示。基带波形的失真通常是由噪声和码间干扰造成的,所以眼图的形状能定性地反映系统的性能。

为了解释眼图与系统性能之间的关系,可把眼图抽象为一个如图 4-11 所示的模型。

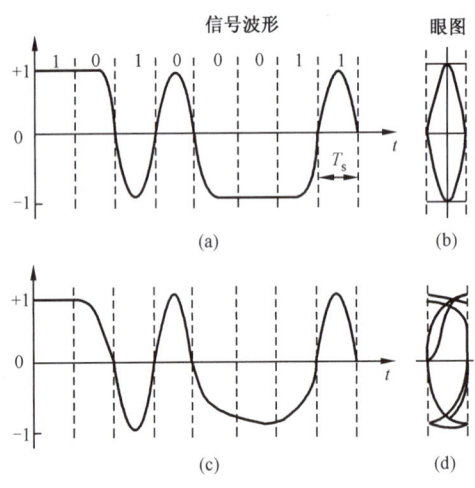

图 4-10 基带信号波形及眼图

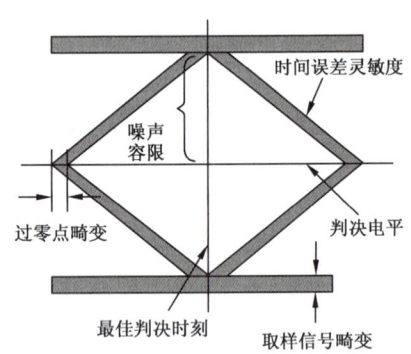

图 4-11 眼图的模型

◆ 判决电平　图形的水平中线是信号的电平分界线,多数情况下就将这个电平作为判决电平,高于中线的可以认为是高电平,低于中线的可以认为是低电平。

◆ 最佳判决时刻　图形的垂直中线是最佳判决时刻,因为在这时,信号高电平最高,低电平最低,而其他时间高低电平相距较近,这样,在相同的噪声条件下,将高电平判为低电平(或将低电平判为高电平)的可能性最小,也就是抗噪声的能力比较强。

◆ 噪声容限　表示只要噪声的幅度不超过这个高度,就不会在判决时刻将高电平判为低电平,也不会将低电平判为高电平。

◆ 时间误差灵敏度　以眼图斜边的斜率表示,在接收信号时,由于时钟误差,实际的判决时间可能会偏离最佳判决时刻,斜率越大,对时间的误差就越灵敏,对时钟的准确度要求就越高。

◆ 过零点畸变　无码间干扰时,信号过零点的时间(与判决电平相交点)与最佳判决时刻有固定的时间差,而有码间干扰时,这个时间就会前后变化。因为在同步接收时,接收机提取的时钟相位往往与过零点的时间有关,如果这个时间前后变化,就会造成时钟信号的相位抖动,因而引起判决脉冲的前后抖动,增加误码。

◆ 取样信号畸变　反映在判决时刻信号一种电平(高电平或低电平)的大小变化范围。

4.4.3　改善系统性能的方法

为了使基带传输时码间干扰受到控制,可以采取多种方法进行处理,比如选取合适的码型、信道,避免通信过程中的噪声与干扰等。一般的通信系统及通信过程还会包含以下几种保障系统性能的方法。

1. 部分响应系统

在前面的讨论中,为了消除码间干扰,要求信号的传码率在数值上不大于系统频率的两倍。从信号分析的角度看,即需要把基带传输系统的总特性 $H(\omega)$ 设计成理想低通特性,或者等效的理想低通特性。

然而,对于理想低通特性系统而言,其冲激响应为 $\sin x/x$ 波形。这个波形的特点是频谱窄,而且能达到理论上的极限频带利用率 2 B/Hz,但其缺点是第一个零点以后的"尾巴"振荡幅度大、收敛慢,从而对定时要求十分严格。理想低通滤波器的冲激响应及其频谱特性如图 4-12 所示。

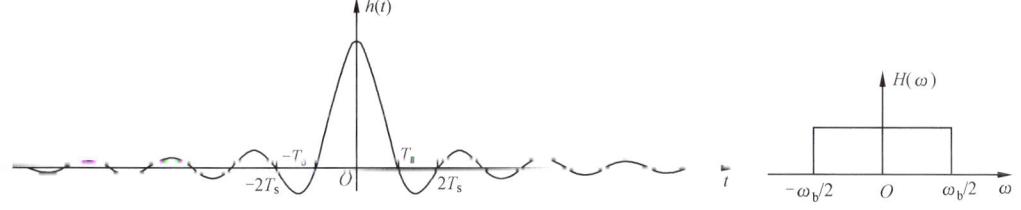

图 4-12　理想低通滤波器的冲激响应及其频谱特性

这种情况下若定时稍有偏差,极易引起严重的码间干扰。当把基带传输系统总特性 $H(\omega)$ 设计成等效理想低通传输特性时,若采用升余弦频率特性,升余弦特性滤波器的冲激响应可表示为

$$h(t) = \frac{\sin \pi t/T_s}{\pi t/T_s} \cdot \frac{\cos \pi t/T_s}{1 - 4a^2 t^2/T_s^2}$$

如图 4-13 所示,虽然其冲激响应的"尾巴"振荡幅度减小了,对定时要求也可放松,但所需

要的频带却加宽了,达不到 2 B/Hz(升余弦特性时为 1 B/Hz),即降低了系统的频带利用率。可见,高的频带利用率与"尾巴"衰减大、收敛快是相互矛盾的,这对于高速率的传输尤其不利。

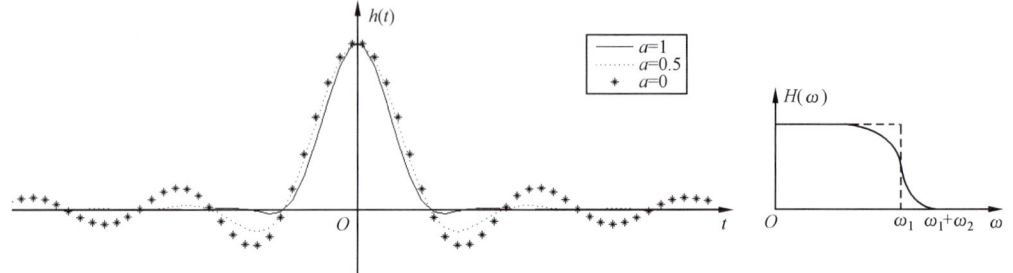

图 4-13 升余弦特性滤波器的冲激响应及其频谱特性

那么,能否找到一种频带利用率既高、"尾巴"衰减又大、收敛又快的传输波形呢?通过理论分析我们知道,只要有控制地在某些码元的抽样时刻引入码间干扰,而在其余码元的抽样时刻无码间干扰,那么就能使频带利用率提高到理论上的最大值,同时又可以降低对定时精度的要求。通常把这种波形称为部分响应波形。可以考虑通过各种预处理手段把要传输的信号变成部分响应波形。利用这种波形进行信息传送的基带传输系统称为部分响应系统。

一般地,部分响应波形可以表示为

$$g(t)=R_1 S_a(\frac{\pi}{T_b}t)+R_2 S_a\left[\frac{\pi}{T_b}(t-T_b)\right]+\cdots+R_N S_a\left\{\frac{\pi}{T_b}[t-(N-1)T_b]\right\}$$

这是 N 个相继间隔 T_b 的 $S_a(x)(\sin x/x)$ 波形之和,其中 $R_m(m=1,2,\cdots,N)$ 为 N 个冲激响应波形的加权系数,其取值可为正、负整数和 0。

理论分析表明,各类部分响应波形的频谱宽度均不超过理想低通的频带宽度,且频率截止缓慢,所以采用部分响应波形,能实现 2 B/Hz 的极限频带利用率,而且"尾巴"衰减大、收敛快。此外,部分响应系统还可实现基带频谱结构的变化。但为了获得部分响应系统的优点,系统的可靠性将有所下降。

2. 扰码

在设计数字通信系统时,通常假设信源序列是随机序列,所以必须考虑其统计特性。而实际信源有时会有一些特殊问题,比如出现长 0 串时,给接收端提取定时信号带来一定困难。解决这个问题除了用第一节介绍的码型编码方法之外,也常用 m 序列对信源序列进行"加乱"处理(有时也称为扰码)以使信源序列随机化,然后在接收端把"加乱"了的序列用同样的 m 序列"解乱",即进行解扰,恢复成原有的信源序列。

所谓扰码技术,就是不用增加多余的码元而搅乱信号,改变数字信号的统计特性,使其近似于白噪声统计特性,这样就可以给数字通信系统的设计和性能估计带来很大的方便。

扰码和解扰是指在发送端用扰码器来改变原始数字信号的统计特性,而在接收端用解扰器恢复出原始数字信号的过程或方式。其原理是以线性反馈移位寄存器理论为基础的。以5级线性反馈移位寄存器为例,在反馈逻辑输出与第一级寄存器输入之间引入一个模2和相加电路,以输入序列为模2和的另一个输入端,即可得到图4-14(a)所示的扰码电路,相应的解扰电路如图4-14(b)所示。

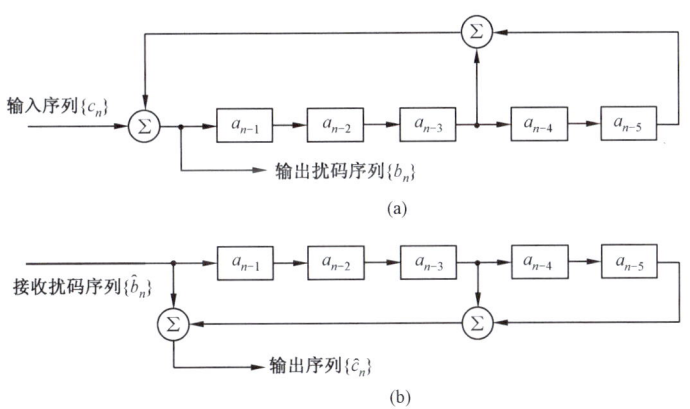

图 4-14 扰码与解扰电路示意图

若输入序列$\{c_n\}$是原始信源序列,扰码电路输出序列为$\{b_n\}$,b_n可表示为

$$b_n = c_n \oplus a_{n-3} \oplus a_{n-5}$$

经过信道传输,接收扰码序列为$\{\hat{b}_n\}$,解扰电路输出序列为$\{\hat{c}_n\}$,$\{\hat{c}_n\}$可表示为

$$\hat{c}_n = \hat{b}_n \oplus a_{n-3} \oplus a_{n-5}$$

当传输无差错时,有$b_n = \hat{b}_n$,可得

$$\hat{c}_n = c_n$$

上式说明,解扰后的序列与扰码前的序列相同,所以扰码和解扰是互逆运算。

由于扰码器能使包括连0(或连1)在内的任何输入序列变为伪随机码,所以在基带传输系统中作为码型变换使用时,能限制连0码的个数。

采用扰码方法的主要缺点是对系统的误码性能有影响。在传输扰码序列过程中产生的单个误码会在解扰时导致误码的增殖,接收端解扰器的输出端会产生多个误码。误码增殖是由反馈逻辑引入的,反馈项数越多,差错扩散也越多。

3. 时域均衡

实际的基带传输系统不可能完全满足无码间干扰传输条件,因而码间干扰是不可避免的。当干扰严重时,必须对系统的传输函数进行校正,使其达到或接近无码间干扰要求的特性。理论和实践表明,在基带系统中插入一种可调(或不可调)滤波器就可以补偿整个系统的幅频和相频特性,从而减小码间干扰的影响。这个对系统校正的过程称为均衡,实现均衡的滤波器称为均衡器。

均衡分为频域均衡和时域均衡。频域均衡是从频率响应角度考虑,使包括均衡器在内的整个系统的总传输函数满足无失真传输条件。而时域均衡,则是从时间响应角度考虑,使包括均衡器在内的整个系统的冲激响应满足无码间干扰条件。

频域均衡在信道特性不变,且传输低速率数据时是适用的;而时域均衡可以根据信道特性的变化进行调整,能够有效地减小码间干扰,故在高速数据传输中得以广泛应用。本节仅介绍时域均衡原理。

时域均衡的原理框图如图 4-15 所示。

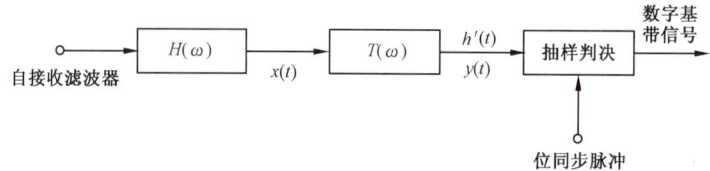

图 4-15　时域均衡的原理框图

图 4-15 中,$H(\omega)$ 不满足无码间干扰条件时,其输出信号 $x(t)$ 将存在码间干扰。为此,在 $H(\omega)$ 之后插入一个称之为横向滤波器的可调滤波器 $T(\omega)$,形成新的总传输函数 $H'(\omega)$,表示为

$$H'(\omega) = H(\omega)T(\omega)$$

显然,只要 $H'(\omega)$ 满足无码间干扰的条件,抽样判决器输入端的信号 $y(t)$ 就不含码间干扰,即这个包含 $T(\omega)$ 在内的 $H'(\omega)$ 可消除码间干扰。这就是时域均衡的基本思想。

根据上式,可构造实现 $T(\omega)$ 的横向滤波器如图 4-16 所示,它实际上是由无限多个横向排列的延迟单元构成的抽头延迟线加上一些可变增益放大器组成的,因此称为横向滤波器。每个延迟单元的延迟时间等于码元宽度 T_b,每个抽头的输出

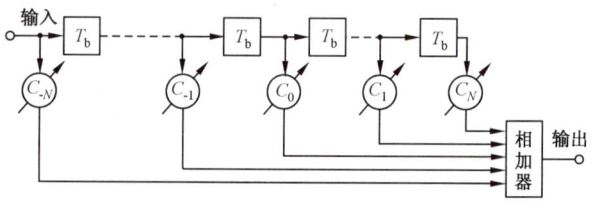

图 4-16　横向滤波器

经可变增益(增益可正可负)放大器加权后输出。这样,当有码间干扰的波形 $x(t)$ 输入时,经横向滤波器变换,相加器将输出无码间干扰波形 $y(t)$。

理论分析表明,借助横向滤波器实现均衡是可能的,并且只要用无限长的横向滤波器,就能做到消除码间干扰的影响。然而,使横向滤波器的抽头无限多是不现实的,大多情况下也是不必要的。因为实际信道往往仅是一个码元脉冲波形对邻近的少数几个码元产生干扰,故只要有一二十个抽头的滤波器就可以了。抽头数太多会给制造和使用都带来困难。

时域均衡的实现方法有多种,但从实现的原理上看,大致可分为预置式均衡和自适应式均衡。预置式均衡是在实际传输数据之前先传输预先规定的测试脉冲(如重复频率很低的周期性的单脉冲波形),然后按"迫零调整原理"(具体内容请参阅有关参考书)自动或手动调整抽头增益;自适应式均衡是在传输数据过程中连续测出与最佳调整值的误差电压,并据此电压去调整各抽头增益。一般地,自适应均衡不仅可以使调整精度提高,而且当信道特性随时间变化时又能有一定的自适应性,因此很受重视。这种均衡器过去实现起来比较复杂,但随着大规模、超大规模集成电路和微处理机的应用,其发展十分迅速。

4.再生中继传输

数字基带信号在实际信道中传输时,由于信道的不理想和噪声的干扰,传输波形幅度减小,波形变坏,这种衰减和失真随着传输距离的增加而越来越显著,当传输达到一定距离后,接收端就可能无法识别出收到的信码是"1"还是"0",这样通信就失去了意义。为了延长通信距离,如同模拟通信加增音站一样,在数字基带信号的传输过程中,也在沿线每隔一定距离加入一个再生中继器。再生中继传输的示意图如图4-17所示,再生中继的原理框图如图4-18所示。

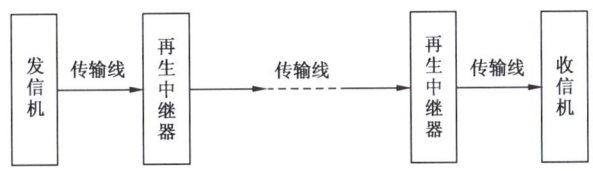

图 4-17　数字基带信号的再生中继传输

再生中继的目的是:经过一段距离传输后,虽然信噪比已变得不太大,但数码尚未劣化到不能识别的程度,及时识别再生数码原形以防止信道误码,消除不理想信道和噪声影响的积累。

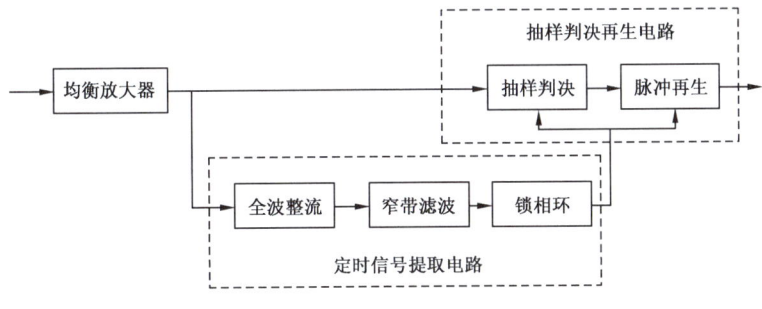

图 4-18　再生中继的原理框图

4.5 同步技术

在通信系统中,同步是一个非常重要的问题。通信系统能否有效地可靠工作,很大程度上依赖于有无良好的同步系统。同步系统的好坏将直接影响通信质量的好坏,甚至会影响通信能否正常进行。同步的种类很多,按照同步的功能来分,有载波同步、位同步(码元同步)、群同步(帧同步)等;按照传输同步信息方式的不同,可以分为外同步法和自同步法。外同步法是由发送端发送专门的同步信息,接收端把这个专门的同步信息检测出来作为同步信号;自同步法是发送端不发送专门的同步信息,而是接收端设法从收到的信号中提取同步信息。

不论采用哪种同步方式,对正常的信息传输来说都是必要的,只有收发之间建立了同步才能开始传输信息。因此要求同步信息传输的可靠性高于业务信息传输的可靠性。

4.5.1 载波同步

提取载波的方法一般分为两类:一类是不专门发送导频,而在接收端直接从发送信号中提取载波,这类方法称为直接法,也称为自同步法;另一类是在发送有用信号的同时,在适当的频率位置上插入一个(或多个)称作导频的正弦波,接收端就利用导频提取出载波,这类方法称为插入导频法,也称为外同步法。

有些信号(如抑制载波的双边带信号等)虽然本身不包含载波分量,但对该信号进行某些非线性变换以后,可以直接从中提取出载波分量来,这就是直接法提取同步载波的基本原理。

在模拟通信系统中,抑制载波的双边带信号本身不含有载波;残留边带信号虽然一般都含有载波分量,但很难从已调信号的频谱中将它分离出来;单边带信号更是不存在载波分量。在数字通信系统中,2PSK 信号中的载波分量为零。对这些信号进行载波提取,都可以用插入导频法,特别是单边带调制信号,只能用插入导频法提取载波。

载波同步系统的主要性能包括:效率、精度、同步建立时间和同步保持时间。在以上四个性能指标中,效率指标没有必要讨论,因为载波提取的方法本身就确定了效率的高低。

直接法的优缺点主要表现在以下几方面:
(1)不占用导频功率,因此信噪功率比可以大一些;
(2)可以防止插入导频法中导频和信号间由于滤波不好而引起的互相干扰,也可以防止信道不理想引起导频相位的误差;
(3)有的调制系统不能用直接法(如 SSB 系统)。

载波同步

插入导频法的优缺点主要表现在以下几方面:
(1)有单独的导频信号,一方面可以提取同步载波,另一方面可以利用它作为自动增益控制;
(2)有些不能用直接法提取同步载波的调制系统只能用插入导频法;
(3)插入导频法要多消耗一部分不带信息的功率,因此,与直接法比较,在总功率相同的条件下实际信噪功率比要小一些。

4.5.2 位同步

位同步是指在接收端的基带信号中提取码元定时信息的过程。它与载波同步有一定的相似和区别。位同步是正确取样判决的基础,只有数字通信才需要,并且不论基带传输还是频带传输都需要位同步;所提取的位同步信息是频率等于码速率的定时脉冲,相位则根据判决时信号波形决定,可能在码元中间,也可能在码元终止时刻或其他时刻。实现方法也有插入导频法和直接法。

目前最常用的位同步方法是直接法,即接收端直接从接收到的码流中提取时钟信号,作为接收端的时钟基准,去校正或调整接收端本地产生的时钟信号,使收发双方保持同步。直接法的优点是既不消耗额外的发射功率,也不占用额外的信道资源。采用这种方法的前提条件是码流中必须含有时钟频率分量,或者经过简单变换之后可以产生时钟频率分量,为此常需要对信源产生的信息进行重新编码。

位同步系统的性能指标除了效率以外,主要有以下几个:(1)相位误差(精度);(2)同步建立时间;(3)同步保持时间;(4)同步带宽。

4.5.3 群同步

在数字通信时,一般总是以一定数目的码元组成一个个的"字"或"句",即组成一个个的"群"进行传输的。因此,群同步信号的频率很容易由位同步信号经分频而得出。但是,每个群的开头和末尾时刻却无法由分频器的输出决定。群同步的任务就是在位同步信息的基础上,识别出数字信息群("字"或"句")的起止时刻,或者说给出每个群的"开头"和"末尾"时刻。

群同步有时也称为帧同步。数据通信中,习惯于把群同步称为"异步传输"。

为了实现群同步,可以在数字信息流中插入一些特殊码字作为每个群的头尾标记,这些特殊的码字应该在信息码元序列中不会出现,或者是偶然出现,但不会重复出现,此时只要将这个特殊码字连发几次,接收端就能识别出来,接收端根据这些特殊码字的位置就可以实现群同步。本节将主要讲述插入特殊码字实现群同步的方法。

插入特殊码字实现群同步的方法有两种,即连贯式插入法和间隔式插入法。在介绍这两种方法以前,先简单介绍一种在电传机中广泛使用的起止式同步法。

1. 起止式同步法

目前,在电传机中广泛使用的同步方法,就是起止式同步法。它将数据流以 5 或 8 个码元为单位分组,每组之前加一位起始码,固定为低电平,每组之后加 2 位[①]结束码,固定为高电平,所有空闲时间也均为高电平,如图 4-19 所示。

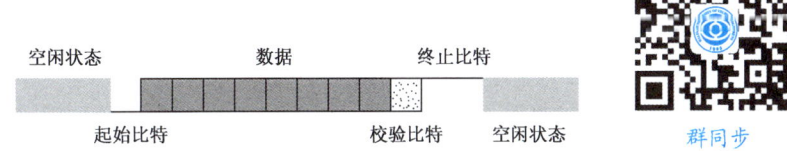

图 4-19 起止式同步法异步传输的帧

发送端不发送数据时,接收端一直接收高电平,接收机以较高的速率对接收到的信号进行取样检测,通常的取样速率是传输码率的 16 倍,也就是说在一个码元长度的时间

---

① 也可能是 1 位或 1.5 位,因系统而异。

里接收机要对信号检测 16 次,如果测到了一次低电平,它就认为发送端可能开始发一组数据,从这一次开始计算,连续 16 次检测(相当于一个码元长度)均为低电平就确认这是起始比特,然后从第 8 次取样时刻(近似为起始比特的中心时刻)开始每 16 个取样间隔(近似为每个码元的中心时刻)检测一次,来判定随后码元的电平值,直至一组数据结束。图 4-20 是取样检测过程示意图。

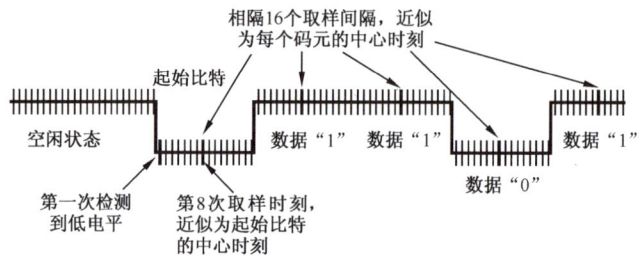

图 4-20　异步传输取样检测过程

虽然数据的定时由发送端决定,取样定时由接收端决定,两者并不同步,但由于数据码率较低,且双方都使用具有较高频率稳定度的晶体振荡器作为基准,因此第 8 次取样时刻基本上在起始比特的中心。由于每接收一组数据,第一次检测到低电平的时刻由数据的起始比特的下降沿决定,上一组数据接收产生的频率误差不会累积下来,因而随后每隔 16 个取样间隔取样一次也基本上能保证在每个码元的中心时刻。事实上,即便略有定时误差,取样偏离了码元的中心时刻,由于偏离量很小,不会对码元的正确接收产生影响。

2. 连贯式插入法

连贯式插入法就是在每群的开头集中插入群同步码字的同步方法。作为群同步码字的特殊码字首先应该具有尖锐单峰特性的局部自相关特性,其次这个特殊码字在信息码元序列中不易出现以便识别,最后群同步识别器需要尽量简单。目前已经找到的最常用的群同步码字,就是巴克码。巴克码是一种具有特殊规律的二进制码字。它的特殊规律是:若一个 n 位的巴克码,每个码元只可能取值 $+1$ 或 -1,则它必然满足条件

$$R(j) = \sum_{i=1}^{n-j} x_i x_{i+j} = \begin{cases} n & ; \quad \text{当 } j = 0 \\ 0, +1, -1 & ; \quad \text{当 } 0 < j < n \end{cases}$$

3. 间歇式插入法

在某些情况下,群同步码字不再是集中插入信息码流中,而是分散地插入,即每隔一定数量的信息码元,插入一个群同步码字。这种群同步码字的插入方式称为间歇式插入法。

当然,连贯式插入法和间歇式插入法在实际系统中都有应用。例如在 32 路数字电话 PCM 系统中,实际上只有 30 路通电话,另外两路中的一路专门用于群同步码传输,而另一路作为其他标志信号用,这是连贯式插入法的一个应用实例。而在 24 路 PCM 系统中,则采用间歇式插入法。在这个系统中,一个抽样值用 8 位码表示,此时 24 路电话都

抽样一次共有 24 个抽样值,192(24×8＝192)个信息码元。192 个信息码元作为一帧,在这一帧插入一个群同步码元,这样一帧共 193 个码元。

由于间歇式插入法是将群同步码元分散地插入到信息流中,所以,对群同步码码型的选择有一定的要求,其主要原则是:首先要便于接收端识别,即要求群同步码具有特定的规律性,这种码型可以是全"1"码、"1""0"交替码等;其次,要使群同步码的码型尽量和信息码相区别。例如在某些 PCM 多路数字电话系统中,用全"0"码代表"振铃",用全"1"码代表"不振铃",这时,为了使群同步码与振铃相区别,群同步码就不能使用全"1"或全"0"。

接收端要确定群同步码的位置,就必须对接收到的码进行搜索检测。一种常用检测方法为逐码移位法,它是一种串行的检测方法;另一种方法是 RAM 帧码检测法,它是利用 RAM 构成帧码提取电路的一种并行检测方法。

4.5.4 网同步

在数字通信网中,如果在数字交换设备之间的时钟频率不一致,就会使数字交换系统的缓冲存储器中产生的码元丢失和重复,即导致在传输节点中出现滑码。在话音通信中,滑码现象的出现会导致"喀喇"声;而在视频通信中,滑码则会导致画面定格的现象。为降低滑码率,必须使网络中各个单元使用共同的基准时钟频率,实现各网元之间的时钟同步。常见的网同步方法包括主从同步法、相互同步法、码速调整法、水库法等。

1.主从同步法

主从同步法是在通信网中某一网元(主站)设置一个高稳定的主时钟,其他各网元(从站)的时钟频率和相位同步于主时钟的频率和相位,并设置时延调整电路,以调整因传输时延造成的相位偏差。主从同步法具有简单、易于实现的优点,被广泛应用于电话通信系统中。实际应用中,为提高可靠性还可以设置双备份时钟源。各站时钟的频率和相位也可以同步于其他能够提供标准时钟信号的系统,例如 CDMA2000 系统的空中接口即采用 GPS 信号进行同步。

2.相互同步法

相互同步法在通信网内各网元设有独立时钟,它们的固有频率存在一定偏差,各站所使用的时钟频率锁定在网内各站固有频率的平均值上(此平均值称为网频)。相互同步法的优点是单一网元的故障不会影响其他网元的正常工作。

3.码速调整法

码速调整法有正码速调整、负码速调整、正负码速调整和正/零/负码速调整四大类。在 PDH 系统中最常用的是正码速调整。

4.水库法

水库法是依靠通信系统中各站的高稳定度时钟,以及大容量的缓冲器来实现的,虽然写入脉冲和读出脉冲频率不相等,但缓冲器在很长时间内不会发生"取空"或"溢出"现象,无须进行码速调整。但每隔一个相当长的时间总会发生"取空"或"溢出"现象,因此水库法也需要定期对系统时钟进行校准。

4.6 串行传输与并行传输

一个特定的符号、一种状态往往都会以一组数字代码来表示。例如,计算机键盘的每一个符号都是用 7 位 ASCII 码表示的,PCM 信号也是用 8 位二进制代码表示每一个状态。数字通信系统在传输这样的信号时有两种方式:一种是使用 8 条信号线和 1 条公共线(地线)来同时传送这 8 位二进制代码,这种方式称为并行传输;另一种是使用一条信号线和一条地线来依次传送这 8 位二进制代码,这种方式称为串行传输。图 4-21 是两种传输方式的示意图。

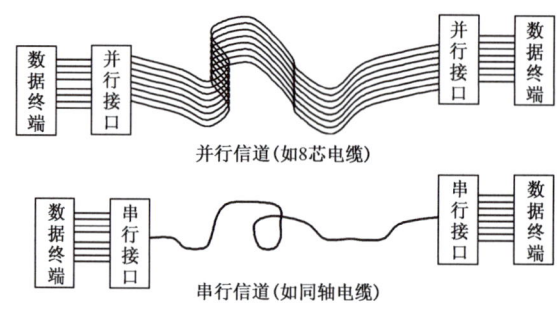

图 4-21 数据的并行传输与串行传输

并行传输的速度快,同时可以传送多个码元(一个字),设备简单,但由于要用到多条信号线(信道)和收发设备,所以只适合于近距离传输,常用于计算机主机与外部设备之间的连接和室内计算机之间的联网;串行传输可以有效地节省信道,因此几乎是远距离通信和无线电通信唯一的选择。

在进行数据传输时,发送方与接收方之间必须遵从相同的规则,这些规则被称为"接口(interface)"。注意,这里的接口不是指某一个或者一些具体的物理设备,而仅仅指完成通信功能的物理设备必须遵从的规定与协议。

4.6.1 并行接口

在近距离数据传输时,例如计算机内部各部分之间的数据传输,为了保证传输速率及传输的安全性,常常采用并行数据传输。早期的一些外部设备与计算机连接时,也采用并行传输,例如打印机与计算机的连接。

在 PC 开始流行的前几年,美国 Centronics 公司制造出售过一种使用简单并行总线接口的打印机,这种并行总线用于将一台计算机的数据传送到一台打印机上,同时它还能检测打印机的状态,一直到打印机空闲时才继续传送其他数据。后来这种形式被很多打印机制造商和外设商所采用,很快就被制定为工业标准。随着不同的接口形式在 PC 中被应用,这种并行接口也一直不断地被改进。现在的 PC 都会配备一个 25 针的并行接口,也称 LPT 口或打印接口,它一般支持 IEEE 1284 标准中定义的三种并行接口模式,分别为 SPP(Standard Parallel Port,标准并行接口)、EPP(Enhanced Parallel Port,增强并行接口)、ECP(Extended Capabilities Port,扩展功能并行接口)。

SPP 硬件是由 8 条数据线、4 条控制线和 5 条状态线所组成的,表 4-3 是 SPP 引脚定义表,包括 25 针和 36 针两种情况。

表 4-3　　　　　　　　　　SPP 引脚定义

引脚(36 针)	引脚(25 针)	I/O	SPP 信号
1	1	输入/输出	nStrobe 选通
2	2	输出/*	Data0 数据位 0
3	3	输出/*	Data1 数据位 1
4	4	输出/*	Data2 数据位 2
5	5	输出/*	Data3 数据位 3
6	6	输出/*	Data4 数据位 4
7	7	输出/*	Data5 数据位 5
8	8	输出/*	Data6 数据位 6
9	9	输出/*	Data7 数据位 7
10	10	输入	nAck 确认
11	11	输入	Busy 忙
12	12	输入	Pager-Out Pager-End 缺纸
13	13	输入	Select 选择
14	14	输入/输出	nAuto-Linefeed 自动换行
32	15	输入	nError/nFault 错误
31	16	输入/输出	nInitialize 初始化
36	17	输入/输出	nSelect-Printer nSelect-In 选择输入
19～30	18～25	GND	Ground 信号地

没有在表 4-3 中列出的 36 针引脚定义有:15 保留(悬空),16 逻辑地,17 机壳地,18 保留(悬空),33 地,34 保留(悬空),35 +5 V。表中"I/O"栏中的"*"表示如果并行接口支持双向传输,则该引脚可以输入数据,表中"SPP 信号"栏中,信号名称前的"n"表示该信号是低电平有效。例如"nError"表示如果打印机出错则这个引脚将为低电平,正常为高电平(这里的信号是指定于打印机的,其他的外设可能有不同的定义)。

4.6.2　串行接口

为了实现在不同厂商生产的各种设备之间进行串行通信,国际上制定了一些串行接口标准,常见的有 RS-232-C 接口、RS-422-A 接口、RS-485 接口,近几年应用十分广泛的 USB(Universal Serial Bus,通用串行总线)接口等。下面以 RS-232-C 为例来讲解串行接口。

1.RS-232-C 标准

RS-232-C 是最常用的数据通信标准之一,全称是 EIA-RS-232-C(Electronic Industrial Associate-Recommended Standard-232-C)标准,它是美国 EIA(电子工业联合会)与 BELL 等公司联合开发的通信协议,准确地定义了 0 电平与 1 电平及其他计算机通信所必需的电信号,适合于数据传输速率在 0~20 000 bit/s 的通信。CCITT 定义的与 RS-232-C 类似的标准是 V.24 和 V.28。V.24 标准对信号的定义全部包含在 RS-232-C 中,V.28 标准对信号电平的定义与 RS-232-C 相同。

2.RS-232-C 电压电平

在 RS-232-C 标准中,1 码的电平范围是 $-3\sim-15$ V,0 码的电平为 $+3\sim+15$ V,超出这个范围的电平未定义,接收机将不识别。因此,通信终端应能发送与接收电平范围在 $-15\sim+15$ V 的信号。例如,要发送 ASCII 码"A",信码为 1000001,加一位偶校验码 0,再加上一位起始码 0 与一位终止码 1,整个码组为 0100000101 共十位,其信号的波形如图 4-22 所示。如果信号以 1 200 bit/s 的速率传输,则每一位码元的长度为 833 ms。

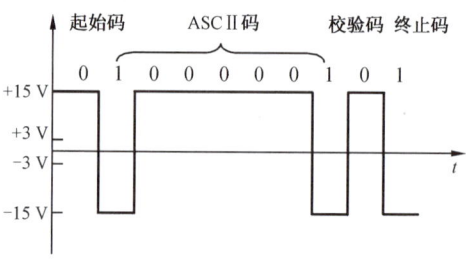

图 4-22 ASCII 码"A"的波形(异步传输)

要注意的是,每一码元的电平不要求严格等于 15 V,可以有一个范围。当一组码发送完毕后,发送设备一直发送低电平,直到下一组码的起始码到来。

3.RS-232-C 的信号定义

RS-232-C 对 DTE 与 DCE 之间的交换信号做了规定,但并不规定使用的连接器的类型。DB25 连接器是用得较广的一种,它由 ISO 标准 2110 号定义,其外形如图 4-23 所示,分为阳头与阴头,阳头含有 25 个插针,阴头含有 25 个插孔。每个插针和插孔都按顺序编号,并给出了名称,更多的情况下是用它们的缩写表示,见表 4-4。为便于对照,表中还列出了 EIA 和 CCITT 规定的每个插针与插孔的代号。

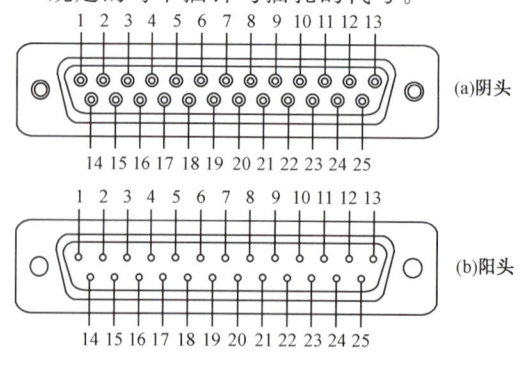

图 4-23 DB25 连接器外形图

表 4-4　　　　　　　　　　　　RS-232-C 连接器信号线表

编号	缩写	名称	方向	EIA 代号	CCITT 代号
1	GND(PG)	保护地	双向	AA	101
2	TD(TxD)	发送数据	DTE→DCE	BA	103
3	RD(RxD)	接收数据	DCE→DTE	BB	104
4	RTS	发送请求	DTE→DCE	CA	105
5	CTS	发送清除	DCE→DTE	CB	106
6	DSR	数据设置准备（数传机就绪）	DCE→DTE	CC	107
7	SG	信号地		AB	102
8	DCD(RLSD)	数据载波检测（接收线信号检出）	DCE→DTE	CF	109
9		正检测电压(备用)	DCE→DTE		
10		负检测电压(备用)	DCE→DTE		
11		未定义			
12	SDCD	第二数据载波检测	DCE→DTE	SCF	122
13	SCTS	第二发送清除	DCE→DTE	SCB	121
14	STD	第二发送数据	DTE→DCE	SBA	118
15	TC	发送时钟	DCE→DTE	DB	114
16	SRD	第二接收数据	DCE→DTE	SBB	119
17	RC	接收时钟	DCE→DTE	DD	115
18		未定义			
19	SRTS	第二发送请求	DTE→DCE	SCA	120
20	DTR	数据终端准备	DTE→DCE	CD	108.2
21	SQ	信号质量检测	DCE→DTE	CG	110
22	RI	振铃指示	DCE→DTE	CE	125
23	DRS	数据速率选择		CH/CI	111/112
24	XTC	外接发送时钟	DTE→DCE	DA	113
25		未定义			

注：表中"第二"其他文献中表述为"辅助"等。

见表 4-4，RS-232-C 标准接口有 25 条线，其中 4 条数据线、11 条控制线、3 条定时线、7 条备用和未定义线。但常用的只有 9 根，这就是为什么我们在微机的机箱上看到的串行通信接口(如 COM1、COM2)只有 9 根的原因。它们是：

(1)联络控制信号线

数据装置准备(Data Set Ready-DSR)——有效时(ON 状态)，表明 Modem 处于可以使用的状态。

数据终端准备(Data Terminal Ready-DTR)——有效时(ON 状态)，表明数据终端可以使用。

这两个信号有时连到电源上，一上电就立即有效。这两个设备状态信号有效，只表示设备本身可用,并不说明通信链路可以开始进行通信了,能否开始进行通信要由下面的控制信号决定。

发送请求(Request to Send-RTS)——用来表示 DTE 请求 DCE 发送数据,即当终端要发送数据时,使该信号有效(ON 状态),向 Modem 请求发送。它用来控制 Modem 是否要进入发送状态。

发送清除(Clear to Send-CTS)——用来表示 DCE 准备好接收 DTE 发来的数据,是对请求发送信号 RTS 的响应信号。当 Modem 已准备好接收终端传来的数据,并向前发送时,使该信号有效,通知终端开始沿发送数据线 TxD 发送数据。

这对 RTS/CTS 请求应答联络信号用于半双工 Modem 系统中发送方式和接收方式之间的切换。在全双工系统中,因配置双向通道,故不需要 RTS/CTS 联络信号,直接置为有效状态即可。

接收线信号检出(Received Line Signal Detection-RLSD)——用来表示 DCE 已接通通信链路,告知 DTE 准备接收数据。当本地的 Modem 收到由通信链路另一端(远地)的 Modem 送来的载波信号时,使 RLSD 信号有效,通知终端准备接收,并且由 Modem 将接收下来的载波信号解调成数字数据后,沿接收数据线 RxD 送到终端。此线也叫作数据载波检出(Data Carrier Detection-DCD)线。

振铃指示(Ringing-RI)——当 Modem 收到交换台送来的振铃呼叫信号时,使该信号有效(ON 状态),通知终端,已被呼叫。

(2)数据发送与接收线

发送数据(Transmitted Data-TxD)——通过 TxD 线终端将串行数据发送到 Modem(DTE→DCE)。

接收数据(Received Data-RxD)——通过 RxD 线终端接收从 Modem 发来的串行数据(DCE→DTE)。

(3)地线

有两根线 SG、PG——信号地和保护地信号线,无方向。连接时主要考虑信号地。

上述控制信号线何时有效、何时无效的顺序表示了接口信号的传送过程。例如,只有当 DSR 和 DTR 都处于有效(ON)状态时,才能在 DTE 和 DCE 之间进行传送操作。若 DTE 要发送数据,则预先将 DTR 线置成有效(ON)状态,等 CTS 线上收到有效(ON)状态的回答后,才能在 TxD 线上发送串行数据。这种顺序的规定对半双工的通信线路特别有用,因为半双工的通信才能确定 DCE 已由接收方向改为发送方向,这时线路才能开始发送。

4.RS-232-C 的连接

远距离通信时,需使用 DCE 设备,使用的信号线较多。这里我们仅讨论近距离通信情况下 RS-232-C 的连接情况。

当通信距离较近时,通信双方可以直接连接,无须~DCE 设备,这种情况下,只需使用少数几根信号线。最简单的情况下,在通信中根本不需要 RS-232-C 的控制联络信号,只需三根线(发送线、接收线、信号地线)便可实现串行通信。RS-232-C 的零 Modem 最简连接方式如图 4-24 所示。

如果想在直接连接时，又能考虑到 RS-232-C 的联络控制信号，则采用零 Modem 的标准连接方式，如图 4-25 所示。

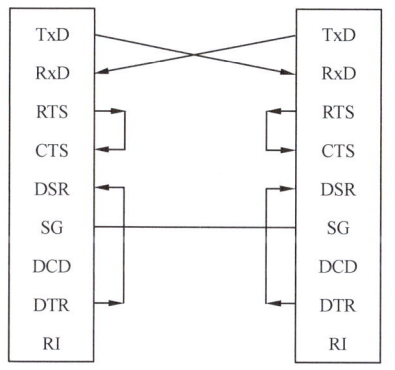

图 4-24　RS-232-C 的零 Modem 最简连接方式

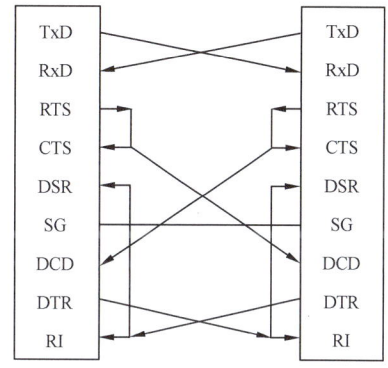

图 4-25　RS-232-C 的零 Modem 标准连接方式

本章小结

本章简单介绍了数字基带传输的相关知识。

数字基带信号是指未经过正弦波调制的数字信号，它以码元为单位按时间顺序排列。只有两种码元状态的信号称为二进制信号，这时每个码元带有一个比特信息量，码元多于两种状态的信号称为多进制信号。数字基带信号可以有多种码型，常见的有单（双）极性 NRZ 码、单（双）极性 RZ 码等。

数字基带信号可以在短距离内直接进行有线传输，相应的传输系统称为数字基带传输系统。数字基带传输系统有时会在传输过程中对数字基带信号进行码型变换，常用的传输码型有 AMI 码和 HDB_3 码。

尽管我们会精心设计信号码型，但通信过程中仍然会出现诸如码间串扰、误码增殖等现象影响系统性能。可以通过眼图来观察系统的传输性能，并通过多种技术手段改善系统性能，如部分响应系统、扰码、均衡、再生中继等。

在通信系统中，同步是一个非常重要的问题。通信系统能否有效可靠地工作，很大程度上依赖于有无良好的同步系统。同步系统的好坏将直接影响通信质量的好坏，甚至会影响通信能否正常进行。同步的方法很多，按照同步的功能来分，有载波同步、位同步（码元同步）、群同步（帧同步）等；按照传输同步信息方式的不同，可以分为外同步法和自同步法。

信号的传输方式有并行和串行之分。并行传输的速度快，可以同时传送多个码元（一个字），设备简单，但由于要用到多条信号线（信道）和收发设备，所以只适合于近距离传输；串行传输可以有效地节省信道，因此几乎是远距离通信和无线电通信唯一的选择。RS-232-C 是常见的串行通信标准。

实验与实践　信号传输实验

项目目的：
1. 熟悉 RS-232-C 的基本特征和应用；
2. 掌握数字基带信号的传输过程。

项目实施：
1. 按照通信原理实验指导书的描述正确设置试验箱的跳线和参数；
2. 发送数据测试；
3. 测试 TTL→RS-232-C 转换特性；
4. 测试 RS-232-C→TTL 转换特性。

项目实施成果：
实验报告。

习题与思考题

1. 在图 4-2 所示的各种数字信号波形中，哪些波形带宽小？哪些波形是三电平波形？哪些波形的同步信息多？哪些波形没有直流分量？
2. 在设计数字基带信号码型时应考虑哪些原则？
3. 在同样的码元速率下，双极性 RZ 波形与 HDB_3 波形有哪些区别？
4. 试画出下列二元信息序列的单极性非归零码、AMI 码和 HDB_3 码。
   1011000010100000000111100001
5. 一个码元速率为 9.6 kbit/s 的二进制信号经过 5B6B 编码后其传码率是多少？
6. 为什么在 5B6B 码表中，有的码组正负模式相同而有的不相同？
7. 如果一个通信系统具有理想的传输特性，且其频带宽度为 500 kHz，则该系统无码间干扰时最高的传输速率是多大？频带利用率是多少？
8. 试举出若干个并行传输与串行传输的实际例子。
9. 画出眼图模型，并说明各部分的物理含义。
10. 通信过程中，有哪些方法可以改善系统的传输性能？
11. 通信系统中有哪些同步技术？
12. 异步传输是否需要同步？都有哪些方法可以实现？
13. 试述串行传输与并行传输的不同之处。
14. 列出 RS-232-C 中常用的 9 根线，并简述其作用。

拓展阅读

常用串行通信接口

一、常用串行通信数据接口线的工作方式

1. RS-232-C

RS-232-C 是由 RS-232 发展而来的,是美国电子工业联合会(EIC)在 1969 年公布的通信协议,至今仍在计算机和其他相关设备通信中得到广泛使用。当通信距离较近时,通信双方可以直接连接,在通信中不需要控制联络信号,只需要 3 条线,即发送线(TxD)、接收线(RxD)和保护地线(GND),便可以实现全双工异步串行通信。它工作在单端驱动和单端接收电路。计算机通过 TxD 端向 PLC 的 RxD 端发送驱动数据,PLC 的 TxD 端接收数据后返回到计算机的 RxD 数据端保持数据通信。如图 1 所示,由系统软件通过数据线传输数据;如"三菱"PLC 的设计编程软件 FXGP/WIN-C 和"西门子"PLC 的 STEP7-Micro/WIN32 编程软件等可方便实现系统控制通信。其工作方式简单,RxD 为串行数据接收信号,TxD 为串行数据发送信号,GND 为接地连接线。其工作方式是串行数据从计算机 TxD 端输出,PLC 的 RxD 端接收到串行数据同步脉冲,再由 PLC 的 TxD 端输出同步脉冲到计算机的 RxD 端,反复同时保持通信,从而实现全双工数据通信。

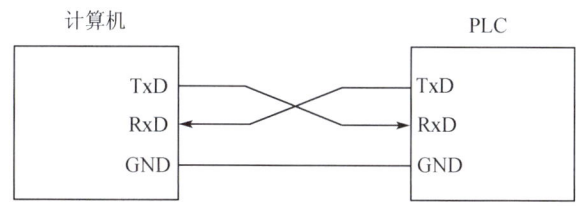

图 1　RS-232-C 通信接线图

2. RS-422-A

RS-422-A 采用平衡驱动、差分接收电路,如图 2 所示,从根本上取消保护地线。平衡驱动器相当于两个单端驱动器,其输入信号相同,两个输出信号互为反向信号。外部输入的干扰信号是以共模方式出现的,两根传输线上的共模干扰信号相同,因此接收器差分输入,共模信号可以互相抵消。只要接收器有足够的抗共模干扰能力,就能从干扰信号中识别出驱动器输出的有用信号,从而克服外部干扰影响。在 RS-422-A 工作模式下,数据通过 4 根导线传送,因此,RS-422-A 是全双工工作方式,在两个方向同时发送和接收数据。两对平衡差分信号线分别用于发送和接收。

3. RS-485

RS-485 是在 RS-422-A 的基础上发展而来的,RS-485 的许多规定与 RS-422-A 相仿;RS-485 为半双工通信方式,只有一对平衡差分信号线,不能同时发送和接收数据。使用 RS-485 通信接口和双绞线可以组成串行通信网络,如图 3 所示。它是半双工通信方式,数据可以在两个方向上传送,但是同一时刻只限于一个方向传送。计算机端发送、

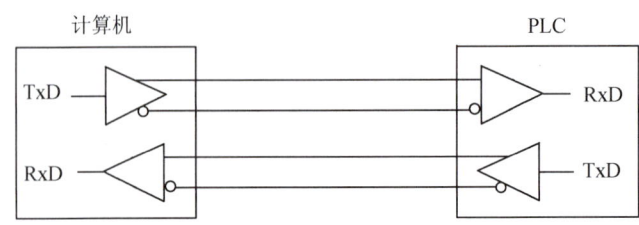

图 2　RS-422-A 通信接线图

PLC端接收，或者PLC端发送、计算机端接收。

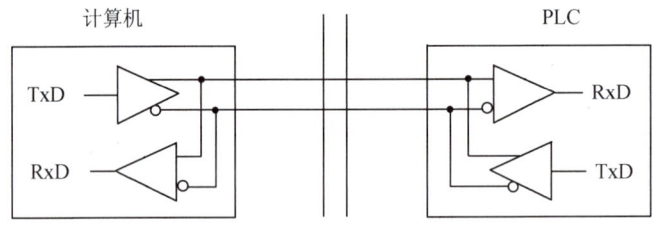

图 3　RS-485 通信接线图

二、性能参数分析

1. 主要参数含义

（1）传输距离　信号传递中不衰减的最小距离，反映信号传输距离的基本性能。在选择中分为近距离数据线和远距离数据线，在实际中视具体情况而定。

（2）数据传输速率　单位时间内，在数据传输系统的相应设备之间实际传递的平均数据量，或者说单位时间内传输的信息量，又称有效数据传输速率，单位：bit/s 或 Mbit/s；数据传输速率反映了终端设备之间的信息传输能力，是衡量系统传输性能的主要指标，实际中数据传输速率越高越好。

（3）输入/输出阻抗　要求数据线输入阻抗要高，信号损失小，输出阻抗要低，带负载能力强。

（4）输入电压阈值　即数据线接口工作的最低电压。

2. 三种通信接口数据线性能参数比较

详见表1。

表 1　　RS-232-C、RS-422-A、RS-485 性能参数对照表

项　目	RS-232-C	RS-422-A	RS-485
工作方式	单端	差动	差动
传输距离/m	15	1 200	1 200
最高传输速率/(Mbit·s^{-1})	0.02	10	10
接收器输入阻抗/kΩ	3～7	≥4	>12
驱动器输出阻抗/Ω	200	100	54
输入电压范围/V	－25～+25	－7～+7	－7～+12
输入电压阈值/V	±3	±0.2	±0.2

三、接口应用

1.RS-232/232-C

RS-232 数据线接口简单方便,但是传输距离短,抗干扰能力差。为了弥补 RS-232 的不足,改进发展成 RS-232-C 数据线。典型应用有:计算机与 Modem 的接口、计算机与显示器终端的接口、计算机与串行打印机的接口等。主要用于计算机之间通信,也可用于小型 PLC 与计算机之间通信,如三菱 PLC 等。

2.RS-422/422-A

RS-422-A 是 RS-422 的改进数据接口线,数据线的通信口为平衡驱动,具有差分接收电路、传输距离远、抗干扰能力强、数据传输速率高等优点,广泛用于小型 PLC 接口电路,如与计算机连接。小型控制系统中的可编程控制器除了使用编程软件外,一般不需要与别的设备通信,可编程控制器的编程接口一般是 RS-422-A 或 RS-485,用于与计算机之间的通信;而计算机的串行通信接口是 RS-232-C,编程软件与可编程控制器交换信息时,需要配接专用的带转接电路的编程电缆或通信适配器。网络端口通信,如主站点与从站点之间,从站点与从站点之间的通信可采用 RS-485。

3.RS-485

RS-485 是在 RS-422-A 基础上发展而来的,主要特点包括:(1)传输距离远,一般为 1 200 m,实际可达 3 000 m,可用于远距离通信。(2)数据传输速率高,可达 10 Mbit/s;接口采用屏蔽双绞线传输。注意平衡双绞线的长度与传输速率成反比。(3)接口采用平衡驱动器和差分接收器的组合,抗共模干扰能力增强,即抗噪声干扰性能好。(4)RS-485 接口在总线上允许连接多达 128 个收发器,即具有多站网络能力。注意,如果 RS-485 的通信距离大于 20 m,且出现通信干扰现象,要考虑终端匹配电阻的设置问题。RS-485 由于性能优越被广泛用于计算机与 PLC 数据通信。除普通接口通信外,还有如下功能:一是作为 PPI 接口,用于 PG 功能、HMI 功能 TD200 OP S7-200 系列 CPU/CPU 通信;二是作为 MPI 从站,用于主站交换数据通信;三是具有中断功能的自由可编程接口方式用于同其他外部设备进行串行数据交换等。

以上是几种常见的通信数据接口线,还有一些比较特殊的通信数据接口线,如RS-423、RS-449 等,虽然形状、插接形式不同,但它们的工作方式基本相同;又如,配有 USB 接口转接数据线等;另外,不同的 PLC 使用通信连接线内部是不同的,比如西门子 S7-200 的 PLC 与欧姆龙的 PLC 的连接线外部封装相同,但连接线内部接线是完全不同的,所以不能相互替代使用。只有掌握它们的性能特点、应用对象和通信方式等,才能更好地使用;通信数据接口线是计算机与设备之间、设备与设备之间不可缺少的信息联络线,是实现各种自动化控制接口的桥梁和纽带,在计算机控制系统中发挥着不可替代的作用。

(节选自:赵考臻.常用串行数据通信接口浅析[J].信息系统工程,2018(8):19-21.)

第 5 章 调制与解调技术

> **学习目标**
> 1. 了解调制的目的及基本概念；
> 2. 熟悉调制的不同类型；
> 3. 熟悉模拟调制技术；
> 4. 掌握ASK、FSK、PSK等基本数字调制技术；
> 5. 熟悉各种改进的调制方式；
> 6. 掌握扩频调制技术。

调制是通信原理中一个十分重要的概念，是一种信号处理技术。无论在模拟通信、数字通信还是数据通信中都扮演着重要角色。

那么为什么要对信号进行调制处理？什么是调制呢？我们先看看下面的例子。

我们知道，通信的目的是把信息向远处传递（传播）。那么在传播人声时，我们可以用话筒把人声变成电信号，通过扩音机放大后再用喇叭（扬声器）播放出去。由于喇叭的功率比人嗓大得多，声音可以传得比较远。通过扩音机传播人声的示意图如图 5-1 所示。如果我们还想将声音传得更远一些，比如几十千米、几百千米，那该怎么办？大家自然会想到用电缆或无线电进行传输，但会出现两个问题：一是铺设一条几十千米甚至上百千米的电缆只传一路声音信号，其传输成本之高、线路利用率之低，是人们无法接受的；二是利用无线电通信时，需满足一个基本条件，即欲发射信号的波长（两个相邻波峰或波谷之间的距离）必须能与发射天线的几何尺寸可比拟，该信号才能通过天线有效地发射出去（通常认为天线尺寸应大于波长的十分之一）。

而音频信号的频率范围是 20 Hz～20 kHz,最小的波长为

$$\lambda = \frac{c}{f} = \frac{3 \times 10^8}{20 \times 10^3} = 1.5 \times 10^4 (\text{m})$$

式中:λ 为波长(m);c 为电磁波传播速度(光速)(m/s);f 为音频信号的频率(Hz)。

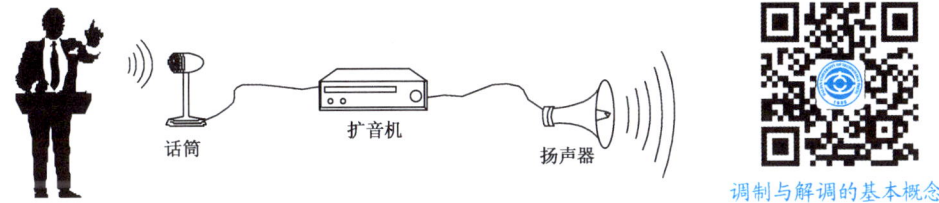

图 5-1　扩音示意图

可见,要将音频信号直接用天线发射出去,其最小几何尺寸即便按波长的百分之一取也要 150 m 高(不包括天线底座或塔座)。因此,要想把音频信号通过可接受的天线尺寸发射出去,就需要想办法提高欲发射信号的频率(频率越高,波长越短)。

上述第一个问题的解决方法是在一个物理信道中对多路信号进行频分复用(Frequency Division Multiplex,FDM);第二个问题的解决方法是把欲发射的低频信号"搬"到高频载波上去(或者说把低频信号"变"成高频信号)。两个方法有一个共同点就是对信号进行调制处理。

5.1　调制与解调技术概述

5.1.1　基本概念

对于调制,我们可以概括性地定义为:让调制信号(原始信号)影响载波的某个参数(或几个参数),使载波信号的参数(幅度、频率、相位)随调制信号的变化规律而变化。载波通常是一种用来搭载原始信号(信息)的高频信号,它本身不含有任何有用信息。

比如,如果我们要把一件货物运到很远的地方,我们必须使用运载工具,例如汽车、火车或飞机。在这里,货物相当于调制信号,运载工具相当于载波;把货物装到运载工具上相当于调制,从运载工具上卸下货物就是解调。

基于以上描述,我们可以明确以下几个概念:

• 调制:用调制信号(原始信号)去改变载波的某些参数的过程。通过调制可以把原始信号的频谱搬移到所需要的频段上,将其转换成适合于信道传输的形式。

• 解调:在接收端将调制信号恢复成原始信号的过程,与发送端的调制过程对应。

• 载波:对调制信号起到承载作用的高频振荡信号,如正弦信号、数字脉冲序列等。大多数的数字通信系统都采用正弦信号作为载波信号。

调制与解调过程是分别通过调制器和解调器来完成的。在发送端,将载波和调制信号送入调制器调制后,得到的就是具有高频特性的已调信号。在接收端,将已调信号送入解调器解调后,又将其恢复成基带信号。在双向通信系统中,往往将调制、解调功能放在一个模块中完成,即调制解调器(Modem)。

5.1.2 调制的类型

通过调制,我们就可以将多路调制信号分别调制到不同频率的载波上去,只要它们的频谱在频域上不重叠,我们就可以想办法把它们分别提取出来,实现在同一个物理信道上传输多个信号的目的,节约传输成本。同样,我们也可将一个低频信号调制到一个高频载波上去,完成由低到高的频率变换,从而通过几何尺寸合适的天线将信号发射出去。

调制的功能主要体现在以下几个方面:

1. 频率变换

把低频信号变换成高频信号以利于无线发送或在信道中传输。关于无线发送前面已经讲过,频率为 0.3～3.4 kHz 的话音信号(考虑保护带,通常将带宽定义为 4 kHz)不能直接在其中传输,必须经过调制。

2. 信道复用

信号必须通过信道才能传输,而每一种物理信道的频率特性一般比所传的基带信号带宽要大很多(比如同轴电缆的带宽为 0～400 MHz,若只传送一路普通话音信号,则显得非常浪费),但若对信号不加处理,直接传输多路话音信号又会造成相互干扰,致使接收端无法分清各路信号,因此必须用调制技术使得多路信号在同一个信道中同时传输,以实现信道复用。

信道复用的具体介绍会在第 6 章中给出。

3. 改善系统性能

通过理论分析可知,当一个通信系统的信道容量一定时,其信道带宽和信噪比可以互换,即为了某种需要可以降低信噪比而提高带宽,也可以降低带宽而提高信噪比。这种互换可以通过不同的调制方式来实现。比如当信噪比较低时,可选择宽带调频方式增加信号的带宽以提高系统的抗干扰能力(提高信息传输的可靠性)。

根据不同的标准,调制有多种分类。

(1) 按调制信号的种类分类

模拟调制——调制信号为模拟信号,比如正弦信号;

数字调制——调制信号为数字信号,比如二进制序列。

(2) 按载波的种类分类

连续波调制——载波为连续信号,比如正弦信号;

脉冲调制——载波为脉冲信号,比如矩形脉冲序列。

(3) 按调制参数的种类分类

幅度调制——载波的幅值随调制信号的变化而变化;

频率调制——载波的频率随调制信号的变化而变化;

相位调制——载波的相位随调制信号的变化而变化。

(4) 按调制器传输函数的种类分类

线性调制——所谓线性调制,是指已调信号的频谱与调制信号的频谱之间满足线性关系的调制。线性调制的特点是已调信号的频谱与调制信号的频谱相比,在形状上没有变化,即不改变调制信号的频谱结构,但在频谱的幅值上差一个倍数(一般来说,该倍数小于1,若调制器具有放大作用,则倍数大于1)。另外,线性调制过程在数学上可以用调制信号与载波直接相乘得到。

非线性调制——不满足线性调制条件的调制就是非线性调制。非线性调制的已调信号的频谱已不再是调制信号的频谱的形状,也不能只用一个常数描述频谱之间的关系。非线性调制在数学上不能用调制信号与载波直接相乘进行描述。

在实际工程应用中,还经常将几种调制结合起来使用,即所谓的复合调制方式,比如多进制数字调制中的调幅调相法(也就是调制定义中将信号调制在载波的几个参量上)。

5.2 模拟调制技术

5.2.1 模拟线性调制(幅度调制)

幅度调制是用调制信号去控制高频正弦载波的幅度,使其按调制信号的规律变化的过程。幅度调制器的一般模型如图5-2所示。

图中,$m(t)$为调制信号,$s_m(t)$为已调信号,$h(t)$为滤波器的冲激响应,则已调信号的时域和频域一般表达式分别为

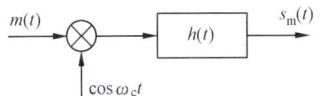

图 5-2 幅度调制器的一般模型

$$s_m(t) = [m(t)\cos \omega_c t] * h(t)$$

$$S_m(\omega) = \frac{1}{2}[M(\omega+\omega_c)+M(\omega-\omega_c)]H(\omega)$$

式中:$H(\omega) \leftrightarrow h(t)$,$\omega_c$为载波角频率。

由以上表达式可见,对于幅度调制信号,在波形上,它的幅度随基带信号规律而变化;在频谱结构上,它的频谱完全是基带信号频谱在频域内的简单搬移。由于这种搬移是线性的,所以幅度调制通常又称为线性调制,相应地,幅度调制系统也称为线性调制系统。

在图5-2的一般模型中,适当选择滤波器的特性$H(\omega)$,便可得到各种幅度调制信号,例如,常规双边带幅度调制(AM)、抑制载波双边带调制(DSB-SC)、单边带调制(SSB)和残留边带调制(VSB)信号等。

5.2.2 模拟非线性调制(角度调制)

角度调制与线性调制不同,已调信号频谱不再是原调制信号频谱的线性搬移,而是频谱的非线性变换,会产生与频谱搬移不同的新的频率成分,故又称为非线性调制。

角度调制可分为频率调制(FM)和相位调制(PM),即载波的幅度保持不变,而载波的频率或相位随基带信号变化的调制方式。

FM和PM非常相似,如果预先不知道调制信号的具体形式,则无法判断已调信号是

调频信号还是调相信号。

如果将调制信号先微分,而后进行调频,则得到的是调相信号,如图 5-3(b)所示;同样,如果将调制信号先积分,而后进行调相,则得到的是调频信号,如图5-4(b)所示。

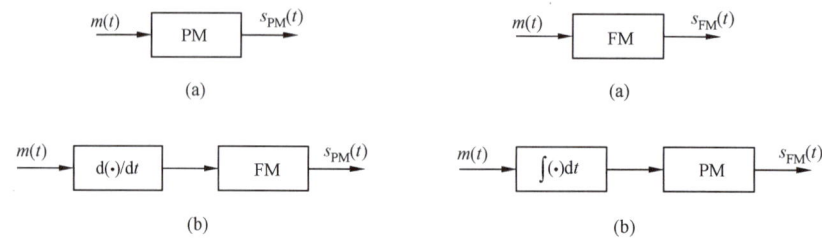

图 5-3　直接调相和间接调相　　　　图 5-4　直接调频和间接调频

图 5-3(b)所示的产生调相信号的方法称为间接调相法,图 5-4(b)所示的产生调频信号的方法称为间接调频法。相对而言,图 5-3(a)所示的产生调相信号的方法称为直接调相法,图 5-4(a)所示的产生调频信号的方法称为直接调频法。实际相位调制器的调节范围不可能超出 $(-\pi, \pi)$,因而直接调相和间接调频的方法仅适用于相位偏移和频率偏移不大的窄带调制情形,而直接调频和间接调相则适用于宽带调制情形。

下面以调制信号为一单频余弦波的特殊情况为例,给出调相信号和调频信号的示意图如图 5-5 所示。

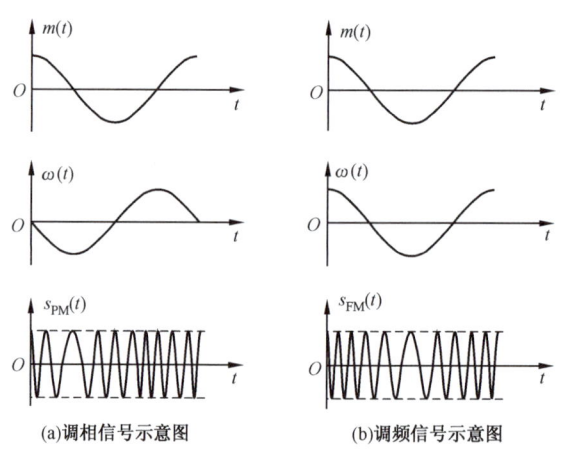

图 5-5　角度调制信号示意图

从以上分析可见,调频与调相并无本质区别,两者之间可以互换。鉴于在实际应用中多采用 FM 信号,后面集中讨论频率调制。

5.2.3　各种模拟调制方式的总结与比较

假定 $m(t)$ 为正弦信号。综合前面的分析,可总结各种模拟调制方式的信号带宽、设备(调制与解调)复杂度、主要用途等见表 5-1。表中还进一步假设了 AM 为 100% 调制,即载波功率为 0。

表 5-1　　　　　　　　　　　　各种模拟调制方式总结

	调制方式	信号带宽	设备复杂度	主要用途
线性调制	常规双边带幅度调制 AM	$2f_m$	较小。调制与解调（包络检波）简单	中短波无线电广播
	抑制载波双边带调制 DSB-SC	$2f_m$	中等。要求相干解调，常与 DSB 信号一起传输一个小导频	点对点的专用通信，低带宽信号多路复用系统
	单边带调制 SSB	f_m	较大。要求相干解调，调制器也较复杂	短波无线电广播，话音频分多路通信
	残留边带调制 VSB	略大于 f_m	较大。要求相干解调，调制器需要对称滤波	数据传输，商用电视广播
非线性调制	相位调制 PM	$2(m_f+1)f_m$	中等。调制器有点复杂，解调器较简单	中间调制方式
	频率调制 FM	$2(m_f+1)f_m$	中等。调制器有点复杂，解调器较简单	微波中继、超短波小功率电台（窄带）、卫星通信、调频立体声广播（宽带）

AM 调制的优点是接收设备简单；缺点是功率利用率低，抗干扰能力差，信号带宽较宽，频带利用率不高。因此，AM 制式用于通信质量要求不高的场合，目前主要用在中波和短波的调幅广播中。

DSB-SC 调制的优点是功率利用率高，但带宽与 AM 相同，频带利用率不高，接收要求同步解调，设备较复杂。只用于点对点的专用通信及低带宽信号多路复用系统。

SSB 调制的优点是功率利用率和频带利用率都较高，抗干扰能力和抗选择性衰落能力均优于 AM，而带宽只有 AM 的一半；缺点是发送和接收设备都复杂。SSB 制式普遍用在频带比较拥挤的场合，如短波波段的无线电广播和频分多路复用系统中。

VSB 调制性能与 SSB 相当，原则上也需要同步解调，但在某些 VSB 系统中，附加一个足够大的载波，形成（VSB+C）合成信号，就可以用包络检波法进行解调。这种（VSB+C）方式综合了 AM、SSB 和 DSB 三者的优点。所以 VSB 在数据传输、商用电视广播等领域得到广泛使用。

FM 波的幅度恒定不变，这使得它对非线性器件不甚敏感，给 FM 带来了抗快衰落能力。利用自动增益控制和带通限幅还可以消除快衰落造成的幅度变化效应。这些特点使得 NBFM（窄带调频）对微波中继系统颇具吸引力。WBFM（宽带调频）的抗干扰能力强，可以实现带宽与信噪比的互换，因而 WBFM 广泛应用于长距离高质量的通信系统中，如空间和卫星通信、调频立体声广播、短波电台等。WBFM 的缺点是频带利用率低，存在门限效应，因此在接收信号弱、干扰大的情况下宜采用 NBFM，这就是小型通信机常采用 NBFM 的原因。

5.3 二进制数字调制原理

数字通信系统分为数字基带通信系统和数字频带通信系统两类，两者的主要区别在于基带通信系统不含有对信号进行载波调制和解调的处理过程。我们知道数字基带信号具有丰富的低频成分,但在很多情况下这种信号并不适合于直接传输(比如信道具有高通或带通特性)。而且基带通信系统又有不适合远距离传输的局限性,因此应用不如频带通信系统广泛。

数字调制和模拟调制一样,也分为调幅、调频和调相三种基本方式,只不过模拟调制是对载波信号的参量进行连续调制,而数字调制是利用载波的某些离散状态来表达传输的离散信息。数字调制过程可以通过模拟方法或数字键控法来实现。当调制信号为二进制数字信号时,调制方式有振幅键控(ASK)、移频键控(FSK)、移相键控(PSK)以及它们的组合或改进形式。

另外从已调信号的频谱特点来区分,数字调制也分为线性调制和非线性调制两种:

◆线性调制:已调信号的频谱结构与基带信号的频谱结构相同,只是发生了频谱的搬移,比如振幅键控(ASK)。

◆非线性调制:已调信号的频谱结构与基带信号的频谱结构不同,不仅频谱发生搬移,而且有新的频率分量出现,比如移频键控(FSK)。

数字调制的过程可以用图5-6来说明。

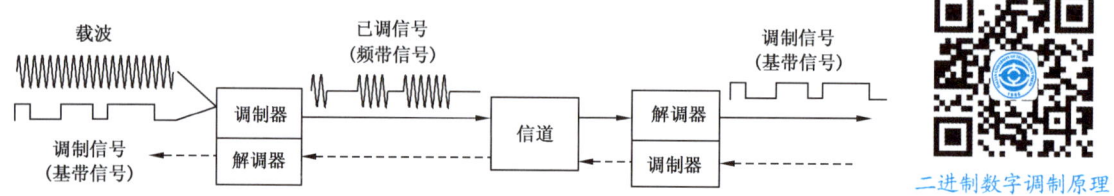

图 5-6 频带传输系统的基本结构

图 5-6 中的调制信号又叫作基带信号,即送入调制器之前的信号,具有丰富的低频分量;已调信号又叫作频带信号,即经过调制器调制之后的信号,具有带通特性。

下面我们主要讨论三种最常见的数字调制方式 2ASK、2FSK 和 2PSK/2DPSK,这里的"2"表示调制信号为二进制的数字信号。在讨论中我们着重强调时域波形、调制与解调原理和信号在调制前后的频谱变化。

5.3.1 二进制振幅键控(2ASK)

1.时域波形

图 5-7 是一个 2ASK 信号波形的例子,观察正弦载波有无受到信码控制:当信码为"1"时,ASK 的波形是若干个周期的高频等幅波,图中为两个周期,即调制信号码元宽度是载波周期的 2 倍;当信码为"0"时,ASK 信号的波形是零电平。

从图 5-7 我们可以看出,已调信号虽然是连续变化的,但是它的振幅参量却有离散的两种状态(振幅为 0 和不为 0),因此可以用这两种离散的状态来表征二进制符号"0"或"1"。

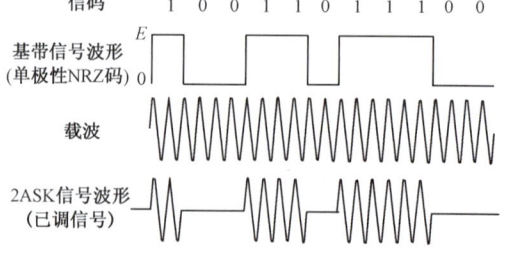

图 5-7 2ASK 信号波形

2.二进制振幅键控(2ASK)的调制方法

2ASK 的调制方法有两种:模拟幅度调制法和数字键控法,如图 5-8 所示。

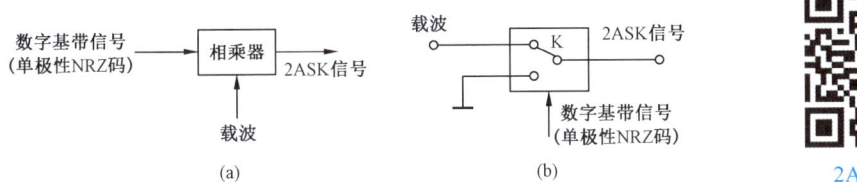

2ASK调制

图 5-8　2ASK 波形产生器框图

图 5-8(a)是采用模拟调制方式的 ASK 调制方法,相乘器将数字基带信号(单极性 NRZ 码)和高频正弦载波相乘,得到 ASK 信号。

图 5-8(b)则是采用数字键控方法,由数字基带信号去控制一个开关电路。当出现"1"(或"0")码时开关 K 闭合,有高频载波输出;当出现"0"(或"1")码时开关 K 断开,无高频载波输出。

2ASK包络解调

2ASK 信号有两种基本的解调方法:非相干解调(包络检波法)和相干解调(同步检测法)。

图 5-9 是非相干解调(包络检波法)接收系统组成及各点波形图。图中的带通滤波器用于滤除传输过程中引入的干扰与噪声;包络检波器一般由晶体二极管和一个低通滤波器组成,用于提取已调信号的幅度值;取样判决器与基带信号传输系统中的取样判决器一样,用于对检波后的信号进行重新定时和整形,可以提高数字信号的接收性能。

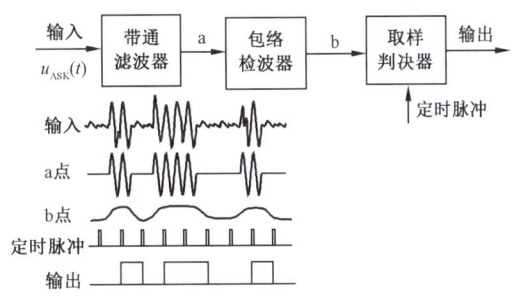

图 5-9　非相干解调接收系统组成及各点波形图

相干解调又叫同步检测法,解调器组成如图 5-10 所示。这种方式需在接收端产生一个本地相干(与发送端载波同频同相)载波与已调信号相乘,经低通滤波器输出基带信号。由于这种方式需要相干载波提取电路,接收电路复杂化,所以在 ASK 信号解调中用得较少。

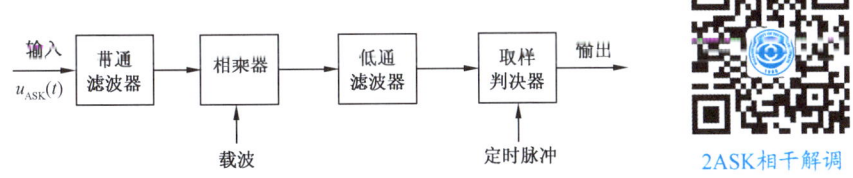

2ASK相干解调

图 5-10　解调器组成

3.振幅键控信号的频谱

分析图 5-7 中 2ASK 信号波形与基带信号波形之间的关系可以发现,2ASK 信号实际上是信码的单极性 NRZ 波形与高频载波的相乘。已知一个二进制 NRZ 信号的频谱如图 5-11(a)所示,它经过调制得到的双边带频谱被搬移到了载波频率 f_c 处,因此可得到

2ASK 信号频谱如图 5-11(b)所示,从中可以得到一个重要的结论:2ASK 信号的频带宽度是基带信号的两倍。

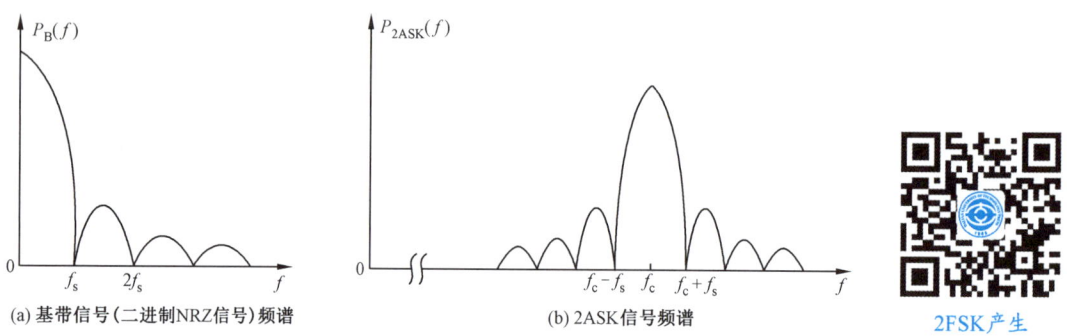

图 5-11 2ASK 与基带信号的频谱比较

2FSK产生

5.3.2 二进制移频键控(2FSK)

1.时域波形

二进制移频键控就是用两个不同频率的正弦载波来对应二进制脉冲序列的"1"和"0",而载波的幅度则保持不变。图 5-12 是 2FSK 信号与基带信号的波形关系图。从图 6-2 中可以看到,信码为"1"时,基带信号为高电平,对应的 2FSK 信号是一个频率为 f_1 的载波,而信号为"0"时,基带信号为低电平,2FSK 信号则是一个频率为 f_2 的载波。f_1 与 f_2 是不同的频率,并且它们之间的转换是瞬间完成的,因此波形的相位连续。

2.二进制移频键控信号的调制方法

2FSK 信号也可以通过模拟调频和数字键控的方法得到。图 5-13(a)是模拟法调频原理框图;图 5-13(b)是键控法调频原理框图。

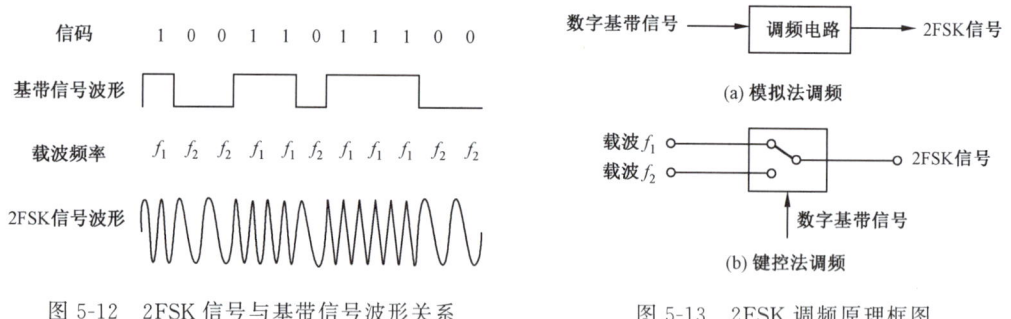

图 5-12 2FSK 信号与基带信号波形关系

图 5-13 2FSK 调频原理框图

3.移频键控信号的解调

一个 FSK 信号可以近似地看成两个经不同频率载波调制的 ASK 信号相叠加,所以,在对 FSK 信号解调时,可以先使其通过两个中心频率分别为 f_1 和 f_2 的带通滤波器滤波,如图 5-14(a)所示,分离成两个 ASK 信号,如图 5-14(b)所示,即有

FSK 信号波形＝带通滤波器Ⅰ输出波形＋带通滤波器Ⅱ输出波形

然后再用相干或非相干解调方法分别对 ASK 信号进行解调,并将结果送到相减器,相减后的信号是双极性信号,0 电平自然作为判决电平,不再像 ASK 解调那样要从信号幅度中提取判决电平。在取样脉冲的控制下进行判决,就可完成 FSK 信号的解调。

FSK 信号还有其他解调方法,如鉴频法、过零检测法及差分检波法等,这里不做一一介绍。

2FSK解调包检法

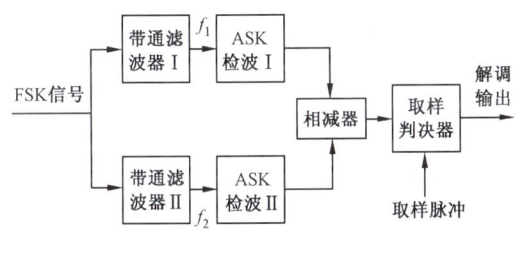

图 5-14　FSK 信号解调

4.移频键控信号的频谱

2FSK解调

如前所述,FSK 信号可以看成两个频率分别为 f_1 和 f_2 的 ASK 信号的合成,因此它的频谱也是这两个 ASK 信号频谱的合成,如图 5-15 所示。图 5-15(c)是 f_1 和 f_2 相差较大的情况,当 f_1 和 f_2 相差较小时,两条 ASK 频谱曲线合到一起形成一个单峰。通常 FSK 信号的频带宽度可根据下式计算:

$$\Delta f = |f_2 - f_1| + 2f_s$$

式中:f_s 是数字基带信号的码元速率。与 ASK 相比,在同样的码元速率下,FSK 信号的频带宽度要大一个频差 $|f_2 - f_1|$。

2FSK功率谱

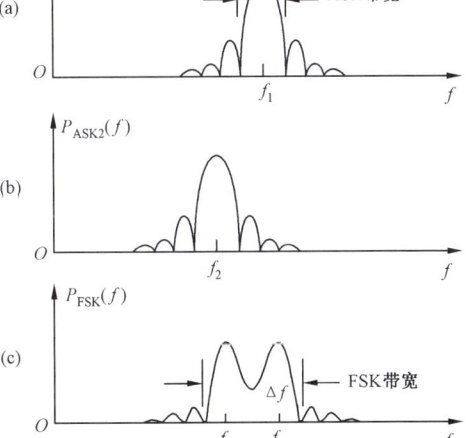

图 5-15　FSK 信号的频谱

2FSK 因为实现起来较容易,抗噪声与抗衰减的性能较好,因此在中低速数据传输中得到了广泛的应用。CCITT 与 V.21 标准描述了在电话网中进行数据传输的速率为 300 bit/s 的 Modem 的技术参数。该标准规定,主呼端调制器的两个载波频率分别为 1 270 Hz(代表"1"码)和 1 070 Hz(代表"0"码),被呼端调制器的两个载波频率分别为 2 225 Hz(代表"1"码)和 2 025 Hz(代表"0"码),V.21 标准 Modem 的频谱分配如图 5-16 所示。这样主呼与被呼双方各有一对频率的信号在同一条电话线路中双向传输而不会相互干扰。这种 Modem 主要用于传真机。

例 5-1 如果在电话信道中接入基于 V.21 标准的 Modem,要求电话信道的带宽为多少(假设电话信道为具有理想传输特性的信道)?

解: 根据 V.21 标准规定,主呼与被呼的信号频谱分配如图 5-16 所示。

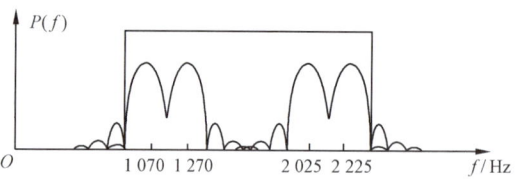

图 5-16 V.21 标准 Modem 频谱分配

因此,电话信道的带宽应为 $B = 300 + (2\,225 - 1\,070) = 1\,455$ Hz。

5.3.3 二进制移相键控(2PSK)和差分移相键控(2DPSK)

1. 时域波形

二进制移相键控(2PSK)是以载波的不同相位直接去表示相应数字信息(0 或 1)的相位键控方法,也被称为绝对移相方式。

在图 5-17 中,2PSK 信号与基准载波的相位关系如下:传送"0"码时相位相同,传送"1"码时相位差 π。在接收端对信号进行恢复时,必须有一个跟发送端载波相同的基准相位作为参考。如果这个基准相位发生变化(如 0 相变成 π 相,π 相变成 0 相),就会使接收端的信息恢复发生错误(0 错成 1,1 错成 0)。这种现象叫作 2PSK 方式的"倒 π"现象或"反向工作"现象。

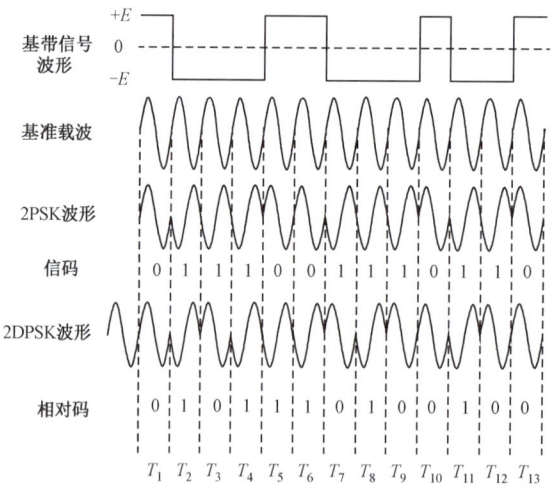

图 5-17 2PSK、2DPSK 信号相位与信码的关系

由于在实际的通信系统中,这种基准相位的随机跳变是可能的,所以很多情况都采用相对(差分)移相键控(2DPSK)方式。

相对(差分)移相键控(2DPSK)是利用前后相邻码元的相位差去表示数字信息的一种方式,这里取相邻两个码元的初相位之差作为相位差 $\Delta\Phi$,并设:

$$\begin{cases} 当传送信码"1"时, \Delta\Phi=\pi \\ 当传送信码"0"时, \Delta\Phi=0 \end{cases}$$

所以从图 5-17 中可以看出,T_2 时刻与 T_1 时刻码元的初相位发生了翻转,代表 T_2 时刻的信码为"1",T_5 时刻与 T_4 时刻信号的相位相同,代表信码"0"。2DPSK 信号的码元相位关系见表 5-2。

表 5-2　　　　　图 5-17 中 2DPSK 信号的码元相位关系

信码 (绝对码)	参考 相位	0	1	1	1	0	0	1	1	1	0	1	1	0
2DPSK 信号相位	0	0	π	0	π	π	0	π	0	π	0	π	0	0
	0	π	π	π	π	0	π	π	π	π	0	0	0	π
相对码	0	0	1	0	1	1	0	1	0	1	0	1	0	0

这里需要说明,如果假设相反,即

$$\begin{cases} 当传送信码"1"时, \Delta\Phi=0 \\ 当传送信码"0"时, \Delta\Phi=\pi \end{cases}$$

则码元相位关系如表 5-2 灰色部分所示。由于第一个码元前面没有信码,所以在研究 2DPSK 时需假设一个相位(这里假设一个 0 相位)作为参考相位。

从上面的例子我们可以看出 2PSK 和 2DPSK 的区别,2DPSK 信号是通过相邻码元相位差来唯一确定信码,只要前后码元的相对相位关系不被破坏,接收端就可以较准确地恢复数字信息,避免了 2PSK 中可能发生的倒 π 现象。单纯从波形上看,2DPSK 与 2PSK 是无法分辨的,但是我们可以由信码(绝对码)得到相对码,然后再将相对码进行 2PSK 调制而得到 2DPSK 信号。图 5-17 中的相对码就是按相邻符号不变表示原信码"0"、相邻符号改变表示原信码"1"的规律由绝对码变换来的。

信码与 2PSK 信号的相位关系也可以用矢量图表示,如图 5-18 所示。图中,矢量的长度代表正弦波的幅度,它与正向水平轴的夹角代表正弦波的初相位。正向水平轴表示基准,因此 2PSK 信号有两个矢量,相位分别是 0°和 180°,各代表信码"0"和"1"。而对于 2DPSK 信号来说,其矢量表示在前一个码元基础上的相位增加量。

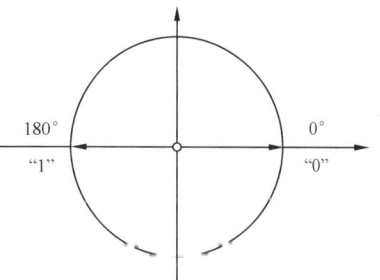

图 5-18　2PSK 信号矢量图

2. 二进制绝对调相和差分调相

2PSK 与 2DPSK 的调制器组成框图如图 5-19 所示。其中图 5-19(a)是 2PSK 信号调制器,载波发生器和移相电路分别产生两个同频反相的正弦波,由信码控制电子开关进行选通,当信码为"0"时,输出"0"相信号,当信码为"1"时,输出"π"相信号;图 5-19(b)是 2DPSK 信号调制器,前面我们提到可以由信码(绝对码)得到相对码,再将相对码进行

2PSK 调制而得到 2DPSK 信号,所以只需在 2PSK 调制电路[图 5-19(a)]中加入一个码变换器即可构成 2DPSK 调制电路[图 5-19(b)]。

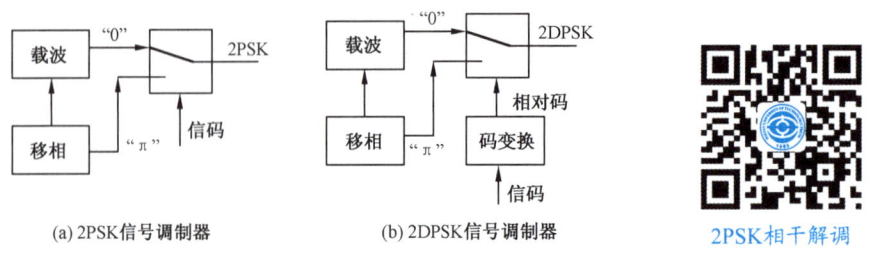

图 5-19 2PSK 与 2DPSK 的调制器组成框图

3.2PSK 和 2DPSK 信号的解调

对 2PSK 信号的解调方法有相干解调和非相干解调两种,相干解调器框图和各功能块输出点的波形如图 5-20 所示。如果将相干解调方式中的"相乘-低通滤波"器件用鉴相器代替,就变为非相干解调器。图 5-20 中的解调过程,实际上是输入已调信号与本地载波信号进行极性比较的过程,故常称为极性比较法解调。

2DPSK 信号同样可以采用 2PSK 的方法解调,只不过必须在取样判决器后加一个码(反)变换器,将相对码变换为绝对码,如图 5-21 所示。此外,2DPSK 信号解调还可采用差分相干解调的方法,直接将信号前后码元的相位进行比较,如图 5-22 所示。由于此时的解调已同时完成了码变换,因此无须再安排码(反)变换器。这种解调方法由于无须专门的相干载波,是一种很实用的方法。当然,它需要一延迟电路精确地延迟一个码元长度(T_s),这是在设备上要付出的代价。

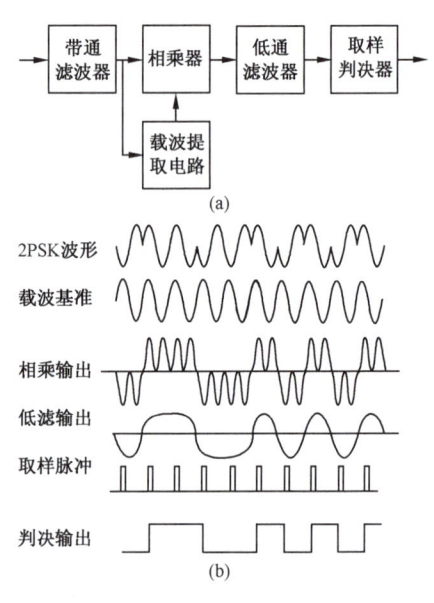

图 5-20 2PSK 信号的解调

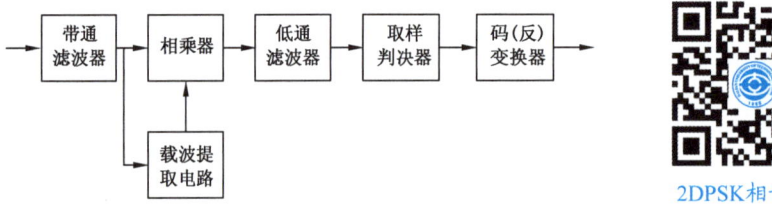

图 5-21 2DPSK 信号的 2PSK 解调

4.2PSK 和 2DPSK 信号的频谱

2PSK 与 2DPSK 信号实际上是一个双极性矩形脉冲序列与高频载波相乘的结果,因此其频谱与 2ASK 信号的频谱相似,所不同的是 2ASK 调制时基带信号是单极性信号,含有直流分量,相乘后信号中

2DPSK差分相干解调

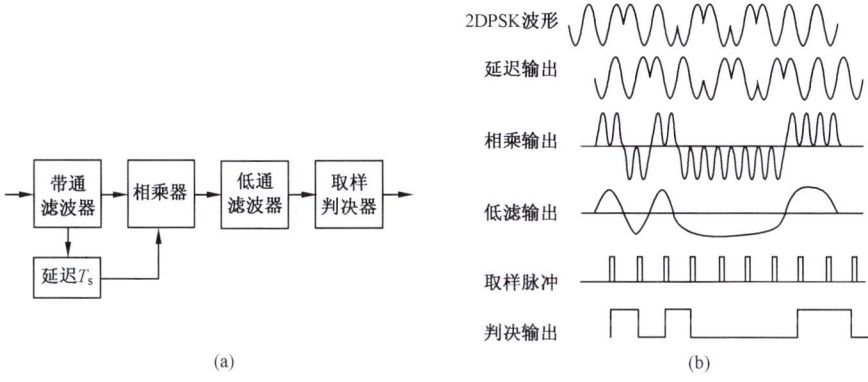

图 5-22 2DPSK 信号的差分相干解调

就有载波分量,2PSK 信号(或 2DPSK 信号)调制时基带信号是双极性信号,如果信码"1""0"出现的概率相等,则基带信号中没有直流分量,已调波中也就没有载波分量,两者的频带宽度相同,都是基带信号带宽的两倍。

5.3.4 三种基本调制方式的比较

不同数字通信系统,性能是不同的。下面我们从频带宽度、调制与解调的实现难度以及抗噪声性能等角度,对上面讨论的三种常见二进制调制系统性能做比较。

从表 5-3 我们可以看出,在不同的通信场合应该选择适当的调制解调方式,比如,如果系统的带宽不宽,则考虑采用 2PSK、2DPSK 或 2ASK,而 2FSK 最不可取;如果考虑抗噪声性能,则 2PSK 和 2DPSK 最优,而 2ASK 最不可取。目前在高速传输中应用最多的是相干 2DPSK,而非相干 2FSK 则广泛地用于中、低速数据传输,特别是在衰落信道的数据传输场合。

表 5-3   三种数字调制系统性能比较

调制方式	2ASK	2FSK	2PSK 和 2DPSK
已调信号带宽	$2f_s$	$2f_s+|f_1-f_2|$	$2f_s$
抗噪声性能	最差	一般	最好
对信道特性变化的敏感性	最差	不随信道特性变化而变化	
设备复杂度	最简单	一般	2DPSK 最复杂

5.4 改进的数字调制方式

5.4.1 多进制移相键控

上一节我们主要讨论了二进制数字通信系统的调制方式,但是在实际中应用较多的还是多进制数字通信系统。多进制数字调制也分为多进制振幅调制、频率调制、相位调制等基本方式,只不过调制所需的基带信号为多进制数字信号。与二进制调制相比,多进制调制具有以下两个特点:

◆ 当传码率相同时,多进制系统的传信率高于二进制系统的传信率;

◆ 当传信率相同时，多进制系统的传码率低于二进制系统的传码率，多进制系统码元持续时间长，具有较大的能量，可减小码间干扰等影响。

正是基于上述特点，多进制系统获得非常广泛的应用，目前用得较多的多进制 PSK（或 DPSK）是四进制和八进制。下面就以四进制为例介绍多进制 PSK 和 DPSK 的原理。

1. 四进制 PSK 与 DPSK 波形

四进制与二进制相似，也分为四进制绝对调相（4PSK 或 QPSK）和四进制差分调相（4DPSK 或 QDPSK），图 5-23 分别给出了 4PSK 和 4DPSK 的波形图。4PSK 是利用载波的四种不同相位来表示四进制数字信息，即每一种载波相位代表两比特信息，所以我们用两位二进制码元表示一个四进制码元。表 5-4 列出了 4PSK 信号的码元与载波相位的关系（注意码元按格雷码排列），在 $(0, 2\pi)$ 内等间隔地取四种相位作为载波相位。表中有两种取值方式，分别用于 $\pi/4$ 系统和 $\pi/2$ 系统。

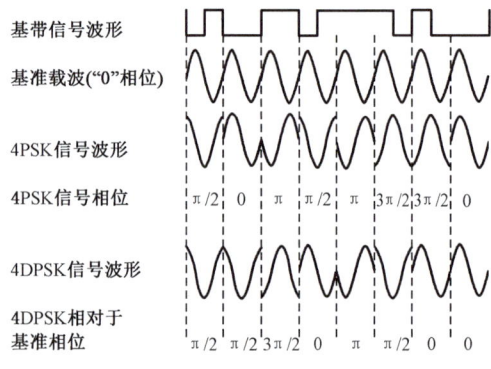

表 5-4　4PSK 相位排列表

信码(A B)	相位($\pi/4$ 系统)	相位($\pi/2$ 系统)
0　0	$\pi/4$	0
0　1	$3\pi/4$	$\pi/2$
1　1	$5\pi/4$	π
1　0	$7\pi/4$	$3\pi/2$

图 5-23　4PSK 与 4DPSK 波形

与 2DPSK 一样，4DPSK 也是用相邻码元（四进制码元）的初相位差表示四种信码。例如，第一个码元为 01，它与前一个码元（参考相位为 0）的相位差就是 $\pi/2$；第二个码元为 00，它与第一个码元的相位差是 0，与基准载波的相位差则是 $\pi/2$。

2. 4PSK 信号的产生与解调

根据表 5-4 可以生成一个 4PSK 信号的矢量图，如图 5-24 所示，图中实线矢量代表的是 $\pi/2$ 系统。对 $\pi/2$ 系统来说，每一相可以用 $\sin\omega t$（代表 00）、$-\sin\omega t$ [即 $\sin(\omega t+\pi)$，代表 11]、$\cos\omega t$ [即 $\sin(\omega t+\pi/2)$，代表 01] 和 $-\cos\omega t$ [即 $\sin(\omega t+3\pi/2)$，代表 10] 中的一个表示，因此 $\pi/2$ 系统的 4PSK 调制器可以由一个产生 $\sin\omega t$ 波形的信号源加上移相器和反相器以及一个四选一电路构成，如图 5-25 所示。

根据表 5-5 设计的 4PSK 调制器与相应的解调器如图 5-26 所示，这种实现方法叫调相法。4DPSK 的调制与解调方法与 4PSK 类似，只是需要在码元分配器后加入码变换器，再对码变换器的输出结果进行 4PSK 调制，其原理这里不再赘述。

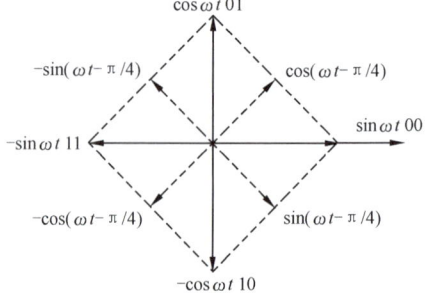

图 5-24　$\pi/2$ 系统的 4PSK 信号矢量图

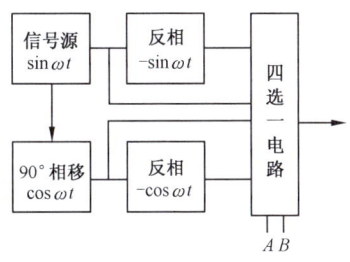

表 5-5　　4PSK 信号的合成

相位	A	B	合成信号输出
0	0	0	$\sin(\omega_c t - \pi/4) + \cos(\omega_c t - \pi/4)$
$\pi/2$	1	0	$-\sin(\omega_c t - \pi/4) + \cos(\omega_c t - \pi/4)$
π	1	1	$-\sin(\omega_c t - \pi/4) - \cos(\omega_c t - \pi/4)$
$3\pi/2$	0	1	$\sin(\omega_c t - \pi/4) - \cos(\omega_c t - \pi/4)$

图 5-25　$\pi/2$ 系统的 4PSK 调制器构成

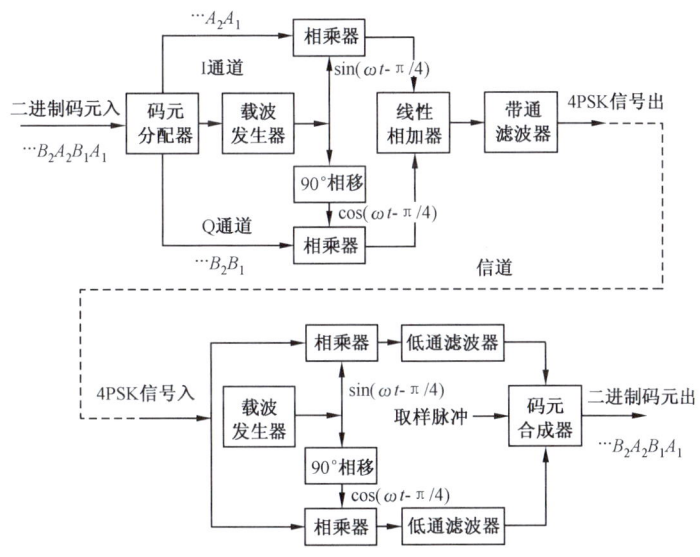

图 5-26　4PSK 调制器与解调器原理框图

5.4.2　多进制振幅相位联合调制

上面我们提到，在系统带宽一定的条件下，多进制调制系统的传信率比二进制系统高，也就是说多进制系统的频带利用率高。但是这里还需考虑的一个问题是各码元信号之间的最小"差别"，例如，2PSK 两个相邻状态的相位差为 π，当发送端发送"1"码时，信号的相位（相对于载波）为 π，尽管在传输过程中受干扰的影响，其相位发生了变化，但只要相位在 $\pi \pm \pi/2$ 的范围内[图 5-27(a)中的阴影]，接收端仍能将其正确地解调，因此 2PSK 的噪声容限为 $\pm \pi/2$。4PSK 的噪声容限为 $\pm \pi/4$[图 5-27(b)]，8PSK 的噪声容限为 $\pm \pi/8$[图 5-27(c)]，矢量图上相邻端点的相位间隔越小，噪声容限就越小。ASK 信号也有同样的情况。设信号最大电平为 L，2ASK 的噪声容限为 $\pm L/2$[图 5-27(d)]，4ASK 的噪声容限为 $\pm L/6$[图 5-27(e)]，8ASK 的噪声容限为 $\pm L/14$，矢量图上相邻端点的幅度间隔越小，噪声容限就越小。

由此可见，随着进制数 M 的增加，单一调制信号各码元之间的噪声容限，也就是判决区域也随之减小，这将导致信号容易受到噪声和干扰的影响而增加接收的错误概率。为了克服上面的问题，可以采用振幅相位联合键控（APK）调制方式。

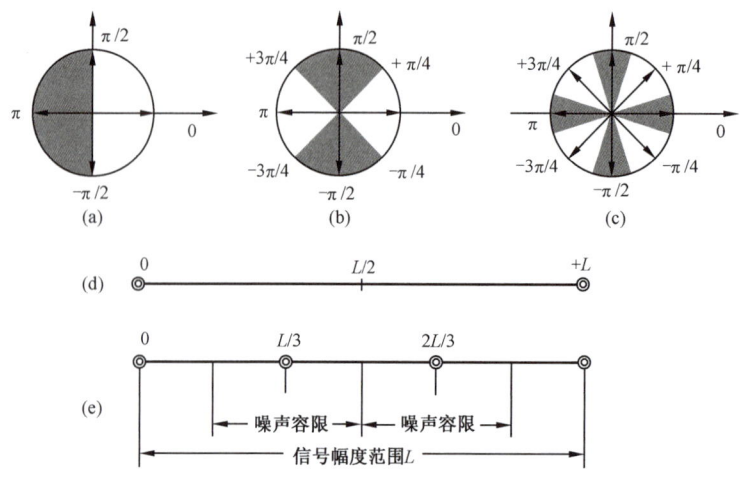

图 5-27　PSK、ASK 信号的噪声容限示意图

振幅相位联合键控(APK)调制是结合 ASK 和 PSK 的特点，既从相位上，又从幅度上使信号相邻状态有区别，这样在相同的进制数下，采用 APK 方式可以得到较大的噪声容限，也就可以得到较小的误码率。

当前应用较多的一种 APK 信号，是十六进制正交振幅调制(16QAM)信号。所谓正交振幅调制，是用两个独立的基带波形对两个相互正交的同频载波进行抑制载波的双边带调制，利用这种已调信号在同一带宽内频谱正交的性质来实现两路并行的数据信息传输。

下面我们用矢量图来区别 16PSK 和 16QAM。图 5-28 称为星座图，是 16PSK、16QAM 的矢量点在空间上的分布图，其中 16QAM 各星点的分布更合理，被推荐为国际标准星座图，用于在话音频带(300～3 400 Hz)内传送 9 600 bit/s 的数据。

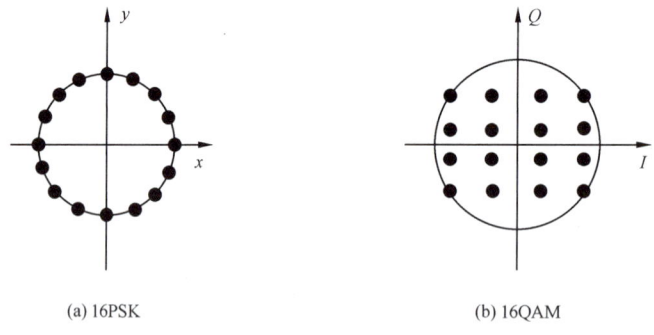

图 5-28　16PSK、16QAM 的星座图

目前，正交振幅调制的应用日益广泛。它的星座图常为矩形或十字形，如图 5-29 所示。其中当 $M=4、16、64、256$ 时，其星座图为矩形，而当 $M=32、128$ 时，则为十字形。前者 M 为 2 的偶次方，即每个符号携带偶数个比特信息；后者为 2 的奇次方，即每个符号携带奇数个比特信息。

MQAM 调制系统组成如图 5-30 所示。图中串并转换电路将速率为 R_b 的输入二进制码序列分成速率为 $R_b/2$ 的两个双电平序列；2-L 电平转换器将每个速率为 $R_b/2$ 的双

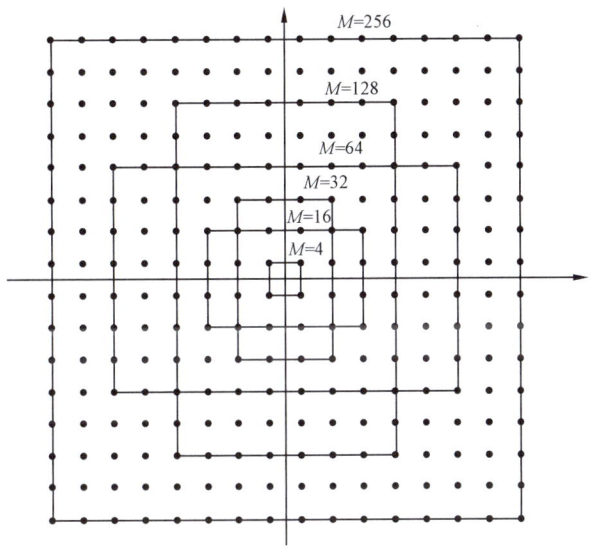

图 5-29 MQAM 星座图

电平序列变成速率为 $R_b/\log_2 M$ 的 L 电平信号,然后与两个正交载波相乘,再相加即得到 MQAM 信号。由于调制器中采用了两个正交载波(即 $\sin \omega_c t$ 和 $\cos \omega_c t$),并且调制信号的幅度是多电平的,故称为多进制正交振幅调制。

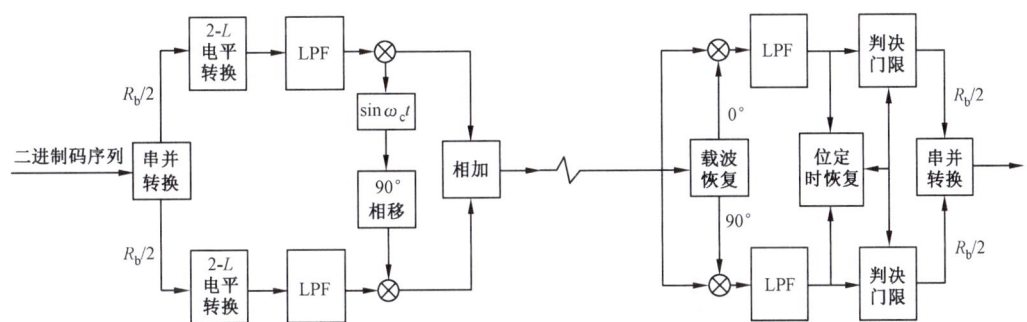

图 5-30 MQAM 调制系统组成

MQAM 信号的解调采用正交相干解调法,其框图也画在图 5-30 中。同相和正交的 L 电平基带信号经过有 $(L-1)$ 个门限电平的判决器判决后,分别恢复成速率等于 $R_b/2$ 的两路二进制码序列,最后经串并转换电路将两路二进制码序列合成一路速率为 R_b 的二进制码序列。

调制过程表明,MQAM 信号可以看成两个正交的抑制载波双边带调幅信号的相加,因此,MQAM 的功率谱取决于同相和正交的两路基带信号的功率谱,其带宽是基带信号带宽的两倍。在理想情况下,MQAM 与 MPSK 的频带利用率①均为 $\log_2 M [\text{bit}/(\text{s}\cdot\text{Hz})]$。例如,16QAM(或 16PSK)的最高频带利用率为 4 bit/(s·Hz)。可见,MQAM 是一种高速率的调制方式。

---

① 频带利用率定义为单位频带宽度所传送的信息量。它是衡量数字调制、编码有效性的一个重要指标。

以上我们介绍的传统调制方式虽然实现简单,但在传输速率、频带利用率、抗干扰能力等方面均有很多不足之处,很难满足在恶劣环境中的通信要求。因此在这些调制方式的基础上发展和提出了 MSK、GMSK 等更具优越性能的调制方式,并得到广泛应用。

MSK 最小移频键控方式是 2FSK 的改进形式,属于正交调制,即两个码元所对应波形互不相关。MSK 信号的特点是振幅恒定,两个码元所对应的载波频率 f_1 与 f_2 之差为 f_s 传码率的一半,即 $|f_1-f_2|=f_s/2$,在码元转换时刻信号的相位是连续的。MSK 信号频谱带宽较小,同一信号若采用 MSK 调制方式比采用 2PSK 方式更节省频谱资源,所以 MSK 信号较适合在窄带信道中传输,对相邻信道的其他信号干扰也较小。

GMSK 高斯滤波最小移频键控,又称为调制前高斯滤波的 MSK,它是一种基带信号先经过高斯滤波器滤波再进行 MSK 调制的方式。高斯滤波器具有带宽低、截止特性曲线陡峭等特点,可使 GMSK 的频谱更加紧凑,带外辐射大大减小。由于 GMSK 方式可以提高数字移动通信的频谱利用率和通信质量,所以被广泛地应用于 GSM 等移动通信系统中。

5.4.3　正交频分复用(OFDM)调制

随着多媒体无线通信业务的发展,如何充分地利用有限的频谱资源,这一问题的研究已经成为无线通信领域的关键。正交频分复用(Orthogonal Frequency Division Multiplexing,OFDM)技术,早在 20 世纪 60 年代就由贝尔实验室的 R.W.Chang 提出,区别于传统的频分复用(FDM)技术,可以被看作一种特殊的多载波调制(Multi-Carrier Modulation)技术,系统的多个子载波在频率上相互重叠,但子载波的频率间隔需符合正交条件,形成了多个频分复用子信道,调制信号在每个子信道上传输并行数据,可以传输高速率的数据流,极大地提高了整个系统的频谱利用率。由于正交频分复用技术能有效对抗窄带脉冲噪声,具有出色的抗多径衰落性能,支持非对称性的业务需求,易于与多种接入技术联合使用等优点,所以备受国内外通信学者的关注,已经应用于基于 IEEE 802.11a 标准的无线局域网 WLAN(Wireless Local Area Networks)、基于 IEEE 802.16 标准的无线城域网 WMAN(Wireless Metropolitan Area Networks)、数字音频广播 DAB(Digital Audio Broadcasting)等系统中,且成为 B3G 无线通信系统和 4G 移动通信系统物理层的核心技术之一。

传统的频分复用 FDM 技术是将信道带宽按频率划分为若干个互不重叠的子信道,分别传输独立的调制信号,从而达到信号频率复用的目的。这种传输方式的各子载波间需留出一定的频率作为保护间隔,以避免子载波间的频谱混叠,降低了频带资源的利用率。而正交频分复用 OFDM 技术充分利用调制信号时频域之间的正交性,将高速的串行数据流并行地调制在多个相互正交的子载波上,使得每个子载波上承载的数据速率较低,在一定程度上减弱了无线信道的多径时延对系统造成的影响。图 5-31 给出了 OFDM 系统包含 3 个子载波的频谱示意图。从频域上看,各子载波之间除了频谱主峰周期性错开之外,其他旁瓣的频谱呈重叠分布,重叠区域周期性出现零点,这些零点正好是不同子载波的采样点,减少了子载波间的相互干扰,从而获得最佳的频谱利用率。传统频分复用 FDM 与 OFDM 技术的信道分配对比情况如图 5-32 所示,由此可见,OFDM 有效地节约了频带资源,提高了通信系统的吞吐量。

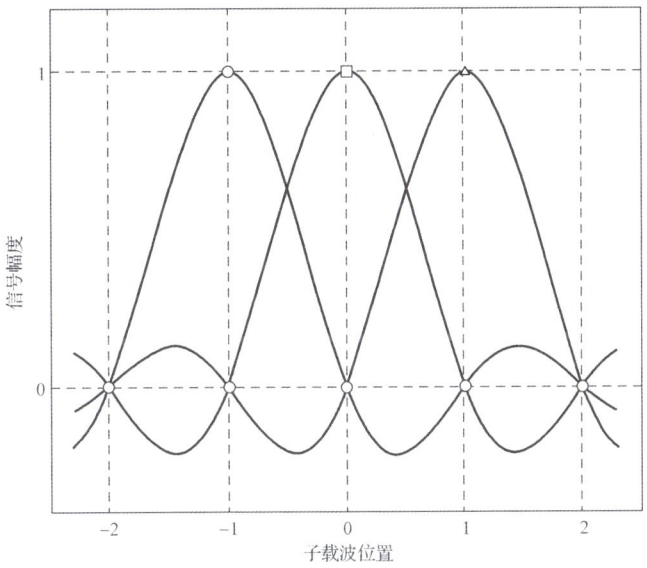

图 5-31　OFDM 系统包含 3 个子载波的频谱示意图

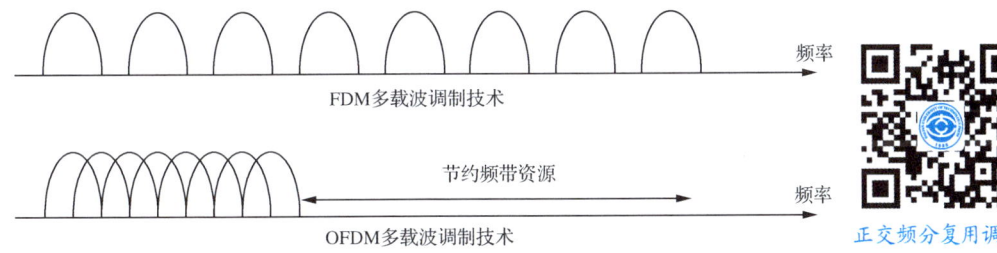

图 5-32　FDM 与 OFDM 技术的信道分配对比图

实际的 OFDM 系统基于数字信号处理技术，通过采用方便快捷的快速傅立叶变换/反变换(FFT/IFFT)来实现信号的多载波并行传输，增强了系统的实用性。OFDM 系统的发射机和接收机模型分别如图 5-33、图 5-34 所示。其调制和解调的基本过程如下：

（1）在发射端，数据序列以比特流的方式输入，将高速率的串行数据流分解为低速率的并行数据流，这些分段后的比特流通过幅度或者相位调制，形成频域的复数信号。

（2）将得到的频域信号做快速傅立叶反变换(Inverse Fast Fourier Transform，IFFT)形成时域序列，其中，需要在时域序列前端插入循环前缀(Cyclic Prefix，CP)，即对符号尾部的几个时域符号进行复制，以避免由多径引起的 OFDM 符号间干扰(Inter Symbol Interference，ISI)。

（3）该序列通过并串变换以及数模转换后，在天线端发射出去。

（4）数据经过时变信道传输后到达接收端，先将接收到的数据流进行模数转换和串并变换，得到基带的时域序列，去除每个符号前的循环前缀后，做快速傅立叶变换(Fast Fourier Transform，FFT)，通过提取已知的导频信息来估计当前的信道状态，再实现信道均衡。

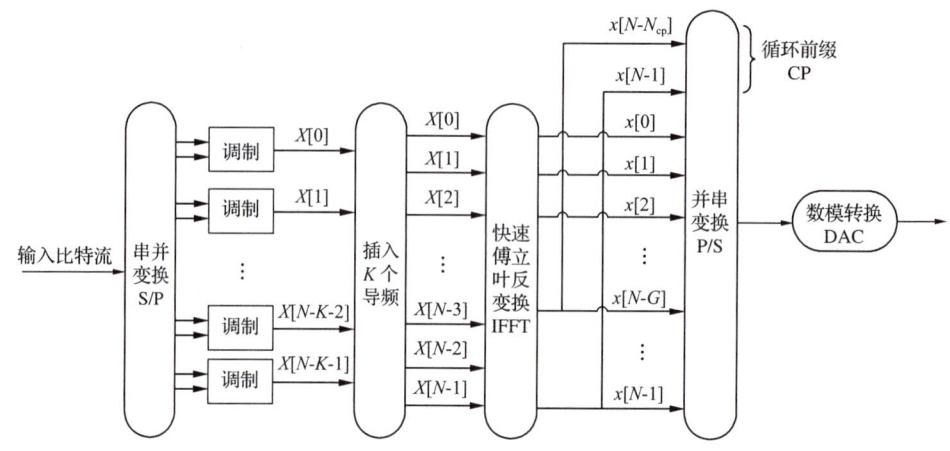

图 5-33 OFDM 系统发射机模型

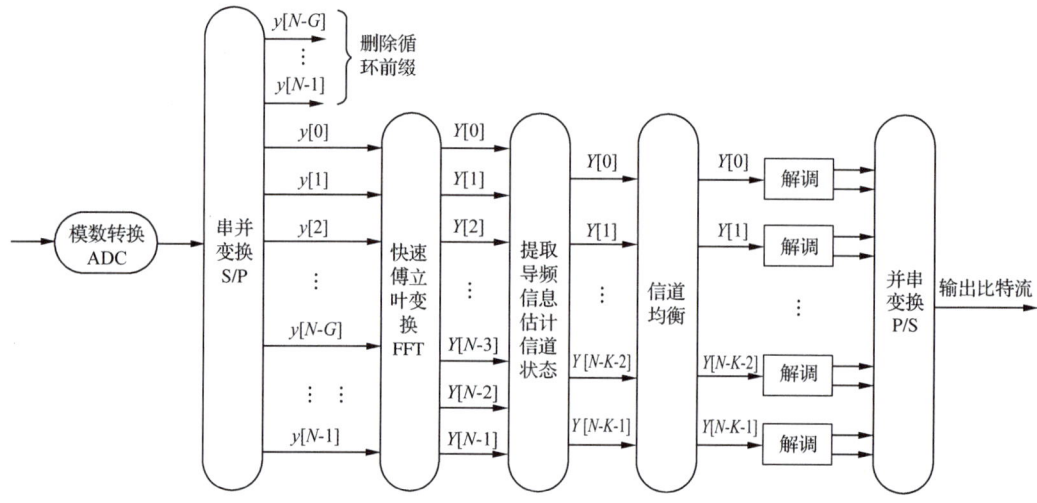

图 5-34 OFDM 系统接收机模型

(5) 最后,在解调器的后端执行与发送端相对应的并串变换,得到恢复后的时域发送数据。

正交频分复用(OFDM)技术的优点总结如下:

(1) 降低了系统的复杂度。通过在调制和解调模块中执行快速傅立叶变换,利用数字信号处理技术简化了多载波并行系统的结构,增强了系统的实用性。

(2) 提高了频带利用率。信号的相邻子载波相互重叠且正交,避免了子载波间的相互干扰,同时提高了频带利用率。

(3) 灵活的子载波配置方式。采用自适应调制编码(Adaptive Modulation and Coding,AMC)技术,可以根据实际的通信环境灵活地分配每个符号的位数和子载波的功率,使系统适应不同的信道条件,提高了系统的容量和可靠性。

(4) 信道均衡相对简单。OFDM 技术利用并行的低速数据流去调制不同的载波信号,从而延长了每个符号的持续时间,有效对抗无线多径带来的频率选择性衰落。通过采用循环前缀的方式降低符号间的干扰,大大降低系统接收端均衡器的实现复杂度。

(5) 易于和多种通信技术相结合。如与多天线(即多入多出,Multiple-Input Multiple-Output,MIMO)技术结合以显著提高通信传输速率,与信道编码和混合自动重传(Hybrid Automatic Repeat request,HARQ)技术结合可有效克服子信道上出现的深衰落(Deep Fading)现象。

5.5 扩频调制

5.5.1 扩频的概念和理论基础

扩频,即扩展频谱,一般是指用比信号带宽宽得多的频带宽度来传输信息的通信技术。

扩频技术

我们知道,在信道中传输任何信息都需要一定的频带宽度,并且为了提高频谱的利用率,尽量用较窄的带宽来传递信号。一般的已调信号带宽与基带信号带宽之比只有几到十几,比如我们讲过 2PSK、2ASK 信号带宽为基带信号带宽的 2 倍,这些都属于窄带通信。而扩展频谱后的信号带宽与基带信号带宽相比要高达几百甚至上千倍,频谱被高倍数地展宽,属于宽带通信。

以往的通信技术所追求的是使传输信号带宽尽量窄,才能充分利用十分宝贵的频谱资源。那为什么还要用扩频这种宽带通信方式呢? 下面我们先来简单介绍扩频通信的理论基础——香农公式:

$$C = B \log_2 \left(1 + \frac{S}{N}\right) \text{bit/s}$$

式中:C 为信道容量(bit/s);S 为信号功率;N 为噪声功率;B 为信道带宽(Hz)。

香农公式指出了信道容量 C 与信道带宽 B 和信噪比 S/N 的关系:在给定的传输速率(信道容量)C 不变的条件下,信道带宽 B 和信噪比 S/N 是可以互换的,即可通过增加信道带宽 B 的方法,来降低对信噪比的要求,使系统在较低的信噪比情况下传输信息。

5.5.2 扩频的分类

扩频主要分成两大类,一类是直接对基带信号进行频谱扩展,称为直接序列扩频(Direct Sequence Spread Spectrum,DSSS),又称直序扩频;另一类是通过不断改变调制信号的频率来进行频谱扩展,称为跳频扩频(Frequency Hopping Spread Spectrum,FHSS)。无论是直接序列扩频还是跳频扩频,都要用到一种特殊的高速扩频码,即伪随机(PN)码。

1. PN 码

在扩展频谱系统中,常使用伪随机(PN)码来扩展频谱。它是一种高码率的窄脉冲序列,其特性在很大程度上决定了扩频系统的性能。下面我们简单介绍一下 PN 码的产生原理。

PN 序列是一种与白噪声类似的信号，它是一种具有特殊规律的周期信号。图 5-35 是一个周期为 31 的 PN 序列，在一个周期内"1"或"0"码的出现似乎是随机的，我们把这种特性称为伪随机性，因为它

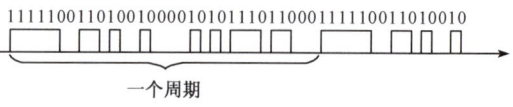

图 5-35　周期为 31 的 PN 序列

既具有随机序列的特性，又具有一定的规律，可以人为地产生与复制。

图 5-36 是一个由 5 级移位寄存器通过线性反馈组成的 PN 序列发生器。图 5-36 中，每一级移位寄存器的输入码（"1"或"0"）在 CP 脉冲到来时被转移到输出端，而 D1 的输入是 D2 输出与 D5 输出的模 2 加的结果。表 5-6 是各个 CP 脉冲周期内每一个移位寄存器的输出状态，Q_5 输出的是周期为 $2^5-1=31$ 的序列。

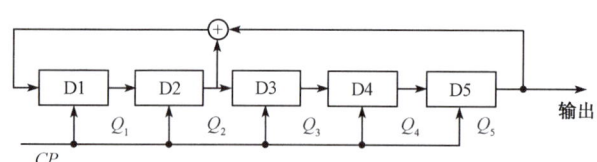

扩频的分类、PN 码的产生

图 5-36　PN 序列发生器

表 5-6　　　　　　　　　PN 序列发生器工作状态

CP 脉冲周期	Q_1	Q_2	Q_3	Q_4	Q_5	CP 脉冲周期	Q_1	Q_2	Q_3	Q_4	Q_5	CP 脉冲周期	Q_1	Q_2	Q_3	Q_4	Q_5
1	1	1	1	1	1	12	0	0	1	0	0	23	1	0	1	1	1
2	0	1	1	1	1	13	0	0	0	1	0	24	1	1	0	1	1
3	0	0	1	1	1	14	0	0	0	0	1	25	0	1	1	0	1
4	1	0	0	1	1	15	1	0	0	0	0	26	0	0	1	1	0
5	1	1	0	0	1	16	0	1	0	0	0	27	0	0	0	1	1
6	0	1	1	0	0	17	0	0	1	0	0	28	1	0	0	0	1
7	0	0	1	1	0	18	1	0	0	1	0	29	1	1	0	0	0
8	0	0	0	1	1	19	1	1	0	0	1	30	1	1	1	0	0
9	0	0	1	0	1	20	1	1	1	0	0	31	1	1	1	1	0
10	1	0	0	1	0	21	1	1	1	1	0						
11	0	1	0	0	1	22	0	1	1	1	0	2	0	1	1	1	1

PN 码的相关函数具有尖锐特性，因此易于从其他信号或干扰中分离出来，且有良好的抗干扰特性，这也是采用 PN 码作为扩频码的主要原因。

PN 码的类型有多种，其中最大长度线性移位寄存器序列（简称 m 序列）性能最好，在通信中普遍使用。m 序列的最大长度取决于移位寄存器的级数，若 n 为级数，则所能产生的最大长度的码序列为 (2^n-1) 位。m 序列的码结构取决于反馈抽头的位置和数

量。不同的抽头组合可以产生不同长度和不同结构的码序列,但有的抽头组合也并不能产生最长周期的序列。现在已经得到3～100级m序列发生器的连接图和所产生的m序列的结构。

2.直接序列扩频

直接序列(Direct Sequence,DS)扩频,简称直扩,就是在发送端直接用比信息速率高很多的PN码去扩展信号的频谱,而在接收端,用相同的PN码进行解扩,把展宽的扩频信号还原成原始信号。

在前面章节我们讨论了数字脉冲序列的频谱,从图5-37中我们可以看出,如果脉冲序列周期变小而脉冲宽度不变[如图5-37中(b)和(d)],则离散谱线间距离变大、幅度变大[如图5-37中(a)和(c)];如果脉冲序列周期不变而脉冲宽度变窄[如图5-37中(d)和(f)],则离散谱线间距离不变、幅度减小、过零点频率增大,即离散带宽增大[如图5-37中(c)和(e)]。由此可见,采用窄脉冲序列去调制基带信号,可以得到一个频谱很宽的直扩信号,并且采用的脉冲越窄,扩展后的频谱越宽、功率谱密度越小,非常适合隐蔽在其他噪声中传输,这也是扩频通信具有隐蔽性和抗干扰性的主要原因。

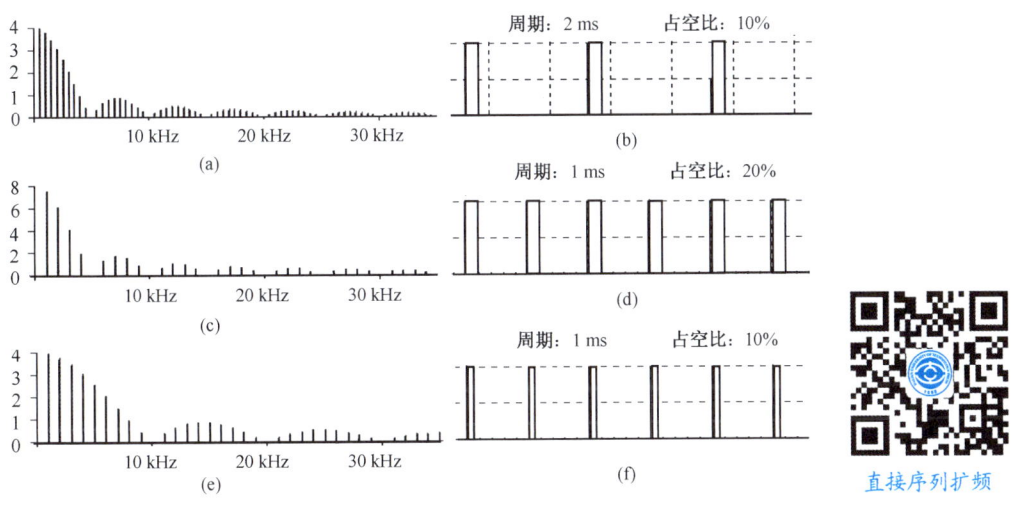

图 5-37 矩形脉冲信号的频谱与波形

图5-38为直接扩频系统的组成与原理框图。在发送端,数字基带信号(信码)首先与PN码相乘,得到被扩频的信号(仍为数字基带信号),随后与正弦载波相乘并通过带通滤波器,得到射频宽带信号。在接收端,信号经带通滤波器滤波后先与本地载波相乘进行相干检波,得到基带扩频信号,再与发送端相同的PN码相乘解扩,恢复成原始数字基带信号。

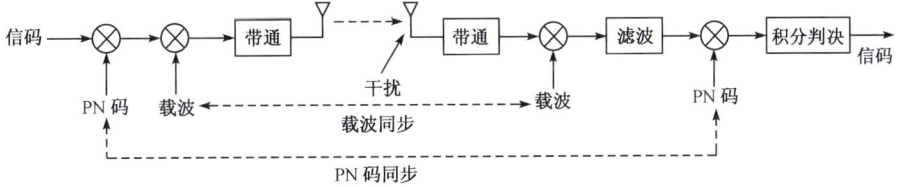

图 5-38 直接扩频系统的组成与原理框图

图 5-39 从波形的角度描绘了利用 PN 码对信号进行扩频的过程。图 5-39(a)是要传输的信码,其码元长度为 T_b;图 5-39(b)为 PN 序列,它的每一个码元称为码片,长度为 T_c;图 5-39(c)为扩频后的信号,是信码与 PN 码相乘的结果,它由很多个码片构成,相当于脉冲宽度减小、信号频谱被展宽。

如果图 5-39(c)的信号传送到接收端,接收端用完全相同的 PN 码对它进行解调,即等同于将图 5-39 中(c)与(b)再相乘一次,就可以恢复出图 5-39(a)的信码,我们把这个过程叫作解扩。

由于直扩基带信号采用双极性 NRZ 波形,所以实际上直扩基带信号与正弦载波相乘就是 PSK 调制。载波、数字基带信号与 PN 码三者之间都是相乘关系,相乘次序的变化不影响结果,因此实际的发送设备中可能是先将数字基带信号进行 PSK 调制得到窄带的射频信号,再进行扩频,同样接收设备也可能是先解扩,再进行 PSK 解调。

图 5-40 是从频谱角度对直接扩频系统工作过程的描述。图 5-40(a)是窄带的基带信号频谱(信码频谱);图 5-40(b)是 PN 码的频谱,其带宽要比基带信号宽得多;基带信号与 PN 码两者相乘后所得信号的频谱被展宽,但频谱密度大大降低,如图 5-40(c)所示;正弦调制后基带信号的频谱被搬移到载波频率 f_c 处,如图 5-40(d)所示。在接收端,解调后得到原扩频信号,频谱如图 5-40(c)所示;解扩后得到信码,频谱如图 5-40(a)所示。

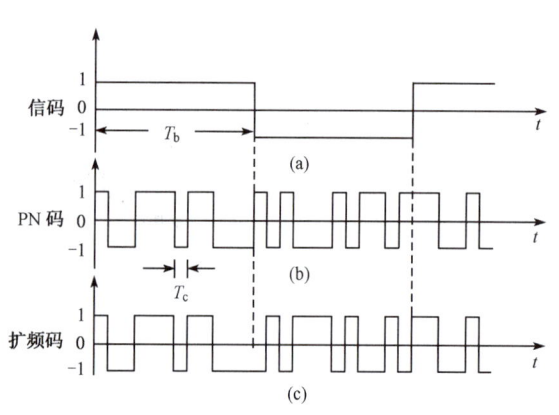

图 5-39 用 PN 码进行频谱扩展的原理示意图　　图 5-40 直接扩频的频谱描述

扩频技术最显著的特点是具有很强的抗干扰性能,图 5-41 从频域的角度解释了直扩系统的抗干扰原理。实际上,通信系统中必定存在着各种各样的干扰与噪声,图 5-41(a)画出了三种主要的干扰与噪声,分别是窄带干扰、背景噪声和其他用户干扰。窄带干扰主要由其他窄带通信系统产生,特点是频带窄,幅度大;背景噪声来自多种干扰源,其频谱分布均匀,所有频率上都存在;其他用户干扰指的是来自相近频率的其他扩频系统的干扰,或者是同一系统中其他用户发送的信号。

①对窄带干扰的抑制:窄带干扰通过接收机的解调器后其频谱被搬到了低频处,在有用信号被解扩的同时,窄带干扰也与 PN 码相乘,相当于对其进行了扩频处理,频谱被扩展,但频谱密度大大降低,经过低通滤波器后只有极少部分的干扰能进入解扩后的系统中。

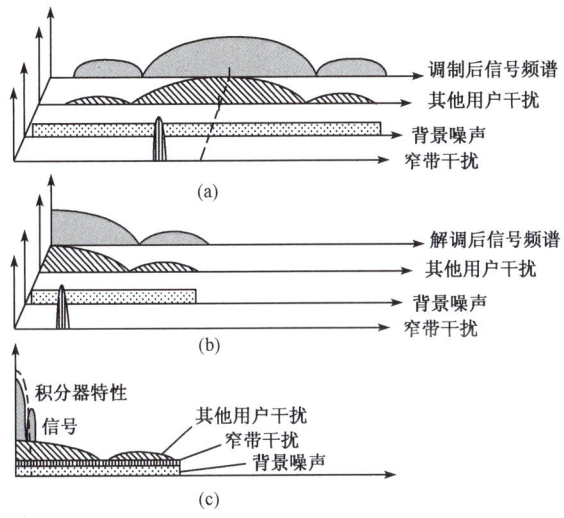

图 5-41 直扩系统的抗干扰原理

② 对背景噪声的抑制:背景噪声经过解调器后变成低频的噪声,其频谱仍然是均匀分布的。与 PN 码相乘后其功率被分布到更宽的频带中,密度降低,因此也只有落入低通滤波器带宽内的噪声能进入后面的系统。

③ 对其他用户干扰的抑制:以同一系统中其他用户为例,当接收机收到来自其他用户的信号时,该信号使用的 PN 码与接收机产生的 PN 码相同但相位不同,两者相乘并积分后输出很小,如图 5-42 所示,经窄带滤波后残余的干扰信号能量就更小了,对信号的正常接收几乎不产生影响。由此可见,采用扩频技术的通信系统,发送端与接收端之间必须使用相同的 PN 码(包括相位也相同)。如果每一个接收端使用预先规定的不同相位的 PN 码,发送端改变 PN 码的相位就可与不同的接收端进行通信,因此实际系统中可以用一种 PN 码作为数字终端的地址进行多址通信,这种多址技术称为码分多址(CDMA)。

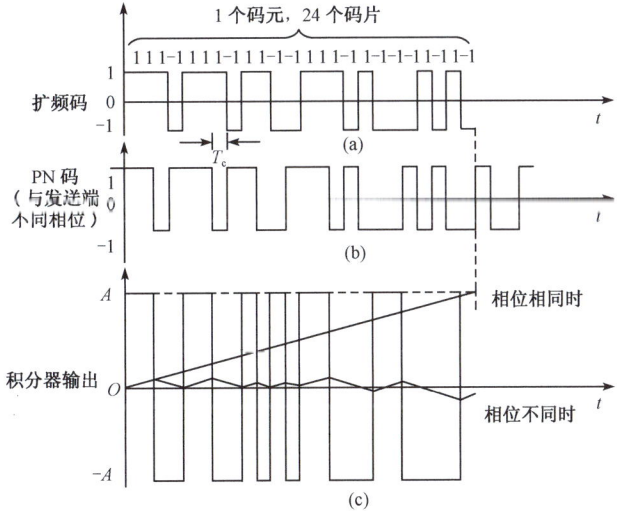

图 5-42 用不同相位的 PN 码解扩的结果分析

扩频系统接收端与发送端必须实现信息码同步、PN 码同步、射频和载频同步,只有实现了这些同步,系统才能正常工作。PN 码同步系统的作用是实现本地产生的 PN 码与接收到的信号中的 PN 码同步。在频率上相同、相位上一致的同步过程包含两个阶段,即搜索阶段和跟踪阶段。搜索就是把对方发来的信号与本地信号在相位上的差异纳入同步保持范围内,在 PN 码的一个码元内,一旦完成这一阶段,就进入跟踪过程,无论何种因素使两端的频率和相位发生偏移,同步系统都要加以调整,使收发信号保持同步。

3. 跳频扩频

很多无线通信系统都属于定频通信,即信号被发送到指定频率上传输,这种定频通信系统容易暴露目标且易于被截获,一旦受到干扰就会使通信质量下降,严重时甚至使通信中断。而跳频扩频方式很好地克服了这一点,它本身不直接改变发送信号的频带宽度,而是在信号发送的过程中有规律地改变其发送频率,接收端按照相同的规律从不同的频率中接收并恢复成原发送信号。

下面我们来说明跳频扩频原理。在二进制 FSK 系统中,1 码与 0 码表现为两个不同频率的载波,分别记为 f_1 和 f_2,跳频系统在 FSK 的基础上使 f_1 和 f_2 以相同的规律做随机跳变,也就是说,实际的发送频率是

$$f_t = f_N + f_1;当发送 1 码时$$
$$f_t = f_N + f_2;当发送 0 码时$$

这里 f_N 是 PN 码变化的频率,通常可由 PN 码控制频率合成器产生。图 5-43 是跳频信号的产生与接收原理框图。图 5-43(a)中,信码经 FSK 调制后送到混频器进行混频,与普通的发射机不同的是,用于混频的本振信号是由频率合成器产生的频率随机变化的正弦波,其频率变化的规律受 PN 码的控制;图 5-43(b)是一个超外差接收机,接收端在解扩过程中同样需要一个与发送端相同且时间上同步的 PN 码,用来控制产生随机变化的正弦波作为本振信号,这样尽管接收到的信号是一个载频在随机跳变的信号,但由于收发双方的本振信号以相同的规律跳变,所以可以较准确地恢复出原信号。接收机中的同步电路用于保证它所产生的 PN 码与发送端产生的 PN 码在时间上同步,即有相同的起止时间。

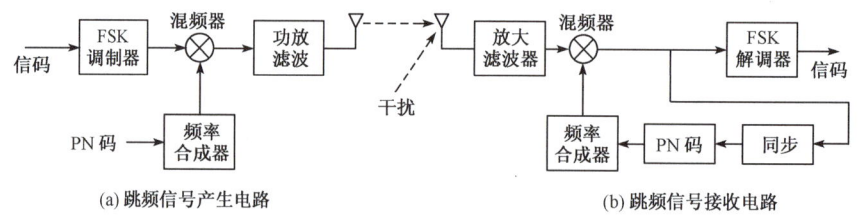

(a) 跳频信号产生电路　　　　　　　　(b) 跳频信号接收电路

图 5-43　跳频信号的产生与接收原理框图

频率合成器是一种能产生多个频率点的高稳定度的正弦信号源,在通信系统中被广泛地应用。频率合成器的输出频率可以受并行输入的二进制代码控制,如图 5-44 所示。串行输入的 PN 码经过移位寄存器后并行输出,每输入一位 PN 码就有一组码输出,相应地控制频率合成器输出一个频率。设频率合成器的输入码组长度为 4,则其

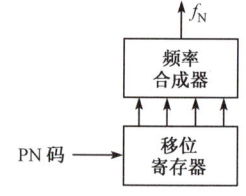

图 5-44　PN 码对频率合成器的控制

输出频率有 $2^4=16$ 种,若用周期为 31 的 PN 码,则各个时钟周期内 PN 码与频率合成器的输出频率 f_N 对照见表 5-7。

根据表 5-7 可以画出发射机与接收机各点频率随时间变化关系图,如图 5-45 所示。

图 5-45 中,在 $0\sim T_1$ 时刻,信码为 1,2PSK 信号的频率为 f_1。在这段时间内,f_N 变化了 8 次(如图中虚线段所示),所以实际发送的信号的频率是分 8 段变化的频率(图中粗线段所示),每一小段的发送频率都比 f_N 高了 f_1;在 $T_1\sim T_2$ 时刻,信码为 0,2PSK 信号的频率为 f_2,f_N 又随机变化了 8 次,这段时间内发送的信号频率也分 8 小段变化,每一小段的发送频率比 f_N 高了 f_2。

表 5-7　　　　　　　　　PN 码与频率合成器输出对照表

时钟周期	移位寄存器输出				f_N	时钟周期	移位寄存器输出				f_N	时钟周期	移位寄存器输出				f_N
1	1	1	1	1	f_{15}	12	0	0	1	0	f_2	23	1	1	1	0	f_{14}
2	1	1	1	1	f_{15}	13	0	1	0	0	f_4	24	1	1	0	1	f_{13}
3	1	1	1	0	f_{14}	14	1	0	0	0	f_8	25	1	0	1	1	f_{11}
4	1	1	0	0	f_{12}	15	0	0	0	0	f_0	26	0	1	1	0	f_6
5	1	0	0	1	f_9	16	0	0	0	1	f_1	27	1	1	0	0	f_{12}
6	0	0	1	1	f_3	17	0	0	1	0	f_2	28	1	0	0	0	f_8
7	0	1	1	0	f_6	18	0	1	0	1	f_5	29	0	0	0	1	f_1
8	1	1	0	1	f_{13}	19	1	0	1	0	f_{10}	30	0	0	1	1	f_3
9	1	0	1	0	f_{10}	20	0	1	0	1	f_5	31	0	1	1	1	f_7
10	0	1	0	0	f_4	21	1	0	1	1	f_{11}	1	1	1	1	1	f_{15}
11	1	0	0	1	f_9	22	0	1	1	1	f_7	2	1	1	1	1	f_{15}

周期为 31 的 PN 码:1111100110100100001010111011000

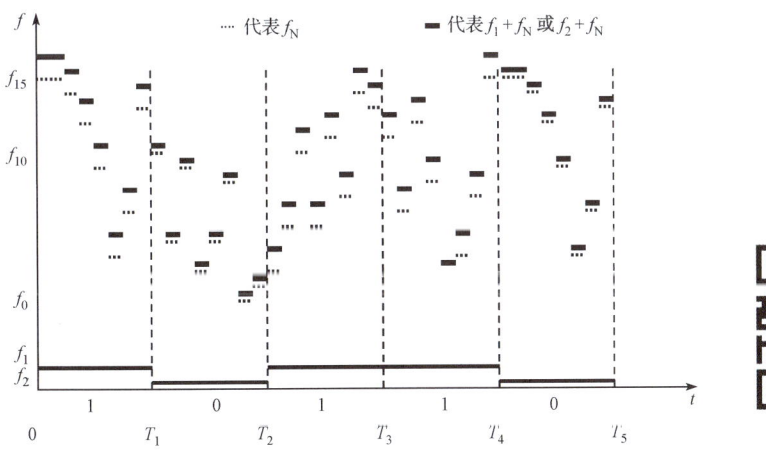

图 5-45　跳频信号的频率变化图

图 5-45 中粗线段表示了跳频系统发送信号的频率,称为跳频图案。从跳频图案中可以看到,发送的信号频率变化似乎是随机的,但实际上它有一定的规律,主要取决于控制 f_N 产生的 PN 码。经过一个 PN 码周期后,f_N 再次重复变化,跳频图案也会重复出现(实

际上,因为信码的变化,一个 PN 码周期后跳频图案还是与前一周期不同的)。

跳频速率通常大于或等于信码速率,图 5-45 中的跳频速率是信码速率的 8 倍,即发送一个码元过程中频率跳变了 8 次,这种方式叫作快跳频,蓝牙系统采用的就是快跳频方式。如果跳频速率比信码速率小则称为慢跳频。从上面的原理中我们可以看出,跳频扩频可以很好地对抗定频干扰,在发送的一个或几个频率点上存在的干扰信号,可能只在很短的时间内对落入该频率内的有用信号产生干扰,而在下一时刻,有用信号就可能会跳到没有干扰的频段上,且频率跳动得越快,抗干扰能力就越强。

5.5.3 扩频通信的特点

综上所述,我们可以看出扩频通信突出的优点:
(1)可重复使用相同频率,提高了无线频谱利用率;
(2)可在低信噪比情况下通信,抗干扰性强,误码率低;
(3)隐蔽性好,对各种窄带通信系统的干扰很小;
(4)可以用来实现码分多址(CDMA);
(5)适合数字话音和数据传输,以及开展多种通信业务,安装简便,易于维护。

5.6 频分多路复用与码分多路复用

所谓频分复用,是指按照频率的不同来复用多路信号的方法。在频分复用中,信道的带宽被分成若干个相互不重叠的频段,每路信号占用其中一段,因而在接收端可以采用适当的带通滤波器将多路信号分开,从而恢复出所需的信号。图 5-46 就是将三个信号进行频分多路复用(FDM)合成复合信号的例子。图 5-46 中的(a)、(b)、(c)为三个低频基带信号,它们的能量集中在低频区,且带宽较窄。将三路信号分别经过调制器进行调制(图中以单边带调制为例),由于三路调制使用的载波频率不同,所以信号被搬移到不同的载波频率处,并且相邻载波之差要大于单路信号带宽,以免信号间产生邻带干扰。合并之后的复合信号[图 5-46(d)]可以再经过调制等处理送入信道中传输,这样就大大提高了频带的利用率。在接收端,用不同中心频率的带通滤波器对复合信号进行分离,再用各自频率的解调器解调后恢复成原来的基带信号。

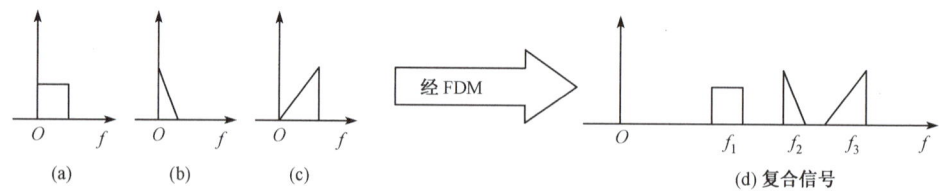

图 5-46 FDM 信号的频谱结构

图 5-47 是一个频分多路复用系统的组成框图。图 5-47(a)中 N 路基带信号分别通过低通滤波器限制带宽,然后送入相应的调制器对频率为 $f_1, f_2, \cdots, f_N$ 的载波进行调制。各载波之间有一定的频率间隔,以保证已调波的频谱不发生重叠。合路器将多个已调波混合成一路,并将这个多路复用信号当作一路基带信号对高频载波 f_c 进行调制,最

终送入信道。

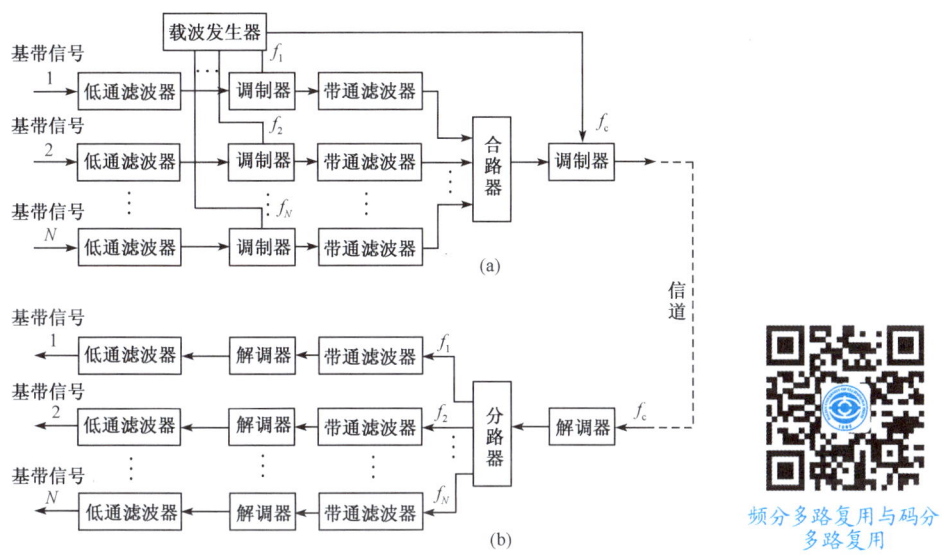

图 5-47 频分多路复用系统组成框图

图 5-47(b)是接收部分的组成框图,它与发送部分是对应的。解调器对接收到的信号进行解调,得到频分复用信号,由分路器将频分复用信号送入中心频率分别为 $f_1, f_2, \cdots, f_N$ 的带通滤波器。带通滤波器的中心频率与发送端各载波的频率是一致的,它将其他各路信号以及传输过程中引入的干扰滤除,输出一个较为纯净的单路已调信号。最终各个解调器对每一路信号进行解调,恢复成原基带信号。

频分多路复用更多地用于模拟通信系统中,并且可以进行多层频分复用。图 5-48 表示用于卫星通信的 CCITT 900 路主群各级频分复用的情况。一个 CCITT 900 路主群由 15 个超群构成,每个超群又由 5 个基群构成,每个基群由 12 个语音基带信号复合而成,总的信号数为 15×5×12=900 路。每一路信号的频率范围为 300～3 400 Hz,900 路主群的频率范围从 308 kHz 到 4 028 kHz,带宽约 4 MHz。

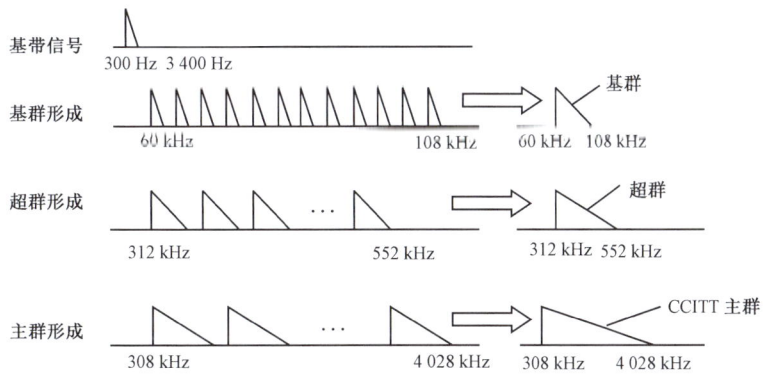

图 5-48 CCITT 900 路主群的频谱构成

与时分复用和频分复用类似,所谓码分复用(CMD),是指每一个用户可以在同样的时间使用同样的频带进行通信,但各用户使用不同的扩频码,因此各用户之间不会形成干扰。码分复用如何实现,可参考扩频调制部分,此处不再赘述。

本章小结

  调制是通信中一个十分重要的概念,是一种信号处理技术。无论是在模拟通信、数字通信还是在数据通信中都扮演着重要角色。

  采用调制技术主要是为了满足三个要求:(1)频率变换,使通信能够正常进行;(2)频率复用,提高系统利用率;(3)改善系统性能。

  调制技术依据不同的分类标准可以分为很多种,我们一般先从模拟调制和数字调制来区分。

  模拟调制技术可以分为线性调制和非线性调制两部分。其中线性调制技术包括常规双边带幅度调制 AM、抑制载波双边带调制 DSB-SC、单边带调制 SSB、残留边带调制 VSB;非线性调制技术包括相位调制 PM 和频率调制 FM。在讨论各种调制技术时,我们需要从信号波形、信号频谱及信号的调制、解调方法来入手。

  数字基带信号经过正弦调制后变成频带信号,可以在具有带通特性的信道中传输。基本的数字调制一般采用"键控"的方式进行,主要有 ASK、FSK、PSK 和 DPSK 等四种。为了提高信道的利用率,或者在较窄的频带范围内传输较高速率的数字信号,有的通信系统采用了多进制调制。在相同的信号功率条件下,多进制调制的抗干扰能力不如二进制调制。

  2ASK:以正弦波表示信码"1",以零电平表示信码"0"。通过峰值包络检波器可以解调 ASK 信号。

  2FSK:以频率为 f_1 的正弦波表示信码"1",以相同幅度、频率为 f_2 的正弦波表示信码"0"。通过鉴频法和过零检测法可以解调 2FSK 信号。

  2PSK:以初相位为 0(相对于某一正弦波基准)的正弦波表示信码"1",以初相位为 π(相对于同一基准)的正弦波表示信码"0",两者的频率相同。接收端与发送端应有相同的正弦波基准,通过信号与基准的相位比较可以解调 2PSK 信号。

  2DPSK:"1"码和"0"码均以相同频率的正弦波表示,以相邻码元正弦波相位的变化与否表示信码"1"和"0"。接收端通过对相邻码元的相位进行比较可以解调 DPSK 信号。

  在上述的调制方式中,FSK、PSK 和 DPSK 为等幅波。在相同的码元速率条件下,ASK、PSK 和 DPSK 信号的带宽相同,均为基带信号带宽的两倍,而 FSK 信号的带宽大于 2 倍的基带信号带宽。

  除了前面提到的时分复用,我们还可以采用基于调制技术的频分复用和码分复用,以提高系统的利用率。

实验与实践 调制解调实验

项目目的：
1. 熟悉 FSK 的调制解调过程；
2. 熟悉 PSK 的调制解调过程。

项目实施：
按照通信原理实验指导书的描述正确设置试验箱的跳线和参数。

一、FSK 调制解调

（一）FSK 调制

1. FSK 基带信号观测；
2. 发送端同相支路和正交支路信号时域波形观测；
3. 发送端同相支路和正交支路信号的李沙育（x-y）波形观测；
4. 连续相位 FSK 调制基带信号观测；
5. FSK 调制中频信号波形观测。

（二）FSK 解调

1. 解调基带 FSK 信号观测；
2. 解调基带信号的李沙育（x-y）波形观测；
3. 接收位同步信号相位抖动观测；
4. 取样判决点波形观测；
5. 解调器位定时恢复与最佳取样判决点波形观测；
6. 位定时锁定和位定时调整观测；
7. 观察在各种输入码下 FSK 的输入/输出数据。

二、PSK 调制解调

（一）PSK 调制

1. PSK 调制基带信号眼图观测；
2. I 路和 Q 路调制信号的相平面（矢量图）波形观察；
3. PSK 调制信号 0/π 相位测量；
4. PSK 调制信号包络观察。

（二）PSK 解调

1. 接收端解调器眼图信号观测；
2. 解调器失锁时的眼图信号观测；
3. 接收端 I 路和 Q 路解调信号的相平面（矢量图）波形观察；
4. 解调器失锁时 I 路和 Q 路解调信号的相平面（矢量图）波形观察；
5. 判决反馈环解调器鉴相特性观察；
6. 解调器 PLL 环路鉴相器差拍电压和锁定过程观察；
7. 解调器取样判决点信号观察；
8. 解调器失锁时取样判决点信号观察；
9. 差分编码信号观测；
10. 解调数据观察；
11. 解调器相干载波观测；

12.解调器相干载波相位模糊度观测；
13.解调器相干载波相位模糊度对解调数据的影响观测；
14.解调器位定时恢复信号调整锁定过程观察；
15.解调器位定时信号相位抖动观测。
项目实施成果：
实验报告。

习题与思考题

1.调制的作用是什么？
2.常见的模拟线性调制技术有哪些？它们各有何特点？
3.常见的模拟非线性调制技术有哪些？它们各有何特点？
4.数字基带信号经过_____之后变成了_____信号，可以在带通信道中传输。
5.ASK、FSK、PSK 和 DPSK 四种信号，_____是非等幅信号，_____信号的频带最宽。
6.已知一数字基带信号的频带宽度 $B=1\,200$ Hz，载波频率 $f_1=500$ kHz，$f_2=503$ kHz，则 ASK 信号的带宽 $B_{ASK}=$_____ Hz，FSK 信号的带宽 $B_{FSK}=$_____ Hz，PSK 信号的带宽 $B_{PSK}=$_____ Hz，DPSK 信号的带宽 $B_{DPSK}=$_____ Hz。
7.FSK 中，两个载波频率越接近，信号的带宽越小，问频差是否可以无限小？为什么？
8.设基带信号的码型为 1001100111110101，试画出 ASK、FSK、PSK、DPSK 的时域波形(码元速率为 1.2 kB，载波频率为 2.4 kHz，FSK 调制时另一载波频率为 3.6 kHz)。
9.试将下图 DPSK 波形译成信码。如果这是 PSK 波形，则信码又是怎样的？

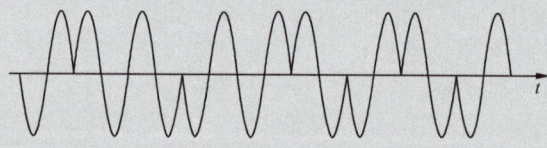

题 9 图

10.为什么要进行数字调制？常用的数字调制方式有哪几种？
11.从频谱上看 PSK 与 ASK 有哪些区别？
12.画出下列代码的 4PSK 和 4DPSK 波形：
101100110100
13.一个 128QAM 系统的码元速率为 9.6 kB，其传信率为多少？
14.在 FDM 系统中，各路信号是如何区分的？试论在 FDM 系统中如何防止各路信号之间的相互干扰。

拓展阅读

振幅调制解调系统设计与仿真

1 系统设计的内容与要求

基于 Multisim 的振幅调制解调系统实验将引导学生思考实验现象所反映的调制解调原理。通过对调制解调实验现象的分析,巩固理论知识。

1.1 系统设计内容与任务

总体任务:利用 Multisim 仿真软件,紧密结合教材中的理论知识,基于 MC1496 芯片实现振幅的调制以及二极管包络检波电路。

基本内容:

(1)理论分析,绘制电路图;

(2)封装芯片 MC1496,实现乘法功能;

(3)在 Multisim 软件中搭建电路,调试电路,实现普通调幅、抑制载波双边带调幅功能;

(4)在 Multisim 软件中搭建二极管包络检波电路,调试电路,实现解调功能。

扩展内容:

(1)将普通调幅电路与二极管包络检波电路结合,完成整体从调制到解调的过程;

(2)对于不能通过二极管包络检波电路来进行解调的抑制载波双边带调幅信号,通过 MC1496 芯片实现同步检波;

(3)作为模拟调制与解调的核心,尝试使用 MC1496 芯片实现鉴相和鉴频功能。

1.2 实验过程及要求

(1)了解基本模电知识,学会使用 Multisim 软件进行仿真调试;

(2)掌握振幅调制原理,根据所学知识确定载波频率,调制信号幅度等参数;

(3)掌握二极管包络检波原理,学习滤波器原理,计算出相应参数;

(4)调试不同的参数,分析不同参数造成的失真状况和失真原因;

(5)撰写总结报告,通过仿真软件尝试不同的调制解调方案。

2 系统设计原理及方案

2.1 系统总体设计思想

系统总体设计要求:能够对载频信号进行幅度调制,再解调出调制信号。振幅调制电路采用 MC1406 芯片作为整个调制电路的核心器件,需要设计 3 个模块:直流偏置模块、载波抑制模块、乘法器模块。系统分为调制和解调两部分,系统总体结构如图 1 所示。

2.2 实验设计方案

实验设计以 MC1496 芯片为核心,也可以采用其他乘法器。本实验采用的仿真软件是 Multisim,但 Multisim 中没有 MC1496 芯片,学生应该自己学会封装,也可以选择用子电路来代替。实

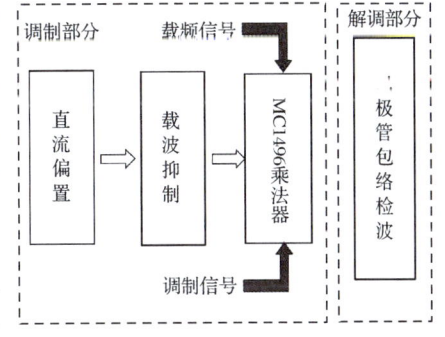

图 1 系统总体结构

验电路如图 2 所示。利用 Multisim 仿真软件能够绘制电路原理图,并对电路进行仿真,

可以较为直观地进行分析与调试。

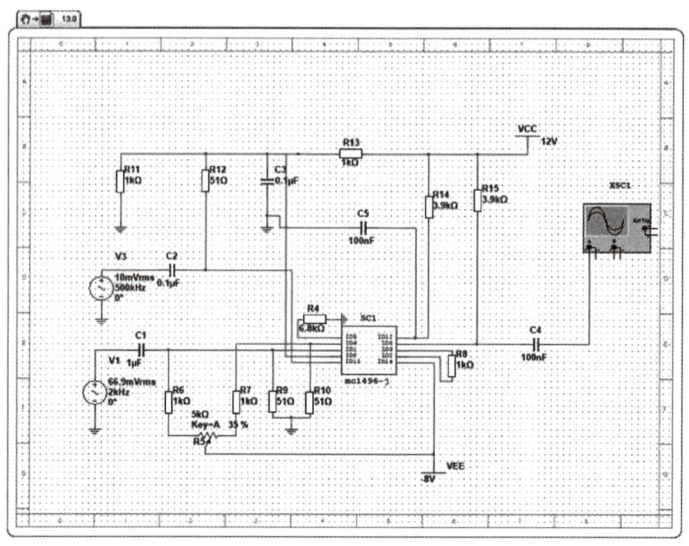

图 2　振幅调制电路

（1）MC1496 芯片：MC1496 芯片是吉尔伯特乘法器，能够提供近似的相乘功能，对于不同大小的输入信号，能够产生不同的频谱分量，实现频谱搬移，进而实现许多基于相乘原理的模拟调制与解调功能，如鉴相、鉴频等。MC1496 芯片可以选择单电源供电或双电源供电。单电源供电时 14 引脚接地；其线性范围较小，可以由 2、3 引脚外接电阻 R_E 来扩大；由 5 脚外接电阻来控制直流电源大小；1、4 引脚接调制信号 V_Ω，两引脚间的静态电压差为 V_Q，8、10 引脚接载波信号 V_C；6、12 引脚引出输出，输出为

$$v_o(t) = i_o \cdot R_L = \frac{R_L}{R_E} \frac{V_{cm}V_Q}{V_T}(\frac{V_{\Omega m}}{V_Q}\cos\Omega t + 1)\cos\omega_c t$$

可以通过调节 1、4 两引脚间的静态电压差来调节调制度，也可以实现抑制载波双边带调幅。这样就可以实现频谱搬移，进而实现振幅调制。MC1496 芯片内部电路结构如图 3 所示。

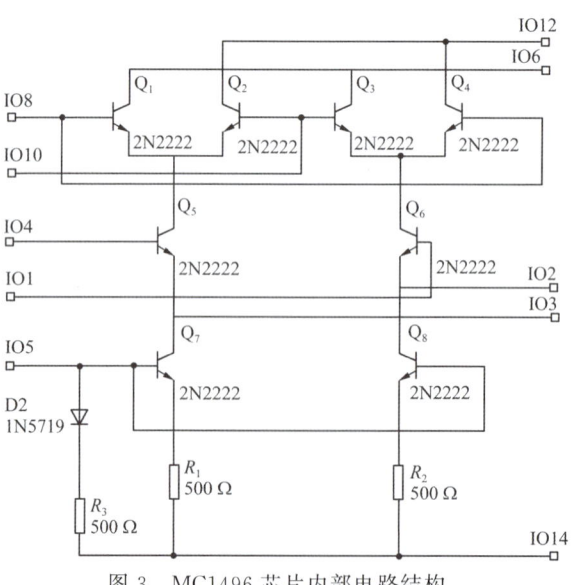

图 3　MC1496 芯片内部电路结构

(2) 载波抑制模块：选用1个滑动变阻器与2个等值电阻串联，再将滑片与负电源相接。另2个电阻与1、4引脚相接，通过调节滑片来调节1、4两脚间静态电压，进而调节调制度，或者抑制载波。

(3) 直流偏置：MC1496静态工作点的设置应该保证三极管工作在放大状态，否则无法完成乘法功能。三极管的集电极-基极电压应大于或等于2 V，且小于等于最大工作电压。静态电流的设置由5脚电阻控制，应设置合适的静态电流。

(4) 二极管包络检波：包络检波电路由非线性器件和低通滤波器构成，大多为前级中频放大器的负载，多用于大信号检波。其检波原理为利用二极管单向导通特性，导通时电阻较小，时间常数较小，充电较快；截止时电阻较大，时间常数较大，放电较慢，故输出将保持在调制信号包络线上，完成解调。低通滤波器的参数应保证对高频载波短路，让低频调制信号通过，同时满足不失真条件。其电路结构如图4所示。

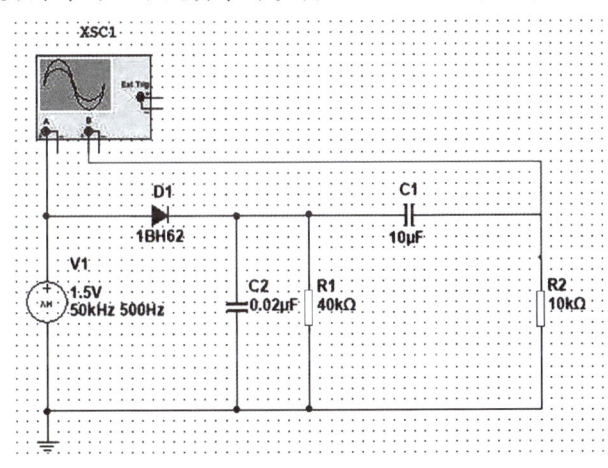

图4 解调电路

3 电路调试与验收

电路调试可以检查学生对知识的理解与实践能力。学生完成实验的程度和实验结果，能够反映学生对知识的理解程度；通过学生对于异常结果的分析，能够了解学生对于实际电路的调试能力。在整个实验过程中，要求学生查询产品手册、能够设置合适的工作状态；要求学生撰写实验报告，提高文字表达能力，为以后的学习和工作奠定良好的基础。

(1) 仿真结果验收。仿真电路输出波形的验收包括：振幅调制波形的验收；二极管包络检波输出波形的验收；负峰切割失真及惰性失真波形及原因分析。如有扩展，则应考察调制解调完整调试、鉴频鉴相功能实现等。输出波形如图5所示。

图5为调制度30%、100%和大于100%时的调幅波和载波波形，改变调制信号幅值和MC1496芯片1、4引脚静态电压差之比，即可得到不同调制度的波形。

当MC1496芯片1、4引脚静态电压之差为0时，输出频谱中不含载频分量，此时实现抑制载波双边带调幅，如图6所示。

当参数不满足$R_LC<\sqrt{1-m_a^2}/(\Omega \cdot m_a)$时，二极管包络检波产生惰性失真；当参数不满足$m_aR/(R//R_L)\leqslant 1$时，产生负峰切割失真；当参数不满足$1/\omega_c \ll R_C \ll 1/\Omega_{max}$时，会出现频率失真。正确检波、惰性失真、负峰切割失真、频率失真依次如图7所示。

(2) 实验质量。根据学生的仿真实验能否实现抑制载波双边带调幅、能否产生各种失真波形并准确分析等，以及评价参数选择的合理性。

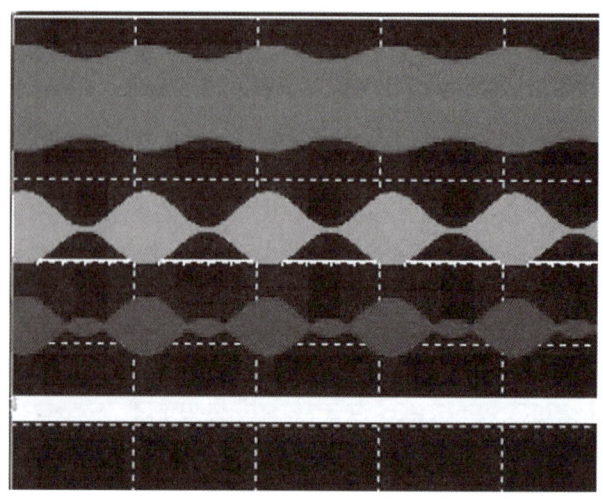

图 5　普通调幅波形

图 6　抑制载波双边带调幅波形

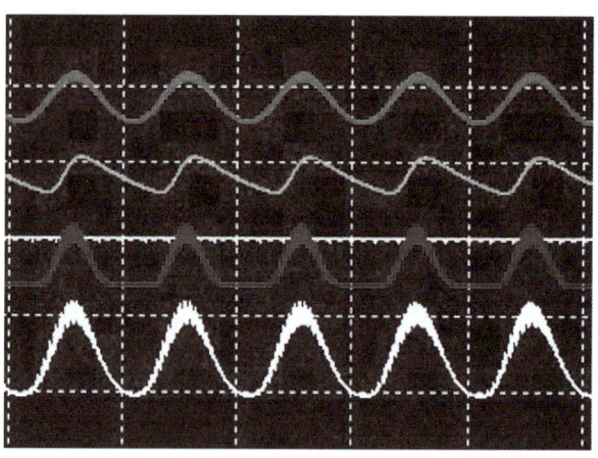

图 7　解调及失真波形

(3) 自主创新。实验能否基于 MC1496 芯片实现抑制载波双边带调幅波的解调；能否实现鉴频鉴相功能。

(4) 调试记录。要求学生记录电路设计的详细内容,记录异常分析及解决方法。

(5) 实验报告。以论文的形式撰写实验报告,掌握科学论文的撰写格式及撰写方法。

(节选自:张立立,杨华,孟祥博,等.基于 Multisim 的振幅调制解调系统的设计与仿真[J].实验技术与管理,2017,34(12):125-127,171.)

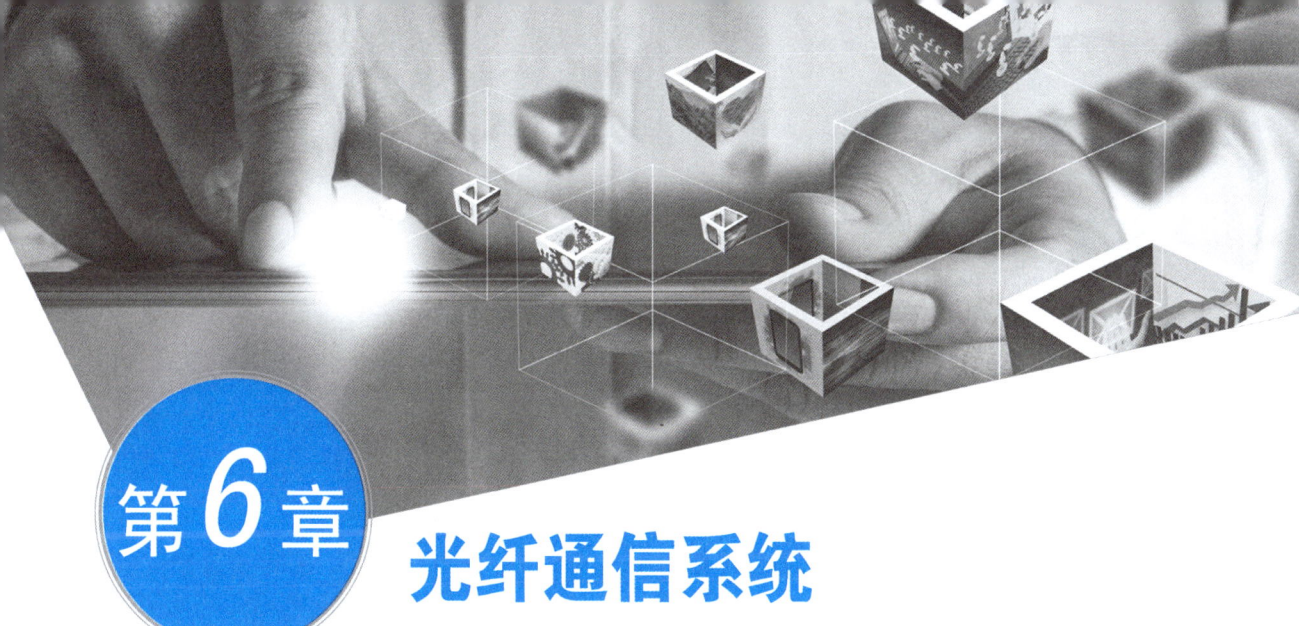

第6章 光纤通信系统

学习目标

1. 了解光纤通信系统的基本组成；
2. 掌握光传输的基本原理；
3. 了解常见的光器件和设备；
4. 了解光传送网；
5. 了解光接入网。

光纤通信是指利用光信号在光纤中传输来传递和交换信息的通信方式，从概念中我们可以看出光纤通信的两个特点：一是信号采用光信号；二是传输介质是光纤。与双绞线或者同轴电缆相比，光纤具有频带宽、无中继传输距离长的特点，因此光纤通信得到了广泛的应用。

光纤通信具有如下优点：

(1) 光纤是电绝缘的，它可将发送端和接收端隔离。

(2) 光纤不受电磁辐射的影响，它可以在充满噪声的环境中进行通信而不受电磁干扰；一条光缆中的多根光纤之间几乎没有串音。

(3) 光的频率极高，因此有很大的传输带宽，如果能充分开发 1.3～1.8 μm 波段，则一根光纤将可能传送几亿路数字电话。目前一条光纤上已能实现几十个吉比特每秒(Gbit/s)的信息传递。

(4) 光纤具有极低的损耗系数(商用石英光纤可在 0.19 dB/km 以下)，中继距离可达数百千米，明显优于双绞线、同轴电缆等有线媒质，所以光纤通信特别适用于骨干网络长途通信。

6.1 光纤通信系统的基本组成

光纤通信系统由光发射机、光纤信道和光接收机三个部分组成,如图 6-1 所示。

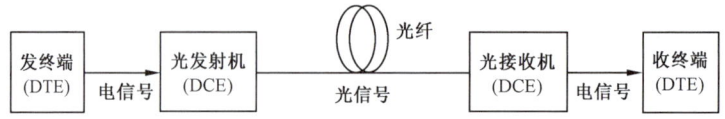

图 6-1 光纤通信系统的基本组成

发终端(DTE)是产生数据信号的信源,光发射机是一种 DCE 设备,其作用就是将来自 DTE 的数字基带信号经过编码后转变为光信号,并将光信号耦合进光纤中进行传输。光接收机也是一种 DCE 设备,其作用是将通过光纤传来的光信号恢复成原来的电信号并进行解码。光纤是光纤通信系统的传输介质。如果通信距离很长,光信号就会衰减失真,所以需要在系统中加设光中继器对信号进行恢复,保证长距离的通信质量。

目前用于光纤通信的光载波在红外线波长范围内,波长分别为 850 nm(频率为 350 THz)、1 310 nm(频率为 230 THz)和 1 550 nm(频率为 200 THz),其中 1 310 nm 和 1 550 nm 波长较为常用。

6.2 光传输原理

光是一种电磁能,光的传播速度与传播光的介质密度有关,密度越高,传播速度越慢,在真空中的传播速度是 3×10^8 m/s。光在单一均匀的介质中以直线传播。如果光从一种密度的媒介进入另一种密度的媒介中,光的传播速度发生变化,会引起光的传播方向改变,这种现象称为光的折射(refraction)。一根部分伸入水中的棍子看起来在界面上弯折了,实际上是光的折射造成的错觉。

光的折射角度的大小与两个传播媒介的折射率及光入射角度有关。设媒介 1 和媒介 2 的折射率分别为 n_1 和 n_2,且 $n_1<n_2$,入射角为 θ_2,折射角为 θ_1,则有:

$$n_1\sin\theta_1 = n_2\sin\theta_2$$

媒介 1 的光折射率小,称为光疏媒介,媒介 2 的光折射率大,称为光密媒介,光从光密媒介入射到光疏媒介所产生的折射现象如图 6-2 所示。从图中可以看到,光从光密媒介进入光疏媒介时,折射角大于入射角。当入射角达到 $\sin\theta_2 = n_1/n_2$ 时,折射角等于 90°,此时的入射角称为临界角。当入射角大于临界角时,光不再折射到光疏媒介,而是全部反射到光密媒介,这种现象称为光的全反射。

光信号在光导纤维中的传播就是利用光的全反射原理,如图 6-3 所示。

电信号通过一个激光二极管或发光二极管转换成光信号后沿光纤传输,在接收端由光敏器件转换成电信号,就可以完成电信号的传输。

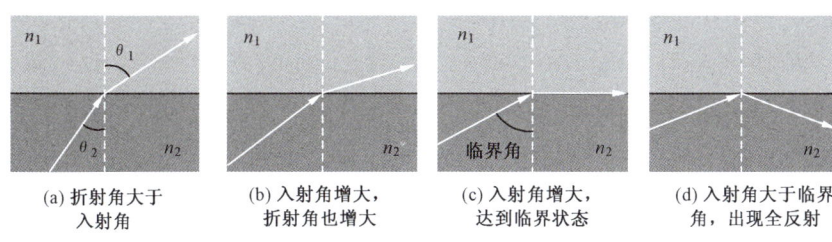

(a) 折射角大于　　(b) 入射角增大，　(c) 入射角增大，　(d) 入射角大于临界
　　入射角　　　　　折射角也增大　　达到临界状态　　　角，出现全反射

图 6-2　光在两种媒介中传播时的折射现象

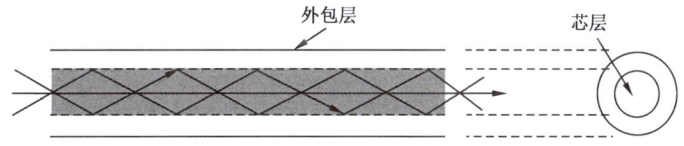

图 6-3　裸光纤结构示意图

6.3　无源光器件

1.光衰减器

光衰减器是调节光强度不可缺少的器件。主要用于通信系统指标测量、短距离通信系统的信号衰减以及系统试验等。光衰减器一般使用金属蒸发镀膜滤光片作为衰减元件，依据镀膜厚度来控制衰减量，它可分为固定衰减器和可变衰减器两种。对光衰减器的要求是：体积小，质量轻，衰减精度高，稳定可靠，使用方便等。

固定衰减器用于光纤传输线路中，可对光强度进行预定量的精确衰减。一般固定衰减器直接配有标准插座，可与活动连接器配套使用，也可以带尾纤直接熔接在线路中。目前国产固定衰减器的工作波长为 $1.31~\mu m$ 和 $1.55~\mu m$，衰减量分挡为：5、10、15、20、25（单位为 dB），各挡的误差均为 ± 1 dB，适应工作温度为 $-40 \sim +80$ ℃。

可变衰减器通常是将步进衰减与连续可变衰减相结合，改变金属蒸发镀膜的厚度，以使衰减量连续变化。目前的可变衰减器一般由 10 dB×5 步进衰减与 0～15 dB 连续可变衰减构成，最大衰减量可达 65 dB。

2.光隔离器

光纤连接时由于端面的不匹配会造成光的反射，反射光进入激光器后会使激光器的工作不稳定，这时需要由光隔离器来阻止反射光的进入。

光隔离器原理图

光隔离器一般由两个偏振器构成，分别称为起偏器和检偏器。每个偏振器对光进行 45°的偏振旋转，两个偏振器互成 45°，这样对于前向光来说只经过每个偏振器一次，只受到很小的衰减（约为 0.5 dB），而对于反射光来说则需经过两次，会受到很大的衰减（约为 25 dB）。

3.光开关

光开关用于光在不同传输线路中的转换，它可以有选择地将光信号送到某一根光纤中。

光开关有两种：一种是机械的，它是通过移动光纤本身或移动棱镜、反射镜和透镜等中间物进行光的转换，其移动方式是通过人工或电磁铁的作用来完成的；另一种是非机械的，它是利用光电效应和声光效应进行转换的。前者的转换速度（用时间表示）一般为 2～20 ms，插入损耗为 2 dB 左右。

光开关的原理如图 6-4 所示。当棱镜组插入时，光信号被送入光纤 B 中；当棱镜组移去时，光信号被送入光纤 A 中。

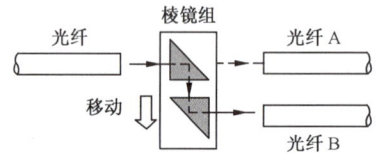

图 6-4　光开关原理

4. 光分路/耦合器

光分路/耦合器是分路和耦合光信号的器件。在光分路/耦合器中，分路比与传输波长无关。光分路/耦合器可分为两分支型和多分支型两种。前者用于光通路测量，分路比可任意选择；后者用于光数据总线，要求输出信号分配均匀。图 6-5 是一种两分支型光分路/耦合器原理和实物图，另外常用的还有四根光纤的星型耦合器，它可以用作数个终端之间同时进行通信的光数据总线。

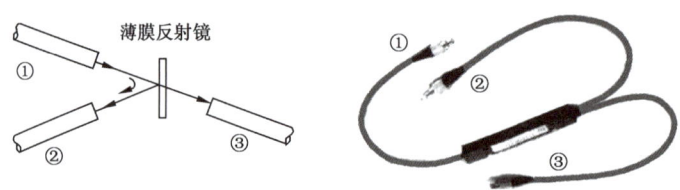

图 6-5　两分支型光分路/耦合器

5. 光调制器

为了实现数千兆比特每秒（Mbit/s）的超高速调制，一般使用光调制器。从原理上说，光调制器通过电光效应（外加电场）或声光效应（超声波扰动）使折射率变化，利用磁场引起的法拉第效应，使光的透射率发生变化来实现光调制。

6.4　光发射机

光发射机包括光源、光源驱动与调制电路及信道编码电路三部分，如图 6-6 所示。

1. 光源

现在普遍采用两种半导体光源作为光纤通信系统的光源，一种是注入式激光二极管（ILD），在短波长使用 GaAs 和 GaAlAs 双异质结构激光二极管，在长波长使用 InGaAsP 双异质结构条形激光二极管；另一种是发光二极管（LEDs）。这两种器件的工作原理是：

当电子从导带落到价带时,它们就发射光子。二者的主要区别是:激光二极管能受激发射,而发光二极管总是自发发射,不能受激发射。因此激光二极管特别亮,可以将较大的光功率射入光纤,激光二极管的反应速度也很快,线宽(或工作波长范围)比发光二极管窄,在光纤中传输时不易造成色散,因而能增大光纤的最大可用带宽,这对于大容量远距离通信系统来说非常重要。图 6-7 是发光二极管和激光二极管的光功率谱。

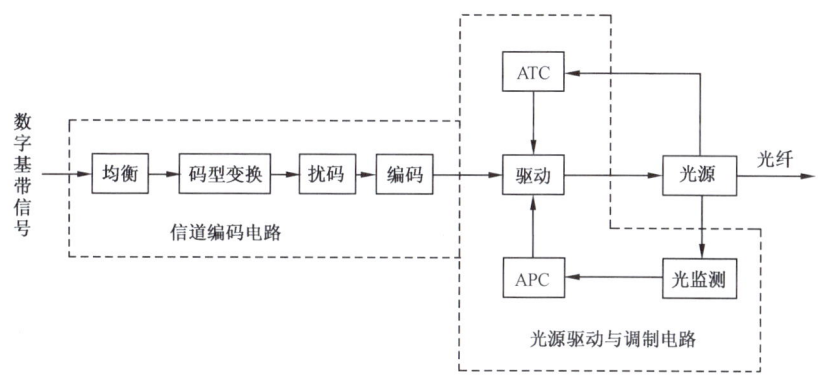

图 6-6　光发射机组成框图

一般情况下,发光二极管比激光二极管更适用于线性系统,这是因为发光二极管的输出功率与调制电流的关系接近于光滑的直线。而激光二极管却是非线性的,只适用于二进制信号。应指出,激光二极管的非线性与多模效应有关,因此,单横模激光二极管研制成功之后,在常用的波长范围内就有了线性度较好的激光二极管。

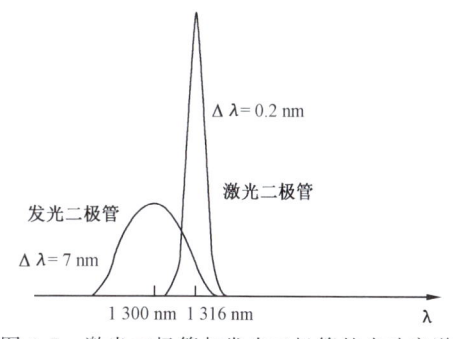

图 6-7　激光二极管与发光二极管的光功率谱

2.光发射机电路

半导体光源在直接调制时,输出的光功率只受调制电流的控制。功率-电流(P-I)特性是光发射机设计的起点。图 6-8 上有两条(P-I)曲线,一条是激光二极管的,另一条是发光二极管的。由图可以看到激光二极管有门限电流,超过门限电流时才出现受激发射。

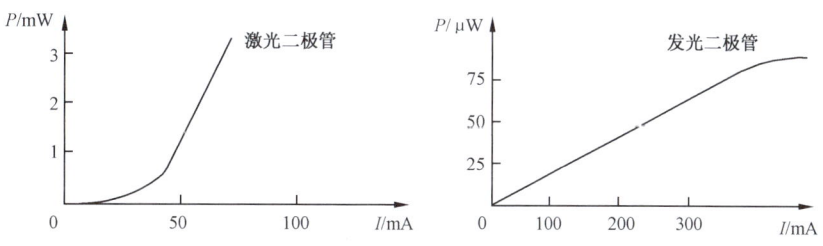

图 6-8　激光二极管与发光二极管的 P-I 曲线

光发射机电路具有以下功能:

• 调制 在信码的作用下,控制激光二极管或发光二极管的电流,使其为零(不发光,对应于信码0)或为预先规定的值(发光,对应于信码1)。这个功能由光发射机电路中的驱动电路(一种受控恒流源)完成。

半导体激光器产生激光原理

• 自动光输出功率控制 一方面是为了使光输出信号的电平保持稳定,另一方面要防止光源因电流过大而损坏。另外,光输出功率过大也会使光源输出中的散弹噪声增加,系统的性能变差。这个功能由光发射机电路中的 APC 完成。

• 温度控制 对激光二极管而言,结温高时光输出功率会减小,在 APC 的作用下控制电流就会自动增大,使结温进一步升高,造成恶性循环而导致激光二极管损坏。光发射机电路中的 ATC 用来进行光源的温度控制。

(1)直接光强度调制

在光纤数字通信系统中,由于对 P-I 的线性要求不高,因此常用激光二极管做光源。直接光强度调制就是用两个电平脉冲控制激光二极管的驱动电流,产生相应的两种光功率输出,如图 6-9 所示。

图 6-9 中,I_{th} 是激光二极管的阈值电流,当驱动电流大于 I_{th} 时激光二极管发光,小于 I_{th} 时激光二极管不发光,即输出光功率为 0。为了减少对信号电流幅度的要求,一般先对激光二极管加偏置电流 I_b,I_b 可略大于 I_{th}。

在确定激光二极管的驱动电流时,除了要考虑光输出功率、激光二极管的极限参数、输出噪声之外,还应考虑接通延迟的问题。如果加到激光二极管上的脉冲电流大于门限值,则激光二极管在发射前有几毫微秒的延迟,但切断电流时没有延迟,因此

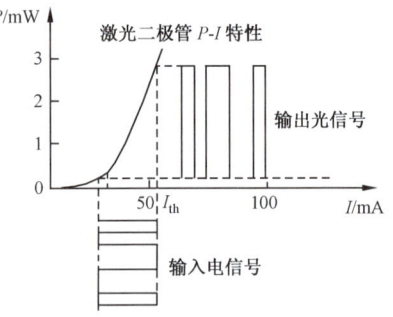

图 6-9 直接光强度调制

输出脉冲变窄,这就限制了激光二极管的调制频率。加到激光二极管上的激励电流超出门限越多,延迟越小。

(2)自动光功率控制

APC 的形式有多种,图 6-10 是一个平均功率反馈系统的例子。在这种系统中,光发射机能够自动调节输出,使平均功率保持恒定。

图 6-10 中,光电二极管用于检测激光二极管发出的光功率,经光放大器放大后控制激光二极管的偏置电流,使其输出的平均功率保持恒定。

3.信道编码电路

信道编码电路用于对基带信号的波形和码型进行转换,使其适合作为光源的控制信号。如果将光发射机的输入至光接收机的光检测器输出看作一个数字基带信道,则这个光纤通信系统仍可以看作数字基带传输系统,因此同样需要信道编码,如进行波形转换、加密、抗干扰编码等。必须提出的是,在数字基带信号传输时用到的 AMI 码和 HDB_3 码不能用于光信号的控制,因为它们是三电平码,有 $+E$、0、$-E$ 三个电平,而光信号无法反映这三个电平,所以需要寻找新的码型。目前在光纤通信中用得比较多的码型有扰码、

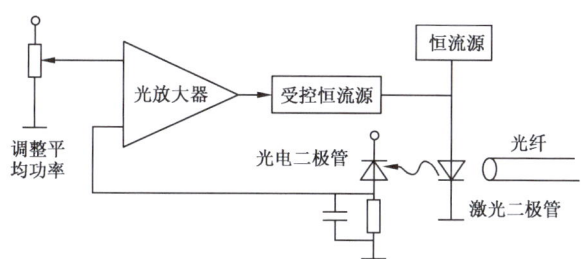

图 6-10 平均功率反馈系统

mBnB 码和插入码等。

6.5 光接收机

光接收机包括光电检测器、光接收电路和信道解码器三部分,如图 6-11 所示。

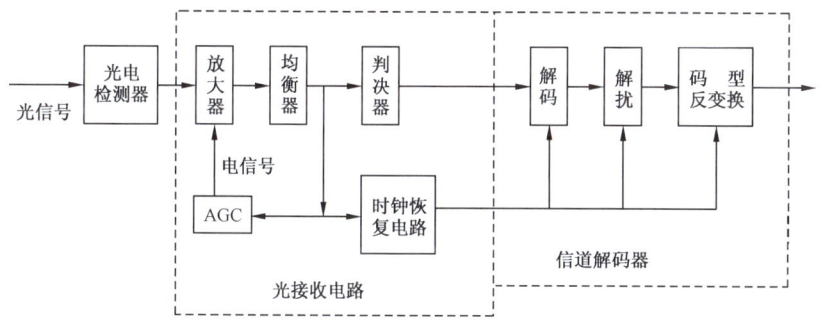

PIN光电二极管的工作原理

图 6-11 光接收机组成框图

1. 光电检测器

光电检测器的作用是将来自于光纤的光信号转换成电流。在早期的光纤通信系统中曾使用了诸如真空光电二极管、光电倍增管等器件,但从目前的情况看,半导体光电二极管检测器由于尺寸小、灵敏度高、响应速度快以及工作寿命长等优点,几乎成了光纤通信系统的唯一选择。

雪崩光电二极管光电转换原理

(1) PIN 管

半导体光电二极管是一种具有特殊结构的二极管。其 PN 结中的耗尽层是透光的。当 PN 结的耗尽层接收到光子时,每个光子会产生一个电子-空穴对,并且在外加电场的作用下形成电流。由于通常二极管的耗尽层很窄,光电转换的效率比较低,故在制作光电二极管时在 P 型半导体和 N 型半导体之间保留一块本征半导体。这种光电二极管称为 PIN 管,图 6-12 是 PIN 管的原理结构图。

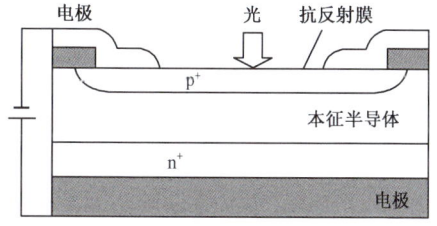

图 6-12 PIN 管的原理结构图

(2)半导体雪崩光电二极管(APD)

APD 的核心还是 PN 结,其 P 层和 N 层的掺杂浓度高,在耗尽层中形成高场区。当 PN 结两端加上反向的高电压时,由光子产生的电子和空穴在高场区内很快加速,得到较高的能量,并与半导体晶格碰撞,产生新的更多的电子-空穴对,出现了光的倍增过程,在同样功率的光信号照射下,APD 能够输出比 PIN 管更大的电流。在倍增过程中,每个初始电子-空穴对产生的导电电子的平均数等于倍增因子 M,M 由反向偏压决定。通常情况下,APD 能得到 20 dB 左右的增益,且信噪比也比 PIN 管好。

在 0.85 μm 波段目前主要是用硅半导体材料的光电二极管,而在 1.35 μm 波段主要是用锗半导体材料的光电二极管。

2.光接收电路

光接收电路的功能有三个:

(1)低噪声放大。由于从光电检测器出来的电信号非常微弱,在对其进行放大时首先必须考虑的是放大器的内部噪声,制作高灵敏度光接收机时,必须使热噪声最小。若用无倍增作用的光电二极管,如 PIN 器件,则由于光电二极管的输出电流很小,其后的第一级放大器应有更小的热噪声,因此光接收电路首先应该是低噪声电路。图 6-13 是一种应用较广的光前置放大电路,采用电流负反馈使其有很低的输入阻抗,可以得到很小的噪声系数。为了进一步改进噪声指标,光电二极管和第一级放大器可以集成在一个管芯上,使光电二极管的有源面积最小,以减小电容量。

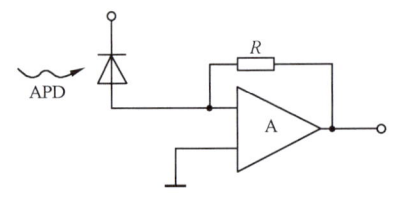

图 6-13 采用电流负反馈的光前置放大电路

(2)给光电二极管提供稳定的反向偏压。当电流特别小时,PIN 光电二极管只需 5~80 V 的非临界电压,因此提供稳定的偏压没有问题。然而,雪崩光电二极管则不同,一般情况下要求偏压 V_b 等于 100~400 V。由于倍增因子与 V_b 及温度的函数曲线很陡峭,而且同一型号不同管子的倍增因子不同,因此选择合适的偏压 V_b 很重要,在设计时也比较困难,需要反复调试。

必须控制 APD 的偏压使倍增因子保持在最佳值附近。因为当倍增因子较低时,APD 会产生较大的热噪声;而倍增因子过高时,则会有较大的散弹噪声。

图 6-14 是两种 APD 的偏置电路。图 6-14(a)中,APD 的偏置由一个直流恒流源提供,电容 C 交流接地,用于消除各种信号对恒流源的影响,同时使 APD 和低噪声放大器构成交流回路。如果平均电流已由偏压电流确定,而且已知输入的平均光功率,则以安培/瓦定义的增益是固定的,与温度和器件都无关。图 6-14(b)中,用一个高压稳压器给 APD 提供直流偏置,如果 APD 的偏压低于最佳值,则 APD 的增益将很小,峰值检测器的输出也很小,比较放大器控制高压稳压器使电压升高,从而使雪崩光电二极管的增益也提高,直到雪崩光电二极管的增益达到要求值才稳定下来。

(3)自动增益控制。虽然光纤信道是恒参信道,但仍有可能因为整个系统中的光电

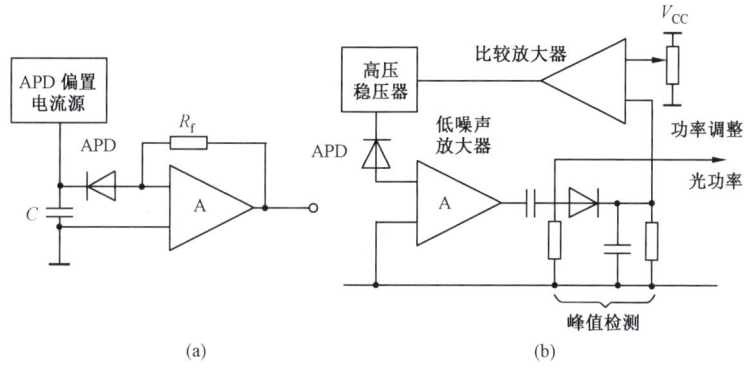

图 6-14 APD 的恒流偏置

器件的性能变化、控制电路的不稳定以及器件的更换等各种因素使光接收电路接收到的信号的电平发生波动,因此光接收机必须有自动增益控制的功能。在图 6-14(a)中,由于光电检测器的输出电流只由恒定的输入电流来限定,因此上述方法提供了 100% 的自动增益控制。这将使输入光信号功率有较大幅度变化时基本保持恒定的输出,可以大大缩小加到其后的低噪声放大器上的信号的动态范围,因而光信号的动态范围可增大 10~20 dB。这种方法最简单,不需要温度补偿或预先调整。图 6-14(b)电路中,峰值检波器对低噪声放大器后面的交流耦合信号进行检波,将检波电平与预置参考电平进行比较,并反馈调节高压电流使峰值检波电平保持恒定不变,这样就制成了一个消除了光电二极管暗电流影响的恒流源。这种方法对于存在较大暗电流的光电二极管很有用。

3. 信道解码器

信道解码器与发送端的信道编码器完全对应,即包含了解密电路、解扰电路和码型反变换电路。

6.6 中继器与掺铒光纤放大器

1. 中继器

中继器的作用是接收已衰减的光信号,将其转换成等效的可以重新放大、整形、定时的电信号,然后重新转换成向光纤输送的光信号。图 6-15 是中继器的简化框图,由图 6-15 可以看出,光输入信号照射到恒流偏置的雪崩光电二极管上。如上节所述,采取了温度补偿和高达 10 dB 的自动增益控制两种措施。雪崩光电二极管后面接有低噪声互阻抗放大器,经过进一步放大后,所提供的自动增益控制范围又可以补偿 15 dB。在检测器之前插入中性密度滤光镜,还可以进一步扩大动态范围。后面的均衡器是与可变频率滤光镜连在一起的可调单抽头横向型均衡器。定时提取单元受 Q 值约为 100 的 LC 振荡回路的影响。经门限检测和再生以后的信号应该和原来的二进制信号一模一样,并且用作激光调制器的驱动信号。利用前面所述的任一种反馈电路控制激光器的光输出量。

由于近年来迅速发展的掺铒光纤放大器(EDFA)具有宽带宽、高增益、低噪声、高输

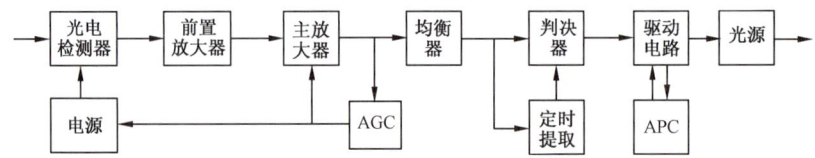

图 6-15 中继器的简化框图

出等优良特性,可作为中继器、发端功放、收端前置放大器使用,使系统中继距离大大延长。光放大媒体为掺铒光纤,放大信号的波长为 1.53~1.56 μm,采用波长为 1.48 μm 或 0.98 μm 的半导体激光器激励。

2. 掺铒光纤放大器

掺铒光纤放大器是利用光纤的非线性效应制成的。当光纤输入功率大到一定程度时,光纤对光的传输不再是线性关系。在石英光纤芯线中掺入微量的铒元素,当泵浦光输入掺铒光纤时,高能级的电子经过各种碰撞后,发射出波长为 1.53~1.56 μm 的荧光,这是一种自发辐射光。没有信号光入射时,荧光之间处于非相干状态。当某一频率的信号光入射时,自发辐射光会接收强输入光(泵浦光)的能量,并在传播过程中逐步增强,从而输出一个与信号光频率相同、传输模式相同的较强光,产生了光放大。图 6-16 是掺铒光纤放大器结构和原理图。当使用 1.48 μm、0.98 μm 及 0.8 μm 激光器作为泵浦光源时,可得到 30 dB 以上增益,最高可达 46.5 dB。

掺铒光纤放大器等一类器件的出现,使光信号的放大无须经过光-电-光的转换过程,不仅简化了设备,提高了系统的可靠性,而且降低了系统噪声,使系统无中继传输距离大大提高,目前在高速传输系统中利用掺铒光纤放大器已使光纤通信系统的无中继传输距离超过了 200 km。

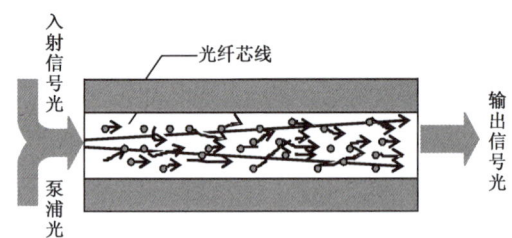

图 6-16 掺铒光纤放大器结构原理图

由于掺铒光纤放大器具有宽带宽特性,在波分复用(WDM)系统中可以用一个放大器对各个波长的信号同时放大,因此被广泛用于波分复用系统中。

6.7 波分复用技术

由于光纤具有很宽的带宽,因此可以在一根光纤中传输多个波长的光载波,这就是波分复用,类似于无线信道中的频分多路复用。图 6-17 描绘了一个波分复用系统的组成和工作过程。图 6-17 中,T_1、R_1 分别是工作波长为 λ_1 的光发送和接收设备,T_2、R_2 分别是工作波长为 λ_2 的光发送和接收设备;F_1 是一种滤光反射镜,它可以使波长为 λ_1 的信号穿过,而对波长为 λ_2 的信号做镜面反射。这样,利用滤光反射镜可以将两种不同波长的光进行汇合或分离,达到在一根光纤上传送多个波长的光信号的目的。

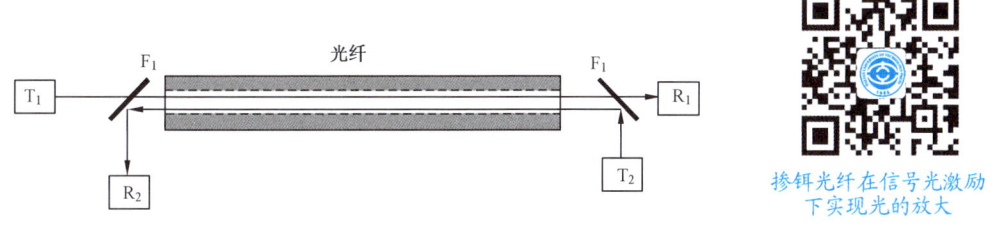

掺铒光纤在信号光激励
下实现光的放大

图 6-17 波分复用原理图

如果使用多组性能不同的滤光反射镜，就可以实现在一根光纤上进行多个波长的光通信，其结果是不需要敷设新的光纤就能赢得等同于增加多条光纤的带宽增益。目前市场上已有了 WDM 的 30 信道和 40 信道容量的系统。

图 6-18 是一个利用 1.3 μm 零色散光纤，在 150 km 上传输 1.1 Tbit/s(55 个波长×20 Gbit/s)的波分复用传输实验系统。该系统采用了 46 个分布反馈型激光器(DBF-LD)和 9 个外腔可调谐激光器作为泵浦光源，55 个信道被安排在从 1 531.70 nm(195.725 THz)至 1 564.07 nm(191.675 THz)的波长范围内，信道间隔为 0.6 nm，这些光信号通过一个 LiNbO₃ 马赫-曾德调制器，用 20 Gbit/s NRZ 电信号进行外调制。

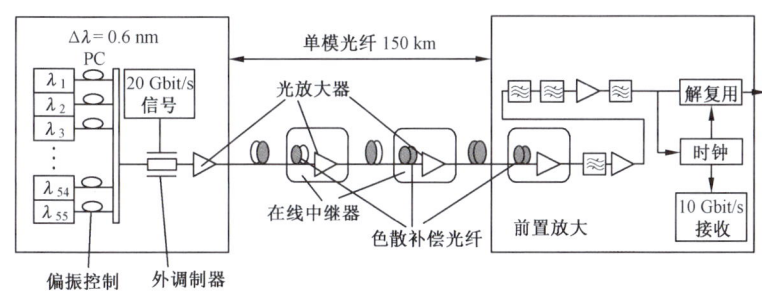

图 6-18 55 波分传输系统

该系统在 150 km 的光纤中增设了两个在线中继器。每个中继器和接收端的前置放大器都使用了一段色散补偿光纤和一个掺铒光纤放大器，这些掺铒光纤放大器均工作在非饱和区，以获得一个更宽的波长范围，其 0.5 dB 带宽是 19 nm，发送功率为＋13 dBm，所有信号通过 150 km 的单模光纤传输。

6.8 光传送网

随着电信技术的不断发展，光纤通信已经成为世界通信技术的主流，电信主干网络的通信频带越来越宽，功能越来越完善，提供的业务种类越来越多，已经覆盖了非常广阔的地理区域，因此网络必须在不同的地区以不同的功能构建。不同的地区相互配合实现网络的最终目的，即能够使大量用户顺利地进行通信，获得最好的通信质量。

构成电信网的基本要素包括用户终端设备、传输链路、转接交换设备。

整个电信网的结构如图 6-19 所示，可以分为用户所在地网络、接入网、交换网、传送网四个部分。

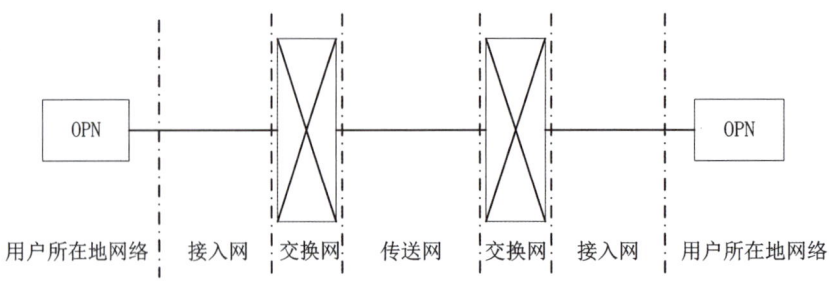

图 6-19 电信网按区域划分简单结构

光纤通信技术是现存电信网络能够升级扩容到超大容量综合网络的关键,不同的区域网中光波技术得以广泛应用。在光纤通信领域起重要作用的是光传送网和光接入网。

传送网又称主干网,是一个以光纤、微波接力、卫星传输为主的传输网络。根据业务节点设备类型的不同,可以构建不同类型的业务网,并且为大的业务流进行选路。传送网从接入网接收信号,将其复用到预达到的容量,并选择合适的路由,将信息送到目的地。信息到达目的地后,将高速信号送给接入网。

从现有的光同步数字体系迈向新一代全光网,是一个分阶段深化的过程。

6.8.1 准同步数字系列(PDH)

从 20 世纪 90 年代中期起,国际上开放互联网让公众使用,通信领域中数据通信业务量快速增长,超过电信的年增长率。随着数字通信的普遍应用及其业务量的快速增长,为便于世界各国统一使用,国际上按照电信号的时分多路复用原则,制定了数字系统标准。最基本的是以 30～32 路电话为一群,按每路数字话音信号 64 kbit/s 合成下一级数字群 8 Mbit/s,这样四个四个一组就可以组成 34 Mbit/s、155 Mbit/s、622 Mbit/s、2.5 Gbit/s 和 10 Gbit/s 数字群。这种把电的数字信号按四个低级群组成一个高级群的制式,称为准同步/同步数字系列(PDH/SDH)。

在数字通信系统中,传送的信号都是数字化的脉冲序列。这些数字信号在数字交换设备之间传输时,其速率必须保持一致,才能保证信息传送的准确无误,称为"同步"。准同步数字系列(Plesiochronous Digital Hierarchy,PDH)系统是窄带传输时代的一类传输系统。PDH 在数字通信网的每个节点上都设置了高精度的时钟,由于这些时钟信号不是来自同一个时钟源,尽管每条支路的速率标称值相同,但实际上却存在一定的容差,因此在复用之前必须对各支路进行码速调整,保证各支路在复用前具有相同的码速。通常采用的方法是脉冲插入法,即在各支路中人为地插入一些必要的脉冲,通过控制插入脉冲的数量使各支路的速率达到一致,从而实现码速统一。因此,这种同步方式严格来说并不是真正的同步,所以称为"准同步"。

PDH 通过在电信号的主信号码流中插入冗余比特来传输监控等信号。也就是说,PDH 传送是将主信号和监控等信号的码元在时间上分开传输,从而达到复用的目的。例如,采用 mB1H 线路编码,即在信号码流中,每 m 比特后插入一个 H 码,用它来传输监控信息以及其他用于公务的通信信息。PDH 按照 ITU-T 的推荐存在两种速率等级,分别是北美和日本采用的基于 1.544 Mbit/s 的速率等级以及欧洲采用的基于

2.048 Mbit/s 的速率等级。我国采用欧洲标准，即一次群 2.048 Mbit/s，二次群 8.448 Mbit/s，三次群 34.368 Mbit/s，四次群 139.264 Mbit/s，五次群 564.992 Mbit/s。实际上由于电路制造上的困难，四次群以上较少采用。

PDH 传送存在的主要缺陷包括：

(1) PDH 主要是为话音业务设计，传输速率受到限制。由于技术和成本上的原因，速率不可能做得很高，使网络无法适应不断演变的管理要求，更难以支持新一代的网络。

(2) PDH 传输线路主要是点对点连接，缺乏网络拓扑的灵活性，无法提供灵活的路由选择，很难提供新业务。

(3) PDH 存在相互独立的两大体系(以 2.048 Mbit/s 为基群和以 1.544 Mbit/s 为基群)、三种地区性标准(日本、北美、欧洲)，难以实现国际互通。

(4) PDH 的速率等级是异步复用的，且靠插入比特对码速进行调整，这种方式使得从高速信号中取出低速信号很不方便，必须逐级分接、复接才能实现，需要的设备多，上下业务费用高。

(5) PDH 的组网能力差，缺少统一的标准光接口，无法实现横向兼容。同时，PDH 网络拓扑结构单一，往往是背靠背的拓扑结构，无法形成保护力强的环型结构。

(6) PDH 网络管理的通道明显不足，网络越庞大，网络自身的安全性越要重视。由于 PDH 帧结构中安排的管理字节少，组网能力不能进一步提高。

(7) PDH 网络的调度性差，很难实现良好的自愈功能。

PDH 系列对传统的点到点通信有较好的适应性。但是随着数字通信的迅速发展，点到点的直接传输越来越少，大部分数字传输都需要经过转接，因而 PDH 系列很难适应现代电信业务开发的需要，以及现代化电信网管理的需要。同步数字系列 SDH 就是为适应新的需要而出现的传输体系。

6.8.2 同步数字系列(SDH)

同步数字系列(Synchronous Digital Hierarchy，SDH)是一种传输体制，它是随着电信网的发展和用户要求的不断提高而产生的。最早提出 SDH 概念的是美国贝尔通信研究所，称为光同步网络(SONET)。最初目的是在光路上实现标准化，便于不同厂家的产品能在光路上互通，从而提高网络的灵活性。1988 年，国际电报电话咨询委员会(CCITT)接受了 SONET 的概念，将其重新命名为"同步数字系列(SDH)"，使其不仅适用于光纤，也适用于微波和卫星传输的技术体制，并且使其网络管理功能大大增强。

SDH 是高速、大容量光纤传输技术和高度灵活又便于管理控制的智能网技术的有机结合。目前，SDH 技术是世界各国广泛采用的传输技术之一。SDH 技术因为具有全世界统一标准、可提供强大的运行维护管理能力、具有自愈保护能力、便于从高速信号中提取或插入低速信号等一系列优点，所以得到广泛的应用。

1. SDH 网络节点接口

网络节点接口(NNI)即网络节点之间的接口，在实际中也可以看成传输设备和网络节点之间的接口。它在网络中的位置如图 6-20 所示。

一个传输网主要由传输设备和网络节点构成。传输设备可以是光缆传输系统设备，

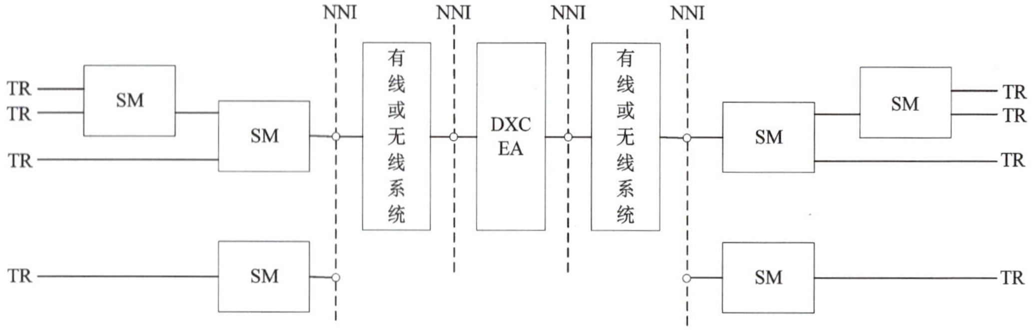

图 6-20　NNI 在网络中的位置

也可以是微波传输系统设备。简单的网络节点只有复用功能,复杂的网络节点包括复用和交叉连接等多种功能。要规范一个统一的网络节点接口,必须有一个统一、规范的接口速率和信号帧结构。

2.SDH 的速率

SDH 使用的信息结构等级为 STM-N 同步传输模块,其中最基础的模块信号是 STM-1,其速率是 155.52 Mbit/s。STM-N 信号是将 N 个 STM-1 按字节间接同步复用后所获得的。其中 N 是正整数,目前国际标准化的取值为 $N=1$、4、16、64、256。相应各等级的速率见表 6-1。

表 6-1　　　　　　　　　　SDH 体系的速率等级

速率等级	同步传输模块	标准速率(Mbit/s)	等效话路数(路)
1	STM-1	155.52	1 920
4	STM-4	622.08	7 696
16	STM-16	2 488.32	30 720
64	STM-64	9 953.28	122 880
256	STM-256	39 813.12	491 520

3.SDH 的帧结构

由于要求 SDH 网能够支持信号(2/34/140 Mbit/s)在网中进行同步数字复用和交叉连接等功能,因此其帧结构必须满足以下功能:

(1)支路信号在帧内的分布是均匀有规律的,便于接入和取出。

(2)对 PDH 各大系列信号都具有同样的方便性和实用性。

为满足上述要求,SDH 的帧结构为一种块状帧结构,如图 6-21 所示。SDH 的帧结构允许安排丰富的开销比特(即比特流中除去信息净负荷后的剩余部分)用于网络的操作维护管理(OAM)。

4.SDH 传送网的特点

SDH 传送网是由一些 SDH 的网络单元(NE)组成的,在光纤上进行同步信息传输、复用、分插和交叉连接的网络。SDH 传送网的概念中包含以下几个要点:

(1)SDH 传送网有全世界统一的网络节点接口(NNI),为不同厂家设备间的互连提

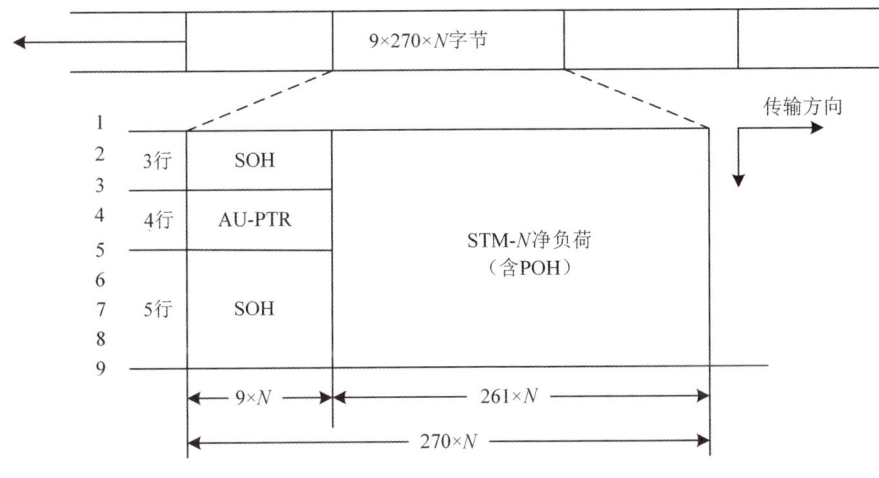

图 6-21　STM-N 的帧结构

供了可能,从而简化了信号的互通以及信号的传输、复用、交叉连接等过程。

(2)SDH 传送网有一套标准化的块状帧结构,在帧结构中安排了丰富的管理比特,大大提高了网络的维护管理能力。

(3)SDH 传送网有一套特殊的复用结构,现有准同步数字系列 PDH、同步数字系列 SDH 和 B-ISDN 的信号都能纳入其帧结构中传输,即具有兼容性和适应性。

(4)SDH 传送网大量采用软件进行网络配置和控制,网络管理能力大大加强,增加新功能和新特性非常方便,适应将来不断发展的需要。

(5)SDH 传送网有标准的光接口,即允许不同厂家的设备在光路上互通。

(6)SDH 提出了自愈网的新概念。用 SDH 设备组成的带有自愈能力的环网形式,可以在传输媒体主信号被切断时,自动通过自愈网恢复正常通信。

5.SDH 传送网的结构和模型

网络的拓扑结构是指网络的形状,即网络节点设备与传输线路的几何排列,因而根据不同的用户需求,同时考虑到社会经济的发展状况,可以确定不同的网络拓扑结构。在 SDH 网络中,通常采用点对点的线型、星型、树型、环型或网孔型网络结构,如图 6-22 所示。

在垂直方向上,SDH 传送网分为通道层和传输媒质层。SDH 的网络关系如图 6-23 所示。由于电路层是面向业务的,因此严格地说不属于传送网。但电路层网络、通道层网络和传输媒质层网络之间都是相互独立的,并符合顾主与服务者的关系,即在每两层网络之间连接节点处,下层为上层提供透明服务,上层为下层提供服务内容。下面对各层网络进行简要介绍。

(1)电路层网络

电路层网络是面向公用交换业务的网络。例如,电路交换业务、分组交换业务、租用线业务和 B-ISDN 虚通路等。根据所提供的业务,又可以区分为各种不同的电路层网络。通常电路层网络由各种交换机和用于租用线业务的交叉连接设备以及 IP 路由器构成。它与相邻的通道层网络保持相互独立,这样 SDH 不仅能够支持某些电路层业务,而且能

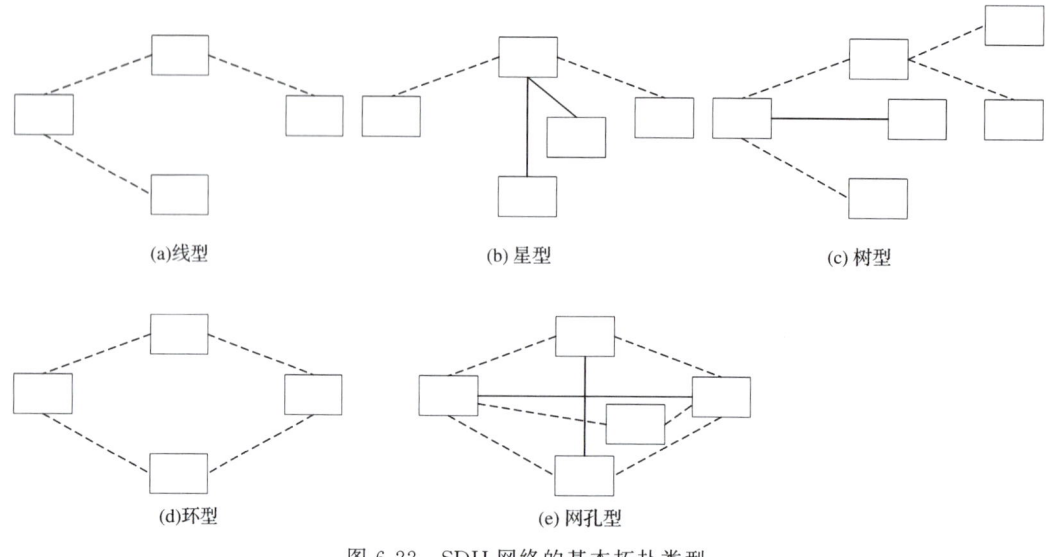

图 6-22 SDH 网络的基本拓扑类型

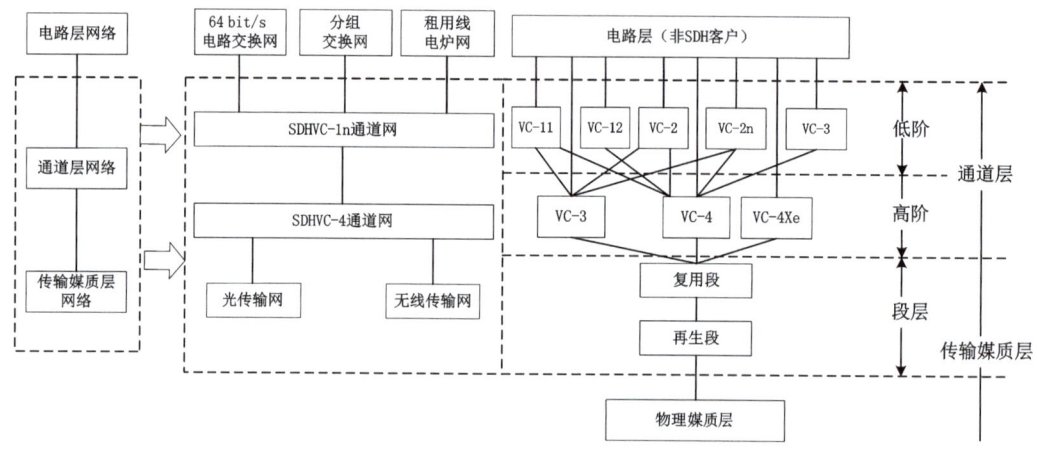

图 6-23 SDH 传送网的分层模型

够直接支持电路层网络,还去掉了其中多余的 PDH 网络层,使电路层业务清晰可见,从而简化了电路层交换。

(2) 通道层网络

通道层网络为电路层网络节点(如交换机)提供透明的通道(即电路群),如 VC-11/VC-12 可以看作电路层节点间通道的基本传送容量单位,而 VC-3/VC-4 则可以看作局间通信的基本传送单位。通道层网络能够对一个或多个电路层网络提供不同业务的传送服务。例如提供 2 Mbt/s、34 Mbit/s、140 Mbit/s 的 PDH 传输链路,提供 SDH 中的 VC-11、VC-12、VC-2、VC-3、VC-4 等传输通道以及 B-ISDN 中的虚通道。由于在 SDH 环境下通道层网络可以划分为高阶通道层网络和低阶通道层网络,因此能够灵活方便地对通道层网络的连接性进行管理控制,同时能为由交叉连接设备建立的通道提供较长的使用时间。使各种类型电路层网络都能按要求的格式将各自电路层业务映射进复用段层,从而共享通道层资源。同时通道层网络与其相邻的传输媒质层网络保持相互独立的关系。

(3) 传输媒质层网络

传输媒质层网络是指那些能够支持一个或多个通道层网络,并能在通道层网络节点处提供适当通道容量的网络。例如 STM-N 就是传输媒质层网络的标准传输容量。该层主要面向线路系统的点到点传送。传输媒质层网络又是由段层网络和物理媒质层网络组成的。其中段层网络主要负责通道层任意两节点之间信息传递的完整性,物理媒质层网络主要负责确定具体支持段层网络的传输媒质。

段层网络又可以进一步分为复用段层网络和再生段层网络。其中复用段层网络是用于传送复用段终端之间信息的网络。例如,负责向通道层提供同步信息,同时完成有关复用段开销的处理和传递等工作。再生段层网络是用于传递再生中继器之间以及再生中继器与复用终端之间信息的网络。例如负责定帧扰码、再生段误码监视以及再生段开销的处理和传递等工作。

物理媒质层网络是指那些能够为通道层网络提供服务的、能够以光电脉冲形式完成比特传送功能的网络,它与段开销无关。实际上物理媒质层是传输层的最底层,无须服务层的支持,因而网络连接可以由传输媒质支持。

按照分层的概念,不同层的网络有不同的开销和传递功能。为了便于对上述信息进行管理控制,在 SDH 传送网中的开销和传递功能也是分层的。

从图 6-23 中可以清楚地观察到,各层在垂直方向上存在着等级关系,不同实体的光接口可以通过对等层进行水平方向的通信,但由于对等层间无实际的传输媒质与之相连,因此是通过下一层提供的服务以及同层间的通信来实现其间通信,故每一层的功能都是由全部底层服务来支持的。

(4) 相邻层网络之间的关系

每一层网络可以为多个客户层网络提供服务。当然不同的客户层网络对服务层网络有不同的要求,因而可以对每一服务层网络进行优化处理,使其满足客户层网络的特定要求。以 VC-4 层网络为例,VC-12、VC-2、VC-3、广播电视和 B-ISDN 均可以作为 VC-4 层网络的客户层网络,这样可以根据各自的要求综合为一个 VC-4 来进行传输,因此必须构成一个优化的 VC-4 层网络。

从以上分析可知,相邻层网络间的关系满足客户与服务提供者之间的关系,而客户与服务提供者进行联系的地方正是服务层网络中为客户层网络提供链路连接的地方。从图 6-23 可以清楚地看出,电路层网络中的链路连接又是由传输媒质层网络来完成的。

在进行 SDH 网络规划时,原邮电部在 1994 年制定的《光同步传输技术体制》(1997 年修订)的相关标准和有关规定,确定了我国 SDH 网络结构。我国 SDH 网络结构采用四级制。

第一级干线:主要用于省会、城市间的长途通信。由于业务量较大,因此一般在各城市的汇接节点之间采用 STM-64、STM-16、STM-4 高速光链路,在各汇接节点城市装备 DXC 设备,例如 DXC4/4,从而形成一个以网孔型结构为主,其他结构为辅的大容量、高可靠性的骨干网。

第二级干线:主要用于省内的长途通信。考虑其具体业务量的需求,通常采用网孔型或环型骨干网结构,有时也辅以少量线型网络,因此在主要城市装备 DXC 设备,其间用 STM-4 或 STM-16 高速光纤链路相连接,形成省内 SDH 网络结构。同样由于其中的汇接节点采用 DXC4/4 或 DXC4/1 设备,因此通过 DXC 设备上的 2 Mbit/s、34 Mbit/s 和 140 Mbit/s 接口,使原有的 PDH 系统也能纳入二级干线进行统一管理。

第三级干线:主要用于长途端局与市话局之间以及市话局与市话局之间的通信。根据区域划分法,可分为若干个由 ADM 组成的 STM-4 或 STM-16 高速环路,也可以是用路由备用方式组成的两节点环,而这些环是通过 DXC4/1 设备来沟通,具有很高的可靠性,又具有业务量的疏导功能。

第四级网络:它是网络的最底层,称为用户网,也可称为接入网。由于业务量较低,而且大部分业务量汇聚于一个节点(交换局)上,因此可以采用环型网络结构,也可以采用星型网络结构。其中是以高速光纤线路为主干链路来实现光纤用户环路系统(OLC)的互通或者经由 ADM 或 TM 来实现与中继网的互通。速率为 STM-1 或 STM-4,接口可以为 STM-1 光/电接口,PDH 体系的 2 Mbit/s、34 Mbit/s 和 140 Mbit/s 接口,普通电话用户接口,小交换机接口,2B+D 或 30B+D 接口以及城域网接口等。用户接入网是 SDH 网中最为复杂、最为庞大的部分,它占通信网投资的大部分,但为了实现信息传递的宽带化、多样化和智能化,用户网已经逐步向光纤化方向发展。

6.8.3 多业务传送平台(MSTP)

自 20 世纪 90 年代中期以来,以 Internet 业务为代表的数据业务迅猛发展,目前在骨干网、大多数城域网中数据业务量远远超过以语音为代表的 TDM 型业务,而且未来数据业务仍将以爆炸式的速度增长。针对 TDM 型业务而优化设计的 SDH,由于使用有限的虚容器等级、面向连接的固定带宽指配、单一的业务质量保证等原因,其承载突发性数据业务时的效率较低,缺乏区分多业务 QoS 保证机制。为了适应数据业务的特点,基于 SDH 的多业务传送平台(Multi-Service Transport Platform,MSTP)应运而生。

1.MSTP 的演进过程

MSTP 是指能够同时实现 TDM、ATM、以太网等业务的接入、处理和传送功能,并能提供统一网管的、基于 SDH 的平台。MSTP 的演进过程分为三个阶段:

(1)第一代:以支持以太网透传为主要特征,包括以太网 MAC 帧、VLAN 标记的透明传送。以太网透传功能是指来自以太网接口的信号不经过二层交换,直接进行协议封装和速率适配后,映射到 SDH 的虚容器,然后通过 SDH 设备进行点对点传送。第一代 MSTP 只是在 SDH 设备上增加支持以太网业务处理的板卡,仅解决了数据业务在 MSTP 中"传起来"的问题。通过点对点方式向高层数据网提供固定的带宽,无法实现业务通道间的带宽共享和统计复用,势必导致资源消耗严重。而且第一代 MSTP 完全依赖于 SDH 提供的物理层保护,无以太网业务层的保护。

(2)第二代:以支持以太网二层交换为主要特征。以太网交换功能是指在一个或多个用户以太网接口与一个或多个独立的基于 SDH 虚容器的点到点通道之间,实现基于以太网链路层的数据包交换。第二代 MSTP 保证以太网业务的透明性,以太网数据帧的封装采用 GFP/LAPS 或 PPP;传输链路带宽可以配置,数据帧的映射采用虚容器通道的相邻级联/虚级联来保证数据帧在传输过程中的完整性。相较于第一代 MSTP,第二代

MSTP 的优势主要是在多用户/业务的带宽共享和隔离方面有所改进,包括基于 IEEE 802.3x 的流量控制,用户隔离与 VLAN 划分以及基于 STP/RSTP 的业务层保护等。但是第二代 MSTP 仍有缺陷:二层交换适合星型网络,在环型物理拓扑交换效率低,二层交换面向无连接,不能提供好的 QoS 支持,基于 STP/RSTP 的业务层保护速度太慢。

(3)第三代:以支持以太网业务的 QoS 为特色。第三代 MSTP 在以太网和 SDH 之间引入智能的中间适配层(如 RPR 和 MPLS 技术),并结合多种先进技术来提高设备的数据处理能力与 QoS 支持能力。通过 GFP 完成以太网帧到 SDH 虚容器的封装映射,同时利用虚级联和 LCAS 技术增强虚容器带宽分配的灵活性并提高效率。

2. MSTP 的技术特点

MSTP 设备应具有 SDH 处理功能、ATM 处理功能和以太网处理功能。图 6-24 给出了基于 MSTP 的功能模型。

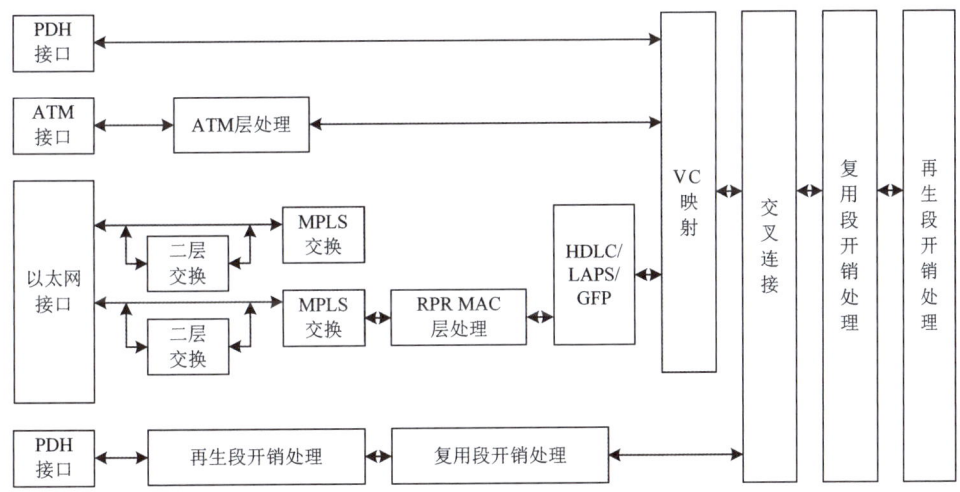

图 6-24 MSTP 的基本功能模型

MSTP 的技术特点主要包括:

(1)保持 SDH 技术的一系列优点,如具有良好的网络保护机制和 TDM 业务处理能力。

(2)提供集成的数字交叉连接功能。在网络边缘使用具有数字交叉功能的 MSTP 设备,可节约系统传输宽带和省去核心层中昂贵的大容量数字交叉连接系统端口。

(3)具有动态带宽分配和链路高效建立能力。在 MSTP 中可以根据业务和用户的即时带宽需求,利用级联技术进行带宽分配和链路配置、维护和管理。

(4)支持多种以太网业务类型。以太网业务种类多样,目前 MSTP 设备能够支持点到点、点到多点、多点到多点的业务类型。

(5)支持 WDM 扩展。城域网中采用了分层的概念,即核心层、汇聚层和接入层。对位于核心层的 MSTP 设备来说,其信号类型最低为 OC-48(STM-16),并可扩展到 OC-192(STM-64)和密集波分复用(DWDM);对位于汇聚层和接入层的 MSTP 设备来说,其信号类型可从 OC-3/OC-12(STM-1/STM-4)扩展到支持 DWDM 的 OC-48。

(6)提供综合的网络管理能力。由于MSTP管理是面向整个网络的,因此其业务配置、性能告警监控也都是基于向用户提供的网络业务。为了管理和维护的方便,城域网要求其网络系统能够根据所指示的网络业务的源、宿和相应的要求,提供网络业务的自动生成功能,避免传统的SDH系统逐个进行网元业务设置和操作,从而能够快速地提供业务,同时还能提供基于端到端的业务性能、告警监控及故障辅助定位功能。

6.8.4 分组传送网(PTN)

PTN的产生背景和MSTP一样,也是数据业务量在电信网络中的比例持续上升。MSTP采用SDH的架构来传送IP数据是因为TOM业务和数据业务的比例相当,而且为了保护投资,才采用在SDH上传数据的方式。但是当数据业务的数量增加到远远大于TOM业务的时候,SDH的天然不适合传送数据的特性(刚性管道,效率低,带宽无法统计复用等)成了MSTP产品的瓶颈。在这样的需求驱动下,业界提出了分组传送网(PTN)的概念,打造了一个以分组业务为主的传送网。

分组传送网(Packet Transport Network,PTN)是一种能够面向连接、以分组交换为内核、承载电信级以太业务,兼容传统TDM、ATM等业务的综合传送技术。它是针对分组业务流量的突发性和统计复用传送的要求而设计的。在IP业务和底层光传输媒质层之间构建了一个层面,以分组业务为核心,支持多业务提供,同时秉承光传输的高可靠性、高宽带以及QoS保障的技术优势,以解决城域网汇聚层和接入层上IP RAN以及全业务的接入、传送问题。

1.PTN技术

PTN是一种能够有效传递分组业务的传送网技术。从实现方式上看,支持面向连接、可扩展和可管理等特性的PTN技术有:运营商骨干桥接-流量工程(Provider Backbone Bridge-Traffic Engineering,PBB-TE)技术和多协议标记交换传送通道(Multi-Protocol Label Switch-Transport Profile,MPLS-TP)。

(1)PBB-TE

PBB-TE是基于以太网的分组传送技术,是在现有的以太网技术的基础上改进的,通过添加标记或帧头,实现提高交换容量、设备级管理、环网保护、服务质量分级和运行维护管理开销等,以满足分组传送网的可扩展、可管理、高服务质量等需求。

PBB-TE是在运营商骨干传输(Provider Backbone Transport,PBT)技术的基础上进行扩展而形成的面向连接的以太网传送技术。PBB-TE建立在已有的以太网标准之上,具有较好的兼容性,可以在现有的交换机上实现,从而赋予PBB-TE低成本和广泛应用的特点。

(2)MPLS-TP

MPLS-TP源于IP/MPLS技术。MPLS-TP没有采用MPLS中复杂的控制协议族,简化了数据平面,去除了不必要的转发处理,采用双标记交换和转发模式,即转发在为客户层提供分组式数据传输时,会对客户数据分配两层标记:虚信道标记和传输交换标记。在MPLS-TP网络中,通过伪线技术实现面向连接的特性。

PTN是MPLS技术的一种面向连接的分组传送技术。MPLS-TP是MPLS的一个子集。它不仅降低了 IP/MPLS 成本,提高了可靠性,而且具有面向连接的运行维护管理和保护能力。因此,MPLS-TP 可以满足城域网的汇聚层、接入层的 IP 化转型需求,承载无线基站回传和企事业以太网专线,而且可以跨越 IP/MPLS 核心网实现互通。

表 6-2 给出了 PBB-TE 和 MPLS-TP 两种技术的主要区别,包括实现技术、实现设备、支持业务、技术特点等。

表 6-2　　　　　　　　　　PBB-TE 和 MPLS-TP 技术比较

传输技术	PBB-TE	MPLS-TP
实现技术	二层连接	二层连接
实现设备	以太网设备	SDH 设备
支持业务	以太网、TDM、ATM	以太网、TDM、ATM、FR
技术特点	以太网+边缘封装+快速保护+运维管理+服务质量	SDH+MPLS 子集+快速保护+运维管理

2. PTN 特点

PTN 技术保留了传统 SDH 传送网的技术特征,并通过分层和分域,使网络具有高可扩展性和可靠的生存性,具有快速的故障定位、故障管理、性能管理等操作维护管理能力。这样不仅可以利用网络管理系统进行业务配置,还可以通过智能控制平面灵活地提供各种业务。

除此之外,PTN 技术还引入分组的一些基本特征。例如,支持基于分组的统计复用功能,以满足分组业务的突发性要求;利用面向连接的网络提供可靠的 QoS 保障,满足更丰富的服务等级(CoS)分组业务要求;通过分组网络的同步技术提供频率同步和时间同步。

PTN 具有如下技术特点:

(1)继承了 MPLS 的转发机制和多业务承载能力。PTN 采用 PWE3/CES(端到端伪线仿真/电路仿真业务)技术,包括 TDM/ATM/Ethernet/IP 在内的各种业务,提供端到端的、专线级别的传输通道。与数据通信方案不同,在 PTN 中的数据业务也要通过伪线仿真,以确保连接的可靠性,而不是提供给电路层由动态电路来实现。

(2)完善的 QoS 机制。PTN 支持分级的 QoS、CoS、Diff-Serv(区分服务体系结构)、RFC2697/2698 等特性,满足业务的差异化服务要求。

(3)提供强大的 OAM 能力。PTN 中除了基于 SDH 的维护方案外,还支持基于 MPLS 和 Ethernet 的丰富 OAM 机制,如 Y1710/Y1711、以太性能监控等。还支持 GMPLS/ASON 控制平面技术,使得传送网高效透明、安全可靠。

(4)提供时钟同步。PTN 不仅继承 SDH 的同步传输特性,而且可根据相关协议的要求支持时钟同步。

(5)支持高效的基于分组的统计复用技术。由于采用了面向连接技术,这样在具有相同效益的基础上,与基于 IP 层的统计复用相比,基于 MAC 层的统计复用成本更低,所以 PTN 能够在保证多业务特性、网络可扩展性的基础上,为运营商带来更高的性价比。

总之,PTN 作为具有分组和传送双重属性的综合传送技术,不仅能够实现分组交换、高可靠性、多业务、高 QoS 功能,而且还能够提供端到端的通道管理、端到端的 OAM 操作维护、传输线路的保护倒换、网络平台的同步定时功能,同时所需传输成本低。

3. PTN 应用定位

PTN 是一种分组传送技术,可以承载以太网业务、IP/MPLS 业务和 TDM 业务。它可以在 TDM 网络(SDH/OTN)、光网络和以太网物理层上,实现基于 IP/MPLS 路由器的业务传送功能、纯分组传送网中的电路仿真业务、在多层传送网中(T-MPLS、SDH、OTN 和 WDM)支持融合的基于分组的业务传送功能。

PTN 网络兼备了分组网络和传送网的优点,具有灵活的可操作性、良好的网络生存性、动态的 GMPLS 控制平面、多业务承载等特点,可以用在运营级以太网和运营级 IP 核心骨干网之中,如图 6-25 所示。

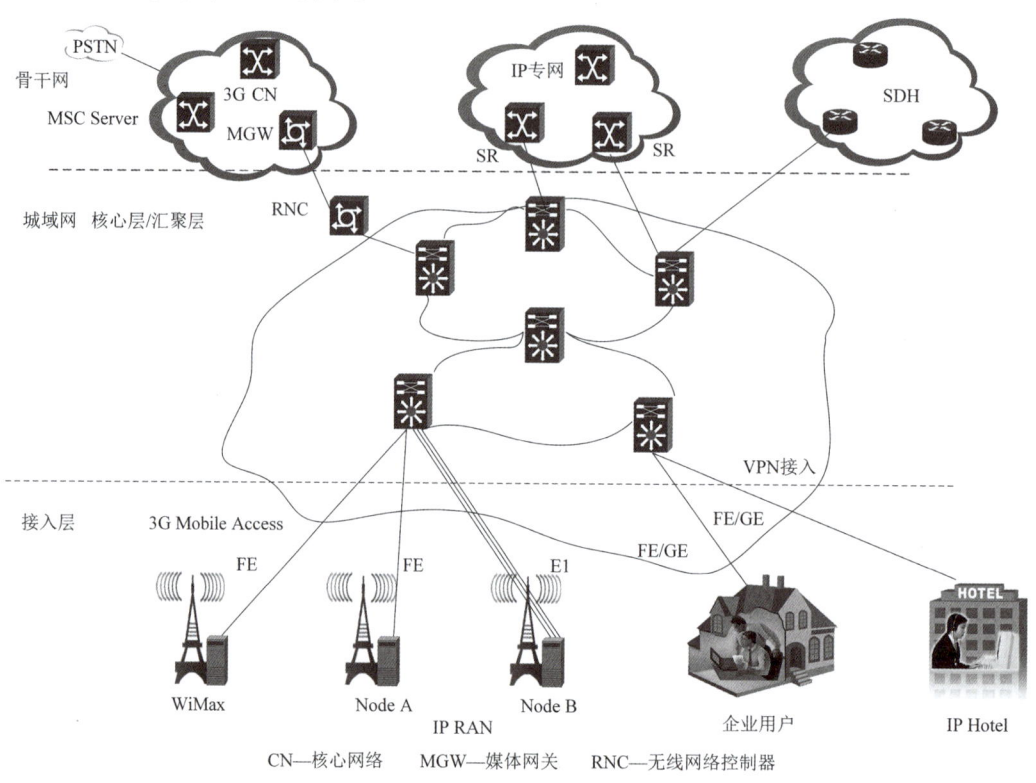

图 6-25　PTN 在网络中的应用定位

6.8.5　OTN 技术

随着光纤通信系统容量的不断提高,电子器件处理信息的速率远远低于光纤所能提供的巨大负荷量的矛盾就越来越突出。为了进一步满足各种宽带业务对网络容量的需求,进一步挖掘光纤的频带资源,开发和使用新型光纤通信系统将成为未来的趋势。其中采用多信道复用技术,便是行之有效的方式之一。

1.OTN 的特点

光传送网(OTN)是以波分复用(WDM)技术为基础、在光层组织网络的传送网,是新一代的骨干传送网。通过 G.872、G.709、G.798 等一系列 ITU-T 的建议所规范的新一代"数字传送体系"和"光传送体系",其主要功能包括传送、复用、选路、监视和生存性功能等,它是网络逻辑功能的集合。OTN 与 SDH 传送网的区别在于在 SDH 传送网的段层和物理媒质层之间加入光层,这样 OTN 处理的最基本对象是光波长,客户层业务是以光波长的形式在光网络上复用、传输、选路等,实现光域上的分插复用和交叉连接,为客户信号提供有效和可靠的传输。

OTN 的创新之处在于引入了 ROADM、OTH、G.709 接口和控制平面等概念,进而有效地解决了传统 WDM 网络中无波长/子波长调度能力、组网能力弱和保护能力弱的问题,并通过以太网 GE 接口的标准化,适应 IP 类数据业务对光传送网承载的要求。

OTN 技术已经成为当今最热门的传输技术之一,其主要优势如下:

(1)可以提供多种客户信号的封装和透明传输。基于 G.709 的 OTN 帧结构可以支持多种客户信号的映射和透明传输,如 SDH、ATM、以太网等。

(2)大颗粒的带宽复用和交叉调度能力。电层带宽颗粒为光通道数字单元 ODU1(2.5 Gbit/s)、ODU2(10 Gbit/s)、ODU3(40 Gbit/s),光层带宽颗粒是波长。基于子波长和波长多层面调度,可以实现更精细的带宽管理,提高调度效率及网络带宽利用率。

(3)提供强大的保护恢复能力。电层支持基于 $ODUk$ 的子网连接保护(SNCP)、环网共享保护等,光层支持光通道 1+1 保护、光复用段 1+1 保护。

(4)强大的开销和维护管理能力。OTN 提供 6 层嵌套串联监视功能,以便实现端到端和多个分段同时进行性能监视。

(5)增强了组网能力。

2.OTN 的分层结构

OTN 采用分层结构,将应用层直接接入光层,形成两层结构,即光层和 IP 层。减少了网络层次,IP 业务在光域上实现传输和交换。全光网与现有的传统网应具有良好的开放性和兼容性,允许以多种方式接入,如 SDH、ATM 等。IP 层可以通过 SDH 接入光层(即 IP over SDH),也可以通过 ATM 接入光层(即 IP over ATM)。

ITU-T 的 G.872 定义了 OTN 的分层结构。由一系列光网元经光纤链路互连而成,能按照 G.872 的要求提供有关客户层信号的传送、复用、选路、管理、监控和生存性功能的网络称为光传送网。如图 6-26 所示。光层应能为实现全光传输和交换构建相应的结构,应实现如下功能:

(1)光信道,以传送业务信息。

(2)多路光信道的信息进行复用,以获得更有效率的传输和交换。

(3)在光域上进行信息传输和交换。

光层的结构可以根据光层应完成的功能来确定,其结构应具备 3 个子层:光通路(OCH)、光复用段(OMS)和光传输段(OTS)三层。OCH 层为各种数字化用户信号的接口,为透明地传送 SDH、PDH、ATM、IP 等业务信号提供点到点的以光通路为基础的组

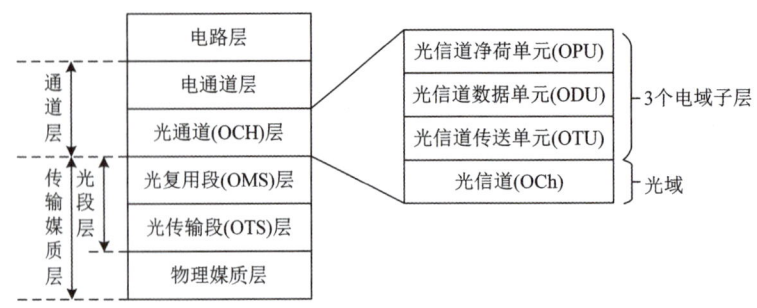

图 6-26　光传送网的分层结构

网功能。单一波长的传输通路 OMS 为经 DWDM 复用的多波长信号提供组网功能。OTS 经光接口与传输媒质相接,提供在光介质上传输光信号的功能。相邻的层之间形成所谓的客户/服务者关系,每一层网络为相邻上一层网络提供传送服务,同时又使用相邻的下一层网络所提供的传送服务。

3.OTN 的性能

OTN 的主要优点有:

(1)透明性。光传送网的节点 OADM 和 OXC 对不同光信号进行光-电、电-光处理,工作内容与光信号的内容无关,对于信息的调制方式,传送模式和传输速率透明。目前相互独立的 SDH 传送网、PDH 传送网、ATM 网络、IP 网络及模拟视频网络都可以建立在同一光网络上,共享底层资源,并提供统一的检测和恢复网络管理能力,降低网络运营成本。

(2)存活性。全光网中的 OXC 具有波长选路功能,可以使通过的信息不经过光/电、电/光转换和 DXC 的处理,而在光域处理。只有当信息中含有需要在此节点终止的内容时,这个光信道才在光/电转换后接入 DXC 进行处理。这样,大量直通信息将不再浪费 DXC 的资源,减轻了 DXC 的处理负担,从而能够大幅度提高节点的吞吐量。同时,当发生连路故障、器件失效及节点故障时,可以通过光信道的重新配置和切换保护开关的运作,为发生故障的信道重新寻找路由,完成网络连接的重构,使网络迅速自愈和恢复,因而具有很强的生存能力,可获得较好的重构性和存活性。

(3)可扩展性。全光网具有分区分层的拓扑结构,OADM 和 OXC 节点采用模块化设计,在原有的网络结构和 OXC 结构基础上,就能方便地增加网络的光信道复用数、路径数和节点数,实现网络的扩充。当业务量增加时,在不中断现有业务的情况下就可以扩展网络覆盖地区及网络容量,彼此独立地进行管理和传输。

(4)兼容性。全光网和传统网络是完全兼容的。光层作为新的网络层加入传统的结构中,如 IP、SDH、ATM 等业务均可融合到光层中,光层呈现巨大的包容性,能够满足各种速率和各种媒体宽带综合业务服务的需求。

6.9　光接入网

接入网介于本地交换机和用户之间,主要完成使用户接入核心网的任务,接入网由业务节点接口(SNI)和用户网络接口(UNI)之间的一系列传送设备组成。

光接入网(OAN)是以光纤为传输媒质的接入网,在光纤接入过程中,端局本地交换机(LE)和用户之间采用光纤通信的方法,通过基带数字传输或模拟传输技术来实现广播业务和双向交互式业务。在通信网中引入 OAN 的主要目的是支持开发新业务,特别是多媒体和宽带新业务,满足用户对业务质量日益增长的要求。

6.9.1 光接入网的基本组成

光接入网由接入光纤,以太网无源光网络(Ethernet Passive Optical Network,EPON),吉比特无源光网络(Gigabit-Capable Passive Optical Network,GPON)局侧的光线路终端(Optical Line Terminal,OLT)、用户侧的光网络单元(Optical Network Unit,ONU),光配线网(Optical Distribution Network,ODN)和光连接器构成,如图 6-27 所示。

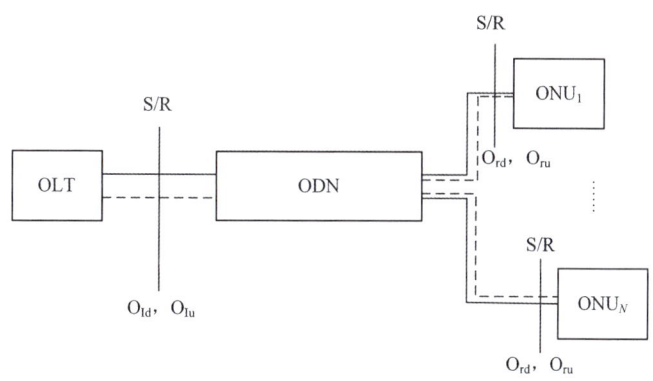

图 6-27 光接入网结构

OLT 的作用是为接入网提供与本地交换机之间的接口,并通过光传输与用户端的光网络单元通信。OLT 将交换机的交换功能与用户接入完全隔开。OLT 提供对自身和用户端的维护和监控,可以直接与本地交换机一起放置在交换局端,也可以设置在远端。

ONU 的作用是为接入网提供用户侧的接口。ONU 可以接入多种用户终端,同时具有光/电转换功能以及相应的维护和监控功能。ONU 的主要功能是终结来自 OLT 的光纤,处理光信号并为多个小企业、事业单位用户和居民住宅用户提供业务接口。ONU 的网络端是光接口,用户端是电接口。因此 ONU 具有光/电和电/光转换功能,还具有对话音的数/模和模/数转换功能。ONU 通常放在距离用户较近的地方,其位置具有很大的灵活性。

6.9.2 光接入网的分类

光接入网从系统分配角度可分为有源光网络(Active Optical Network,AON)和无源光网络(Passive Optical Network,PON)两类。

1.有源光网络

有源光网络 AON 可以分为基于 SDH 的 AON 和基于 PDH 的 AON。有源光网络的局端设备(CE)和远端设备(RE)通过有源光传输设备相连。传输骨干网中已大量采用 SDH 和 PDH 技术,其中以 SDH 技术为主。

(1)基于 SDH 的有源光网络

SDH 网是对原有 PDH 网的一次革命。PDH 是异步复接,在任一网络节点上接入、接出低速支路信号都要在该节点上进行复接、码变换、码速调整、定时、扰码、解扰码等过程,并且 PDH 只规定了电接口,对线路系统和光接口没有统一规定,无法实现全球信息网的建立。随着 SDH 技术的引入,传输系统不仅具有提供信号传播的物理过程的功能,而且提供对信号进行处理、监控等功能。SDH 通过多种容器(C)和虚容器(VC)以及级联的复帧结构的定义,可支持多种电路层的业务,如各种速率的异步数字系列、DQDB、FDDI、ATIM 等,以及可能出现的各种新业务。段开销中大量的备用通道增强了 SDH 网的可扩展性。通过软件控制,原来 PDH 中人工更改配线的方法实现了交叉连接和分插复用连接,提供了灵活的上/下电路功能,并使网络拓扑动态可变,增强了网络适应业务发展的灵活性和安全性,可在更大的几何范围内实现电路通信能力的优化利用,从而为增强组网能力奠定基础,只需几秒就可以重新组网。特别是 SDH 自愈环,可以在电路出现故障后的几十毫秒内迅速恢复电路功能。SDH 的这些优势使其成为宽带业务数字网的基础传输网。

在接入网中应用 SDH 的主要优势在于:SDH 可以提供理想的网络性能和业务可靠性;SDH 固有的灵活性对于发展极其迅速的蜂窝通信系统尤其适合。考虑到接入网对成本的高度敏感性和运行环境的恶劣性,适用于接入网的 SDH 设备必须是高度紧凑、低功耗和低成本的新型系统,其市场应用前景被看好。

接入网使用 SDH 的最新发展趋势是支持 IP 接入,目前至少需要支持以太网接口的映射,于是除了携带话音业务量以外,可以利用部分 SDH 净负荷来传送 IP 业务,从而使 SDH 也能支持 IP 的接入。支持的方式有多种,除了现有的 PPP 方式外,利用 VC12 的级联方式来支持 IP 传输也是一种效率较高的方式。总之,作为一种成熟、可靠的提供主要业务的传送技术,在可以预见的将来仍然会不断改进,支持电路交换网向分组网的平滑过渡。

(2)基于 PDH 的有源光网络

准同步数字系列以其廉价的特性和灵活的组网功能,曾大量应用于接入网中。近年来推出的 SPDH 设备将 SDH 概念引入 PDH 系统,进一步提高了系统的可靠性和灵活性,这种改良的 PDH 系统在相当长的一段时间内仍会广泛应用。

2.无源光网络

无源光网络是指光配线网中不含有任何电子器件及电子电源,ODN 全部由光分路器等无源器件组成,不需要贵重的有源电子设备。一个无源光网络包括一个安装于中心控制站的光线路终端 OLT,以及一批配套的安装于用户场所的光网络单元 ONU。在

OLT 与 ONU 之间的光配线网 ODN 包含了光纤以及无源分光器或者耦合器。

PON 技术是从 20 世纪 90 年代开始发展的。国际电信联盟 ITU 从 APON(155M) 开始,发展了 BPON(622M),又发展了 GPON(2.5G);同时在 21 世纪初,由于以太网技术的广泛应用,IEEE 也在以太网技术的基础上发展了 EPON 技术。目前用于宽带接入的 PON 技术主要有 EPON 和 GPON,两者采用不同标准。未来的发展方向是更高的带宽,比如在 EPON/GPON 技术的基础上发展了 10G EPON/10G GPON,带宽得到更大的提升。图 6-28 给出了 PON 的发展历程。

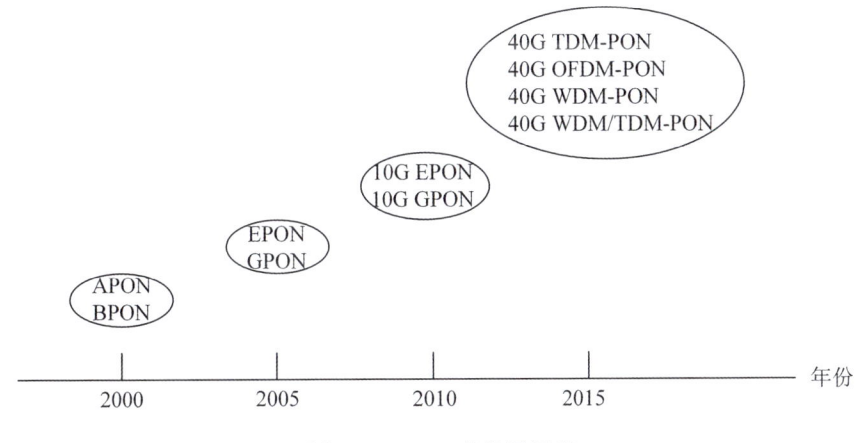

图 6-28　PON 的发展历程

无源光网络是一种纯介质网络,避免了外部设备的电磁干扰和雷电影响,降低了线路和外部设备的故障率,提高了系统可靠性,同时节省了维护成本,是电信维护部门长期期待的技术。无源光网络的优势具体体现在以下几方面:

(1) 无源光网络体积小,设备简单,相对成本低,维护简单,容易扩展,易于升级。

(2) 无源光网络是纯介质网络,彻底避免了电磁干扰和雷电影响,适合在自然条件恶劣的地区使用。

(3) 无源光设备组网灵活,可支持树型、星型、总线型、混合型、冗余型等网络拓扑结构。在传输途中不需电源,没有电子部件,因此容易铺设,基本不用维护,可大大节省长期运营成本和管理成本。

(4) 无源光设备安装方便,有室内型和室外型。其室外型可直接挂在墙上,无须租用或建造机房。

(5) 从技术发展角度看,无源光网络扩容比较简单,不涉及设备改造,只需设备软件升级,硬件设备一次购买便可长期使用,为光纤入户奠定了基础,使用户投资得到保障。

(6) 无源光网络适用于点对多点通信,仅利用无源分光器实现光功率的分配。

(7) 无源光网络带宽分配灵活,服务质量(QoS)有保证。GPON 和 EPON 系统对带宽的分配和保证都有一套完整的体系,可以实现用户级的 SLA。EPON 目前可以提供上下行对称的 1.25 Gbit/s 带宽,并且随着以太网技术的发展可以升级到 10 Gbit/s。GPON 则是高达 2.5 Gbit/s 带宽。

6.9.3 APON

基于异步传输模式的 PON(ATM Passive Optical Network,APON)是第一种被动式光网络标准,是 20 世纪 90 年代中期就被 ITU 和全业务接入网论坛(FSAN)标准化的 PON 技术。

APON 的业务开发是分阶段实施的,第一阶段主要是 VP 专线业务。相对普通专线业务,APON 提供的 VP 专线业务设备成本低、体积小、省电,系统可靠稳定,性能价格比有一定优势。第二阶段实现一次群和二次群电路仿真业务,提供企业内部网的连接和企业电话及数据业务。第三阶段实现以太网接口,提供互联网上网业务和 VLAN 业务。以后再逐步扩展至其他业务,成为名副其实的全业务接入网系统。

APON 采用基于信元的传输系统,允许接入网中的多个用户共享整个带宽。这种统计复用的方式,能更有效地利用网络资源。FSAN 在 2001 年底将 APON 更名为 BPON。宽带 BPON 标准增加了对 WDM、动态和高速上联带宽分配,以及耐久性的支持。BPON 也建立了一个管理接口标准 OMCI,在 OLT 和 ONU/ONT 之间授权混合供应商网络。

APON 的最高速率为 622 Mbit/s,二层采用的是 ATM 封装和传送技术,因此存在带宽不足、技术复杂、价格高、承载 IP 业务效率低等问题,未能取得市场上的成功。

6.9.4 EPON

为更好地适应 IP 业务,第一英里以太网联盟(EFMA)在 2001 年初提出了在二层用以太网取代 ATM 的 EPON 技术,IEEE 802.3ah 工作小组对其进行了标准化。EPON 可以支持 1.25 Gbit/s 对称速率,随着以太网技术发展可升级到 10 Gbit/s。EPON 是一种以以太网为基础的无源光网络。它与 APON 有类似的结构,适用 ITU-T G.983,保留物理层 PON 的精华部分,用以太网代替 ATM 作为数据链路层协议,构成一个可以提供大带宽的高效率接入网。所以 EPON 技术成了非常适合 IP 业务的宽带接入技术,EPON 产品得到了更大程度的商用。

1.EPON 系统组成

图 6-29 给出了 EPON 系统的基本组成。

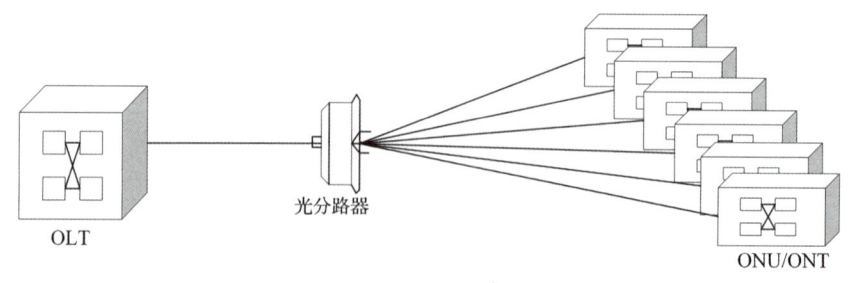

图 6-29　EPON 系统的基本组成

在 EPON 中,通常将自 OLT 到多个 ONU 的方向称为下行方向,反之称为上行方向。上行和下行链路的光信号所用的工作波长范围是 C 波段 1 530～1 565 nm,选择其中的某两个不同的波长,传输速率都为 1 Gbit/s,传输距离可以达到 20 km。

2.EPON 工作原理

如图 6-30 所示是 EPON 下行时分复用信号传输示意图。在下行信号传输中,数据以变长信息包形式,从 OLT 广播至多个 ONU,信息包长度最长为 1 518 字节,依据的是 IEEE 802.3 协议。每个信息包带有一个标题,唯一标识该信息包是发给 ONU-1、ONU-2 还是发给 ONU-3。某些信息还可能是发给所有的 ONU 或发给特定的 ONU 组。在分路器中,将交易信息包划分为三个独立的信号,每个信号载有特定 ONU 的信息包的全部内容。当数据到达 ONU 时,ONU 接收专门发给它的信息包而丢弃发给其他 ONU 的信息包。

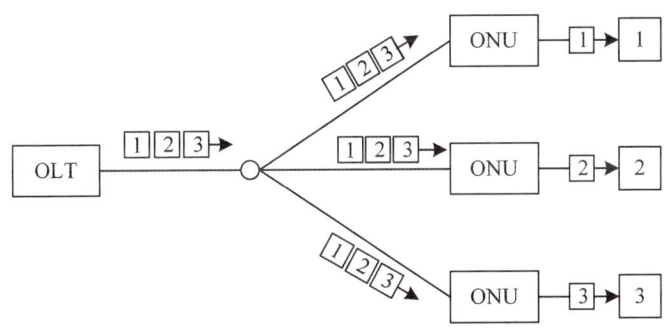

图 6-30　EPON 下行时分复用信号传输示意图

如图 6-31 所示是 EPON 上行时分多址(Time Division Multiple Access,TDMA)信号传输示意图。各个 ONU 的数据帧以突发方式通过共同的无源分配网传输到 OLT。因此,必须采用一种多址接入方式保证每个激活的 ONU 能够占用一定的上行信道带宽。考虑到业务的不对称性和 ONU 的低成本,为了确保上行的信息包不会互相干扰,上行链路采用时分多址复用方式。例如,ONU-1 信息包在第 1 个时隙传输,ONU-2 信息包在第 2 个非重叠的时隙传输,而 ONU-3 信息包在第 3 个非重叠的时隙传输。

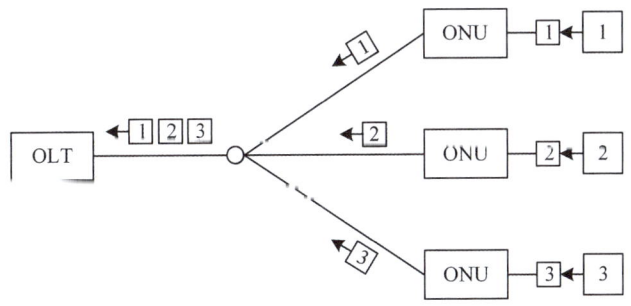

图 6-31　EPON 上行时分多址信号传输示意图

TDMA 方式的 OLT 分配好各 ONU 允许发送上行信号的时隙,发出时隙分配帧。ONU 按照时隙分配帧,在 OLT 分配给 ONU 的时隙中发出自己的上行信号。这样,ONU 之间就可以共享上行信道,即众多的 ONU 可以共享有限的上行信道带宽。

3.EPON 应用实例

EPON 支持多种业务,如图 6-32 所示。

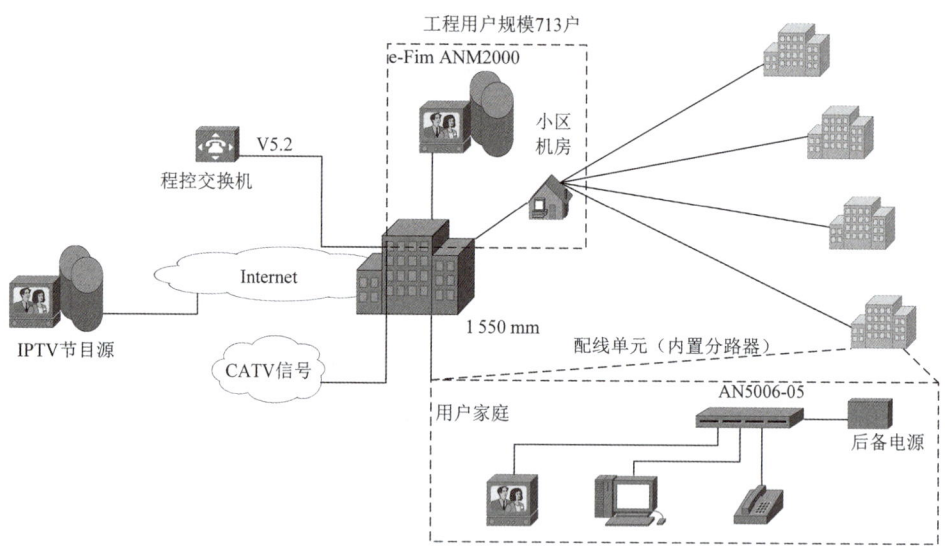

图 6-32　EPON 支持的多种业务

EPON 为电信公司带来很多好处,具体包括:

(1)可以有效降低预先支付的设备资金和与 SDH 及 ATM 有关的运行成本。

(2)由于 EPON 所需的硬件复杂度低,没有外部敷设的电子设备,从而可以减少有经验的技术人员,比 SDH/ATM 更容易配置。

(3)为灵活供应和快速的服务重组提供了方便。

(4)提供了多层安全保障,例如限制用户数量、支持虚拟专用网、采用 IPSec 等。

(5)电信公司可以通过在 EPON 体系结构上开发广泛而灵活的服务来增加收入,例如管理防火墙、语音交易支持、虚拟专用网和互联网接入。

6.9.5　GPON

在 EFMA 提出 EPON 概念的同时,FSAN 又提出了传输速率为吉比特级的无源光网络 GPON。GPON 能提供 1.25 Gbit/s 和 2.5 Gbit/s 下行速率和所有标准的上行速率,并具有强大的 OAM 功能。GPON 具有高传输速率,对各种业务的传输效率更高,其传输距离可以达到 20 km,进而实现了高速率、高效率和长距离的传输。系统分路比可以为 1∶16、1∶32、1∶64 和 1∶128,而且支持多种业务接入。

为了克服 ATM 承载 IP 业务开销大的缺点,GPON 在传输汇聚层采用了一个全新的传输协议,即 GPON 封装方法(GPON Encapsulation Method,GEM)。GEM 协议能够完成对高层多样性业务的适配,如 ATM 业务、TDM 业务和 IP/以太网业务。GEM 协议可以透明、高效地将各种数据信号封装进现有网络协议中,具有开放、通用的特点,可以适应任何用户协议格式和任何传输网络制式。同时,GEM 协议支持多路复用、动态带宽分配等操作管理机制。

EPON、GPON 均可传递时钟同步信号,可通过 OLT 的 STM-1 接口或 GE 接口,从外部线路中提取频率同步信号,此时 OLT 需要支持同步以太网;也可以在 OLT 设备上从外部 BITS 输入时钟信号,作为该 PON 的公共时钟源,ONU 与该时钟源保持频率同步。

1. GPON 系统组成

如图 6-33 所示是 GPON 系统组成结构。GPON 是由光线路终端(OLT)、光网络单元/光网络终端(ONU/ONT)和光分配网(ODN)共同组成的。在 GPON 系统中,OLT 与 ONU/ONT 之间是一种点到多点的关系。

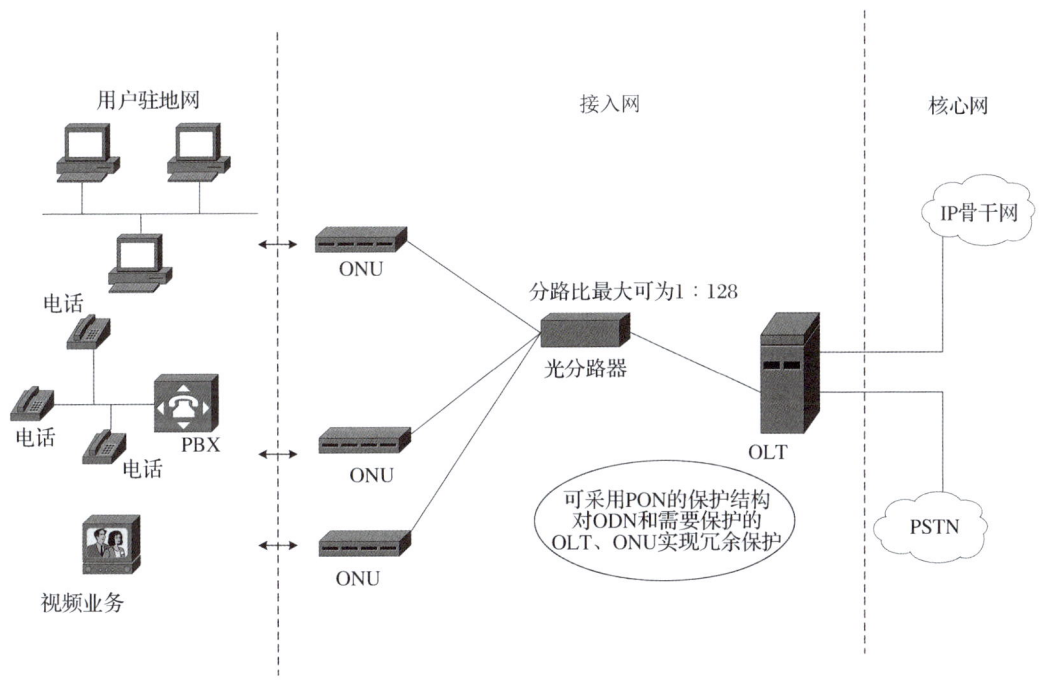

图 6-33 GPON 系统组成结构

OLT 位于机房,它提供广域网接口,包括 GE、ATM 等。ONU/ONT 在用户侧,为用户提供 10/100 Base-T、T1/E1 等应用接口,适配功能(AF)在具体实现中可以集成在 ONU/ONT 中。ODN 由光分路/耦合器等无源器件构成。GPON 可以灵活组成树型、星型、总线型等拓扑结构,典型结构为树型结构。GPON 可以实现语音、数据和视频业务。

2. GPON 工作原理

在 GPON 中,上、下行信号的传输方式是不同的,下行信号采用广播传送方式,而上行信号采用时分多址(TDMA)接入传送方式。在下行链路上,OLT 发出的信号以广播方式传送给每个用户的 ONT。ONT 通过识别数据包头的分配地址来接收和处理相应的数据流量。在上行链路上,GPON 可以使用时分多址复用、波分多址复用、频分多址复用和码分多址复用等接入技术。在 GPON 中采用波分多址复用、频分多址复用和码分多址复用方式时,存在成本高、实现复杂、信道容量固定和信道之间有干扰等问题。因此,现在 GPON 最常用时分多址复用方式。这种接入技术的优点是,n 个 ONT 只需要一个 OLT 转发器和极少的光学信道(波长)。随着光纤通信技术的发展,波分多址复用方式具有强大的竞争力,可以实现上、下链路的对称带宽,独立享受链路容量,成为今后的发展方向。

3.GPON 应用实例

GPON 可以在统一的接入平台上实现 TDM 业务与 IP 业务的汇聚。GPON 综合了 APON 与 EPON 各自在服务质量方面的长处,以满足业务需求,如视音频多媒体数据流、电子商务、IP-虚拟专用网类业务所需要的服务质量。因此,在 GPON 系统上建立与完善服务等级协议,以保证用户服务和提高服务质量。GPON 提供全业务服务的重要标志是建成了全网全程的质量监控和管理体系。如图 6-34 所示是由 ADSL、VDSL、EPON 和 GPON 组成的综合接入方案。

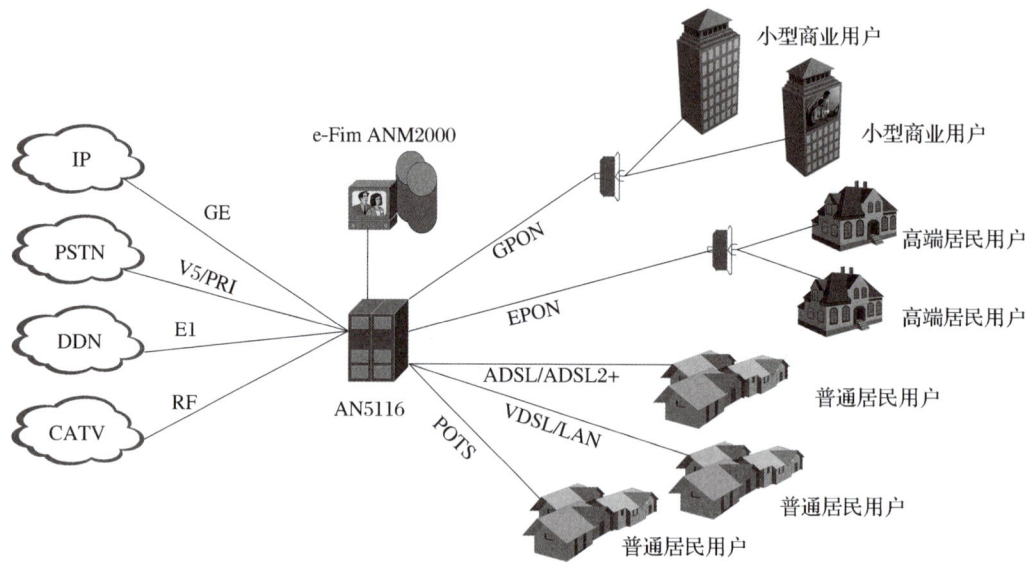

图 6-34 由 ADSL、VDSL、EPON 和 GPON 组成的综合接入方案

6.9.6　下一代无源光网络

为了使 PON 能够适应更大的容量、更低的成本、更新的业务和更好的服务质量,2008 年 1 月,全业务接入网研究组提出了 NG-PON(Next Generation-PON)。按照技术演进阶段,NG-PON 分为 NG-PON1 和 NG-PON2。NG-PON1 分为 10G EPON 和 10G GPON。NG-PON2 是指 40 Gbit/s 及以上传播速率的 PON。NG-PON2 主要有 TDM-PON、WDM-PON 等。

1.10G EPON

虽然 EPON 集以太网和无源光网络优点于一身,具有良好的实用价值和经济效益,但是当 OLT 接入能力不断提高,其覆盖的终端用户 ONU 数目成倍增长时,带宽保障能力和服务质量随之下降。除此之外,随着 IPTV、HDTV、在线互动游戏、视频点播高带宽业务的开展与普及,用户接入带宽的要求也越来越高。为了支持向更高以太网速率的演进,人们提出了将 EPON 的传输速率提高到 10 Gbit/s,即 10G EPON 的接入技术方案。2009 年 9 月,美国电气与电子工程师学会正式发布 IEEE 802.3av 10G EPON 标准。该标准将 EPON 上、下行速率从 1 Gbit/s 提高到 10 Gbit/s,10G EPON 与 EPON 共享大部分协议,波分复用和时分复用结合,使 10G EPON 与 EPON 在同一 PON 上实现共存。

10G EPON 技术在设计上采用后向兼容方法,即最大限度地继承 EPON 的所有特点。这样做的优势包括以下几点:

(1) 在保持 ODN 结构不变的情况下,实现 EPON 网络平滑升级到 10G EPON 网络。

(2) 具有 EPON 与 10G EPON 混合组网能力。

(3) 推出 EPON 与 10G EPON 并存的分层模型。

(4) 管理宽松,既可以沿用 EPON 运维管理,又可以继承 10G 以太网的管理手段。

自 2009 年 7 月开始,法国电信、日本电报电话公司、中国电信和中国移动都在积极开展 10G EPON 设备测试、系统互通和商用试点。2009 年 10 月,烽火通信研制出了 10G EPON 高速宽带接入平台。它既可以全面支持 10G/10G、10G/1G、1G/1G 三种速率模式同时运行,也可以支持 EPON、GPON、10G EPON 混插模式,还能够为用户提供 FTTH、FTTB 等多种建设方案。如图 6-35 所示是烽火通信的 10G EPON 高速宽带接入平台应用实例。

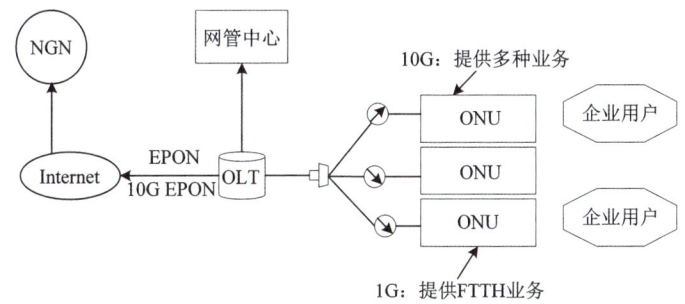

图 6-35　10G EPON 高速宽带接入平台应用实例

2. WDM-PON

现有的 PON 技术可以为用户提供 1G/2G 速率的接入带宽。随着 IPTV、HDTV、网络游戏和 10G、40G、100G 以太网业务的发展,未来每个用户所需要的带宽将会达到 50～100 Mbit/s。

在传统的 PON 结构中,下行方向上,数据在 OLT 以时分复用方式发送到各个 ONU。在上行方向上,各个 ONU 以时分多址方式在各自分配到的时隙发送数据到 OLT,这种方法决定了只有一个光学信道(波长)在光纤中传送数据,没有充分利用光纤丰富的带宽资源。为此,人们提出了波分复用-PON(即 WDM-PON)。

WDM-PON 是利用波分复用技术与无源光网络技术组合而成的无源光网络。WDM-PON 可以实现在一根光纤上同时传输 20～40 个波长，甚至可以扩展到 60 个波长。利用 WDM-PON 可以大幅度提高一根光纤接入的用户数，也可以在不同波长上实现多业务承载。

如图 6-36 所示是 WDM-PON 的组成结构。OLT 由波分复用光源和波分复用接收单元组成。它们分别发送和接收波分复用器件（RN）信号。使用光通带滤波器（Optical Bandpass Filter，OBPF）分离 OLT 中位于传送和接收单元之间的光信号。通过一根光纤将 OLT 与远端节点连接起来。这根光纤承担双向信号传输任务，一个波带下行传输，一个波带上行传输。波分复用器件由光复用器和解复用器（亦称合波器和分波器）组成。远端节点通常是由阵列波导光栅（Arrayed Waveguide Grating，AWG）组成的。AWG 被用来将来自 RN 的波分复用信号传送到每个特定的 ONU，反之亦然。

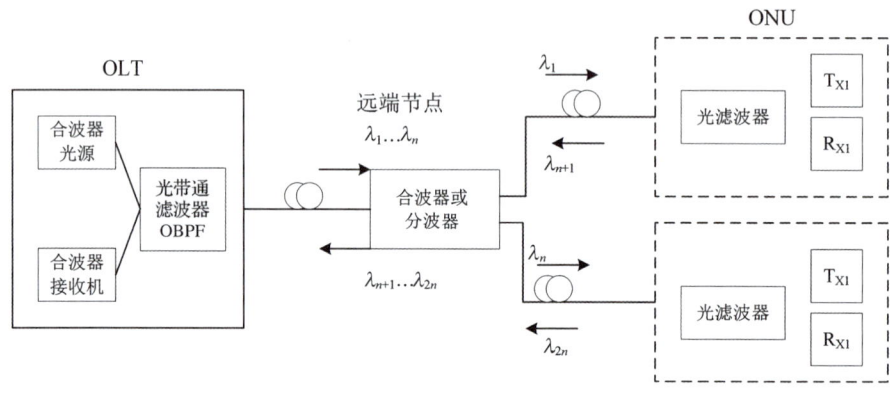

图 6-36　WDM-PON 的组成结构

可以使用 AWG 传送一个波带信号到一个特定的团体或者多个 ONU。通过采用一个多级配置就可以实现波带信号分配。RN 被分为多级，每一级由一个或多个 AWG 器件组成，向特定数目的 ONU 提供接入业务。如图 6-37 所示是多级 WDM-PON 的组网

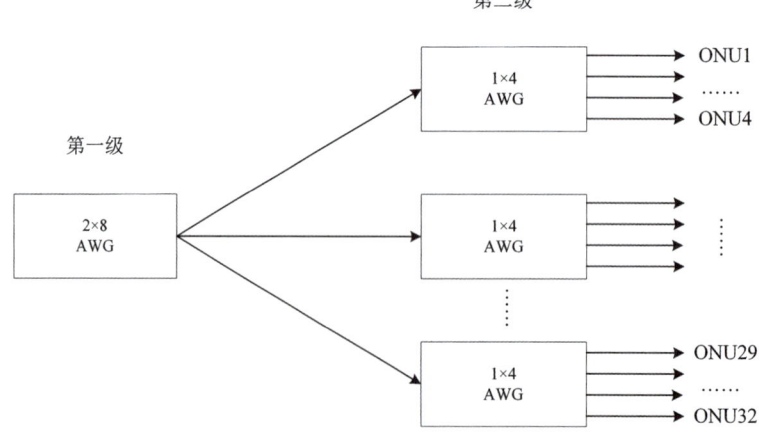

图 6-37　多级 WDM-PON 的组网结构

结构。这是一个两级 AWG 配置的网络结构。第一级由 1 个 2×8 AWG 器件组成，后面紧接的第二级由 8 个 1×4 AWG 组成。这个方案可以实现总数为 32 个 ONU 的接入。

WDM-PON 包括纯波分复用 PON、波分复用＋时分复用 PON（WDM-TDM-PON）和超密集波分复用 PON（Ultra-dense WDM-PON）。图 6-38 给出了 PON 技术的演进过程。混合 PON 可以提供更大的颗粒度和可扩展性，逐渐成为研究的焦点。

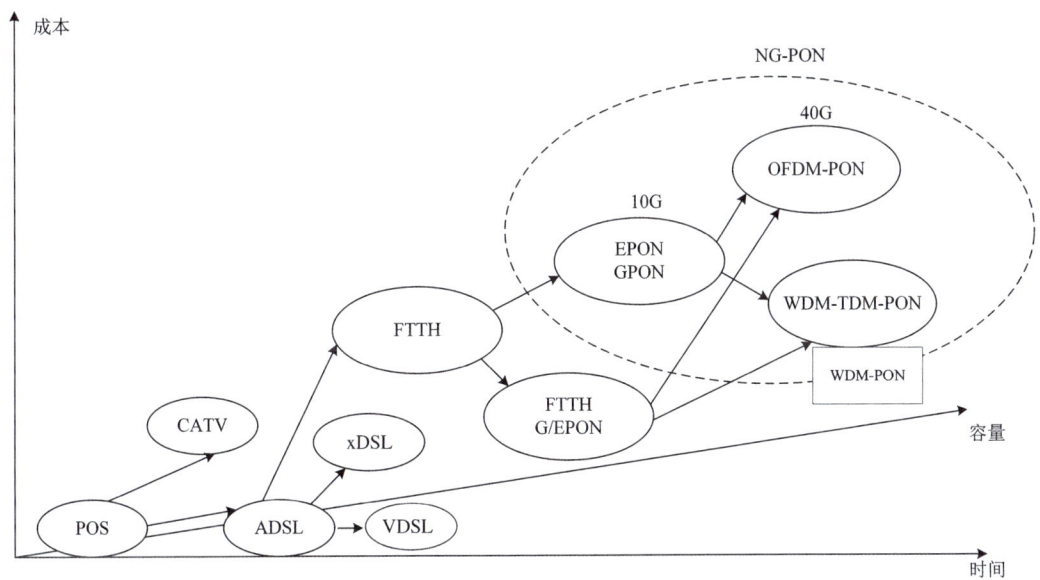

图 6-38　PON 技术的演进过程

由全业务接入网研究组提出的 NG-PON 接入技术能够实现长距离和大容量的接入。图 6-39 给出了超长距离 PON 系统。这个系统可以连接 512 个用户，最长距离可以

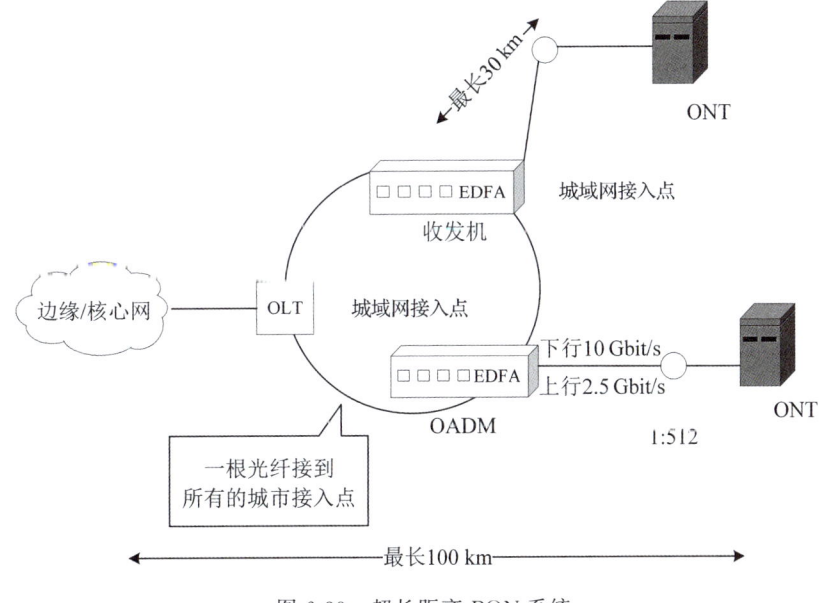

图 6-39　超长距离 PON 系统

达到100 km,达到降低成本的目的。超长距离 PON 将接入网和城域光网络简化成一个简单的网络。网络运营商可以直接与郊区和人口稀少地区进行连接,通过取消城域光网络层直接和核心网边缘连接,网络设备数量大幅度减少,从而为网络运营商节约了大量的设备投资和施工费用,大幅度地降低网络建设成本。

本章小结

　　数字光纤通信系统主要由发送光端机、光纤、光中继器和接收光端机组成。光纤有单模光纤和多模光纤两种,单模光纤主要用在要求传输速率高的场合。发送光端机的作用主要是通过数码强度调制实现电/光转换,并将光信号耦合到光纤中传输。光中继器的作用主要是补偿受到损耗的光信号,并对已失真的光信号进行整形,以延长光信号的传输距离。接收光端机的主要作用是通过直接检波实现光/电转换并将电信号送到 PCM 复用设备处理。利用波分复用(WDM)技术可以使一根光纤传送多个不同波长的光信号,提高光纤系统的通信容量。

　　光网络是实现信息传输与交换的基础设施。光网络是在光纤提供大容量、远距离、高可靠性传输的基础上,利用光网络组网、光电子器件控制技术实现网络之间的互联、业务的灵活配置和网络路由保护等。光网络的发展经历了由同步数字体系、密集波分复用到光传送网、自动交换光网络、分组传送网到光接入网的演进过程。

　　光接入网位于电信网络的边缘,是交换局与用户终端的实施系统。光接入网具有复用、交叉连接和传输功能。由于光接入网对成本比较敏感,从而产生了多种多样的宽带接入技术,其中最具发展前景的是无源光网络,即 EPON、GPON、WDM-PON、WDM-TDM-PON 等。

实验与实践　光通信系统认识与设备参观

项目目的:
1.认识常用的光通信设备;
2.掌握简单光通信测试仪器的使用;
3.掌握简单光通信设备的参数设置与日常运维。
项目实施:
1.参观光通信实训室
2.光源与光功率计的使用
(1)取出两根光纤跳线,用衰耗器连接;
(2)两端分别接光源和光功率计;
(3)分别调节不同的光功率、更换不同的衰耗器,记录光功率计的读数。
3.SDH 设备的参数设置与日常维护
(1)仔细阅读实训指导书,熟悉设备结构和操作步骤;
(2)开机,观察指示灯状态;

(3)连接维护终端,进入参数设置界面;
(4)根据实训指导书的操作步骤,设置设备参数,并观察设备指示灯的变化;
(5)调出设备日志,了解日志信息的含义及维护方法。

项目实施成果:

实验报告

习题与思考题

1. 什么是光纤通信?它有哪些特点?
2. 数字光纤通信系统由哪几部分组成?各有何作用?
3. 简述 WDM 系统的工作原理,它有哪些优点?
4. 说明分组传送网的特点。
5. 简述无源光网络的基础组成及其各部分的功能作用。
6. 比较 EPON、GPON 和 WDM-PON 的工作原理和技术特点。
7. 阐述下一代无源光网络的技术特点。

拓展阅读

赵梓森:中国光纤之父

赵梓森,光纤通信专家,中国工程院院士。1932年2月出生于上海,祖籍广东省中山市。1953年毕业于上海交通大学电信系,现任中国信息通信科技集团(武汉邮电科学研究院)高级技术顾问。曾经担任国家光纤通信技术工程研究中心技术委员会主任、邮电部武汉邮电科学研究院总工程师兼副院长等职。早在1973年就建议我国开展光纤通信技术研究,提出了正确的技术路线,参与起草我国"六五""七五""八五"和"九五"光纤通信攻关计划,为我国光纤通信发展"少走弯路"起了决定性作用。

赵梓森院士是我国光纤通信技术的主要奠基人和公认的开拓者,是"中国光谷"的主要倡导者和推动者,为我国光纤通信事业做出了杰出贡献,获国家科学技术奖4项,指导团队获得国家科学技术奖9项、中国专利金奖1项,取得中国十大科技进展1次,被誉为"中国光纤之父"。

创建中国光通信技术体系

赵梓森院士1954年分配到邮电部武汉电信学校(中专)工作,从此开启了他长达半个世纪的"追光"事业。他率先提出我国通信发展方向和光通信技术路线,创立了我国光通信技术体系方案,拉出了我国第一根实用化石英光纤,并研制了我国第一套脉冲调相光纤通信系统样机。这些"成果"被认为是当时中国最接近世界科技前沿的一次突破。

1973年5月,他参加了全国邮电科研规划会议,从钱伟长处得知,美国已经秘密研制成功实用光纤。此时的他感觉时不我待,努力说服参会领导,把"积极创造条件开展光导纤维研制工作"这句话列入全国科研规划中,促使光导纤维研制第一次成为一般性研究课题。1974年10月,他创新性地提出了符合我国国情的光纤通信研究技术方案,使光纤研制项目首次上升到国家课题层面,为我国的通信事业确立了正确的方向。

1976年5月,他基于自主创建的基础理论体系,研制出我国第一套脉冲调相光通信系统,并在"邮电部工业学大庆展览会"上传输了黑白电视信号,得到了时任邮电部部长钟夫翔的认可,实现了我国用光通信系统传输信息的突破,填补了光纤通信系统领域的空白,为后续数字编码光通信系统研制奠定了坚实的基础。

当时世界光纤通信尚未进入实用阶段,中国也有两条不同的技术路线,一条是用"玻璃做光纤,YAG固体激光器做光源,增量调制做通信机";另一条是赵梓森主张的"用石英做光纤,半导体做激光器光源,数字编码做通信机"。经过"背对背辩论",国务院科技办认为赵梓森的路线正确,并把国家发展光纤通信的项目交给了武汉邮电科学院。事实证明,这条技术路线穿越了半个世纪,至今仍然采用,使我国在发展光纤通信的道路上少走了很多弯路。

20世纪70年代末,他在考证了当时众多学派的相关理论后,利用光纤传输理论、Bell实验室的光接收机理论、光检测噪声方法、线路编码技术等,在国内首次综合地建立了一套完整的"光纤通信系统设计理论",实现了光纤光缆、光器件、光通信系统三个重要领域有机结合,著作成书,主要有《数字光纤通信原理》《单模光纤通信系统原理》和《光纤通信工程》,它们是我国建立光纤通信系统理论和解决工程性难题的奠基之作,首次对光纤理论、系统和光电器件有机联系、系统设计和工程难题等内容进行了全面阐述和系统介绍,是我国光纤通信研发设计的重要依据,对该领域发展产生了深远影响。

1977年,他作为武汉邮电科学研究院总工程师、项目总负责人、技术带头人,带领全院科技人员一起攻关,在实现方案、制作装备、测试仪表等完全空白的情况下,攻关不畏难,在拉制我国第一根光纤过程中,曾因氯气中毒送医院抢救。第一根实用化通信光纤的研制成功,填补了我国光纤研发制造的空白,为我国光纤通信事业的发展创造了一个良好的开端,项目团队"二室熔炼组"也获1978年全国科技大会奖。

创立中国跨越性光通信工程

赵梓森院士重视理论研究的同时更注重产业发展,服务百姓生活。他首创了中国8项光纤通信工程,打破"巴统"封锁,使我国光纤通信网从无到有,中国通信进入光纤数字化时代。多次攻克高速传输网多项国际性难题,对建设光纤强国,推动我国光纤通信事业部分技术领跑世界,跻身国际一流行列起到关键作用。

1982年,他在"巴统"的严密技术封锁下,不等不靠,积极组织搭建研制平台,成功研制出我国第一个实用化的8 Mbit/s光纤通信系统,并在武汉三镇电信局安装使用,标志着我国进入光纤数字化通信时代,开创了我国光通信应用历史。

1984年,他提出了我国自主原创的光通信系统编码理论和方案,研制了中国首个34 Mbit/s的三次群PDH设备,并实现了工程化应用。

1987年,他提出了高速单模长波长传输的发送、接收调制解调技术和方案,研制出我国首个140 Mbit/s的光传输设备,建设了我国京-沪-广光纤通信干线,解决了我国改革开放中的光通信"瓶颈",为国民经济的发展做出了重大贡献。

1992年,他提出了五次群光端机,建成世界最快PDH 565 Mbit/s的光缆系统,安装于上海到无锡。当时高于140 Mbit/s的光缆通信系统受"巴统"限制,本工程对打破"巴统"的技术封锁起到了积极作用。时任邮电部副部长谢高觉组织鉴定并认为，该系统达到国际20世纪80年代末同类系统的先进水平。该系统获1995年国家科技委二等奖。

赵梓森院士推动我国从2.5 Gbit/s SDH发展到3.2 Tbit/s DWDM光纤通信传输系统，多次攻克高速光纤传输网多项国际性难题，实现了160年间国际电信史上中国在制定和掌握电信技术标准上零的突破，在2006年建成了世界上当时容量最大、传输速率最快的商用工程，我国光通信实现了从追赶西方到引领世界的飞跃。

1997年，他带领团队建成了中国第一套同步数字系列(SDH)国产2.5 Gbit/s SDH设备系统，安装于海口-万宁-三亚，全长322千米，实现了国内172千米最长中继距离传输，设备具有中英文界面网管系统，各项技术装备具有当代国际先进水平，大力推动了我国通信高技术产业发展，打破外国公司对我国SDH技术和市场的垄断，具有重大战略意义，该成果同时获得了2001年国家科技进步二等奖。

2001年，他指导团队创立了中国在互联网领域的第一个ITU标准，创新性提出"四个统一的理论方法"。首次在国内实现了开满32波的DWDM系统，安装于广西南宁，是中国首台具有IP over SDH using LAPS接口的路由器。他带领团队在国际上率先提出统计复用与时分复用传输融合方法，完成首台基于分组网的多业务环设备研制，被国际电联批准为ITU-T X.85、X.86、X.87标准，实现了160年间国际电信史上中国在制定和掌握电信技术标准上零的突破，获2003年、2005年国家科技进步二等奖；该成果获2009年、2014年国家技术发明二等奖和2012中国专利金奖。

2006年，他采用自主创新技术，攻克了STM-256成帧、超高速信号处理、超高速光传输等方面的技术难题，研制出80×40 Gbit/s STM-256帧结构SDH设备，安装于国家干线工程上海-杭州，在国内首次实现40 Gbit/s在常用G.652和G.655光纤上560千米远距离传输，是中国第一套3.2 Tbit/s DWDM传输系统，也是世界上第一个符合ITU-T标准的系统。这项技术的突破使我国站在了国际光通信技术与应用领域的前列，该成果获2008年、2011年国家科技进步二等奖。

2014年，他提出了超大容量设计方案，实现了我国光传输实验在容量上的突破，在国内首次实现一根头发丝般粗细的普通单模光纤中以超大容量超密集波分复用传输80千米，传输总容量达到100.23 Tbit/s，相当于12.01亿对人在一根光纤上同时通话，奠定了我国在光通信领域保持的国际领先地位。该成果入选2014年中国十大科技进展。

全面布局中国光通信产业

赵梓森院士在1978年科学技术大会后，对接国家"三年突破，八年应用"目标，提出建议全面布局光纤光缆、光器件和光通信系统三大研究方向，成就了世界唯一光通信全产业链的集团——武汉邮电科学研究院，为我国早期光通信事业的发展起到了奠基作用。

1984年，赵梓森院士担任中方技术负责人，经过4年认真调研和艰苦谈判，合作建立了长飞公司。在他的亲临一线指导下，1998年，长飞公司生产的光纤质量已接近世界先进水平，技术和市场占有率已大大超过早期技术合作的飞利浦公司。成功地抑制了国外产品对中国光纤产业的控制，使得中国的光纤产业由弱到强。其间，武汉邮电科学研究院还把光纤制造技术转让给了亨通，亨通聘任了赵梓森为顾问。现今，烽火、长飞、亨通国内排名前三,三家市场总份额占全球 50% 以上,对我国乃至世界光纤技术发展起到了重要的推动作用。

  2001 年 2 月,在赵梓森院士等人倡导推动下,科技部正式批准在武汉建立中国光电子信息技术产业化基地——"武汉中国光谷"。只用了不到 6 年时间,武汉中国光谷成为世界上最大的光电子产品研产基地,相关企业总收入 1.3 万亿元,光电子收入达 5 500 亿元,从全国脱颖而出,成为民族的品牌、国家的骄傲,被湖北日报改革开放 40 年专栏报道:"一束光照亮一座城"。

  在近半个世纪的科研生涯中,赵梓森院士带领团队冲锋在前,实现了我国光纤制造技术零的突破。这种精神引领和激励了武汉邮电科学研究院一代代科技工作者在科学研究的道路上前赴后继、勇往直前。同时也推动了人才队伍的建设,培养出了以两院院士、集团总工、国家千人为代表的一大批高层次人才,打造出了一支高水平、能打仗、打胜仗的科研攻关团队,因此武汉邮电科学研究院先后被国家授予"国家光纤通信技术工程研究中心""国家光电子工艺中心(武汉分部)""国家信息光电子创新中心"等。这些"中心"又培养了一大批各层次光通信人才,服务于华为、中兴、长飞、亨通和富通等公司。

  面向未来,赵梓森院士壮心不已,他深情寄语:"我们要使用新材料,做更高水平的光纤,继续在世界领跑。"

  (源自:周鹏.赵梓森:中国光纤之父[J].中国高新科技,2020(1):14-16.)

第 7 章 计算机网络

> **学习目标**
>
> 1. 了解计算机网络的发展历程;
> 2. 了解计算机网络的硬件及软件组成;
> 3. 掌握计算机常用硬件设备的工作原理;
> 4. 掌握IP地址规划的原理;
> 5. 掌握子网划分的方法;
> 6. 了解域名系统的工作原理;
> 7. 掌握虚拟局域网的划分方法。

20世纪90年代以后,计算机网络得到了飞速的发展,已从最初的教育科研网络逐步发展为商业网络,并成为仅次于全球电话网的世界第二大网络。计算机网络正在改变着我们工作和生活的各个方面,它已经给很多国家带来了巨大的好处,并加速了全球信息革命的进程。计算机网络是人类自印刷术发明以来在通信方面最大的变革。现在,人们的生活、工作、学习和交往都离不开计算机网络。

计算机网络是指将地理位置不同的具有独立功能的多台计算机及其外部设备,通过通信线路连接起来,在网络操作系统、网络管理软件及网络通信协议的管理和协调下,实现资源共享和信息传递的计算机系统。简单地说,计算机网络就是通过电缆、电话线或无线通信将两台以上的计算机互连起来的集合。

7.1 计算机网络的发展

计算机网络从产生到发展,总体来说可以分成4个阶段:

第1阶段:面向终端的计算机通信网

这个阶段的特点是计算机是网络的中心和控制者,终端围绕中心计算机分布在各处,各终端通过通信线路共享主机的硬件和软件资源。用户可以在自己办公室内的终端输入程序,通过通信线路传送到中心计算机,访问和使用资源进行信息处理,处理结果再通过通信线路回送到用户终端显示或打印。这种以单个为中心的联机系统称作面向终端的远程联机系统。

第2阶段:分组交换网

1969年,为了能在爆发核战争时保障通信联络,美国国防部高级研究计划局(ARPA)与麻省剑桥的BBN公司签订协议,进行计算机之间的远程互连研究,建立了世界上第一个分组交换试验网ARPANET,连接美国四所大学。ARPANET的建成和不断发展标志着计算机网络发展的新纪元,其在技术上的另一个重大贡献是TCP/IP协议族的开发和使用。

分组交换网由通信子网和资源子网组成,以通信子网为中心,不仅共享通信子网的资源,还可共享资源子网的硬件和软件资源。网络的共享采用排队方式,即由节点的分组交换机负责分组的存储转发和路由选择,给两个进行通信的用户分配传输带宽,这样就可以大大提高通信线路的利用率,非常适合突发式的计算机数据。

第3阶段:计算机网络体系结构的形成

为了使不同体系结构的计算机网络都能相连,国际标准化组织ISO提出了一个能使各种计算机在世界范围内互连成网的标准框架——开放系统互连基本参考模型OSI。这样,只要遵循OSI标准,一个系统就可以和位于世界上任何地方的,也遵循同一标准的其他任何系统进行通信。

第4阶段:网络互联与高速计算机网络

各种网络进行互联,形成更大规模的互联网络。以Internet为典型代表,特点是互联、高速、智能与更为广泛的应用。超高速的光通信技术、无线通信技术等一批先进技术产生新的飞跃,相应地,一批新型网络技术也随之蓬勃发展,如10G以太网技术、"最后一公里"接入技术、多层交换、全光网络、3G、MPLS技术等。这些新兴的网络技术革新了网络环境和应用方式,使其提供的服务更大、更快、更安全、更及时、更方便。下一代高速计算机网络将具有主动性、可扩展性、适应性和服务的可集成性等特征。

计算机网络按照作用范围可以分为互联网(Internet)、广域网(WAN,Wide Area Network)、城域网(MAN,Metropolitan Area Network)和局域网(LAN,Local Area Network),它们的主要区别在于网络跨度和工作站数量。

互联网:因其英文单词"Internet"的谐音,又称为"因特网"。在互联网应用如此发展的今天,它已是我们每天都要打交道的一种网络,无论是从地理范围,还是从网络规模来讲它都是最大的一种网络,有我们常说的"Web"、"WWW"和"万维网"等多种叫法。从地理范围来说,它可以是全球计算机的互连,这种网络最大的特点就是不定性,整个网络的计算机每时每刻随着网络的接入在不断变化。当用户连在互联网上的时候,用户的计算机可以算作互联网的一部分,一旦用户断开互联网的连接,用户的计算机就不属于互联网了。但它的优点也是非常明显的,就是信息量大,传播广,无论用户身处何地,只要连接到互联网用户就可以对任何联网用户发出信函和广告。因为这种网络的复杂性,所以这种网络实现的技术也是非常复杂的,这一点我们可以通过后面要讲的几种互联网接入设备详细地了解到。

Internet 的前身是 1969 年问世的美国 ARPANET。到了 1983 年,ARPANET 已连接了超过三百台计算机。1984 年 ARPANET 被分解为两个网络,一个民用,仍然称 ARPANET;另外一个军用,称为 MILNET。美国国家科学基金组织 NSF 从 1985 年到 1990 年建设了由主干网、地区网和校园网组成的三级网络,称为 NSFNET,并与 ARPANET 相连。到了 1990 年,NSFNET 和 ARPANET 一起改名为 Internet 。随后,Internet 上计算机接入的数目与日俱增,为进一步扩大 Internet,美国政府将 Internet 的主干网交由非私营公司经营,并开始对 Internet 上的传输服务收费,Internet 得到了迅猛发展。

由中国科学院主持,联合北京大学和清华大学共同完成的 NCFC(中国国家计算与网络设施)是一个在北京中关村地区建设的超级计算中心。NCFC 通过光缆将中科院中关村地区的三十多个研究所及清华、北大两所高校连接起来,形成 NCFC 的计算机网络。到 1994 年 5 月,NCFC 已连接了 150 多个以太网,共 3000 多台计算机。1994 年 4 月,NCFC 与 Internet 连接,形成了我国最早的 Internet 网络。

我国的商业 Internet——中国公用计算机互联网 ChinaNet 由中国电信和中国网通始建于 1995 年。ChinaNet 通过美国 MCI 公司、Global One 公司、新加坡 Telecom 公司、日本 KDD 公司与国际 Internet 连接。目前,ChinaNet 骨干网接入点遍布全国,干线速率达到数十 Gbit/s,成为国际 Internet 的重要组成部分。

广域网:一般作用范围为几十到几千千米,可以覆盖一个国家或者一个国家的大部分地区。它具有很高的传输速率和容量,主要采用分组交换技术,传输介质为光纤。

城域网:作用范围在 WAN 和 LAN 之间,可以用于两者之间的连接。传输介质一般为光纤,传输速率在 100 Mbit/s 以上。

局域网:一般作用范围在 5 km 以内,1 km 左右,可以覆盖一个学校、单位或者一栋大楼。它具有很高的传输速率,达 Gbit/s 级,传输介质一般为双绞线、同轴电缆、光纤和无线电波。

7.2 计算机网络的组成

计算机网络是由负责传输数据的网络传输介质和网络设备、使用网络的计算机终端设备和服务器等硬件系统及软件系统组成的,如图 7-1 所示。但为了保证网络的正常工作,还需要有统一的规范和协议。

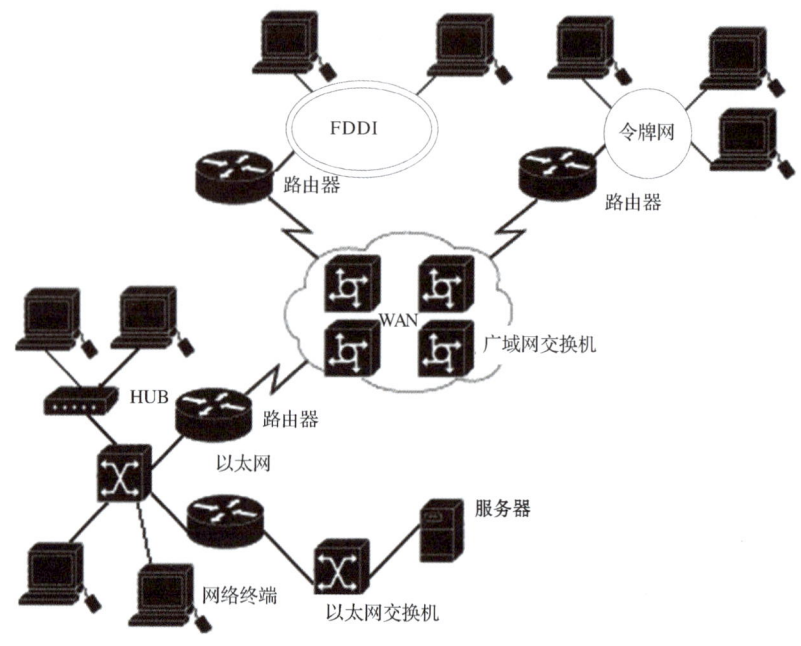

图 7-1　计算机网络的组成

7.2.1　计算机网络协议与体系结构

普通用户可以方便快捷地接入网络享受各种服务,可是计算机网络却为了完成各种功能而进行着复杂的工作。这项复杂的工作可以分工完成,这里以"两个公司经理的商务信函交流"这样一项工作为例说明分工的过程,从而引出通信网络分层结构与协议的概念。

图 7-2 是信函交流工作的流程图:经理 A 提出一种建议或想法,由秘书将其转换成商业文本,收发员将文本装入信封并标上地址,邮递员分拣后送上邮政车到经理 B 的所在地⋯⋯最终,经理 B 可以知道经理 A 的建议或想法。如果经理 B 要给一个答复,可以通过上述的逆过程实现。

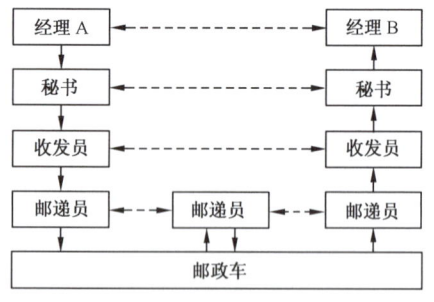

图 7-2　信函交流工作的流程图

图 7-2 中,这项工作被分成了五个层次,分别可以称为经理层、秘书层等。对每一层都有一定的要求,如对邮递员的要求是将信函根据地址正确无误地分拣并送上邮政车,对秘书的要求是能理解经理的想法,知道商务文本的格式及术语等。一般来说,在对每一层的要求中都会包含与邻层相关的内容,同时,这些要求在公司选聘员工时作为标准。

其实计算机网络的工作要比上面的例子复杂得多,比如在通信中如何保证数据准确无误地收发,如何让数据找到目的计算机,如果发生差错和意外如何进行查找和恢复等,所以我们也可以采用分层结构来降低计算机网络的复杂度。

1974年,美国IBM公司提出了自己研制的系统网络体系结构SNA(System Network Architecture)后,其他公司也相继推出了自己的体系结构。但是不同公司的体系结构之间的差异导致各个公司产品无法互联成网,这大大阻碍了网络的发展,无法满足应用的需求。为了解决这一问题,国际标准化组织(ISO)为计算机通信开发了一个通用的分层结构,称为开放系统互连模型(OSI/RM),简称OSI,"开放"的意思是指遵循OSI标准的任何系统都可以与世界上任何地方的,也遵循这一标准的任何其他系统通信。OSI将整个通信系统分成7个相互独立的层,每一层都有各自的协议、任务与目标。OSI的目标是让各厂家生产的设备能够互连,但是由于其研发周期过长、层次过于复杂等以失败告终。现在,应用最广泛的并不是国际标准OSI,而是后来居上的非国际标准TCP/IP。

1.协议

在计算机网络中要想实现有条不紊地通信,就需要各个环节都遵守事先约定好的规则,就好像我们都遵守"红灯停、绿灯行"等交通规则才能保证良好的交通秩序一样,使用相同的语言才能更好地交流、表达意思。为网络中的数据交换而建立的规则、标准或约定叫作网络协议,它包括语法、语义与同步三部分:

语法,即数据与控制信息的结构与格式;

语义,即需要发出何种控制信息、完成何种动作以及做出何种反应;

同步,即事件先后顺序的说明。

体系结构中的每个层次都有自己的协议,它们执行不同的功能,是网络不可或缺的组成部分。

2.OSI参考模型

OSI参考模型将计算机网络分为7层,从下到上依次为物理层、数据链路层、网络层、传输层、会话层、表示层和应用层,如图7-3所示。每层的功能如下:

(1)物理层:在网络中相邻节点之间"透明"地传输比特流。该层解决的问题包括接口线缆上信号的电平范围,用何种电平信号表示"0"码和"1"码,数据终端设备(DTE)与数据传输设备(DCE)接口采用的接口尺寸等,RS-232-C就是一个典型的物理层协议。

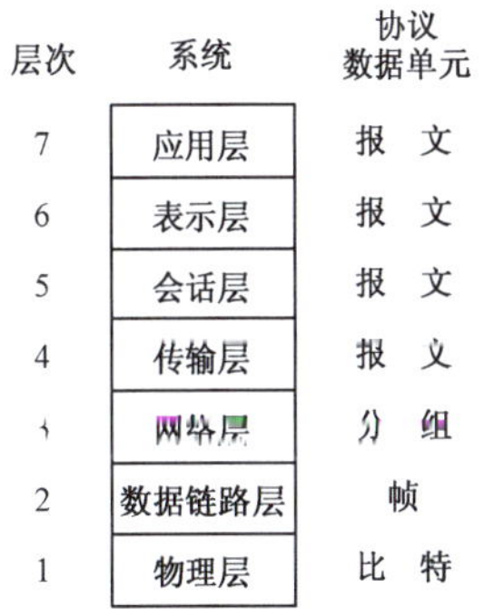

(2)数据链路层:在不可靠的物理层上实现可靠的数据传输,即采用一定的差错控制技术在网络的相邻节点之间

图7-3 OSI七层参考模型

可靠地传送数据帧。该层功能包括数据链路连接的建立、维护和释放,识别数据帧的开头与结尾,流量控制和差错控制,识别发送方和目的地址等。ARQ协议、链路控制规程HDLC协议等都是典型的数据链路层协议。

(3)网络层:将上一层传下来的数据封装成"分组"或"数据报",为其选择合适的路由传送到目的地。网络层的典型协议就是 IP 协议。

（4）传输层：负责主机中两个进程之间的通信，这里的进程是指主机中正在运行的程序。功能包括建立、拆除和管理传送连接，传输差错的校验和恢复，流量控制等，处理的数据单元为报文。典型的传输层协议有 TCP（传输控制协议）和 UDP（用户数据包协议）。

（5）会话层：它是用户进网的接口，着重解决面向用户的功能。例如：会话建立时，双方必须核实对方是否有权参与会话，由哪一方支付通信费用，在各种选择功能方面取得一致等。

（6）表示层：主要解决用户信息的语法表示问题。表示层将数据从适合于某一用户的语法，变换为适合于 OSI 系统内部使用的传送语法。

（7）应用层：假定网络上有很多不同形式的终端，各种终端的屏幕格式都不同，应用层就要设法转换。典型的应用层协议有 FTP（文件传输协议）、HTTP（超文本传输协议）、SMTP（简单邮件传输协议）等。

物理层协议是唯一直接面向比特传输的协议，也是唯一只能用硬件来实现的协议。其他各层都是对数据进行处理（如各种编码），都可以用软件来实现。然而，在有些情况下用硬件实现要比用软件实现更有效，比如进行简单编码时，由逻辑电路实现要比用计算机运算速度更快，因此数据链路层协议和网络层协议也往往会用硬件实现，更高层的协议基本上都是用软件实现的。

图 7-4 是两台计算机之间的通信过程，该过程如下所述：

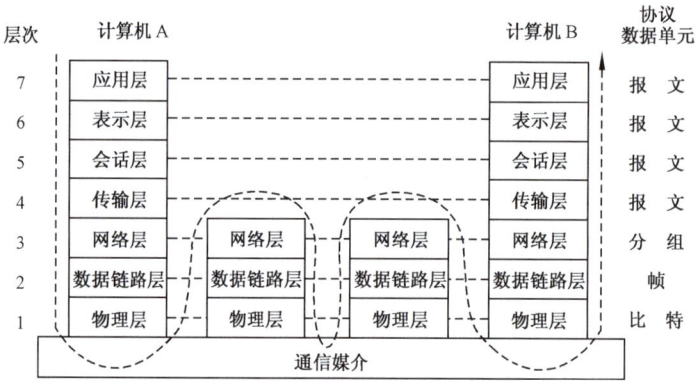

图 7-4 OSI 参考模型下的文件传输

（1）用户以它的文字处理程序向计算机 A 的应用层发布文件传送命令；
（2）应用层将其送到表示层，在这一层上对数据的格式进行修改；
（3）数据被送到会话层，在这里请求与目标进行连接，并将数据送到传输层；
（4）传输层为了便于数据的传输将整个文件分成若干个可管理的数据块并送到网络层；
（5）网络层选择数据的路由器后将数据送到数据链路层；
（6）数据链路层要在数据上加一些额外的信息以便于接收端进行检错与纠错；
（7）最后数据被送到物理层，物理层形成数据波形，通过物理信道发向目标计算机 B。

3.TCP/IP 协议

OSI 曾试图变成全世界计算机网络都遵循的统一标准,但它却存在结构既复杂不实用、开发周期又过长、层次划分不合理等弊端,所以惨遭市场淘汰,而真正得到全世界承认的是非国际标准 TCP/IP 协议。

TCP/IP 协议是一个协议集,由很多协议组成。TCP 和 IP 是这个协议集中的两个协议,TCP/IP 协议是用这两个协议来命名的。

TCP/IP 协议中每一个协议涉及的功能,都用程序来实现。TCP 协议和 IP 协议有对应的 TCP 程序和 IP 程序。TCP 协议规定了 TCP 程序需要完成哪些功能,如何完成这些功能,以及 TCP 程序所涉及的数据格式。

如图 7-5 所示为 TCP/IP 与 OSI 两种体系结构的比较。在一些问题的处理上,这两种体系结构是很不同的,例如:(1)TCP/IP 一开始就考虑到多种异构网(Heterogeneous Network)的互联问题,并将网际协议 IP 作为 TCP/IP 的重要组成部分。但 ISO 和 CCITT 最初只考虑到使用一种标准的公用数据网将各种不同的系统互连在一起。(2)TCP/IP 一开始就将面向连接服务和无连接服务并重,而 OSI 在开始时只强调面向连接服务。一直到很晚 OSI 才开始制定无连接服务的有关标准。(3)TCP/IP 有较好的网络管理功能,而 OSI 到后来才开始考虑这个问题。

OSI参考模型		TCP/IP	
第7层	应用层	应用层	应用层程序间的数据发送相关内容
第6层	表示层		
第5层	会话层		
第4层	传输层	传输层	传输层与对方连接的管理 确保数据传输可靠性相关内容
第3层	网络层	网际IP层	无连接分组交付服务
第2层	数据链路层	网络接口层	接口、网线等物理特性格式,以及直接连接在其上的终端间的通信方式
第1层	物理层		

图 7-5 OSI 与 TCP/IP 结构体系的比较

7.2.2 硬件系统

1.网络传输介质

有四种主要的网络传输介质:双绞线、光纤、微波、同轴电缆。

在局域网中的主要传输介质是双绞线,这是一种不同于电话线的 8 芯电缆,具有高速传输数据的能力。光纤在局域网中多承担干线部分的数据传输。使用微波的无线局域网由于其灵活性而逐渐普及。早期的局域网中使用网络同轴电缆,从 1995 年开始,网络同轴电缆被逐渐淘汰,已经不在局域网中使用了。由于 Cable Modem 的使用,电视同轴电缆还在充当 Internet 连接的一种传输介质。

2.网络交换设备

网络交换设备是把计算机连接在一起的基本网络设备。计算机之间的数据报通过交换机转发。因此,计算机要连接到局域网中,必须首先连接到交换机上。不同种类的网络使用不同的交换机。常见的有:以太网交换机、ATM 交换机、帧中继网的帧中继交换机、令牌网交换机、FDDI 交换机等。

也可以使用称为 HUB 的网络集线器替代交换机。HUB 的价格低廉,但会消耗大量的网络带宽资源。由于局域网交换机的价格已经下降到能为大多数用户接受,所以正式的网络已经不再使用 HUB。

网络中的冲突域是指连接在同一导线上的所有工作站的集合,或者说是同一物理网段上所有节点的集合,例如一个 HUB 所辖区域为一个冲突域。广播域则是指接收同样广播消息的节点的集合,例如 HUB、交换机这类设备所辖区域为一个广播域。

(1)集线器

集线器的功能是帮助计算机转发数据报,它是最简单的网络设备,价格也非常便宜。

如图 7-6 所示,简单用一个集线器就可以将数台计算机连接到一起,使计算机之间可以互相通信。在购买一台集线器后,只需要简单地用双绞线电缆把各台计算机与集线器连接到一起,并不需要做其他事情,一个简单的网络就搭建成功了。

集线器的工作原理非常简单。当集线器从一个端口收到数据报时,它便将简单地把数据报向所有端口转发。于是,当一台计算机准备向另外一台计算机发送数据报时,实际上集线

图 7-6　集线器在网络中的应用

器把这个数据报转发给了所有计算机。发送主机发送出的数据报有一个报头,报头中装着目标主机的地址(称为 MAC 地址),只有那台 MAC 地址与报头中封装的目标 MAC 地址相同的计算机才抄收数据报。所以,尽管源主机的数据报被集线器转发给了所有计算机,但是,只有目标主机才会接收这个数据报。

集线器目前已经很少使用,此处也不再对其进行更为详细的描述。

(2)交换机

交换机(Switch)也称为交换器。交换机是一个具有简单、低价、高性能和高端口密集特点的交换产品。交换机采用了一种桥接的复杂交换技术。交换机按每一数据帧中的 MAC 地址使用相对简单的决策进行信息转发。而这种转发决策一般不考虑帧中隐藏的更深的其他信息。交换机的工作原理如下:

交换机将 PC、服务器和外设连接成一个网络。因为集线器是一个总线共享型的网络设备,在集线器连接组成的网段中,当两台计算机通信时,其他计算机的通信就必须等待,这样的通信效率是很低的。而交换机区别于集线器的是能够同时提供点对点的多个链路,从而大大提高了网络的带宽。

交换机的核心是交换表。交换表是一个交换机端口与 MAC 地址的映射表。一帧数据到达交换机后,交换机从其帧报头中取出目标 MAC 地址,通过查表,得知应该向哪个端口转发,进而将数据帧从正确的端口转发出去。如图 7-7 所示,当左上方的计算机希望与右下方的计算机通信时,左上方主机将数据帧发给交换机。交换机从 e0 端口收到数据帧后,从其帧报头中取出目标 MAC 地址 0260.8c01.4444。通过查交换表,得知应该向 e3 端口转发,进而将数据帧从 e3 端口转发出去。我们可以看到,在 e0、e3 端口进行通信的同时,交换机的其他端口仍然可以通信,例如 e1、e2 端口之间。

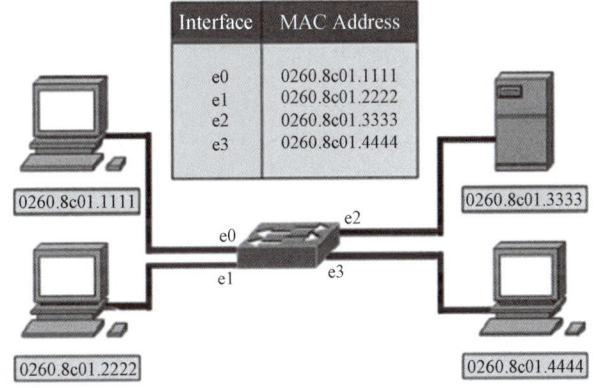

图 7-7 以太网交换机中的交换表

如果交换机在自己的交换表中查不到该向哪个端口转发,则向所有端口转发。当然,广播数据报(目标 MAC 地址为 FFFF.FFFF.FFFF 的数据帧)到达交换机后,交换机将广播报文向所有端口转发。因此,交换机有两种数据帧将会向所有端口转发:广播帧和用交换表无法确认转发端口的数据帧。

交换表是通过自学习得到的。交换表放置在交换机的内存中。交换机刚上电的时候,交换表是空的。当 0260.8c01.1111 主机向 0260.8c01.2222 主机发送报文的时候,交换机无法通过交换表得知应该向哪个端口转发报文,于是交换机将向所有端口转发。

虽然交换机不知道目标主机 0260.8c01.2222 在自己的哪个端口,但是它知道报文来自 e0 端口。因此,转发报文后,交换机便把帧报头中的源 MAC 地址 0260.8c01.1111 加入其交换表 e0 端口行中。

交换机对其他端口的主机也是这样辨识其 MAC 地址的。经过一段时间后,交换机通过自学习,得到完整的交换表。

可以看到,交换机的各个端口是没有自己的 MAC 地址的。交换机各个端口的 MAC 地址是它所连接的 PC 的 MAC 地址。

如图 7-8 所示,当交换机级联的时候,连接到其他交换机的主机的 MAC 地址都会捆绑到本交换机的级联端口。这时,交换机的一个端口会捆绑多个 MAC 地址(如图中 e1 端口所示)。

为了避免交换表中出现垃圾地址,交换机对交换表有遗忘功能。即交换机每隔一段时间,就会清除自己的交换表,重新学习、建立新的交换表。这样做付出的代价是重新学习花费的时间和对带宽的浪费。但这是迫不得已而必须做的。新的智能化交换机可以

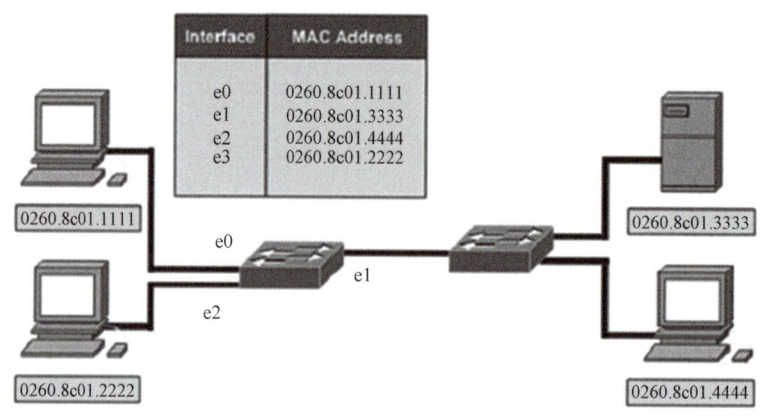

图 7-8　交换机的一个端口可以捆绑多个 MAC 地址

选择遗忘那些长时间没有通信流量的 MAC 地址,进而改进交换机的性能。

如果用以太网交换机连接一个简单的网络,一台新的交换机不需要任何配置,将各个主机连接到交换机上就可以工作了。这时,使用交换机与使用集线器连网同样简单。

3.网络互连设备

网络互连设备主要是指路由器。路由器是连接网络的必需设备,在网络之间转发数据报。

路由器不仅提供同类网络之间的互相连接,还提供不同网络之间的通信。比如:局域网与广域网的连接、以太网与帧中继网络的连接等。

在广域网与局域网的连接中,调制解调器也是一个重要的设备。调制解调器用于将数字信号调制成频率带宽更窄的信号,以便适于广域网的频率带宽。最常见的是使用电话网络或有线电视网络接入互联网。

中继器是一个延长网络电缆和光缆的设备,对衰减了的信号起再生作用。

网桥是一个被淘汰了的网络产品,用来改善网络带宽拥挤问题。交换机设备同时完成了网桥需要完成的功能,交换机的普及使用是终结网桥使命的直接原因。

(1)路由器

路由器工作在 OSI 参考模型的第三层——网络层,负责数据报的转发。路由器通过转发数据报来实现网络互联。虽然路由器可以支持多种协议(如 TCP/IP、IPX/SPX、AppleTalk 等),但是绝大多数路由器都运行在 TCP/IP 的协议族环境中。

路由器通常连接两个或多个由 IP 子网或点到点协议标识的逻辑端口,至少拥有两个物理端口。路由器根据收到的数据报中的网络层地址以及路由器内部维护的路由表决定输出端口,并且重写链路层数据报头实现转发数据报。路由器通过动态维护路由表来反映当前的网络拓扑结构,并通过与网络上其他路由器交换路由和链路信息来维护路由表。

路由器的基本功能如下:

①网络互联:支持各种局域网和广域网接口,主要用于互联局域网和广域网,实现不

同网络互相通信。

②数据处理：提供分组过滤、分组转发、优先级控制、数据复用、数据加密、数据压缩和防火墙等功能。

③网络管理：提供路由器配置管理、性能管理、容错管理和流量控制等功能。

路由器的工作原理如下：

路由器在局域网中用来互联各个子网，同时隔离广播和介质访问冲突。

正如前面所介绍的，路由器将一个大网络分成若干子网，以保证子网内通信流量的局域性，屏蔽其他子网无关的流量，进而更有效地利用带宽。对于那些需要前往其他子网和离开整个网络前往其他网络的流量，路由器提供必要的数据转发。

我们通过图7-9来解释路由器的工作原理。

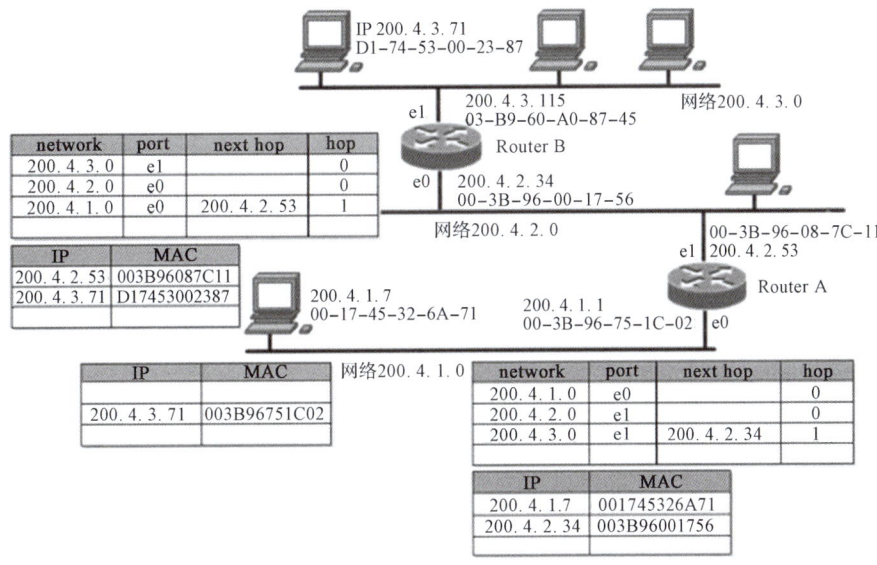

图 7-9　路由器工作原理

图7-9中有三个子网，由两个路由器连接起来。三个C类地址子网分别是200.4.1.0、200.4.2.0、200.4.3.0。

从图中可知，路由器的各个端口也需要有IP地址和主机地址。路由器的端口连接在哪个子网上，其IP地址就应属于哪个子网。例如路由器A两个端口的IP地址200.4.1.1、200.4.2.53分别属于子网200.4.1.0和子网200.4.2.0。路由器B两个端口的IP地址200.4.2.34、200.4.3.115分别属于子网200.4.2.0和子网200.4.3.0。

每个路由器中有一个路由表，主要由目标网络、端口、下一跳和跳数组成。

目标网络：本路由器能够前往的网络

端口：　　前往某网络该从哪个端口转发

下一跳：　前往某网络，下一跳的中继路由器的IP地址

跳数：　　前往某网络需要穿越几个路由器

下面我们来看一个需要穿越路由器的数据报是如何被传输的。

如果200.4.1.7主机要将报文发送到本网段上的其他主机的话，源主机通过ARP程

序可获得目标主机的 MAC 地址,由链路层程序为报文封装帧报头,然后发送出去。

当 200.4.1.7 主机要把报文发向 200.4.3.0 子网上的 200.4.3.71 主机时,源主机在自己机器的 ARP 表中查不到对方的 MAC 地址,则发 ARP 广播请求 200.4.3.71 主机应答,以获得它的 MAC 地址。但是,这个查询 200.4.3.71 主机 MAC 地址的广播被路由器 A 隔离了,因为路由器不转发广播报文。所以,200.4.1.7 主机无法直接与其他子网上的主机直接通信。

路由器 A 会分析这条 ARP 请求广播中的目标 IP 地址。经过掩码运算,得到目标网络的网络地址是 200.4.3.0。路由器 A 查路由表,得知自己能提供到达目的网络的路由,便向源主机发 ARP 应答。

请注意,在 200.4.1.7 主机的 ARP 表中,200.4.3.71 是与路由器 A 的 MAC 地址 00-3B-96-75-1C-02 捆绑在一起的,而不是真正的目标主机 200.4.3.71 的 MAC 地址。事实上,200.4.1.7 主机并不需要关心其是否是真实的目标主机的 MAC 地址,现在它只需要将报文发向路由器即可。

路由器 A 收到这个数据报后,将拆除帧报头,从里面的 IP 报头中取出目标 IP 地址。然后,路由器 A 将目标 IP 地址 200.4.3.71 同子网掩码 255.255.255.0 做"与"运算,得到目标网络地址是 200.4.3.0。接下来,路由器 A 将查路由表,得知该数据报需要从自己的 e1 端口转发出去,且下一跳路由器的 IP 地址是 200.4.2.34。

路由器 A 需要重新封装在下一个子网的新数据帧。通过 ARP 表,取得下一跳路由器 200.4.2.34 的 MAC 地址。封装好新的数据帧后,路由器 A 将数据通过 e1 端口发给路由器 B。

现在,路由器 B 收到了路由器 A 转发过来的数据帧。在路由器 B 中发生的操作与在路由器 A 中的完全一样。只是路由器 B 通过路由表得知目标主机与自己是直接相连的,而不需要下一跳路由了。在这里,数据报的帧报头将最终封装上目标主机 200.4.3.71 的 MAC 地址发往目标主机。路由器的工作流程如图 7-10 所示。

通过上面的例子,我们了解了路由器是如何转发数据报,将报文转发到目标网络的。路由器使用路由表将报文转发给目标主机,或者交给下一级路由器转发。总之,发往其他网络的报文将通过路由器,传送给目标主机。

数据报穿越路由器前往目标网络时,它的帧报头每穿越一次路由器,就会被更新一次。这是因为 MAC 地址只在网段内有效,它是在网段内完成寻址功能的。为了在新的网段内完成物理地址寻址,路由器就必须重新为数据报封装新的帧报头。

在图 7-11 中,200.4.1.7 主机发出的数据帧,目标 MAC 地址指向 200.4.1.1 路由器,数据帧发往路由器。路由器收到这个数据帧后,会拆除这个帧的帧报头,更换成下一个网段的帧报头。新的帧报头中,目标 MAC 地址是下一跳路由器的,源 MAC 地址则换上了 200.4.1.1 路由器 200.4.2.53 端口的 MAC 地址 00-3B-96-08-7C-11。当数据到达目标网络时,最后一个路由器发出的帧,其目标 MAC 地址是最终目标主机的物理地址,数据被转发到了目标主机。

数据报在传送过程中,帧报头不断被更换,目标 MAC 地址和源 MAC 地址穿越路由器后都要改变。但是,IP 报头中的 IP 地址始终不变,目标 IP 地址永远指向目标主机,源

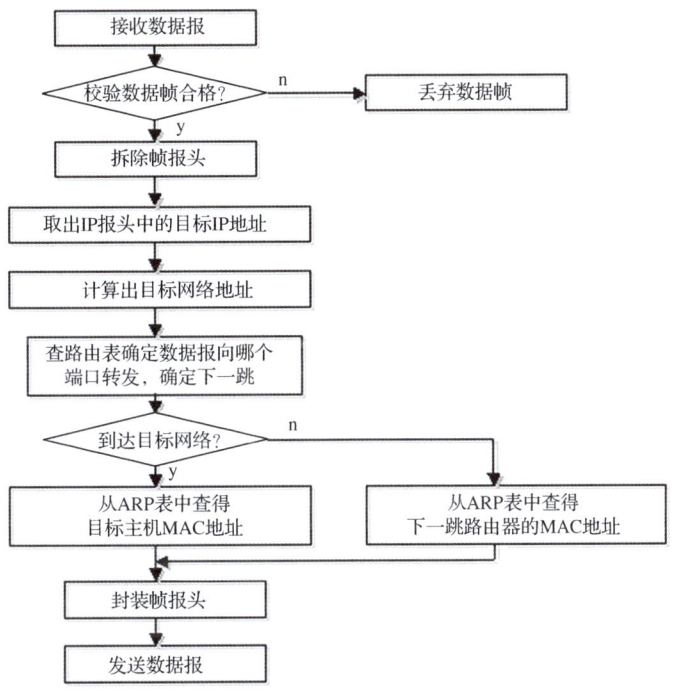

图 7-10　路由器的工作流程

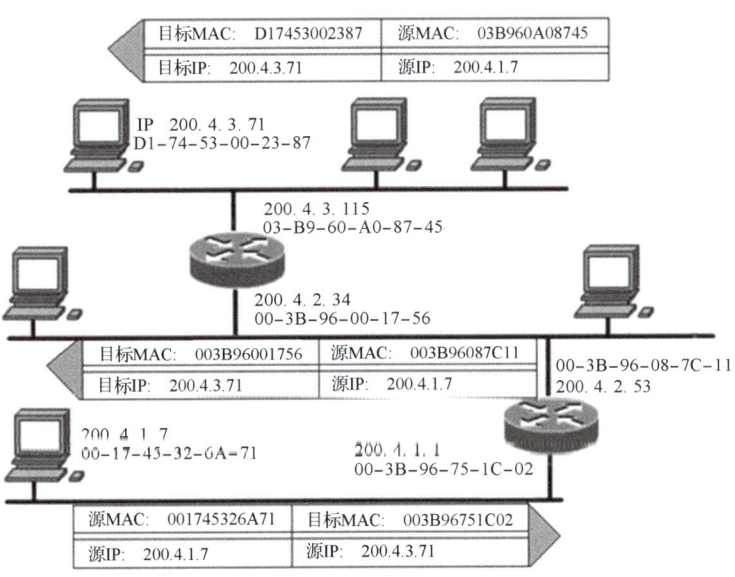

图 7-11　报头的变化

IP 地址永远指向源主机。可见，数据报在穿越路由器前往目标网络的过程中，帧报头不断改变，IP 报头保持不变。

路由器在接收数据报、处理数据报和转发数据报的一系列工作中，完成了 OSI 模型中物理层、数据链路层和网络层的所有工作。

在物理层中,路由器提供物理上的线路接口,将线路上比特数据位流移入自己接口中的接收移位寄存器,供数据链路层程序读取到内存中。对于转发的数据,路由器在物理层完成相反的任务,将发送移位寄存器中的数据帧以比特数据位流的形式串行发送到线路上。

路由器在数据链路层中完成数据的校验,为转发的数据报封装帧报头,控制内存与接收移位寄存器和发送移位寄存器之间的数据传输。在数据链路层中,路由器会拒绝转发广播数据报和损坏了的数据帧。

在网络层中,路由器的工作是分析 IP 报头中的目标 IP 地址,维护自己的路由表,选择前往目标网络的最佳路径。正是由于路由器的网间互联能力集中体现在它在网络层中的表现,所以人们习惯于称它是一个网络层设备。

在图 7-12 中我们可以看见,数据报到达路由器后,会经过物理层→数据链路层→网络层→数据链路层→物理层的一系列数据处理过程,体现了数据在路由器中的非线性。

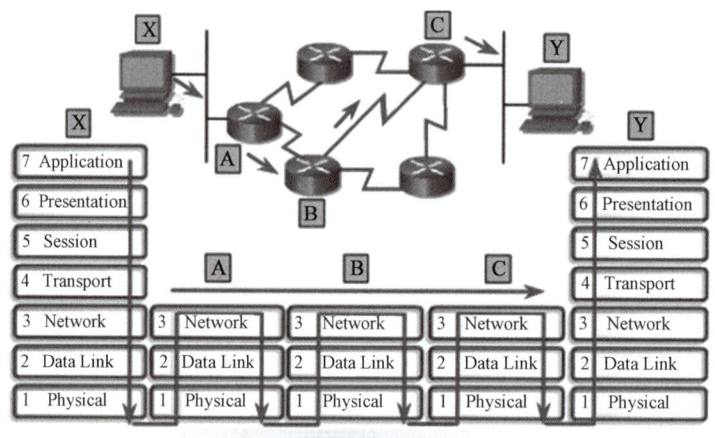

图 7-12　路由器涉及 OSI 模型最下面三层的操作

所谓线性状态,是指数据报在如图 7-12 所示的传输过程中,在网络设备上经历的凸起折线小到近似直线。HUB 只需要在物理层再生数据信号,因此它的凸起折线最小,线性化程度最高。交换机需要分析目标 MAC 地址,并完成数据链路层的校验等其他功能,它的凸起折线略大。但是与路由器比较起来,仍然称它是工作在线性状态的。路由器工作在网络层,因此它对数据传输产生了明显的延迟。

我们看到,就像交换机的工作全部依靠其内部的交换表一样,路由器的工作也完全依靠其内存中的路由表。

如图 7-13 所示为路由表的构造。

目标网络	端口	下一跳	跳数	协议	定时
160.4.1.0	e0		0	C	
160.4.1.32	e1		0	C	
160.4.1.64	e1	160.4.1.34	1	RIP	00:00:12
200.12.105.0	e1	160.4.1.34	3	RIP	00:00:12
178.33.0.0	e1	160.4.1.34	12	RIP	00:00:12

图 7-13　路由表的构造

路由表主要由六个字段组成,指出能够前往的网络和如何前往那些网络。路由表的每一行,表示路由器了解的某个网络的信息。目标网络字段列出本路由器了解的网络地址。端口字段标明前往某网络的数据报该从哪个端口转发。下一跳字段是在本路由器无法直接到达网络时,下一跳的中继路由器的 IP 地址。跳数字段表明到达某网络有多远,在 RIP 路由协议中需要穿越的路由器数量。协议字段表示本行路由记录是如何得到的。本例中,C 表示是手工配置,RIP 表示本行信息是通过 RIP 协议从其他路由器学习得到的。定时字段表示动态学习的路由项在路由表中已经多久没有刷新了。如果一个路由项长时间没有刷新,该路由项就被认为是失效的,需要从路由表中删除。

我们注意到,前往 160.4.1.64、200.12.105.0、178.33.0.0 网络时,下一跳都指向 160.4.1.34 路由器。其中 178.33.0.0 网络最远,需要 12 跳。路由表不关心下一跳路由器将沿什么路径把数据报转发到目标网络,它只要把数据报转发给下一跳路由器就完成任务了。

路由表是路由器工作的基础。路由表中的表项有静态配置和动态学习两种获得方法。静态配置是将计算机与路由器的 Console 端口连接,使用计算机上的超级终端软件或路由器提供的配置软件就可以对路由器进行配置。

手工配置路由表需要做大量的工作。动态学习路由表是最行之有效的方法。一般情况下,手工配置路由表中直接连接的网络的表项,而间接连接的网络的表项使用路由器的动态学习功能来获得。

动态学习路由表的方法非常简单。每个路由器定时把自己的路由表广播给邻居,邻居之间互相交换路由表。路由器通过其他路由器的路由广播可以了解更多、更远的网络,这些网络都将被收入自己的路由表中,只要把路由表的下一跳地址指向邻居路由器即可。

静态配置路由表的优点是可以人为地干预网络路径选择。静态配置路由表的端口没有路由广播,节省带宽和邻居路由器 CPU 维护路由表的时间。当对邻居屏蔽自己的网络情况时,就得使用静态配置。静态配置的最大缺点是不能动态发现新的和失效的路由。如果一条失效路由不能被及时发现,数据传输就失去了可靠性,同时,无法到达目标主机的数据报会被不停地发送到网络中,浪费了网络的带宽。对于一个大型网络来说,人工配置的工作量大也是静态配置的一个缺点。

动态学习路由表的优点是可以动态了解网络的变化。新增、失效的路由都能动态地使路由表做相应变化。这种自适应特性是使用动态路由的重要原因。对于大型网络,无一不采用动态学习的方法维护路由表。动态学习的缺点是路由广播会耗费网络带宽。另外,路由器的 CPU 也需要停下数据转发工作来处理路由广播、维护路由表,降低了路由器的吞吐量。

路由器中大部分路由信息是通过动态学习得到的。但是,路由器即使使用动态学习的方法,也需要静态配置直接相连的网络。不然,所有路由器都对外发布空的路由表,相互之间是无法学习的。

(2)三层交换机

第三层交换技术也称为 IP 交换技术或高速路由技术。第三层交换技术是相对于传统交换概念而提出的。传统的交换技术是在 OSI 参考模型的第二层(数据链路层)进行操作的,而第三层交换技术是在 OSI 参考模型的第三层实现了数据报的高速转发。简单地说,第三层交换技术就是第二层交换技术与第三层转发技术的结合。

一个具有第三层交换功能的设备是一个带有第三层路由功能的二层交换机。第二层交换机的接口模块都是通过高速背板总线(速率可高达几十 Gbit/s)交换数据的,在第三层交换机中,与路由器有关的第三层路由硬件模块也插接在高速背板总线上,这种方式使得路由硬件模块可以与需要路由的其他模块间高速地交换数据,从而突破了传统的外接路由器接口速率的限制(如 10 Mbit/s、100 Mbit/s)。

第三层交换的目标是,如果在源地址和目的地址之间有一条更为直接的第二层通路,就没有必要经过路由器转发数据报。第三层交换使用第三层路由协议确定传送路径,此路径可以只用一次,也可以存储起来,供以后使用。以后数据报可以通过一条虚电路绕过路由器快速发送。

第三层交换技术的出现,解决了局域网中网段划分之后,网段中子网必须依赖路由器进行管理的局面,解决了传统路由器低速、复杂所造成的网络瓶颈问题。当然,第三层交换技术并不是网络交换机与路由器的简单叠加,而是二者的有机结合,形成了一个集成的、完整的解决方案。

相比较而言,二层交换机用于小型局域网。在小型局域网中,广播包对整个网络影响不大,二层交换机的快速交换功能、多个接入端口和低廉价格为小型网络用户提供了相对完善的解决方案。三层交换机的最重要的功能是加快大型局域网内部数据的快速转发,加入路由功能也是为达到这个目的。如果把大型网络按照部门、地域等因素划分成一个个小型局域网,就将导致大量的网际互访;如单纯地使用路由器,由于接口数量有限和路由转发速度慢,将限制网络的速度和网络规模,因此采用具有路由功能的能够快速转发的三层交换机就成为首选。

三层交换机与路由器都工作在 OSI 参考模型的第三层——网络层,三层交换机也具有路由功能,与传统路由器的路由功能总体上是一致的。即便如此,三层交换机与路由器还是存在着相当大的本质区别。三层交换机与路由器的主要区别如下:

①主要功能不同

虽然三层交换机与路由器都具有路由功能,但三层交换机仍是交换机产品,只不过它是具备了一些基本路由功能的交换机,它的主要功能仍是数据交换。也就是说,三层交换机同时具备了数据交换和路由转发两种功能,但其主要功能还是数据交换;而路由器仅具有路由转发这一种主要功能。

②适用环境不同

三层交换机的路由功能通常比较简单,因为它所面对的主要是简单的局域网连接。在局域网中的主要用途还是提供快速数据交换功能,满足局域网数据交换频繁的应用特点。而路由器则不同,它的设计初衷就是为了满足不同类型的网络连接,虽然也适用于局域网之间的连接,但它的路由功能更多地体现在不同类型网络之间的互联上,如局域网与广域网之间的连接、不同协议的网络之间的连接等,所以路由器主要是用于不同类型的网络之间。它最主要的功能就是路由转发,解决好各种复杂路由路径网络的连接是它的最终目的,所以路由器的路由功能通常非常强大,不仅适用于同种协议的局域网间,更适用于不同协议的局域网与广域网间。为了与各种类型的网络进行连接,路由器的接口类型非常丰富,而三层交换机则一般仅提供同类型的局域网接口。

③工作原理不同

从技术上讲,路由器和三层交换机在数据报交换操作上存在着明显区别。路由器一般由基于微处理器的软件路由引擎执行数据报交换,而三层交换机通过硬件执行数据报交换。三层交换机在对第一个数据流进行路由后,会产生一个 MAC 地址与 IP 地址的映射表,当同样的数据流再次通过时,将根据此表直接从二层通过而不是再次路由选择,从而消除了路由器进行路由选择而造成的网络延迟,提高了数据报转发的效率。同时,三层交换机的路由查找是针对数据流的,它利用缓存技术,很容易利用 ASIC 技术来实现,因此,可以大大节约成本,并实现快速转发。而路由器的转发采用最长匹配的方式,实现复杂,通常使用软件来实现,转发效率较低。

从整体性能上比较,三层交换机的性能要远优于路由器,非常适用于数据交换频繁的局域网中;而路由器虽然路由功能非常强大,但它的数据报转发效率远低于三层交换机,更适合于数据交换不是很频繁的不同类型网络的互联,如局域网与广域网的互联。如果把路由器,特别是高端路由器用于局域网中,则在相当大程度上是一种浪费(就其强大的路由功能而言),而且还不能很好地满足局域网通信性能需求,影响子网间的正常通信。

综上所述,三层交换机与路由器之间还是存在本质区别的。在局域网中进行多子网连接,最好选用三层交换机,特别是在不同子网数据交换频繁的环境中,一方面可以确保子网间的通信性能需求,另一方面省去了另外购买交换机的投资。当然,如果子网间的通信不是很频繁,也可采用路由器,以达到子网安全隔离和相互通信的目的。具体要根据实际需求来定。

(3)无线 AP

无线 AP,即 Access Point,也称无线接入点。它是用于无线网络的无线交换机,也是无线网络的核心。无线 AP 是移动计算机用户进入有线网络的接入点,主要用于宽带家庭、大楼内部以及园区内部,典型距离覆盖几十米至上百米,目前主要技术为 802.11 系列。它定义了单一的 MAC 层和多样的物理层,其物理层标准主要有 IEEE 802.11b、IEEE 802.11a、IEEE 802.11g 和 IEEE 802.11n 四种。

①IEEE 802.11b

1999 年 9 月正式通过的 IEEE 802.11b 标准是 IEEE 802.11 协议标准的扩展。它可以支持最高 11 Mbit/s 的数据传输速率,运行在 2.4 GHz 的 ISM 频段上,采用的调制技术是 CCK。但是随着用户对数据传输速率要求的不断提高,CCK 调制方式就不再是一种合适的方法了。因为对于直接序列扩频技术来说,为了取得较高的数据传输速率,并达到扩频的目的,选取的码片的速率就要更高,这对于现有的码片来说比较困难;对于接收端的 RAKE 接收机来说,在高速数据速率的情况下,为了达到良好的时间分集效果,要求 RAKE 接收机有更复杂的结构,在硬件上不易实现。

②IEEE 802.11a

IEEE 802.11a 工作在 5 GHz 频段上,使用 OFDM 调制技术可支持 54 Mbit/s 的传

输速率。802.11a 与 802.11b 两个标准存在着各自的优缺点，802.11b 的优势在于价格低廉，但速率较低（最高 11 Mbit/s）；而 802.11a 优势在于传输速率快（最高 54 Mbit/s）且受干扰少，但价格相对较高。另外，802.11a 与 802.11b 工作在不同的频段上，不能工作在同一 AP 的网络里，因此 802.11a 与 802.11b 互不兼容。

③IEEE 802.11g

为了解决上述问题，同时为了进一步推动无线局域网的发展，2003 年 7 月 802.11 工作组颁布了 802.11g 标准。该草案与以前的 802.11 标准相比有以下两个特点：其在 2.4 GHz 频段使用 OFDM 调制技术，使数据传输速率超过 20 Mbit/s；802.11g 标准能够与 802.11b 的 Wi-Fi 系统互相连通，共存在同一 AP 的网络里，保障了后向兼容性。这样原有的 WLAN 系统可以平滑地向高速无线局域网过渡，延长了 IEEE 802.11b 产品的使用寿命。

④IEEE 802.11n

IEEE 802.11n 将 WLAN 的传输速率从 802.11a 和 802.11g 的 54 Mbit/s 提高到 108 Mbit/s，最高速率可在 500 Mbit/s 以上。和以往的 802.11 标准不同，802.11n 协议为双频工作模式（包含 2.4 GHz 和 5 GHz 两个工作频段）。这样 802.11n 保障了与以往的 802.11a、b、g 标准的兼容性。

IEEE 802.11n 采用 MIMO 与 OFDM 相结合的方式，使传输速率成倍提高。另外，无线技术及传输技术的发展，使得无线局域网的传输距离大大增加，可以达到几千米（并且能够保障 100 Mbit/s 的传输速率）。IEEE 802.11n 标准全面改进了 802.11 标准，不仅涉及物理层标准，同时也采用新的高性能无线传输技术提升 MAC 层的性能，优化数据帧结构，提高网络的吞吐性能。

当前的无线 AP 可以分为两类：单纯型 AP 和扩展型 AP。

单纯型 AP 就是一个无线的交换机，仅仅提供一个无线信号发射功能。单纯型 AP 的工作原理是将网络信号通过双绞线传送过来，经过 AP 产品的编译，将电信号转换成无线电信号发送出来，形成无线网的覆盖。而扩展型 AP 就是市场上的无线路由器，由于它功能比较全面，大多数扩展型 AP 不但具有路由交换功能还有 DHCP、网络防火墙等功能。

单纯型 AP 作为一个无线局域网的中心设备，以星型连接其覆盖范围内的具有无线网卡的计算机，然后通过无线 AP 上的双绞线连接到有线网络中的交换机或 HUB 上，所以结构非常简单。如图 7-14 所示。

无线路由器结构与无线 AP 组网结构类似，不同的是，它还可以通过双绞线以有线的方式连接计算机，轻松实现有线和无线的互相通信。如图 7-15 所示。

4.网络终端与服务器

(1)网络终端

网络终端也称网络工作站，包括使用网络的计算机、网络打印机等设备。网卡是网络终端的重要组成部分，以下将对其进行详细介绍。

网卡又称为"网络适配器"，英文全称为"Network Interface Card"，简称"NIC"。网卡是局域网中最基本的部件之一，它是连接计算机与网络的硬件设备。无论是双绞线、

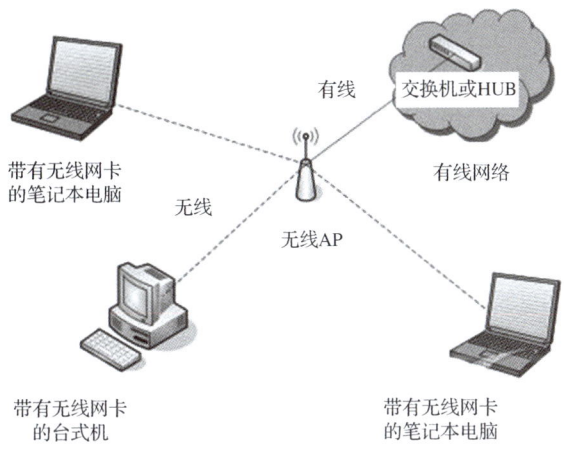

图 7-14　无线 AP 在无线局域网中的应用

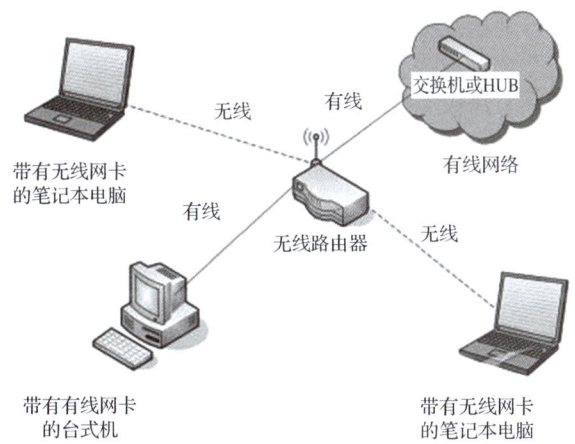

图 7-15　无线路由器在无线局域网中的应用

同轴电缆还是光纤，都必须借助于网卡才能实现数据的通信。网卡的功能主要包括：

①代表固定的网络地址

数据从一台计算机传输到另外一台计算机时，就是从一块网卡传输到另一块网卡，即从源地址传输到目的地址。网络中的计算机要靠网卡的物理地址来标识。

IEEE 802 标准为每个网卡规定了一个 6 个字节 48 位的全局地址，它是站点的全球唯一的标识符，与其物理位置无关。这个地址即 MAC 地址，也称为网卡的物理地址。

MAC 地址(Media Access Control ID)是一个 6 字节的地址码，每块主机网卡都有一个 MAC 地址，由生产厂家在生产网卡的时候固化在网卡的芯片中。如图 7-16 所示。

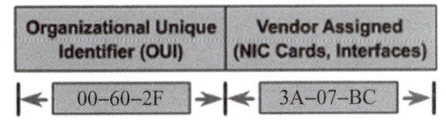

图 7-16　MAC 地址的结构

如图 7-16 所示的 MAC 地址 00－60－2F－3A－07－BC 的高 3 个字节是生产厂家

的企业编码 OUI,例如 00-60-2F 是思科公司的企业编码。低 3 个字节 3A-07-BC 是随机数。MAC 地址以一定概率保证一个局域网网段里的各台主机的地址唯一。

有一个特殊的 MAC 地址:FF-FF-FF-FF-FF-FF。这个二进制全为 1 的 MAC 地址是个广播地址,表示这帧数据不是发给某台主机的,而是发给所有主机的。

在 Windows 操作系统机器上,可以在"命令提示符"窗口用 ipconfig/all 命令查看本机的 MAC 地址。

由于 MAC 地址是固化在网卡上的,如果更换主机的网卡,这台主机的 MAC 地址也随之改变了。MAC 是 Media Access Control 的缩写。MAC 地址也称为主机的物理地址或硬件地址。

②数据转换

网络上传输数据的方式与计算机内部处理数据的方式是不相同的,它必须遵从一定的数据格式(通信协议)。当计算机将数据传输到网卡上时,网卡会将数据转换为网络设备可处理的字节,才能将数据送到网线上,网络上其他的计算机才能处理这些数据。

在网络中,网卡的工作是双重的:一方面它将本地计算机上的数据转换格式后送入网络;另一方面它负责接收网络上传过来的数据报,对数据进行与发送数据时相反的转换,将数据通过主板上的总线传输给本地计算机。

③数据的封装与解封

发送时将上一层传下来的数据加上首部和尾部,成为以太网的帧。接收时将以太网的帧剥去首部和尾部,然后送交上一层。

④链路管理

链路管理主要是 CSMA/CD(Carrier Sense Multiple Access with Collision Detection,带冲突检测的载波监听多路访问)协议的实现。

⑤编码与译码

编码与译码即曼彻斯特编码与译码。

网卡的工作原理如下:

网卡工作在开放系统互连参考模型的最底两层,即物理层和数据链路层。物理层定义了数据传送与接收所需要的电与光信号、线路状态、时钟基准、数据编码和电路等,并向数据链路层设备提供标准接口。物理层的芯片称为 PHY。数据链路层则提供寻址机构、数据帧的构建、数据差错检查、传送控制、向网络层提供标准的数据接口等功能。以太网卡中数据链路层的芯片称为 MAC 控制器。

发送数据时,网卡首先侦听介质上是否有载波,如果有,则认为其他站点正在传送信息,继续侦听介质。一旦通信介质在一定时间段内是安静的,即没有被其他站点占用,则开始进行数据帧发送,同时继续侦听通信介质,以检测冲突。在发送数据期间,如果检测到冲突,则立即停止该次发送,并向介质发送一个"阻塞"信号,告知其他站点已经发生冲突,从而丢弃那些可能一直在接收的遭到损坏的数据帧,并等待一段随机时间。在等待一段随机时间后,再进行新的发送。如果重传多次(大于 16 次)后仍发生冲突,就放弃发送。

接收数据时,网卡浏览介质上传输的每个帧,如果其长度小于 64 字节,就认为是冲突碎片；如果接收到的帧不是冲突碎片且目的地址是本地地址，就对帧进行完整性校验；如果帧长度大于 1 518 字节或未能通过 CRC 校验，就认为该帧发生了畸变。通过校验的帧被认为是有效的，网卡将它接收下来进行本地处理。

(2) 网络服务器

网络服务器是被网络终端访问的计算机系统，通常是一台高性能的计算机，例如大型机、小型机、UNIX 工作站和服务器 PC，安装服务器软件后构成网络服务器，被分别称为大型机服务器、小型机服务器、UNIX 工作站服务器和 PC 服务器。

网络服务器是计算机网络的核心设备，网络中可共享的资源，如数据库、大容量磁盘、外部设备和多媒体节目等，通过服务器提供给网络终端。网络服务器按照可提供的服务分为文件服务器、数据库服务器、打印服务器、Web 服务器、电子邮件服务器、代理服务器等。

网络服务器具有如下特点：

① 高可靠性

为了实现高可靠性，服务器的硬件结构需要进行专门设计。如机箱、电源、风扇，这些在 PC 上要求并不苛刻的部件在服务器上就需要进行专门的设计，并且提供冗余。服务器处理器的主频、前端总线等关键参数一般低于主流消费级处理器，这样也是为了降低处理器的发热量，提高服务器工作的稳定性。服务器内存技术如 ECC、Chip kill、内存镜像、在线备份等也提高了数据的可靠性和稳定性。服务器磁盘的热插拔技术、磁盘阵列技术也是为了保证服务器稳定运行和数据的安全保障而设计的。

② 高可用性

高可用性是指随时存在并且可以立即使用的特性。它既可以指系统本身，也可以指用户实时访问其所需内容的能力。高可用性的另一主要方面就是从系统故障中迅速恢复的能力。高可用性系统可能使用、也可能不使用冗余组件，但是它们应该具备运行关键热插拔组件的能力。热插拔是指在电源仍然接通且系统处于正常运行之中的情况下，用新组件替换故障组件的能力。

③ 高可扩充性

可扩充性是指增加服务器容量（在合理范围内）的能力。可扩充性的因素包括：增加内存的能力；增加处理器的能力；增加磁盘容量的能力；操作系统的限制。

7.2.3 软件系统

计算机网络中的软件按其功能可以划分为数据通信软件、网络操作系统和网络应用软件。

(1) 数据通信软件

数据通信软件是指按照网络协议的要求，完成通信功能的软件。

网络协议是一个约定，该约定规定了：

- 实现这个协议的程序要完成什么功能
- 如何完成这个功能
- 实现这个功能需要的通信报文包的格式

如果一个网络协议涉及了硬件的功能，通常就叫作标准，而不再称为协议了。所以，叫标准还是叫协议基本是一回事，都是一种功能、方法和数据格式的约定，只是网络标准还需要约定硬件的物理尺寸和电气特性。最典型的标准就是 IEEE 802.3，它是以太网的技术标准。

协议、标准化的目的是让各个厂商的网络产品通用，尤其是完成具体功能的方法和通信格式。如果没有统一的标准，各个厂商的产品就无法通用。无法想象，使用 Windows 操作系统的主机发出的数据包，只有微软公司自己来设计交换机才能识别并转发。

为了完成计算机网络通信，实现网络通信的软硬件就需要实现一系列功能。例如为数据封装地址、对出错数据进行重发、当接收主机无法承受时对发送主机的发送速度进行控制等。每一个功能的实现都需要设计出相应的协议，这样，各个生产厂家就可以根据协议开发出能够互相通用的网络软硬件产品。

（2）网络操作系统

网络操作系统是指能够控制和管理网络资源的软件。网络操作系统的功能作用在两个方面：在服务器机器上，为在服务器上的任务提供资源管理；在每个工作站机器上，向用户和应用软件提供一个网络环境的"窗口"。这样，可以向网络操作系统的用户和管理人员提供一个整体的系统控制能力。网络服务器操作系统要完成目录管理、文件管理、安全性、网络打印、存储管理、通信管理等主要服务。工作站的操作系统软件主要完成工作站任务的识别和与网络的连接，即首先判断应用程序提出的服务请求是使用本地资源还是使用网络资源，若使用网络资源则需完成与网络的连接。常用的网络操作系统有：Net Ware 系统、Windows NT 系统、UNIX 系统和 Linux 系统等。

（3）网络应用软件

网络应用软件是指网络能够为用户提供各种服务的软件，如浏览查询软件、传输软件、远程登录软件、电子邮件等。

7.3 IP 规划

与邮政通信一样，网络通信也需要对传输内容进行封装和注明接收者地址的操作。邮政通信的地址结构是有层次的，要分出城市名称、街道名称、门牌号码和收信人。网络通信中的地址也是有层次的，分为网络地址、物理地址和端口地址。网络地址说明目标主机在哪个网络上；物理地址说明目标网络中哪一台主机是数据报的目标主机；端口地址则指明目标主机中的哪个应用程序接收数据报。我们可以拿计算机网络地址结构与邮政通信的地址结构进行对比来理解：将网络地址想象为城市和街道的名称；将物理地址想象为门牌号码；而端口地址则与同一个门牌下哪个人接收信件很相似。

标识目标主机在哪个网络的是 IP 地址。IP 地址分为 IPv4 和 IPv6 两类，原有的互联网是在 IPv4 协议的基础上运行的。IPv6 的提出最初是因为随着互联网的迅速发展，IPv4 定义的有限地址空间将被耗尽，而地址空间的不足必将妨碍互联网的进一步发展。为了扩大地址空间，可以通过 IPv6 重新定义。但 IPv4 仍是目前互联网的运行基础，本书后续内容,均以 IPv4 为对象进行讲解。

IP 地址用四个点分十进制数表示,如 172.155.32.120。只是 IP 地址是个复合地址,完整地看是一台主机的地址。只看前半部分,表示网络地址。地址 172.155.32.120 表示一台主机的地址,172.155.0.0 则表示这台主机所在网络的网络地址。

IP 地址封装在数据报的 IP 报头中。IP 地址有两个用途:网络的路由器设备使用 IP 地址确定目标网络地址,进而确定该向哪个端口转发报文。另外一个用途就是源主机用目标主机的 IP 地址来查询目标主机的物理地址。

物理地址封装在数据报的帧报头中。典型的物理地址是以太网中的 MAC 地址。MAC 地址在两个地方使用:主机中的网卡通过报头中的目标 MAC 地址判断网络送来的数据报是不是发给自己的;网络中的交换机通过报头中的目标 MAC 地址确定数据报该向哪个端口转发。其他物理地址的实例是帧中继网中的 DLCI 地址和 ISDN 中的 SPID。

端口地址封装在数据报的 TCP 报头或 UDP 报头中。端口地址是源主机告诉目标主机本数据报是发给对方的哪个应用程序的。如果 TCP 报头中的目标端口地址指明是 80,则表明数据是发给 WWW 服务程序;如果是 25 130,则是发给对方主机的 CS 游戏程序的。

计算机网络是靠网络地址、物理地址和端口地址的联合寻址来完成数据传送的。缺少其中的任何一个地址,网络都无法完成寻址(点对点连接的通信是一个例外。点对点通信时,两台主机用一条物理线路直接连接,源主机发送的数据只会沿这条物理线路到达另外那台主机,物理地址不是必需的了)。

7.3.1 IP 地址

IP 地址是一个 4 字节 32 位长的地址码。一个典型的 IP 地址为 200.1.25.7(以点分十进制数表示)。IP 地址可以用点分十进制数表示,也可以用二进制数来表示:

  200. 1. 25. 7
11001000 00000001 00011001 00000111

IP 地址被封装在数据包的 IP 报头中,供路由器在网间寻址的时候使用。因此,网络中的每个主机,既有自己的 MAC 地址,也有自己的 IP 地址,如图 7-17 所示。MAC 地址用于网段内寻址,IP 地址则用于网段间寻址。

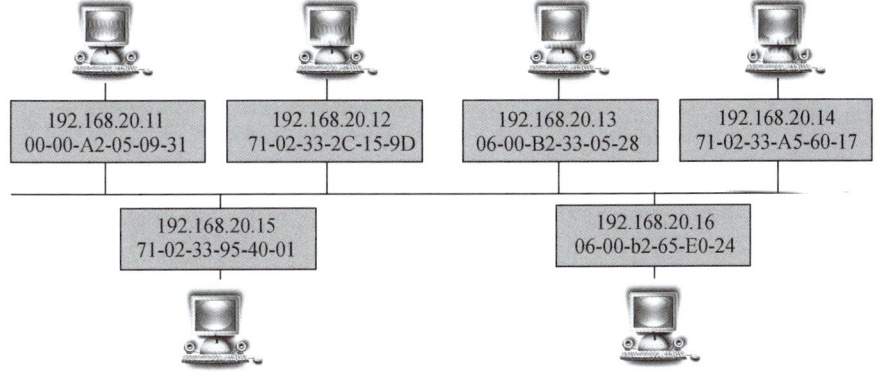

图 7-17 每台主机都需要一对地址

IP 地址分为 A、B、C、D、E 共 5 类,其中前三类是我们经常涉及的 IP 地址。

分辨一个 IP 是哪类地址可以根据其第一个字节来区别。如图 7-18 所示。

IP address class	IP address range (First Octet Decimal Value)
Class A	1~126 (00000001~01111110)*
Class B	128~191 (10000000~10111111)
Class C	192~223 (11000000~11011111)
Class D	224~239 (11100000~11101111)
Class E	240~255 (11110000~11111111)

图 7-18 IP 地址的分类

A 类地址的第一个字节在 1 到 126 之间,B 类地址的第一个字节在 128 到 191 之间,C 类地址的第一个字节在 192 到 223 之间。例如,200.1.25.7 是一个 C 类 IP 地址,155.22.100.25 是一个 B 类 IP 地址。

A、B、C 类地址是我们常用来为主机分配的 IP 地址。D 类地址用于组播网的地址标识。E 类地址是 Internet Engineering Task Force(IETF)组织保留的 IP 地址,用于该组织自己的研究。

一个 IP 地址分为两部分:网络地址码部分和主机码部分。A 类 IP 地址用第一个字节表示网络地址码,低三个字节表示主机码。B 类地址用第一、二字节表示网络地址码,后两个字节表示主机码。C 类地址用前三个字节表示网络地址码,最后一个字节表示主机码,如图 7-19 所示。

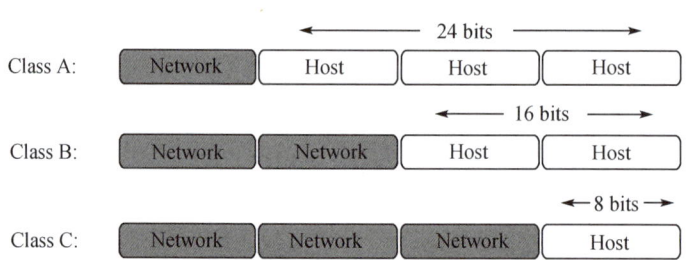

图 7-19 IP 地址的网络地址码部分和主机码部分

把一个主机的 IP 地址的主机码置为全 0 得到的地址码,就是这台主机所在网络的网络地址。例如 200.1.25.7 是一个 C 类 IP 地址,将其主机码部分(最后一个字节)置为全 0,200.1.25.0 就是 200.1.25.7 主机所在网络的网络地址。155.22.100.25 是一个 B 类 IP 地址,将其主机码部分(最后两个字节)置为全 0,155.22.0.0 就是 155.22.100.25 主机所在网络的网络地址。

由图 7-20 可见,有两类地址不能分配给主机:网络地址和广播地址。广播地址是主机码置为全 1 的 IP 地址。例如 198.150.11.255 是 198.150.11.0 网络中的广播地址。在图中的网络里,198.150.11.0 网络中的主机只能在 198.150.11.1 到 198.150.11.254 范围内分配,198.150.11.0 和 198.150.11.255 不能分配给主机。

MAC 地址是固化在网卡中的,由网卡的制造厂家随机生成。IP 地址则是由

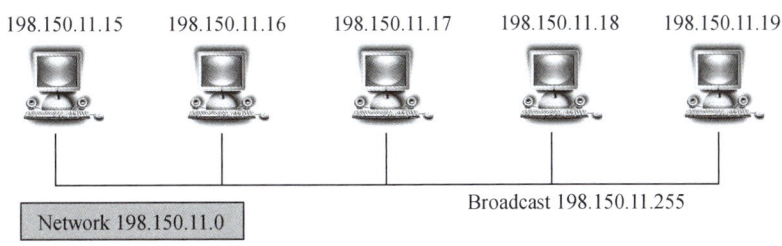

图 7-20　网络地址和广播地址不能分配给主机

InterNIC（The Internet's Network Information Center）分配的，它在 IP 地址注册机构 IANA（Internet Assigned Number Authority）的授权下操作。用户通常是从 ISP（互联网服务提供商）处购买 IP 地址，ISP 可以分配它所购买的一部分 IP 地址。

A 类地址通常分配给非常大型的网络，因为 A 类地址的主机位有三个字节的主机编码位，提供 1 600 多万（$2^{24}-2$）个 IP 地址给主机。也就是说 61.0.0.0 这个网络，可以容纳 1 600 多万个主机。全球一共只有 126 个 A 类地址，目前已经没有 A 类地址可以分配了。当你使用浏览器查询一个国外网站的时候，留心观察地址栏，可以看到一些网站分配了 A 类地址。

B 类地址通常分配给大机构和大型企业，每个 B 类地址可提供六万五千多（$2^{16}-2$）个 IP 主机地址。全球一共有 16 384 个 B 类地址。

C 类地址用于小型网络，大约有 200 万个 C 类地址。C 类地址只有一个字节用来表示这个网络中的主机，因此每个 C 类地址只能提供 254（$2^{8}-2$）个主机地址。

A 类地址第一个字节最大为 126，而 B 类地址的第一个字节最小为 128。第一个字节为 127 的 IP 地址，既不属于 A 类也不属于 B 类，它实际上被保留用于回返测试，即主机把数据发送给自己。例如 127.0.0.1 是一个常用的用于回返测试的 IP 地址。

有些 IP 地址不必从 IP 地址注册机构处申请得到，称为内部 IP 地址。这类地址的范围由图 7-21 给出。

Class	RFC 1918 internal address range
A	10.0.0.0 to 10.255.255.255
B	172.16.0.0 to 172.31.255.255
C	192.168.0.0 to 192.168.255.255

图 7-21　内部 IP 地址

RFC 1918 文件分别在 A、B、C 类地址中指定了三块作为内部 IP 地址。这些内部 IP 地址可以在局域网中随意使用，但是不能用在互联网中。

7.3.2　ARP 协议

主机在发送一个数据之前，需要为这个数据封装报头。在报头中，最重要的东西就是地址。在数据帧的三个报头中，需要封装目标 MAC 地址、目标 IP 地址和目标 Port 地址。

要发送数据，应用程序要么给出目标主机的 IP 地址，要么给出目标主机的主机名或域名,否则就无法指明数据该发送给谁了。目标主机的 MAC 地址是一个随机数,且固化在对方主机的网卡上。事实上,应用程序在发送数据的时候,只知道目标主机的 IP 地址,无法知道目标主机的 MAC 地址。ARP 程序则可以完成用目标主机的 IP 地址查到它的 MAC 地址的功能。

如图 7-22 所示,当主机 176.10.16.1 需要向主机 176.10.16.6 发送数据时,它的 ARP 程序就会发出 ARP 请求广播报文,询问网络中哪台主机是 176.10.16.6 主机,并请它应答。网络中的所有主机都会收到这个查询请求广播,但是只有 176.10.16.6 主机会响应这个查询请求,向源主机发送 ARP 应答报文,把自己的 MAC 地址 FE:ED:31:A2:22:F3 传送给源主机。于是,源主机便得到了目标主机的 MAC 地址。这时,源主机掌握了目标主机的 IP 地址和 MAC 地址,就可以封装数据报的 IP 报头和帧报头了。为了下次向主机 176.10.16.6 发送数据时不再向网络查询,ARP 程序会将这次查询的结果保存起来。ARP 程序保存网络中其他主机 MAC 地址的表称为 ARP 表。

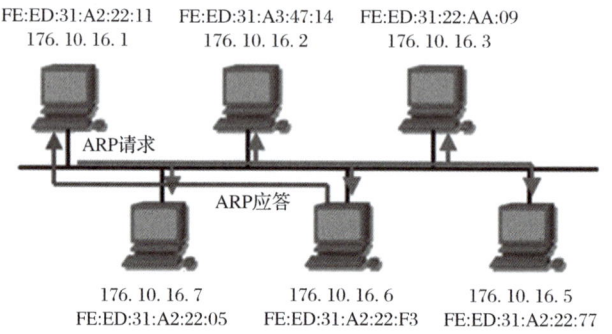

图 7-22　ARP 请求和 ARP 应答

当别人给 ARP 程序一个 IP 地址,要求它查出这个 IP 地址对应的主机 MAC 地址时,ARP 程序总是先查自己的 ARP 表,如果 ARP 表中有这个 IP 地址对应的 MAC 地址,则能够轻松、快速地给出所要的 MAC 地址。如果 ARP 表中没有,就需要通过 ARP 广播和 ARP 应答的机制来获取对方的 MAC 地址。

7.3.3　子网划分

如果你的单位申请获得一个 B 类地址 172.50.0.0,单位的所有主机的 IP 地址就将在这个网络地址里分配。如 172.50.0.1、172.50.0.2、172.50.0.3 等。那么这个 B 类地址能为多少台主机分配 IP 地址呢?我们看到,一个 B 类 IP 地址有两个字节用于主机地址编码,因此可以编出($2^{16}-2$)个,即 6 万多个 IP 地址码(计算 IP 地址数量的时候减 2,这是因为网络地址本身 172.50.0.0 和这个网络内的广播 IP 地址 172.50.255.255 不能分配给主机。)

能想象 6 万多台主机在同一个网络内的情景吗?它们在同一个网段内的共享介质冲突和它们发出的类似 ARP 的广播会让网络根本就工作不起来。因此,需要把 172.50.0.0 网络进一步划分成更小的子网,以在子网之间隔离介质访问冲突和广播风暴。

事实上,为了解决介质访问冲突和广播风暴的技术问题,一个网段超过 200 台主机的情况是很少的。一个好的网络规划中,每个网段的主机数都不超过 80 个。因此划分子网是网络设计与规划中非常重要的一个工作。

可行的解决方法是将 IP 地址的主机编码分出一些位作为子网编码。为了给子网编址,就需要挪用主机编码的编码位。

假设电子信息学院分得了一个 C 类地址 202.33.150.0,准备将电子信息工程教研室、物联网教研室、无线电教研室、实验中心分成 4 个子网。现在需要从最后一个主机地址码字节中借用 2 位($2^2=4$)来为这 4 个子网编址。子网编址的结果是:

电子信息工程教研室子网地址:202.33.150.<u>00</u>000000＝202.33.150.0

物联网教研室子网地址:202.33.150.<u>01</u>000000＝202.33.150.64

无线电教研室子网地址:202.33.150.<u>10</u>000000＝202.33.150.128

实验中心子网地址:202.33.150.<u>11</u>000000＝202.33.150.192

在上面的式子中,我们用下划线来表示我们从主机位挪用的位。下划线明确地表明我们所挪用的两位。

现在,根据上面的设计,我们把 202.33.150.0、202.33.150.64、202.33.150.128 和 202.33.150.192 定为 4 个部门的子网地址,而不是主机 IP 地址。可是,别人怎么知道它们不是普通的主机地址呢?

我们需要设计一种辅助编码,用这个编码来告诉别人子网地址是什么。这个编码就是掩码。一个子网的掩码是这样编排的:用 4 个字节的点分二进制数来表示时,其网络地址部分全置为 1,它的主机地址部分全置为 0。如上例的子网掩码为:

11111111.11111111.11111111.11000000

通过子网掩码,我们就可以知道网络地址是 26 位的,而主机地址是 6 位的。

子网掩码在发布时并不是用点分二进制数来表示的,而是将点分二进制数表示的子网掩码翻译成与 IP 地址一样的 4 个点分十进制数来表示。上面的子网掩码在发布时记作:

255.255.255.192

7.3.4　IPv6 简介

IP 地址是在 20 世纪 80 年代开始由 TCP/IP 协议使用的。但随着全球网络的普及,4 个字节编码的 IP 地址无法再满足使用需求。

新的 IP 版本被开发出来,被称为互联网协议第六版(IPv6)。而旧的 IP 版本被称为 IPv4。IPv6 中的 IP 地址使用 16 个字节的地址编码,可以提供 3.4×10^{38} 个 IP 地址,拥有足够大的地址空间迎接未来的商业需要。

1. IPv6 的表示方法

IPv6 的地址长度为 128 位,是 IPv4 地址长度的 4 倍。于是 IPv4 的点分十进制数格式不再适用,而是采用十六进制数表示。IPv6 有 3 种表示方法:

(1)冒分十六进制表示法

格式为 X:X:X:X:X:X:X:X,其中每个 X 表示地址中的 16 bit,以十六进制数表示,例如:

ABCD:EF01:2345:6789:ABCD:EF01:2345:6789

在这种表示法中,每个 X 的前导 0 是可以省略的,例如:
2001:0DB8:0000:0023:0008:0800:200C:417A → 2001:DB8:0:23:8:800:200C:417A

(2) 0 位压缩表示法

在某些情况下,一个 IPv6 地址中间可能包含很长的一段 0,可以把连续的一段 0 压缩为"::"。但为保证地址解析的唯一性,地址中"::"只能出现一次,例如:
FF01:0:0:0:0:0:0:1101 → FF01::1101
0:0:0:0:0:0:0:1 → ::1
0:0:0:0:0:0:0:0 → ::

(3) 内嵌 IPv4 地址表示法

为了实现 IPv4 与 IPv6 的互通,IPv4 地址会嵌入 IPv6 地址中,此时地址常表示为:X:X:X:X:X:X:d.d.d.d,前 96 bit 采用冒分十六进制数表示,而最后 32 bit 地址则使用 IPv4 的点分十进制数表示,如::192.168.0.1 与::FFFF:192.168.0.1 就是两个典型的例子。注意:在前 96 bit 中,0 位压缩表示法依旧适用。

2.IPv6 的技术优势

与 IPv4 相比,IPv6 具有以下几个优势:

(1) IPv6 具有更大的地址空间。IPv4 中规定 IP 地址长度为 32,最大地址个数为 2^{32};而 IPv6 中 IP 地址的长度为 128,即最大地址个数为 2^{128}。与 32 位地址空间相比,其地址空间增加了 $2^{128}-2^{32}$ 个。

(2) IPv6 使用更小的路由表。IPv6 的地址分配一开始就遵循聚类(Aggregation)原则,这使得路由器能在路由表中用一条记录(Entry)表示一片子网,大大减小了路由器中路由表的长度,提高了路由器转发数据包的速度。

(3) IPv6 增加了增强的组播(Multicast)支持以及对流的控制(Flow Control),这使得网络上的多媒体应用有了长足发展的机会,为服务质量(Quality of Service,QoS)控制提供了良好的网络平台。

(4) IPv6 加入了对自动配置(Auto Configuration)的支持。这是对 DHCP 协议的改进和扩展,使得网络(尤其是局域网)的管理更加方便和快捷。

(5) IPv6 具有更高的安全性。在使用 IPv6 网络时用户可以对网络层的数据进行加密并对 IP 报文进行校验,在 IPv6 中的加密与鉴别选项保证了分组的保密性与完整性,极大地增强了网络的安全性。

(6) 允许扩充。如果新的技术或应用需要,IPv6 允许协议进行扩充。

(7) 更好的头部格式。IPv6 使用新的头部格式,其选项与基本头部分开,如果需要,可将选项插入基本头部与上层数据之间。这简化和加速了路由选择过程,因为大多数的选项不需要由路由选择。

(8) 新的选项。IPv6 有一些新的选项来实现附加功能。

3.IPv6 的应用现状

由于现有的数以千万计的网络设备不支持 IPv6,所以如何平滑地从 IPv4 迁移到

IPv6 仍然是个难题。IPv6 是互联网升级演进的必然趋势、网络技术创新的重要方向、网络强国建设的基础支撑。

近年来，我国推动 IPv6 规模部署取得明显成效，显著提升了我国互联网的承载能力和服务水平，有效支撑 4G/5G、云计算、大数据、人工智能等新兴领域快速发展。自 2017 年中共中央办公厅、国务院办公厅印发《推进互联网协议第六版（IPv6）规模部署行动计划》以来，我国 IPv6 发展显著加速，IPv6 活跃用户数从 2019 年底的 2.7 亿增长到 2020 年底的 4.6 亿，2021 年底增长到 6.08 亿，占我国全部网民数的 60.11％。IPv6 在我国应用的实时数据可在国家 IPv6 发展监测平台（https://www.china-ipv6.cn）查询。

国际上的一些机构也提供了包括我国在内的国家 IPv6 采用率或网民渗透率的数据。例如，亚太互联网络信息中心（APNIC）给出 2021 年底测量统计的 IPv6 用户数占互联网用户数之比，全球为 28.29％，亚洲、欧洲、美洲、大洋洲、非洲分别为 32.01％、23.32％、35.49％、26.97％、1.3％，中国、日本、韩国、印度分别为 37.65％、39.88％、16.27％、77％。从中可以看出，我国 IPv6 渗透率已高于全球以及亚洲平均水平。Akamai 公司经测量给出的中国 IPv6 采用率从 2017 年到 2021 年底增长近 20 倍，在全球 229 个实体中，中国 IPv6 采用率的排名位于第 38 位。

我国基础设施支持 IPv6 的能力大幅提升。截至 2021 年 12 月，我国三大基础电信企业的骨干网、LTE 移动网和数据中心设备已全部支持 IPv6，国内 95％的内容分发网络（CDN）节点支持 IPv6。在中央部委和省级政府网站、中央重点新闻网站、中央企业网站、双一流大学网站中，主页 IPv6 可访问的网站数占比分别为 96％、100％、82％和 86％，国内用户量排名前 100 位的商业互联网应用全部可以通过 IPv6 访问。

美国政府行政管理与预算办公室在 2020 年 11 月发出"完成向 IPv6 过渡"的备忘录，明确到 2023 年、2024 年和 2025 年底联邦网络分别至少 20％、50％和 80％是 IPv6-only，即实现从 IPv4/IPv6 双栈向 IPv6 单栈发展。IPv6 单栈不仅向 IPv6 过渡得更彻底而且网络更简单，美国认为这是面向未来创新增长的唯一选择。

在 IPv4 时代，中国是后来者，我国人均能获得的 IPv4 地址很少，而且在标准、技术等方面缺乏话语权，在国际互联网工程任务组（IETF）约 8 000 个 IPv4 标准中，由中国主导制定的寥寥无几。IPv6 使得我国有了与发达国家相比起步还不算晚的机会，而且我国因原来使用私有地址，故对比地址数更为看重 IPv6 的可编程空间。因此，我国率先在 IETF 标准化组织倡议并积极开发"IPv6＋"新功能，现在 IETF 关于"IPv6＋"新功能的文稿中由我国提交的占 60％，我国在"IPv6＋"系统与产品并发创新的努力为全球"IPv6＋"标准发展做出积极贡献。而且 IPv6 的潜力还很大，在确定性网络、多归属分流、变长 IP 地址、SRv6 短报头、云网边端的协同、网络安全等方面潜力还有待创新开发，这是我国运营商、产品和互联网服务企业的创新空间，也是我国实现网络技术标准引领和自主可控的难得机遇。

7.4 域名系统 DNS

用 IP 地址来表示一台计算机的地址，其点分十进制数不易记忆。由于没有任何可以联想的东西,即使记住后也很容易遗忘。Internet 上开发了一套计算机命名方案,称为域名服务 DNS(Domain Name Service),可以为每台计算机起一个域名,由一串字符、数字和点号组成,然后将这个域名翻译成相应的 IP 地址。有了域名,计算机的地址就很容易记住和被人访问。

网络寻址是依靠 IP 地址、物理地址和端口地址完成的。所以,为了把数据传送到目标主机,域名需要被翻译成 IP 地址供发送主机封装在数据报的报头中。负责将域名翻译成 IP 地址的是域名服务器。为此我们需要设置为自己服务的 DNS 服务器的 IP 地址。

7.4.1 域名的结构

国际上,域名规定是一个有层次的主机地址名,层次由"."来划分。越在后面的部分,所在的层次越高。www.nju.edu.cn 这个域名中的 cn 代表中国,edu 表示教育机构,nju 则表示南京大学,www 表示南京大学 nju.edu.cn 主机中的 WWW 服务器。

域名的层次化不仅能使域名表现出更多的信息,而且为 DNS 域名解析带来方便。域名解析是依靠一种庞大的数据库完成的。数据库中存放了大量域名与 IP 地址的对应记录。DNS 域名解析本来就是网络为了方便使用而增加的负担,所以需要高速完成。层次化可以为数据库在大规模的数据检索中加快检索速度。

在域名的层次结构中,每一个层次被称为一个域。cn 属于国家和地区域,edu 属于机构域。两个域遵循一种通用规则命名。

常见的国家和地区域名有:

cn:中国;us:美国;uk:英国;jp:日本。

常见的机构域名有:

com:商业实体域名。这个域下一般是企业、公司类型的机构。这个域的域名数量最多,而且还在不断增加,导致这个域中的域名缺乏层次,造成 DNS 服务器在这个域技术上的大负荷,以及对这个域管理上的困难。计划把 com 域进一步划分出子域,使以后新的商业域名注册在这些子域中。

edu:教育机构域名。之前这个域名是提供给大学、学院、中小学校、教育服务机构、教育协会的,现在这个域名只提供给 4 年制以上的大学、学院,2 年制学院、中小学校不在 edu 域下。

net:网络服务域名。这个域名提供给网络提供商的机器、网络管理计算机和网络上的节点计算机。

org:非营利机构域名。

mil:军事用户。

gov:政府机构域名。不带国家域名的 gov 域名只提供给美国政府机构和办事处。

不带国家域名层的域名被称为顶级域名。顶级域名需要在美国注册。

7.4.2 DNS 服务原理

主机中的应用程序在通信时,把数据交给 TCP 程序。同时还需要把目标端口地址、源端口地址和目标主机的 IP 地址交给 TCP。目标端口地址和源端口地址供 TCP 程序封装 TCP 报头使用,目标主机的 IP 地址由 TCP 程序转交给 IP,供 IP 程序封装 IP 报头使用。

如果应用程序拿到的是目标主机的域名而不是它的 IP 地址,就需要调用 TCP/IP 协议中应用层的 DNS 程序将目标主机的域名解析为它的 IP 地址。

一台主机为了支持域名解析,就需要在配置中指明为自己服务的 DNS 服务器。如图 7-23 所示,主机 A 为了解析一个域名,把待解析的域名发送给自己机器配置指明的 DNS 服务器。一般是指向一个本地的 DNS 服务器。本地 DNS 服务器收到待解析的域名后,便查询自己的 DNS 解析数据库,查到该域名对应的 IP 地址后,发还给主机 A。

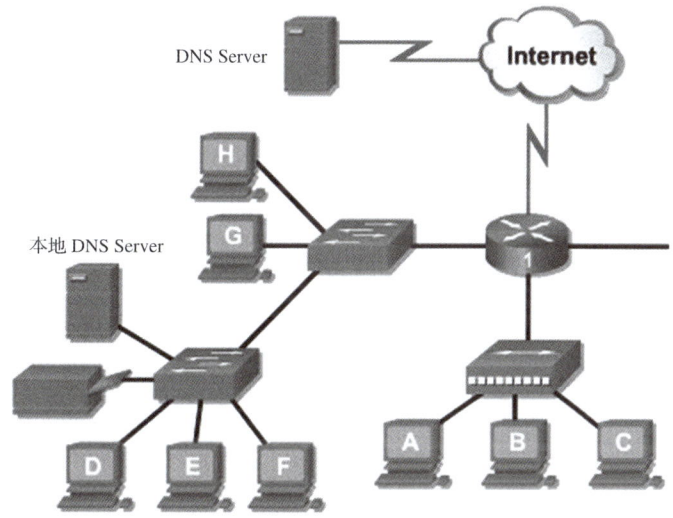

图 7-23　DNS 的工作原理

如果在本地 DNS 服务器的数据库中无法找到待解析域名的 IP 地址,就将此解析交给上级 DNS 服务器,直到查到需要寻找的 IP 地址。本地 DNS 服务器中的域名数据库可以从上级 DNS 服务器下载,并得到上级 DNS 服务器的一种称为"区域传输(Zone Transfer)"的维护。在本地 DNS 服务器上可以添加本地化的域名解析。

7.5　VLAN 划分

图 7-24 是一个由 5 台二层交换机(交换机 1~5)连接了大量客户机构成的网络。假设计算机 A 需要与计算机 B 通信。在基于以太网的通信中,必须在数据帧中指定目标 MAC 地址才能正常通信,因此计算机 A 必须先广播 ARP 请求(ARP Request)信息,来尝试获取计算机 B 的 MAC 地址。

交换机 1 收到广播帧(ARP 请求)后,会将它转发给除接收端口外的其他所有端口。接着,交换机 2 收到广播帧后也会进行转发,交换机 3、4、5 也进行同样的操作。最终 ARP 请求会被转发到同一网络中的所有客户机上。

实际在建设局域网时,会把局域网分割成若干子网,以隔离广播和实现子网间访问的限制。如果采用划分子网的方法,需要为每个子网单独配置交换机,然后通过路由器

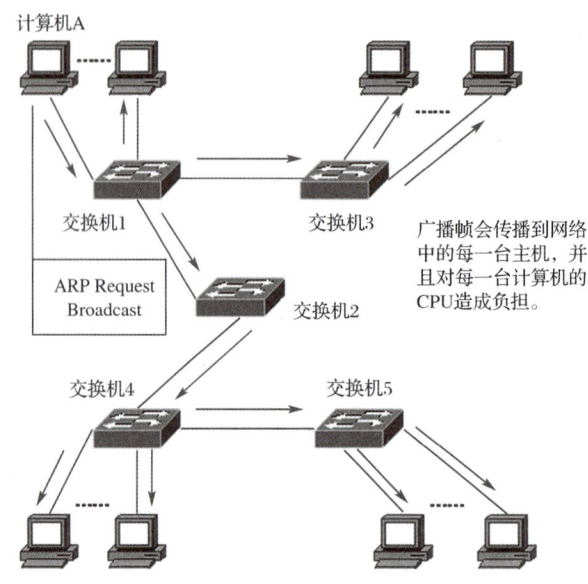

图 7-24 大量客户机构成的网络

来连接子网。如图 7-25 所示，假设每个楼层为一个部门的子网。

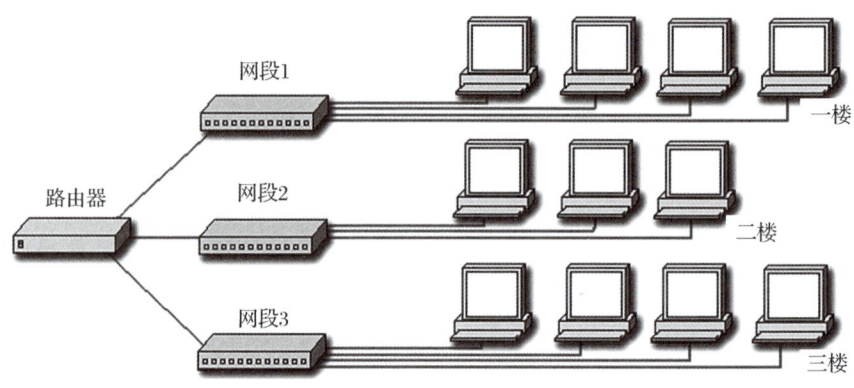

图 7-25 不使用 VLAN 的子网构造

　　图中的构造有两个缺点：第一，如果三楼的若干节点划归一楼的部门（如办公室划归给一楼的部门），为了把三楼划归一楼的主机迁移到一楼的子网中去，就需要重新沿三楼管线、竖井为这些主机布线，以便连接到一楼子网的交换机上。这样的工作量大，也耗费人力、物力。第二，如果一楼的交换机端口数不够，就需要购买新的交换机（即使二楼的交换机有空余的端口也不能使用，因为它们不在一个子网上），这样就浪费了网络的投资。

　　综上所述，上述子网划分后，子网的物理位置变化非常困难，尤其在建网初期无法准确确定子网划分的时候，这个问题更加突出。同时，交换机的端口不能充分利用，浪费网络投资。为了解决这一问题，我们可以采用 VLAN（Virtual Local Area Network）技术。VLAN 是一种通过将局域网内的设备逻辑地而不是物理地划分成一个个网段从而实现虚拟工作组的技术。IEEE 于 1999 年颁布了用以标准化 VLAN 实现方案的 802.1q 协议标准草案。

VLAN 技术允许网络管理者将一个物理的 LAN 逻辑地划分成不同的广播域（即 VLAN），每一个 VLAN 都包含一组有着相同需求的计算机工作站，与物理上形成的 LAN 有着相同的属性。但由于它是逻辑地而不是物理地划分，所以同一个 VLAN 内的各个工作站无须被放置在同一个物理空间里，即这些工作站不一定属于同一个物理 LAN 网段。一个 VLAN 内部的广播和单播流量都不会转发到其他 VLAN 中，即使两台计算机有着同样的网段，但是它们却没有相同的 VLAN 号，它们各自的广播流也不会相互转发，从而有助于控制流量、减少设备投资、简化网络管理、提高网络的安全性。

VLAN 是为解决以太网的广播问题和安全性而提出的，它在以太网帧的基础上增加了 VLAN 头，用 VLAN ID 把用户划分为更小的工作组，限制不同工作组间的用户二层互访，每个工作组就是一个虚拟局域网。虚拟局域网的好处是可以限制广播范围，并能够形成虚拟工作组，动态管理网络。

VLAN 隔离了广播风暴，同时也隔离了各个不同 VLAN 之间的通信，所以不同 VLAN 之间的通信是由路由来完成的。

7.5.1　VLAN 划分方法

VLAN 有以下几种划分方法：
(1) 根据端口划分 VLAN

许多 VLAN 厂商都利用交换机的端口来划分 VLAN 成员。被设定的端口都在同一个广播域中。例如，一个交换机的 1、2、3、4、5 端口被定义为虚拟网 AAA，同一交换机的 6、7、8 端口组成虚拟网 BBB。这样做允许各端口之间的通信，并允许共享型网络的升级。但是，这种划分模式将虚拟网限制在了一台交换机上。

第二代端口 VLAN 技术允许跨越多个交换机的多个不同端口划分 VLAN，不同交换机上的若干端口可以组成同一个虚拟网。

(2) 根据 MAC 地址划分 VLAN

这种划分 VLAN 的方法是根据每个主机的 MAC 地址来划分，即对每个 MAC 地址的主机都配置它属于哪个组。这种方法的最大优点是当用户物理位置移动时，即从一个交换机换到其他的交换机时，VLAN 不用重新配置，所以，可以认为这种根据 MAC 地址的划分方法是基于用户的 VLAN。这种方法的缺点是初始化时，所有的用户都必须进行配置，如果有几百个甚至上千个用户的话，配置是非常累的。而且这种划分的方法也导致了交换机执行效率的降低，因为在每一个交换机的端口都可能存在很多个 VLAN 组的成员，这样就无法限制广播包了。另外，对于使用笔记本电脑的用户来说，他们的网卡可能经常更换，这样，VLAN 就必须不停地配置。

(3) 根据网络层划分 VLAN

这种划分 VLAN 的方法是根据每个主机的网络层地址或协议类型（如果支持多协议）划分的，虽然这种划分方法是基于网络地址，比如 IP 地址，但它不是路由，与网络层的路由毫无关系。

这种方法的优点是用户的物理位置改变了，不需要重新配置所属的 VLAN，而且可以根据协议类型来划分 VLAN,这对网络管理者来说很重要,还有,这种方法不需要附加的帧标签来识别 VLAN,可以减少网络的通信量。

这种方法的缺点是效率低,因为检查每一个数据报的网络层地址是需要消耗处理时间的(相对于前面两种方法),一般的交换机芯片都可以自动检查网络上数据报的以太网帧头,但要让芯片能检查 IP 帧头,需要更高的技术,同时也更费时。当然,这与各个厂商的实现方法有关。

(4)根据 IP 组播划分 VLAN

IP 组播实际上也是一种 VLAN 的定义,即认为一个组播组就是一个 VLAN,这种划分的方法将 VLAN 扩大到了广域网,因此这种方法具有更大的灵活性,也很容易通过路由器进行扩展。当然,这种方法不适合局域网,主要是效率不高。

(5)基于规则的 VLAN

基于规则的 VLAN 也称为基于策略的 VLAN。这是最灵活的 VLAN 划分方法,具有自动配置的能力,能够把相关的用户连成一体,在逻辑划分上称为"关系网络"。网络管理员只需在网管软件中确定划分 VLAN 的规则(或属性),那么当一个站点加入网络中时,就会被"感知",并被自动包含进正确的 VLAN 中。同时,对站点的移动和改变也可自动识别和跟踪。

采用这种方法,整个网络可以非常方便地通过路由器扩展网络规模。有的产品还支持一个端口上的主机分别属于不同的 VLAN,这在交换机与共享式 HUB 共存的环境中显得尤为重要。自动配置 VLAN 时,交换机中软件自动检查进入交换机端口的广播信息的 IP 源地址,然后软件自动将这个端口分配给一个由 IP 子网映射成的 VLAN。

以上划分 VLAN 的方式中,端口方式建立在物理层上;MAC 地址方式建立在数据链路层上;网络层和 IP 组播方式建立在网络层上。

7.5.2　VLAN 工作过程

以交换机端口来划分网络成员,其配置过程简单明了。从目前来看,这种根据端口来划分 VLAN 的方式仍然是最常用的一种方式。例如我们可以把一台 24 口交换机的 1~6 端口指定给部门 1 的子网,把 7~20 端口指定给部门 2 的子网,把 21~24 端口指定给部门 3 的子网。如图 7-26 所示。

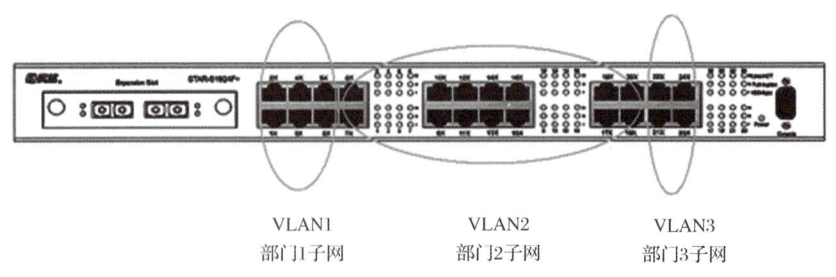

图 7-26　用 VLAN 划分子网

要实现上述子网划分的指定,只需要在普通交换机的交换表上增加一列虚拟网号(VLAN 号)就可以实现,如图 7-27 所示。

端口号	MAC地址	VLAN号
1	00789A 3004D4	1
2	00709A 563490	1
3	B10000 79C534	2
4	00709A C5BF77	2
5	B10000 796723	1

图 7-27 带 VLAN 号的交换表

想要实现子网划分的功能,简单修改普通交换机对广播报文的处理就可以完成。我们知道,普通交换机处理广播报文的方法是向所有端口转发。现在修改成:对收到的广播报文只向同 VLAN 号的端口转发。这样一来,第一,广播报被限定在本子网中;第二,由于 ARP 广播不能被其他 VLAN 中的主机听到,也就无法直接访问其他子网的主机(尽管在同一台交换机上)。因此,这样的改进完全实现了子网划分所要求的功能。

由此可见,在交换机上通过简单的设置,就能分割出子网。通过 VLAN 设置分割出的子网,与分别使用几个交换机来物理分割出的子网相比,同样能实现:

(1)子网之间的广播隔离;

(2)子网之间主机相互通信,由路由器来转发。

一个数据报进入交换机后,交换机根据它是从哪个端口进入的,查交换表就可以得知它属于哪个 VLAN。如图 7-28 所示。

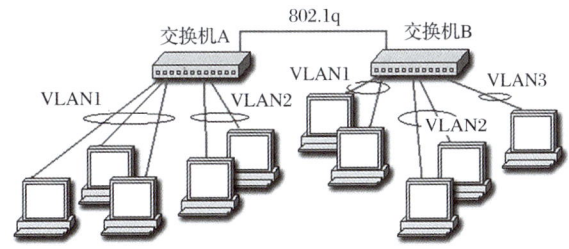

图 7-28 交换机级联时通过 802.1q 协议判断数据报属于哪个 VLAN

使用 VLAN 划分子网后的交换机级联时,级联导线上既传送 VLAN1 也传送 VLAN2 和 VLAN3 中的数据报。两个交换机的级联端口需要配置成属于所有 VLAN。但问题是,图 7-28 所示的交换机 A 从级联端口收到一个交换机 B 的数据报后,它怎么知道这个数据报属于哪个 VLAN 呢?

802.1q 协议规定了,当交换机需要将一个数据报发往另一个交换机时,需要在这个数据报上做一个帧标记,把 VLAN 号同时发往对方交换机。对方交换机收到这个数据报时,根据帧标记中的 VLAN 号确定该数据报属于第几号虚拟子网。802.1q 协议规定帧标记插入以太网帧报头中源 MAC 地址和上层协议两个字段之间,如图 7-29 所示。

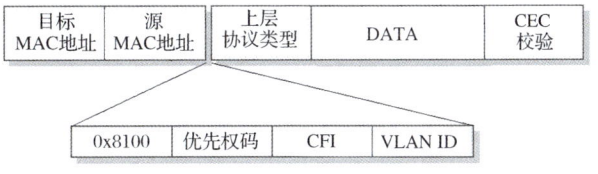

图 7-29 802.1q 协议的帧标记

802.1q 协议的帧标记用于把报文送往其他交换机时,通知对方交换机发送该报文主机所属的 VLAN。对方交换机据此,将新的 MAC 地址连同其 VLAN 号一起收录到自己交换表的级联端口中。帧标记由源交换机从级联端口发送出去前嵌入帧报头中,再由接收交换机从报头中卸下(卸掉帧标记是非常重要的。如果没有这个操作,带有帧标记的数据报送到接收主机或路由器中时,接收主机或路由器就不能按照 802.3 协议正确解析帧报头中的各个字段)。

交换机的一个端口,如果对发出的数据报都插入帧标记,则称该端口工作在"Tag 方式"。交换机在刚出厂的时候,所有端口都默认为"Untag 方式"。如果一个端口用于级联其他支持 VLAN 的交换机,则需要设置其为"Tag 方式"。否则,交换机就不能完成 802.1q 协议的帧标记操作。

接入交换机的主机之间,尽管在同一台交换机上,但是如果不在同一个 VLAN 内,仍然是无法通信的。处于不同 VLAN 的主机之间需要通信的话,就要借助路由器在 VLAN 之间转发数据报。如图 7-30 所示的连接中,为了使 VLAN1 的主机与 VLAN2 的主机通信,需要接入路由器。路由器的两个以太端口分别接入 VLAN1 和 VLAN2,在两个子网之间形成一个转发通路。

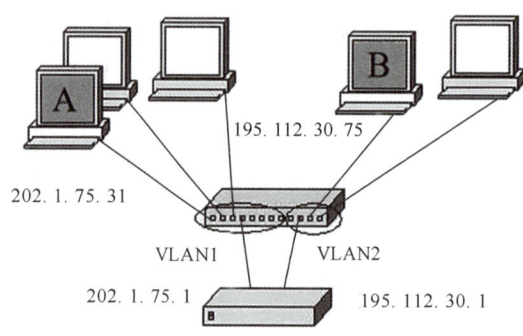

图 7-30 VLAN 之间的通信需要使用路由器

参照图 7-30,使用路由器连接一个交换机中两个不同 VLAN 的工作过程如下:

(1)当 VLAN1 中的 A 主机需要与 VLAN2 中的 B 主机通信时,因为交换机隔离了虚拟网之间的广播,A 主机查询 B 主机 MAC 地址的 ARP 广播对 B 主机来说是无法收听到的。

(2)路由器从 202.1.75.1 端口收听到这个 ARP 广播,就会用自己的 MAC 地址应答 A 主机。

(3)A 主机把发给 B 主机的报文发给路由器。

(4)路由器收到这个数据报,从 IP 报头得知目标主机是 195.112.30.75 主机,所在网络是 195.112.30.0。

(5)路由器在 VLAN2 上发出 ARP 广播,寻找 195.112.30.75 主机,以获得它的 MAC 地址。

(6)获得了 B 主机的 MAC 地址后,路由器就可以从其 195.112.30.1 端口把报文发给 B 主机了。

更复杂的连接如图 7-31 所示。在 3 个级联的交换机上,路由器需要为每个 VLAN

提供 1 个端口，以确保为 3 个 VLAN 之间的通信提供数据转发服务。

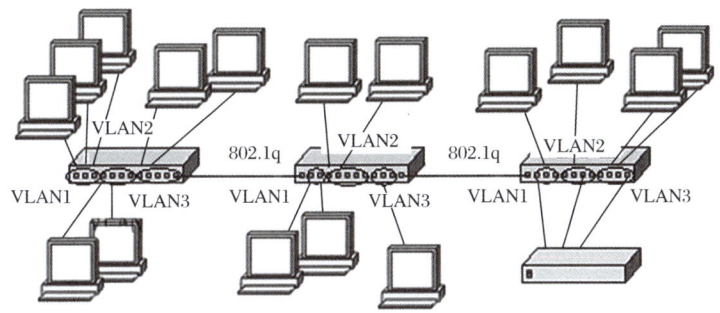

图 7-31　多交换机级联后的 VLAN 互联

另外，我们需要明确，交换机的级联端口需要配置为同时属于 VLAN1、VLAN2 和 VLAN3，才能同时为 3 个子网提供数据链路。级联端口配置了 802.1q 协议，可以在向其他交换机转发数据报时，把该数据报所属的 VLAN 号报告给下一个交换机。读者可以自己分析一个 VLAN 中的主机向另一个 VLAN 中的主机发送数据报的过程。

如图 7-31 所示的路由器为了互联 3 个 VLAN，需要使用 3 个以太网端口。同时，还需要占用 3 个交换机的端口。如图 7-32 所示的路由器只需要使用 1 个端口，就能完成相同的任务。这时，交换机与路由器连接的端口也应该属于所有子网，并配置 802.1q 协议。

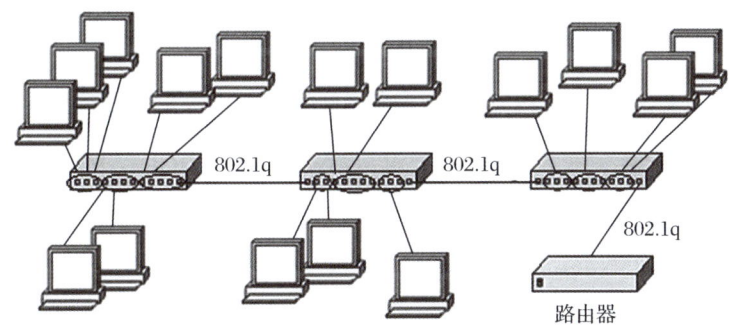

图 7-32　路由器只需要使用一个端口来连接多个虚网

通过子网掩码划分子网和划分 VLAN 有很多相似之处，但其实这两种技术存在区别：划分子网的主要目的是提高 IP 地址的利用率，而划分 VLAN 主要是为了实现分割广播域的功能。同一个交换机下分成两个 VLAN，那么这两个 VLAN 之间通信必须要通过路由，它们之间的广播是不互通的，可视为两个单独的交换机。而在同一个交换机下划分了两个子网，两个子网之间通信也要通过路由，但是由于这两个子网接在同一个交换机上，所以当出现广播时，所有的端口都能接收。因为广播是以 MAC 地址为依据的，所以同一个交换机上所有的端口都能接收广播。不同的应用环境下有不同的配置方法，子网和 VLAN 不是相对独立的，也并不矛盾，而应该配合使用。

本章小结

　　计算机网络是我们日常应用最为广泛的数据通信系统之一。根据覆盖的范围，可以分为局域网、城域网、广域网和互联网；根据连接介质的不同，又可以分为有线网和无线网。一个计算机网络由硬件设备和软件系统组成，但大家共同遵守的协议也是必不可少的。

　　在一个计算机网络中，标识每一个不同终端的是 IP 地址。所有的数据收发和网络管理，都是基于 IP 地址进行的。

实验与实践　Packet Tracer 的使用

项目目的：
1.认识 Packet Tracer。
2.学习使用 Packet Tracer 进行拓扑的搭建。
3.学习使用 Packet Tracer 对设备进行配置，并进行简单的测试。

项目实施：
1.熟悉 Packet Tracer 的界面和按钮功能；
2.拖放设备和布置线缆；
3.用 GUI 界面配置设备；
4.用实时模式测试 ping、HTTP 和 DNS；
5.用模拟模式测试 ping、HTTP 和 DNS；
6.用 CLI 界面配置设备。

项目实施成果：
实验报告

习题与思考题

　　1.请列举出 5 种计算机网络的组成硬件。
　　2.IP 地址可以分为哪几类？有什么区别？
　　3.如果我们学校分配的地址是一个 C 类地址 222.192.168.0，全校需要分为 10 个子网，那子网掩码应该是什么？发布时应记作何种形式？
　　4.主机如何根据对方的 IP 地址获取 MAC 地址？
　　5.什么是域名系统？域名服务的原理是什么？
　　6.简述 VLAN 的划分方法和工作过程。

拓展阅读

关于未来网络技术体系创新的思考

1837年,莫尔斯制造出了世界第一台有线电报机,首次实现了通过电信号来传输文字信息;随后,电报、电话等以电和磁为载体的通信技术迅速普及,人类通信方式产生重大变革,开启了现代通信网络的大发展。经过中国几代人的努力,我国网络通信产业也发生了翻天覆地的变化。1994年底,我国上网用户尚不足1万人。截至2021年8月,我国已建成全球规模最大的信息通信网络,网民规模10.11亿,互联网普及率达71.6%;光纤网络全面覆盖城乡,光纤用户占比达94.1%,位居世界第一;开通5G通信基站超过96.1万个。如今,互联网概念已经深入人心,互联网应用也时时刻刻影响着人们的生活,"未来网络"也成了"十四五"时期重要的战略新兴产业,是推动人类社会进步的关键之一。

1 网络演进历程与趋势

20世纪50年代,学术界开始对数据分组交换、分布式网络、排队论等一系列技术展开探索和研究;1969年,面向科研计算机互联需求的小规模网络出现雏形;1996年开始,随着万维网的大规模应用,Internet(互联网)一词广泛流传。互联网基于IP(互联网协议)"细腰"的设计理念成功容纳了各种不同的底层网络技术和丰富的上层应用,迅速风靡全世界。在应用迅速发展的同时,全球网络技术的发展与建设正向着"融合、软硬分离、可定制、智能"的趋势发展与变革。

1.1 过去:分离式的网络建设成本高、利用率低,多网融合发展成为必然

回顾全球电信运营商网络建设历史,每当出现一种电信业务,运营商就要建设一个网络;随着新业务的不断增加,网络也就越建越多。这不仅造成严重的重复投资,而且网络的维护、管理成本也越来越高,更重要的是难以方便快捷地提供各种新业务和新应用。因此,如何建设一个能够支撑多种业务、满足大部分用户需求的融合网络成为长期困扰互联网业界的问题。1980~2000年,我国在近20年发展中,也遇到了相同的挑战。

1999年初,为了避免走传统运营商一个业务建设一个网的老路,中国联通开展了多网融合的技术攻关,创新性地将IP和ATM技术进行有效融合,形成兼有两种技术优势的新方案。最终,中国联通成功建成多业务统一网络平台,同时将语音、互联网、数据、视频和移动互联网业务承载在一个统一的网络平台上。如此大规模的网络平台,承载如此众多的业务,这在全世界尚属首次。

1.2 现在:传统互联网"尽力而为"的网络架构阻碍互联网与物理世界融合,网络开放、可定制成为重要基础

得益于邮件、视频、多媒体等上层应用的快速发展,互联网在消费领域获得了巨大的成功。目前,互联网正在从"消费型"向"生产型"转变,网络技术迫切需要与工业、制造、汽车等物理世界的要素相融合,以满足工业级应用的大带宽、低时延、确定性抖动等精确可控的网络需求;但是,在实现确定性等网络技术时遇到了重大挑战。互联网在应用方面是非常开放的,可以说互联网的成功是得益于开放。然而,现在面临的转变为生产型互联网的挑战和困难主要来源于网络能力与资源的不开放,并且网络架构、网络设备的

整个产业生态体系是封闭、不开放、不可定制的。

为了实现网络的开放、可定制,我国提前展开布局。2010年,由中国工程院潘云鹤、邬贺铨、李国杰、刘韵洁等院士联合向国家提出了"未来网络试验设施"大科学装置项目的建议;2018年,国家发展和改革委员会正式批复江苏省未来网络创新研究院作为法人单位,从自主可控的新型网络架构与技术角度探索我国未来网络发展途径。

1.3 未来:业务驱动网络演进,智能、网算存一体成为发展关键

业界预测,全息传送、交互式游戏、超级自动化、分布式云、车路协同、无人机、机器人等已成为未来网络业务的主流发展趋势。未来网络将在提供超低时延(ms级)、超高通量带宽(>1 Tbit/s)、超大规模连接(>1 000亿连接)等基础能力的同时,更加紧密地与应用服务融合,"以网络资源为中心"的网络将转变为"以应用服务为中心"的网络,并向智能化、网算存一体等方向发展。

(1)与人工智能深度融合,实现网络智能化。目前,互联网应用已通过手机、边缘计算等实现了终端的泛在智能化,但是网络依然缺少智能,"傻瓜式"对网络资源的调度进行决策,造成资源利用率低下。因此,未来网络需要依靠网络操作系统这一大脑,与大数据、人工智能等手段结合,实现智能化网络控制,把网络资源利用率从50%提升到90%以上,大幅提升网络的能效。

(2)网络、计算、存储深度融合,实现网算存一体。目前,网络只有传输交换功能,虽然有内容分发网络(CDN)、对等网络(P2P)等技术手段,但是网络本身没有存储与计算能力,这导致存在大量信息冗余与网络时延。未来,网络将成为整个人类社会一个宏观的泛计算机系统,可按照需求去部署传输、存储、计算等能力;网络将原生结合云计算/边缘计算,在广域范围实现网络、计算、存储的超融合一体化,使各种应用服务资源(如算力、数据、内容等)在运营商"云、边、端"多个层次,甚至跨多运营商的广域网络范围内进行智能动态分布和按需连接协同。

2 "网络与物理世界融合"是中国建立自主可控网络产业生态的重大机遇

在消费领域,网络已经与人文世界紧密融合,取得了很大的成功,在此基础上,网络正在加速和物理世界实现新的融合。未来网络将类似于人类的神经、血液系统,成为人类的一个大的信息系统,实现人文世界、物理世界和信息世界的整体融合;网络传输的信息将类似于血液传输营养,能够通过数据流把信息输送给全世界,充分发挥数据信息的价值。因此,网络与物理世界的深度融合将成为我国建立自主可控网络产业生态的重大机遇,能够改变我国网络技术发展一直受制于人、核心产业跟随的被动局面;工业互联网、车联网、国防信创网络、空天互联网等将成为网络与物理世界融合的典型应用场景,而满足确定性、多云融合、智驱安全等需求将成为构建自主可控网络体系的重要目标。

2.1 确定性需求,推动企业内网、外网等的确定性升级

新一代网络技术赋能工业制造升级已成为一个重要发展趋势。许多工业生产应用、车联网应用,如云化可编程逻辑控制器(PLC)远程控制、远程机械臂控制、工业互联网中的数据上传和控制指令下发等需要200 μs的时延抖动保障。然而,现有传统网络难以满足工业级应用端到端超低时延和抖动的确定性需求。因此,面对未来工业互联网中云化控制、工厂互联等时间敏感应用场景,构建"准时、准确"控制的端到端确定性网络体系具有重要价值。CENI平台已具备在广域网实现端到端时延抖动小于30 μs的能力,在业

2.2 多云协同需求，助推企业数字化转型发展

企业、政府、高校等的业务上云已经成为数字化社会转型与发展的必然选择。然而，自建自用、不共享的私有云、边缘云体系严重阻碍我国数字化发展的进程。因此，跨运营商的多网、多云、多边间的信息与通信技术(ICT)能力协同将成为提升上云率的关键，亟待将边缘云、公有云、私有云等网络资源、云资源都开放出来，提升用户体验。面对多云协同需求，需要进一步借助于区块链/智能合约在技术层面所提供的可信任性，形成多中心化甚至去中心化的云网基础设施，构建多云操作系统，从而实现真正的分布式网络。

2.3 智驱安全需求，实现网络与安全的一体化设计

传统碎片化、独立部署设计的网络安全功能已难以满足工业互联网等场景所需的高效、安全、智能的网络安全保障能力，中心控制式网络安全能力也难以有效地支撑海量接入、高弹性高分布式的网络业务。因此，需要构建与人工智能、分布式防御等深度融合的智驱安全网络体系，以支持"全分布式安全网络"功能在公有云、私有云、混合云及工业互联网等场景的大规模快速部署，实现全集群TB级别分布式拒绝服务攻击(DDoS)秒级快速防护；并通过定制的机器学习算法，实现对网络攻击的自动化多级监测、主动式流量缓和及全分布式网络联防，服务整个互联网的安全、快速发展。

2.4 网络自动驾驶需求，将成为未来网络发展的新阶段

网络的自动化和智能化转型已经成为网络领域未来的重大变革趋势。随着网络业务飞速发展、网络规模不断扩大，用户对网络服务的带宽、时延、可靠性等方面都提出了更加严苛的需求。依靠固定规则与策略的技术手段已无法满足动态资源分配、故障定位、流量预测等业务的运维管理需求。因此，需要通过人工智能、深度学习、大数据等手段，推动网络智能化发展，逐步减少和消除人工操作，逐步向自服务、自维护、自优化的无人值守网络演进；通过数据建模、语义驱动、网络数字孪生等技术手段，实现网络业务全生命周期的闭环自动化控制与99%以上的极致资源与能源利用率。

3 如何建立具有国际影响的网络技术体系

3.1 探索新型网络体系架构与技术体系

自互联网产生以来，网络体系架构就被誉为网络研究"皇冠上的明珠"。因此，网络架构已成为互联网"下半场"决胜的关键，尤其是网络体系架构(如协议体系、根域名、流量交换模式等)涉及各国在全球互联网的地位与核心利益，已成为世界各国布局的重点。

在此大背景下，北京邮电大学、网络通信与安全紫金山实验室、江苏省未来网络创新研究院等单位前瞻性研判相关挑战和技术趋势，从工业互联网、车联网、全息全感网络等未来网络典型场景的需求出发，自主并原创性地提出了"服务定制网络"(SCN)体系架构。

3.2 重视软件化、开源发展趋势，建立开放的网络发展生态

在网络通信领域，开源已成为技术发展的必然选择和重要基础，是推进各个领域不断融合发展的重要力量，以及实现技术革新与产业演进的最佳途径。开源发展至今，已不仅仅是一种发展模式，它已经演化成了一种商业模式，实际上是一种"各尽所能，各取所需"的良性技术生态体系；越是在新兴领域，开源比例越大。因此，发展自主可控的网络技术体系需要借助开源模式实现市场布局，通过引导开源事实标准，改变国际生态格

局,吸纳多个国家、企业、个人广泛参与,提升国际影响力。

3.3 集中力量办大事,开展多方合作

面对新型网络技术攻关与变革的重大历史机遇,江苏省及南京市政府自2011年开始,将北京邮电大学、中国科学院计算技术研究所、清华大学3支团队引入南京并成立未来网络创新研究院,组织开展未来网络架构与关键技术研究;进而,成立网络通信与安全紫金山实验室,集聚核心科研人员1 000余人。通过多方协作、"集中力量办大事"的创新机制,网络通信与安全紫金山实验室成功在未来网络核心技术方面取得了多项重大突破。

4 结束语

本文详细分析了未来网络技术的发展趋势,网络正从消费型向生产型互联网转变,将出现重大变革机遇。面向互联网"下半场"发展的挑战与机遇,只有通过布局并掌握原创性的核心技术才能实现网络技术的领跑与产业生态的自主可控。新型网络体系架构是我国发展自主可控网络技术体系一个难得的历史机遇,也是中华民族为人类社会进步作贡献的重要历史机遇。通过相关科学家和科研力量近10年的探索,未来网络试验设施为原创性技术的突破打下了坚实的基础;为了充分发挥网络大科学装置的价值,应集中产学研各方力量,充分开展多方合作,构建未来网络战略新型产业。

(节选自:刘韵洁,黄韬,汪硕. 关于未来网络技术体系创新的思考. 中国科学院院刊,2022,37(1):38-45.)

第 8 章 无线通信系统

学习目标

1. 了解短距离无线通信的常见技术；
2. 了解RFID、Bluetooth、ZigBee技术的工作原理和系统结构；
3. 了解移动通信的发展历程；
4. 掌握GSM通信技术，熟悉CDMA及5G通信技术，了解6G通信；
5. 熟悉卫星通信系统。

在科学技术水平不断发展的前提下，通信系统开始逐步完善，其应用范围也愈加广泛。在科学技术的发展引领下，社会大众对通信技术的要求变得更为"苛刻"，人们希望摆脱线缆和距离的限制，能够实现随时随地的信息交互。无线通信系统的出现使这一愿望有了实现的可能。

8.1 短距离无线通信系统

短距离无线通信技术的应用范围很广,在一般意义上,只要通信收发双方通过无线电波传输信息,并且传输距离限制在较短的范围内,通常是几十米以内,就可以称为短距离无线通信。

8.1.1 短距离无线通信技术特征

短距离无线通信同长距离无线通信有很多的区别,主要如下:

(1)通信距离短。短距离无线通信系统的覆盖距离一般在几十米或100米,不超过200米。覆盖的范围响应也比较小。

(2)低功耗。低功耗是相对其他无线通信技术而言的一个特点,这与其通信距离短这个先天特点密切相关,由于传播距离近,遇到障碍物的概率也小,发射功率普遍都很低,通常在毫瓦量级。

(3)低成本。低成本是短距离无线通信的客观要求,因为各种通信终端的产销量都很大,要提供终端间的直通能力,没有足够低的成本是很难推广的。

(4)对等通信。对等通信是短距离无线通信的重要特征,有别于基于网络基础设施的无线通信技术。终端之间对等通信无须网络设备进行中转,因此空中接口设计和高层协议都相对比较简单,无线资源的管理通常采用竞争的方式,如载波侦听。

(5)无须申请无线频谱。短距离无线通信系统主要工作于供工业、科学、医学使用的免许可证(ISM)频段,无须申请无线频谱,这也是其区别于无线广播等长距离无线传输的特点。

8.1.2 常见的短距离无线通信技术

1. RFID 技术

RFID(Radio Frequency Identification)射频识别技术是一种非接触式的自动识别技术,它通过射频信号自动识别目标对象并获取相关数据,识别工作无须人工干预,可工作于各种恶劣环境。RFID 系统通常由标签、阅读器、数据传输和处理系统、中间件、上层应用软件等部分组成,关键技术包括空中接口技术、中间件技术、编码技术、网络技术、安全技术等。

RFID 使用的频率有 6 种,分别为 135 kHz、13.56 MHz、433.92 MHz、860~930 MHz、2.45 GHz 以及 5.8 GHz。无源 RFID 主要使用前两种频率。以 13.56 MHz 频段为例,前向调制采用 ASK 或 PIM 调制,前向编码采用脉冲位置编码或 MFM 编码;反向调制采用负载调制或 BPSK 调制,反向编码采用曼彻斯特编码或 MFM 编码。接入方式采用 ALOHA 或 FTDMA。

工作在低频、高频和特高频的 RFID 产品,分别符合不同的标准,具有不同的特性和应用,广泛地用在车辆管理、电子门票、物流运输、联运集装箱、电子护照、汽车遥控与防盗装置、行李追踪、个人识别和牲畜安全管理、RFID 智能卡(智能钥匙)、托盘级和货箱级 RFID 应用、单品级 RFID 技术等多种不同的场景。

2000 年后,标准化问题日趋为人们所重视,射频识别产品种类更加丰富,有源电子标签、无源电子标签及半无源电子标签均得到发展,电子标签成本不断降低,规模应用行业扩大。至今,射频识别技术的理论仍被不断地丰富和完善。

我国射频识别技术应用状况还处于初级阶段,市场前景非常广阔。不久的将来,我国射频识别技术的应用将在生产线自动化、仓储管理、电子物品监视系统、货运集装箱的识别以及畜牧管理等方面有所突破。但是实现射频识别技术在我国成熟、全面地应用将是一个长期的过程,需要业内人士共同努力。

2.蓝牙技术

蓝牙短距离无线通信功能已经具有多年历史,最先研发蓝牙技术的是爱立信公司,其工作频段为 2.4 GHz。蓝牙产品是最早的短距离无线通信设备之一,具有多样化的功能。蓝牙技术以低成本、近距离无线连接为基础,为固定设备与移动设备之间通信建立了一个特别的连接。如果在移动电话和笔记本电脑内安装蓝牙芯片,就可以去掉移动电话与笔记本电脑之间的连接电缆,直接用无线通信。在办公室内,所有装有蓝牙装置的数字设备都可被蓝牙控制。在网络方面,蓝牙也有不错的表现,它可为数字网络和外设提供通用接口以组建一个远离固定网络的个人特别连接设备群。

蓝牙技术还可以广泛应用于局域网中各类数据及语音设备,如打印机、传真机、数码相机和高品质耳机等。蓝牙的无线通信方式将上述设备连成一个微微网,多个微微网之间也可以相互连接,从而实现各类设备之间随时随地进行通信。

蓝牙技术应用广泛,主要应用于以下领域:

(1)语音通信。在通信方面,蓝牙技术最先应用在无线耳机中,作为第一代产品很快进入市场并获得用户青睐。随后,带有嵌入式模块的数据通信产品,应用了蓝牙技术,也很快被研发出来。这种产品可用于单对单设备的文件和语音传输,被普遍用于办公和移动电话系统中。

(2)计算机。在计算机应用方面,蓝牙技术可用于文件传输。手机和计算机通过蓝牙连接,操作简单易行,数据传输也不会消耗任何流量,更不用额外安装软件。

(3)家庭应用。蓝牙技术如今已经实现了水表和电表的自动抄录和远程输送。甚至还可以用在个人通信和电话系统中。嵌入蓝牙芯片的家用电器,如洗衣机、电饭煲等能够获取和处理发布在手机、服务器等网络信息终端的信息。

(4)办公自动化和电子商务。蓝牙技术还广泛应用于电子商务、办公自动化、网络设备集成中。无线键盘和鼠标采用蓝牙技术接入局域网;通过蓝牙连接,能够实现服务器、文件和打印机的共享;通过无线方式,可以在无线会议室访问其他人的设备终端,共享文件等信息。

3.ZigBee 技术

ZigBee 设备是一种拓展性强、易布建成低成本无线网络的设备,具有低耗电、双向传输和感应等特点。ZigBee 设备工作在 2.4 GHz(全球通用 ISM 频段)、868 MHz(欧洲 ISM 频段)和 915 MHz(北美 ISM 频段)三个频段,采用二进制相移键控(BPSK)、偏移正交相移键控(OQPSK)调制方式,发射功率在－3 dBm以上,速率可以达到20/40/250 kBit/s。ZigBee设备采用载波侦听多点接入/冲突避免(CSMA-CA)的信道接入机制,在无数据传输时还可以处于休眠状态,大大降低了功耗。

ZigBee设备分为全功能设备和精简功能设备。精简功能设备相对全功能设备来说协议栈简单并且内存更小,只能和某个全功能设备进行交互。而全功能设备具有完备的802.15.4协议功能,能与其传输范围内的任何节点进行交互。两种设备相互组合,可以组成网型网络、星型网络和树型网络。ZigBee设备可以使用64 bit的IEEE物理地址,也可以使用16 bit的网络短地址,这样整个网络规模可超过65 000个节点。另外,ZigBee网络采用自组织网络(Ad-Hoc Network)结构,在网络的组建和维护上都具有相当大的灵活度。

ZigBee技术可以应用到医疗卫生中远程监测病人身体状况,家庭自动化中照明设备、空调设备、门禁系统的远程控制,另外在工农业生产中也有很好的应用前景,如工业中数据自动采集和处理,农业中远程控制设备进行播种。

4. 无线局域网技术

无线局域网技术是现代计算机网络和无线通信技术相结合的产物,它主要采用的是无线传送数据的方式,进而能够实现传统有线网络的一些功能。无线局域网由于不受网线的控制,因此具有较好的可移动性,无线局域网技术随着企业的要求变化而变化很大。使用电磁波完成数据的控制和传输等功能,使得现在的无线局域网的移动化、个性化和多媒体化等都成为现实,还能够实现传统有线网络所没有的功能,解决传统有线网络无法解决的问题。

目前,无线局域网主要分为以下两类。

(1)有中心拓扑无线局域网。这是一个必须以一个无线站点为中心的无线网络模式,并且中心站点能够对所有其他站点进行控制和访问。在这种无线局域网结构中,一定要保证每一个小的控制点都在中心站点的控制范围之内,网络站点的位置设定没有任何限制。当然,一旦中心站点出现故障,就会进一步导致整个无线网络系统都无法正常工作,因此,一定要加强对中心站点的投资和管理。

(2)无中心拓扑无线局域网。使用无中心拓扑无线局域网的前提是保证无线网络系统中任意两个网点之间都能进行数据的传输和交流,能够更好地实现网络资源的共享。目前,无中心拓扑无线局域网主要被广泛用于公共信息传输领域。这种网络结构具有网络建立方便和成本较低等优点。但是,由于无中心拓扑无线局域网站点设置数目的不断增多和使用的人越来越多,在一定程度上影响了无线网络的网速。此外,为了更好地实现任意两个网点之间的直接交流和信息传输,网点的分布就会受到地理位置的限制。因此,无中心拓扑无线局域网比较适合在网点相对较少的领域使用。

无线局域网经过近几年的发展,在技术上日渐成熟,应用也日渐广泛,在社会各行各业都能见到它的影子。国内外对这项技术的关注越来越多,研究也越来越深入,作为目前最具发展潜力的移动通信技术之一,它肩负着推动社会进步的重大责任。所以不仅要注重对无线局域网技术及其最新发展实时监测,同时也要对其在移动教育未来发展所产生的影响上进行深入研究,保证无线局域网在更多行业应用,提供更加优质和便利的服务,为社会发展和人类进步做出贡献。

8.1.3 短距离无线通信技术的应用领域

1. 紧急响应系统

如今短距离无线通信技术已经被应用于紧急响应系统中。在救援过程中,为了提高救援工作的效率,加强救援人员之间的交流,以及对其他救援信息的掌握,就需要建立完善的信息通信系统。在救援工作中,通过短距离无线通信技术,能够快速地将救援信息进行反馈,以便救援总部及其他救援人员进行及时援助,提高救援的效率。利用短距离无线通信技术还能够发送图片和定位等信息,将救援信息进行更为精准地表达,加快救援的速度。在地震救灾过程中,有线通信设施往往会遭到破坏,因此无法通过有线通信设备进行沟通和交流,此时无线通信系统就发挥出了巨大作用。

2. 军事领域

短距离无线通信技术已经被广泛应用于军事领域,特别是在大规模的军事演习中,通过短距离无线通信技术,指挥总部能够快速了解各军种的相关情况,根据对应的情况做出快速部署,形成一个高效的作战体系,提高军事演习的质量和效率。在军事中,对军情和战况的及时了解非常重要,没有安全、高效的信息传播系统是难以把控战争状况从而做出部署的,因此加强短距离无线通信技术的开发及其在军事中的应用是非常必要的,这也是建设现代化军队、增强我国军事实力和国防力量的必然要求。

3. 数字信息站

目前关于短距离无线通信技术在数字信息站方面的应用,最为常见的便是在地铁通信系统中的运用。在地铁运行的过程中,为了保障乘客的安全,在每个地铁站都会配有多位安全检查员,而安全检查员之间以及与上级交流则主要依靠短距离无线通信技术来实现,同时地铁运行过程中的实时信息,例如进站等信息也需要借助短距离无线通信技术来实现,这对于保障我国地铁安全高效地运行具有重要意义。

4. 商业、服务业等领域

餐饮服务业可使用无线局域网产品,直接从餐桌输入并传送客人的点菜内容。在大型会议和展览等临时场合,短距离无线通信网可使工作职员在极短时间内方便地得到计算机网络服务,获得所需要的资料。旅馆使用短距离无线网络,可以做到随时随地为顾客进行及时周到的服务。通过在办公环境中使用短距离无线网络,可以使办公用计算机具有移动能力,办公方便快捷。

8.1.4 短距离无线通信技术的优势

1. 操作简单、技术成本低

短距离无线通信设备在实际应用中具有便捷方便、操作简单的优势特征,只需通过两个移动设备便可实现数据信息的传输工作,无须连接和安装任何线路。例如,在紧急救援工作中,为救援队员配备短距离无线通信设备,并建立无线通信系统是保证和提升救援效率的必要手段。救援队伍中工作人员可通过无线通信设备实现信息的快速传输，从而实时了解救援现场的实际情况。同时，通过短距离无线通信技术，救援人员可实现语音、视频、位置定位分享等目的。目前 UWB 技术被广泛应用于工程探测和救援工作中，其优势不仅在于数据传输精确、效率高，还在于具备定位成像、与其他设备程序兼容等功能。

2. 经济成本低，功耗小

短距离无线通信技术具有明显的功耗小应用优势，如蓝牙、UWB 和 WLAN 技术，尤其蓝牙技术的经济成本十分低廉，电量消耗与功耗也低。蓝牙技术支持设备短距离通信功能，一般工作范围是 10 米，如经过合理改造，可实现 100 米范围内的数据传输。在各个通信设备之间，数据传输方便快捷、安全灵活，话音和数据通信功耗成本低。目前，蓝牙技术被用户应用于各个领域，如身份识别、数字传输、娱乐消费和家用电器的智能化发展，它为人们的生活带来了更多便利。随着短距离无线通信技术的不断发展，科研人员也在不断尝试将蓝牙技术与 WLAN、USB 技术相融合，以实现更多的短距离无线通信技术功能。

3. 信息传输安全性高

短距离无线通信技术具有较高的信息保密性，该技术本身具有加密功能，用户在使用短距离无线通信技术时，可利用加密功能保障信息传输的安全性和可靠性，避免信息泄露或被盗取。例如，由 PHILIPS、NOKIA 和 Sony 三家公司联合推出的名为 Near Field Communication（以下简称 NFC）的短距离无线通信技术实现了在无须接触对方的前提下，即可完成信息传递的目的。和传统的非接触式射频识别 RFID 技术相比，NFC 技术做了创新改进，实现了信息双向识别。用户可通过该技术实现 20 厘米内的信息传递，其显著优势在于信息传输效率高、用户和工作人员的工作负担小，并且具备更高水平的信息安全保障。

4. 应用范围广，实践性强

如今，短距离通信技术被应用于众多领域中，其原因在于它具有较强的适应性，包括对工作环境、技术应用必备条件的要求都更宽泛。短距离无线通信技术催生"泛在网络"，也称"泛在生活"或"泛在世界"，无论是紧急救援、军事演练还是数字信息应用系统，短距离无线通信技术的身影都无处不在。最为常见的应用之一便是公交、地铁数字信息站的报站信息，只有在总站通过车载无线网络连接相应设备，才能够实时发出并传递有效信息。这种短距离无线通信设备在旅游景点也较为常见，游客通过网络可对景点信息进行查找。另外，无线通信技术给军事演练提供了必要的技术支持，为实现对短距离作战信息的快速接收和传输，无线通信器几乎是每一个部队作战队员的必需配备品。短距离无线通信技术在未来发展中，将实现速度更快、品质更优的追求目标。

8.1.5 RFID 技术

RFID 是射频识别技术的英文（Radio Frequency Identification）缩写，又称电子标签。该技术于 20 世纪 90 年代兴起，是一项利用射频信号通过空间耦合（交变磁场或电磁场）

实现无接触信息传递并通过所传递的信息达到识别目的的技术。当目标接近射频信号的辐射范围时,射频信号可以获取目标物体的相关数据信息。RFID 技术可以实时、迅速、精确地采集与处理目标对象的 ID 信息,其发展得益于多项技术的综合发展,包括芯片技术、天线技术、无线技术、电磁传播技术、数据交换与编码技术等。

RFID 产品可以工作于低频、高频、超高频和微波频段。低频 RFID 产品的工作频率为 125 kHz 或 133 kHz,主要应用于动物管理、出入控制等领域;高频 RFID 产品的工作频率为 13.56 MHz,主要应用于证件照防伪、电子支付等领域;超高频 RFID 产品的工作频率为 860 MHz 或 960 MHz,主要应用于物品追踪管理、仓储物流、生产制造等领域;微波频段 RFID 产品的工作频率为 2.45 GHz 和 5.8 GHz,这一频段主要应用于车辆、集装箱远距离识别。

目前,关于 RFID 的应用大都集中在物流、药品及食品安全、物品跟踪,以及与票务相关的身份识别等领域。互联网的发展以及各方面技术的融合已经促使 RFID 在应用领域不断演进,并由最初的物品识别与跟踪逐步向更丰富功能的应用发展。早在 2010 年首届亚洲智能卡展"RFID 与物联网高峰论坛"上,《中国 RFID 与物联网 2009 年度发展报告》称,中国物联网产业链初步形成,物联网应用逐步推进。统计显示,2009 年中国射频识别技术(RFID)市场规模已达 85.1 亿元人民币,同比增长 29.3%,在全球居第三位,仅次于英国、美国。

1. RFID 的技术优势

RFID 的应用为零售业带来了活力,正是因为 RFID 技术与条形码技术相比有很大的优势,具体表现在下面几个方面:

(1) 全自动快速识别多目标

RFID 阅读器使用无线电磁波自动快速获取电子标签信息,并与条形码相比逐一扫描,RFID 技术可以快速、准确地识别多个 RFID 电子标签,从而能够对标签所对应的目标对象实施跟踪监控和定位。

(2) 应用范围广

电子标签小巧灵活,可以不用考虑纸张大小和印刷物的材质,并且可以随意制造成圆形、环形、矩形等多种形状,能够很容易地嵌入或粘贴到不同类型和形状的产品上。所以 RFID 技术的应用范围很广。

(3) 数据存储容量大

RFID 系统中电子标签包含了存储设备,与条形码和二维码的存储容量相比,电子标签存储的数据容量更大,而且随着存储技术的深入发展,存储容量会逐渐扩大,能充分满足未来对数据承载量需求大的要求。

(4) 环境适应性强

RFID 电子标签将数据存储在芯片中。即使是在环境恶劣的情况下也能正常使用,从而不会或很少受到环境因素的影响,并且相比于条形码、二维码更不易破损。同时,RFID 使用的电磁波不受非金属或非透明材料如纸张、木材和塑料的影响。由此具有很强的穿透性,而且可以长距离通信,进一步增强了对环境的适应性。

(5)可重复使用

RFID 可以被重复使用,并且电子标签中的数据可以通过添加、修改、删除等被重复更新。它不像条形码是一次性、不可更改的,这能充分利用资源、节约成本。

(6)安全性高

RFID 电子标签中电子产品编码是唯一的,难以对其进行修改,并且可以通过加密等安全手段对数据内容进行保护,因而其信息很难被复制、篡改和删除,使用 RFID 更具安全性。

目前常用的 RFID 国际标准主要有用于动物识别的 ISO 11784 和 ISO 11785,用于非接触智能卡的 ISO 10536(Close coupled cards)、ISO 15693(Vicinity cards)、ISO 14443(Proximity cards),用于集装箱识别的 ISO 10374 等。有些标准正在形成、完善或改进中,比如用于供应链的 ISO 18000 无源超高频(860~930 MHz 载波频率)部分的 C1G2 标准。

2.RFID 系统组成

最基本的 RFID 系统由三部分构成:电子标签(Tag)和应答器(Transponder),读写器(Reader),以及天线(Antenna)。

(1)电子标签和应答器

电子标签由芯片、一些耦合元件和封装材料组成,根据是否搭载电池,可以分为有源(主动)式、无源(被动)式两种。每个电子标签在出厂时就有唯一的电子编码(EPC)——类似于每个人的身份证号,将它粘贴在物体表面,相当于条形码的上位机版本。芯片和元件组成的单元是电子标签的核心部分,即应答器。根据不同的需要,可以将应答器封装成各种形状,例如圆形、条形。虽然应答器可以统称为电子标签,但是有时因为实际需要会被叫作其他更加实用的名字。应答器的主要功能是发送读写器中包含的 ID 和其他信息。

(2)读写器

读写器就是读取电子标签信息的设备,其作用是向应答器索取或者向应答器传送 ID 等信息。读写器通常包括两个基本模块:射频接口和控制单元。射频接口包括一个发射器和一个接收器。产生一定功率的射频信号启动发射器工作;发送调制信号并解调接收到的信号。通常,天线可以分开设置在读写器外部,或者安装在其内部。读写器内部结构如图 8-1 所示。

(3)天线

天线的主要功能是在 RFID 标签和读写器之间传输射频信号,它可以将接收到的电磁波转换为电流信号。当整个 RFID 系统工作时,读写器必须依靠天线发出的能量形成电磁场,并通过电磁场识别电子标签。

3.RFID 技术工作原理

RFID 技术在实际工作中,先将电子标签粘贴在物体表面,RFID 读写器依靠天线不断发射出一定频率的信号,当有 RFID 标签标记的物体进入天线的辐射范围时,由感应电流获得的能量激活无源电子标签工作。于是,存储在电子标签芯片中的产品信息被传

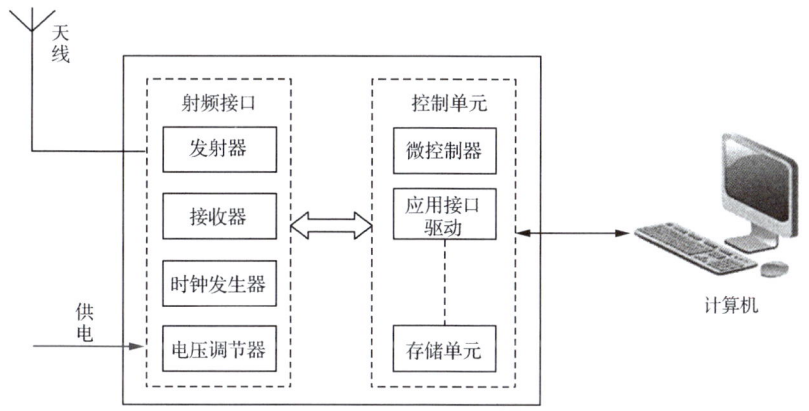

图 8-1　读写器内部结构

输,或者电子标签主动发送特定频率的信号;然后天线从电子标签接收信号并通过天线调节器将其发送给读写器。数据被发送到连接读写器的计算机信息管理系统,然后处理相关数据。RFID 技术工作原理如图 8-2 所示。

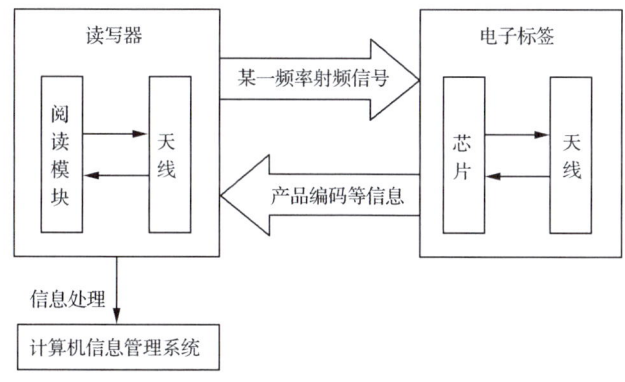

图 8-2　RFID 技术工作原理

8.1.6　蓝牙技术

蓝牙技术是一种无线数据与语音通信的开放性全球规范,以低成本的近距离无线连接为基础,为固定与移动设备通信环境建立一个特别连接的短程无线电技术。

1998 年 5 家大公司发起成立了蓝牙 SIG(Special Interest Group),任务是制定蓝牙规范和在全球推广蓝牙技术,分别是:Ericsson、NOKIA、IBM、INTEL、TOSHIBA,到了 1999 年 12 月 Microsoft、Motorola、3COM、Lucent 也加入了该组织。2001 年 4 月 SIG 共有各类成员 2 491 个。1999 年发布蓝牙协议 V1.0 版本,2001 年 3 月发布 V1.1 版本,现被 IEEE 接纳为 WPAN(无线个人区域网)的标准,命名为 802.15。

蓝牙使用内嵌在 8 mm×8 mm 微芯片上的短程射频连接技术,工作在 2.4 GHz ISM 频段。它的一般连接范围是 10 米,通过扩展可以达到 100 米,不限制在直线范围内,甚至设备不在同一房间内也能相互连接。蓝牙设备有两种组网方式:微微网(Piconet)和散射网(Scatternet),如图 8-3 所示。在 Piconet 中,多个蓝牙设备共享一条信道,其中一个为主设备,最多支持 7 个从设备。具有重叠覆盖区域的多个 Piconet 构成 Scatternet,从设备用时分复用的方式加入不同的 Piconet。一个 Piconet 中的主设备可作为另一个 Piconet 的从设备。蓝牙 SIG 定义了各种蓝牙应用模型，如文件传输应用模式、互联网网桥应用模式、局域网访问模式、同步模式、三合一电话模式、头戴式电话模式。

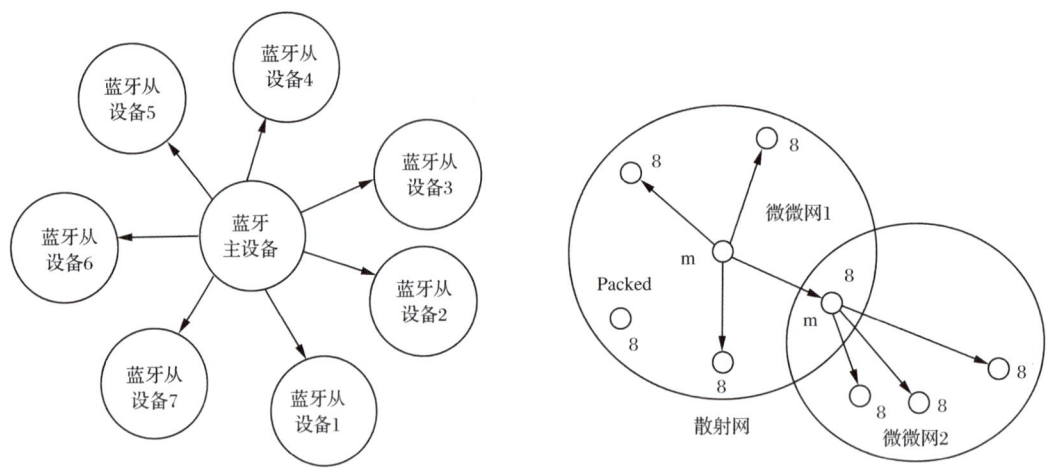

图 8-3　蓝牙微微网和散射网

蓝牙支持一条异步数据通信信道/三条同步语音信道，或者一条同时支持异步数据通信和同步语音的信道，语音信道速率为 64 kbit/s。其异步数据通信信道的速率：不对称时，一个方向最大为 723.2 kbit/s，反向时为 57.6 kbit/s；对称时为 433.9 kbit/s。

蓝牙使用 FHSS(跳频扩频)技术，理论跳频速率为 1 600 跳/秒。跳频技术是把频带分成若干跳频信道(Hop Channel)，在一次连接中，无线电收发器按一定的码序列(伪随机码)不断地从一个信道跳到另一个信道，只有收发双方是按这个规律进行通信的，而其他的干扰不可能按同样的规律进行干扰。跳频的瞬时带宽是很窄的，但通过扩展频谱技术使这个窄带宽成百倍地扩展成宽频带，使干扰可能产生的影响变得很小。以 2.45 GHz 为中心频率，最多可以得到 79 个 1 MHz 带宽的信道。蓝牙采用的调制方式为 GFSK，双工方式为时分双工 TDD。蓝牙使用三种功率：0 dBm、4 dBm、20 dBm(100 mW)。

1.蓝牙技术特点

蓝牙技术利用短距离、低成本的无线连接替代了电缆连接，从而为现存的数据网络和小型的外围设备接口提供了统一的连接。它具有许多优越的技术性能，以下介绍一些主要的技术特点：

(1)射频特性

蓝牙设备的工作频段选在全世界范围内都可以自由使用的 2.4 GHz 的 ISM(工业、科学、医学)频段，这样用户不必经过申请便可以在 2 400～2 500 MHz 范围内选用适当的蓝牙无线电收发器频段。如表 8-1 所示，蓝牙信道为 23 个或 79 个，频道间隔均为 1 MHz，采用时分双工方式，调制方式为 BT=0.5 的 GFSK，调制指数为 0.28～0.35，蓝牙的无线发射机采用 FM 调制方式，从而降低设备的复杂度，最大发射功率分为三个等级：1 mW(0 dBm)、2.5 mW(4 dBm) 及 100 mW(20 dBm)，在 4～20 dBm 范围内要求采用功率控制，因此，蓝牙设备之间的有效通信距离为 10～100 m。

表 8-1　　　　　　　　　　　蓝牙信道的划分

区　域	调节范围/GHz	RF 信道
美国、欧洲的大部分国家和其他国家中的大部分	2.4～2.483 5	$f=2.402+n$ MHz $n=0,\cdots,78$
日本	2.471～2.497	$f=2.473+n$ MHz $n=0,\cdots,22$
西班牙	2.445～2.475	$f=2.449+n$ MHz $n=0,\cdots,22$
法国	2.446 5～2.483 5	$f=2.454+n$ MHz $n=0,\cdots,22$

(2) TDMA 结构

蓝牙的数据传输速率为 1 Mbit/s，采用数据包的形式按时隙传送，每时隙为 0.625 μs。蓝牙系统支持实时的同步定向连接和非实时的异步不定向连接。每一条语音通道支持 64 kbit/s 的同步语音，异步通道支持最大速率为 721 kbit/s，反向应答速率为 57.6 kbit/s 的非对称连接，或者速率为 432.6 kbit/s 的对称连接。

(3) 使用跳频技术

跳频是蓝牙的关键技术之一，对于单时隙包，跳频速率为 1 600 跳/秒；对于多时隙包，跳频速率有所降低；但在建立连接时则提高为 3 200 跳/秒。使用这样高的跳频速率，蓝牙系统具有足够高的抗干扰能力，且硬件设备简单、性能优越。如图 8-4 所示。

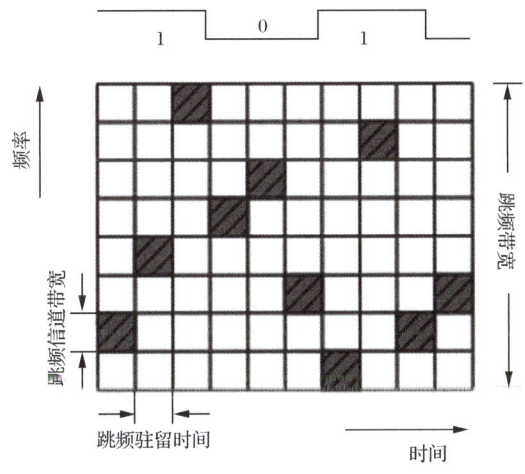

图 8-4　蓝牙跳频机制

(4) 蓝牙设备组网方便

蓝牙根据网络的概念提供点对点和点对多点的无线连接，在任意一个有效通信范围内，所有的设备都是平等的，并且遵循相同的工作方式。基于 TDMA 原理和蓝牙设备的平等性，任一蓝牙设备在微微网（Piconet）和散射网（Scatternet）中，既可作为主设备，又可作为从设备，还可既是主设备又是从设备。因此，在蓝牙系统中没有从站的概念。另外,所有的设备都是可移动的,所以组网十分方便。

2. 蓝牙系统的组成

蓝牙系统一般由无线射频单元、链路控制(固件)单元、链路管理(软件)单元和软件(协议栈)单元四个功能单元组成。组成框图举例如图 8-5 所示。

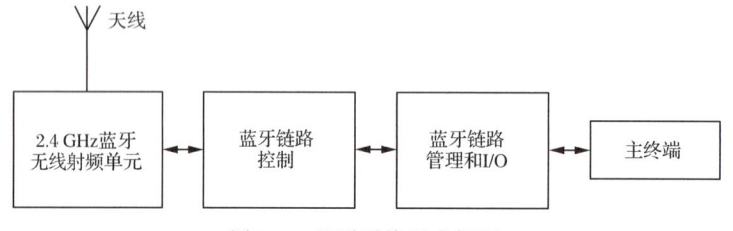

图 8-5　蓝牙系统组成框图

(1) 无线射频单元

蓝牙要求其天线部分体积小巧、质量轻,因此,蓝牙天线属于微带天线。蓝牙空中接口是建立在天线电平为 0 dB 的基础上的。空中接口遵循 Federal Communications Commission(简称 FCC,即美国联邦通信委员会)有关电平为 0 dB 的 ISM 频段的标准。如果全球电平在 100 mW 以上,可以使用频谱扩展功能来增加一些补充业务。频谱扩展功能是通过起始频率为 2.42 GHz,终止频率为 2.48 GHz,间隔为 1 MHz 的 79 个跳频频点来实现的。出于某些本地规定的考虑,日本、法国和西班牙都缩减了带宽。最大的跳频速率为 1 660 跳/秒。理想的连接为 100 mm~10 m,但是通过增大发送电平可以将距离延长至 100 m。

蓝牙工作在全球通用的 2.4 GHz ISM(工业、科学、医学)频段。蓝牙的数据速率为 1 Mbit/s。ISM 频段是对所有无线电系统都开放的频段,因此使用其中的任意频段都会遇到不可预测的干扰源。例如某些家电、无绳电话、汽车开门器、微波炉等,都可能是干扰源。为此,蓝牙特别设计了快速确认和跳频方案以确保链路稳定。时分双工(TDD)方案被用来实现全双工传输。

与其他工作在相同频段的系统相比,蓝牙跳频更快,数据包更短,比其他系统都更稳定。FEC(前向纠错)的使用抑制了长距离链路的随机噪声;应用了二进制调频(FM)技术的跳频收发器被用来抑制干扰和防止衰落。

(2) 链路控制(固件)单元

在目前蓝牙产品中,人们使用了 3 个 IC 分别作为连接控制器、基带处理器以及射频传输/接收器,此外还使用了 30~50 个单独调谐元件。

基带链路控制器负责处理基带协议和其他一些底层常规协议。它有 3 种纠错方案: 1/3 比例前向纠错(FEC)码、2/3 比例前向纠错码和数据的自动请求重发(ARQ)方案。采用 FEC 方案的目的是减少数据重发的次数,减少数据传输负载。但是,要实现数据的无差错传输,FEC 就必然生成一些不必要的开销比特而降低数据的传送速率。这是因为数据包对于是否使用 FEC 是弹性定义的。报头总有占 1/3 比例的 FEC 码起保护作用,其中包含了有用的链路信息。

在无编号的 ARQ 方案中,在一个时隙中传送的数据必须在下一个时隙得到"收到"

的确认。只有数据在接收端通过了报头错误检测和循环冗余检测后认为无错才向发送端发回确认消息，否则返回一个错误消息。比如蓝牙的话音信道采用 Continuous Variable Slope Delta Modulation(简称 CVSD)，即连续可变斜率增量调制技术话音编码方案，获得高质量传输的音频编码。CVSD 编码擅长处理丢失和被损坏的语音采样，即使比特错误率达到 4%，CVSD 编码的语音还是可听的。

(3) 链路管理(软件)单元

链路管理(LM)软件模块携带了链路的数据设置、鉴权、链路硬件配置和其他一些协议。LM 能够发现其他远端 LM 并通过 LMP(链路管理协议)与之通信。

LM 模块提供如下服务：发送和接收数据；请求名称；链路地址查询；建立连接；鉴权；链路模式协商和建立；决定帧的类型。此外，还有下列服务：将设备设为 Sniff(呼吸)模式，Master(主机)只能有规律地在特定的时隙发送数据；将设备设为 Hold(保持)模式，工作在 Hold 模式的设备为了节能可以在一个较长的周期内停止接收数据，每一次激活链路都由 LM 定义，由 LC(链路控制器)具体操作。

当设备不需要传送或接收数据但仍需保持同步时将设备设为 Hold(保持)模式。处于暂停模式的设备周期性地激活并跟踪同步，同时检查 Page 消息、建立网络连接。在 Piconet 内的连接被建立之前，所有的设备都处于 Standby(待命)状态。在这种模式下，未连接单元每隔 1.28 s 周期性地"监听"信息。每当一个设备被激活，它就监听规划给该单元的 32 个跳频频点。跳频频点的数目因地理区域的不同而异，32 这个数字适用于除日本、法国和西班牙之外的大多数国家。作为 Master 的设备首先初始化连接程序，如果地址已知，就通过寻呼(Page)消息建立连接，如果地址未知，就通过一个后接 Page 消息的 Inquiry(查询)消息建立连接。在最初的寻呼状态，Master 单元将在分配给被寻呼单元的 16 个跳频频点上发送一串 16 个相同的 Page 消息。如果没有应答，Master 就按照激活次序在剩余的 16 个频点上继续寻呼。Slave 从机收到从 Master 发来消息的最大延迟时间为激活周期的 2 倍(2.56 s)，平均延迟时间是激活周期的一半(0.64 s)。Inquiry 消息主要用来寻找蓝牙设备，如共享打印机、传真机和其他一些地址未知的类似设备。Inquiry 消息和 Page 消息相似，但是 Inquiry 消息需要一个额外的数据串周期来收集所有响应。如果 Piconet 中已经处于连接的设备在较长一段时间内没有数据传输，蓝牙还支持节能工作模式。Master 可以把 Slave 设置为 Hold(保持)模式，在这种模式下，只有一个内部计数器在工作。Slave 也可以主动要求被设置为 Hold 模式。Hold 模式一般被用于连接好几个 Piconet 的情况或者耗能低的设备，如温度传感器。除 Hold 模式外，蓝牙的另外两种节能工作模式 Sniff(呼吸)模式和 Park(暂停)模式也很常用。在 Sniff 模式下，Slave 降低了从 Piconet "收听"消息的速率，"呼吸"间隔可以依应用要求做适当的调整。在 Park 模式下，设备依然与 Piconet 同步但没有数据传送。工作在 Park 模式下的设备放弃了 MAC 地址，偶尔收听 Master 的消息并恢复同步、检查广播消息。如果把这三种节能工作模式按照节能效率升序排队，那么依次是：呼吸模式、保持模式和暂停模式。

连接类型和数据包类型：连接类型定义了哪种类型的数据包能在特别连接中使用。蓝牙基带技术支持两种连接类型：同步定向连接(Synchronous Connection Oriented,

SCO)类型,主要用于传送话音;异步无连接(Asynchronous Connectionless,ACL)类型,主要用于传送数据包。

同一个 Piconet 中不同的主从对可以使用不同的连接类型,而且在一个阶段内还可以任意改变连接类型。每种连接类型最多可以支持 16 种不同类型的数据包,其中包括 4 个控制分组,这一点对 SCO 和 ACL 来说都是相同的。两种连接类型都使用 TDD(时分双工传输方案)实现全双工传输。

SCO 连接为对称连接,利用保留时隙传送数据包。连接建立后,Master 和 Slave 可以不被选中就发送 SCO 数据。SCO 数据包既可以传送话音,也可以传送数据,但在传送数据时,只用于重发被损坏的那部分数据。ACL 链路定向发送数据包,它既支持对称连接,也支持不对称连接。Master 负责控制链路带宽,并决定 Piconet 中的每个 Slave 可以占用多少带宽和连接的对称性。Slave 只有被选中时才能传送数据。ACL 链路也支持接收 Master 发给 Piconet 中所有 Slave 的广播消息。

鉴权和保密:蓝牙基带技术在物理层为用户提供保护和信息保密机制。鉴权基于"请求-响应"运算法则。鉴权是蓝牙系统中的关键部分,它允许用户为个人的蓝牙设备建立一个信任域,比如只允许主人自己的笔记本电脑通过主人自己的移动电话通信。加密被用来保护连接的个人信息。密钥由程序的高层来管理。网络传送协议和应用程序可以为用户提供一个较强的安全机制。

(4)软件(协议栈)单元

蓝牙的软件(协议栈)单元是一个独立的操作系统,不与任何操作系统捆绑。它必须符合已经制定好的蓝牙规范。蓝牙规范是为个人区域内的无线通信制定的协议,它包括两部分:第一部分为核心(Core)部分,用以规定诸如射频、基带、连接管理、业务搜寻(Service Discovery)、传输层以及与不同通信协议间的互用、互操作性等组件;第二部分为协议子集(Profile)部分,用以规定不同蓝牙应用(也称使用模式)所需的协议和过程。

蓝牙规范的协议栈仍采用分层结构,分别完成数据流的过滤和传输、跳频和数据帧传输、连接的建立和释放、链路的控制、数据的拆装、业务质量(QoS)、协议的复用和分用等功能。在设计协议栈特别是设计高层协议时的原则就是最大限度地重用现存的协议,而且其高层协议(协议栈的垂直层)都使用公共的数据链路层和物理层。

蓝牙协议可以分为四层,即核心协议层、电缆替代协议层、电话控制协议层和采纳的其他协议层。

8.1.7 ZigBee 技术

ZigBee 技术是一种新兴的近距离、低复杂度、低功耗、低数据传输速率以及低成本的无线通信技术,它的通信距离介于无线射频识别技术(RFID)和蓝牙技术(Bluetooth)之间。ZigBee 曾被称为"HomeRF Lite"、"RF-EasyLink"和"FireFly"无线电技术,目前统一称为 ZigBee 技术,中文译名为"紫蜂"技术。

从"ZigBee"这个名词的字面意义来看,它是由"Zig"和"Bee"两部分组成的:其中"Zig"取自英文单词"zigzag",意思是"之"字形的;"Bee"是蜜蜂的英文单词,因此"ZigBee"就是"跳着'之'字形舞的蜜蜂"。与蜜蜂通过跳"之"字形的舞蹈来通知同伴所发现的新食物源的位置、距离和方向等信息类似,这项技术实现了一种低功耗、低成本、低传输速率的无线通信网络,从而使近距离的设备之间能够互传信息。蜂群与 ZigBee 网络之间的对应关系为:每个蜜蜂相当于一个 ZigBee 节点;蜂群相当于整个 ZigBee 网络;"之"字形舞相当于 ZigBee 节点间的通信;蜂群中的蜂后相当于 ZigBee 网络当中唯一的协调器节点。

1. ZigBee 技术特点

ZigBee 是一种无线连接,可工作在 2.4 GHz(全球流行)、868 MHz(欧洲流行)和 915 MHz(美国流行)三个频段上,分别具有最高 250 kbit/s、20 kbit/s 和 40 kbit/s 的传输速率,它的传输距离为 10～75 m,但可以继续增加。作为一种无线通信技术,ZigBee 具有如下特点:

(1) 功耗低:由于 ZigBee 的传输速率低,发射功率仅为 1 mW,而且采用了休眠模式,功耗低,因此 ZigBee 设备非常省电。据估算,ZigBee 设备仅靠两节 5 号电池就可以维持 6 个月到 2 年的使用时间,这是其他无线设备望尘莫及的。

(2) 成本低:ZigBee 模块的初始成本在 6 美元左右,有下降空间,并且 ZigBee 协议是免专利费的。低成本对于 ZigBee 也是一个关键的因素。

(3) 时延短:通信时延和从休眠状态激活的时延都非常短,典型的搜索设备时延为 30 ms,休眠激活的时延为 15 ms,活动设备信道接入的时延为 15 ms。因此 ZigBee 技术适用于对时延要求苛刻的无线控制(如工业控制场合等)应用。

(4) 网络容量大:一个星型结构的 ZigBee 网络最多可以容纳 254 个从设备和 1 个主设备,一个区域内可以同时存在最多 100 个 ZigBee 网络,而且网络组成灵活。

(5) 可靠:采取了碰撞避免策略,同时为需要固定带宽的通信业务预留了专用时隙,避开了发送数据的竞争和冲突。MAC 层采用了完全确认的数据传输模式,每个发送的数据包都必须等待接收方的确认信息。如果传输过程中出现问题可以进行重发。

(6) 安全:ZigBee 提供了基于循环冗余校验(CRC)的数据包完整性检查功能,支持鉴权和认证,采用了 AES-128 加密算法,各个应用可以灵活确定其安全属性。

2. ZigBee 技术标准

IEEE 组织早在 2003 年就开始制定 IEEE 802.15.4 标准并发布,2006 年进行标准更新,后来针对智能电网应用制定了 IEEE 802.15.4g 标准,针对工业控制应用制定了 IEEE 802.15.4e 标准。IEEE 802.15.4 系列标准属于物理层和 MAC 层标准,由于 IEEE 组织在无线领域的影响力,以及 TI、ST、Ember、Freescale、NXP 等著名芯片厂商的推动,该标准已经成为无线传感器网络领域的事实标准,符合该标准的芯片已经在各个行业得到广泛应用。

ZigBee 联盟对 ZigBee 标准的制定:IEEE 802.15.4 的物理层、MAC 层及数据链路层标准已在 2003 年 5 月发布;网络层、加密层及应用描述层标准的制定也取得了较大的进展,V1.0 版本已经发布。其他应用领域及其相关的设备描述也会陆续发布。由于 ZigBee 不只是 802.15.4 的代名词,而且 IEEE 仅处理低级 MAC 层和物理层协议,因此 ZigBee 联盟对其网络层协议和 API 进行了标准化。完全协议用于一次可直接连接到一个设备的基本节点的 4K 字节或者作为 HUB 或路由器的协调器的 32K 字节。每个协调器可连接多达 255 个节点,而几个协调器则可形成一个网络,对路由传输的数目则没有限制。ZigBee 联盟还开发了安全层,以保证这种便携设备不会意外泄露其标识,而且这种利用网络的远距离传输不会被其他节点获得。

2001 年 8 月,ZigBee Alliance 成立。

2004 年,ZigBee V1.0 诞生。它是 ZigBee 的第一个规范,但由于推出仓促,存在一些错误。

2006 年,推出 ZigBee 2006,比较完善。

2007 年底,推出 ZigBee PRO。

2009 年 3 月,推出 Zigbee RF4CE,具备更强的灵活性和远程控制能力。

2009 年开始,Zigbee 采用了 IETF 的 IPv6 6Lowpan 标准作为新一代智能电网 Smart Energy(SEP 2.0)的标准,致力于形成全球统一的易于与互联网集成的网络,实现端到端的网络通信。随着全球智能电网的大规模建设和应用,物联网感知层技术标准将逐渐由 ZigBee 技术向 IPv6 6Lowpan 标准过渡。

3.ZigBee 系统组成

ZigBee 体系结构主要包括物理(PHY)层、媒体接入控制(MAC)层、网络/安全层以及应用框架层,如图 8-6 所示。

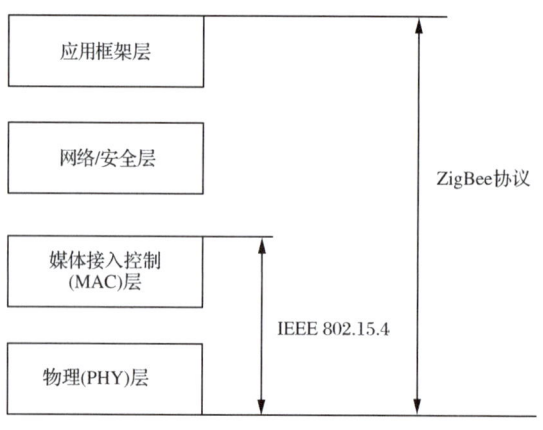

图 8-6　ZigBee 体系结构

由图 8-6 可知,IEEE 802.15.4 标准定义了 ZigBee 协议的 PHY 层和 MAC 层。而 ZigBee 联盟对其网络层协议和 API 进行了标准化,还开发了安全层,这才真正形成了 ZigBee 协议栈。

其中 PHY 层的特征是:启动和关闭无线收发器,能量检测,链路质量管理,信道选择,清除信道评估(CCA),以及通过物理媒体对数据包进行发送和接收。

MAC 层的特征是:信标管理,信道接入,时隙管理,发送确认帧,发送连接及断开连接请求。除此之外,MAC 层为应用合适的安全机制提供了一些方法。

网络/安全层主要用于 ZigBee 的 LR-WPAN 网的组网连接、数据管理以及网络安全等。

应用框架层主要为 ZigBee 技术的实际应用提供一些应用框架模型，不同应用场合、不同厂商提供的应用框架是有差异的。

根据应用需求，ZigBee 技术网络有两种网络拓扑结构：星型拓扑结构和对等拓扑结构，其中对等拓扑结构又包括簇状拓扑结构和网状拓扑结构。如图 8-7 所示。

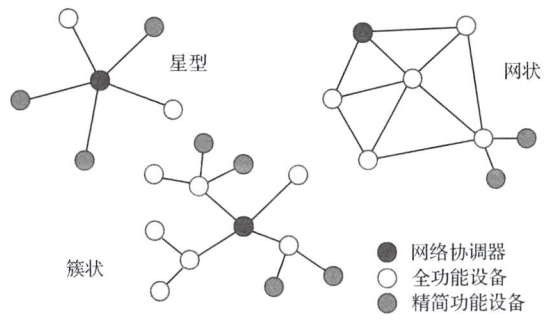

图 8-7　ZigBee 系统拓扑结构

星型拓扑结构由一个叫作 PAN 主协调器的中央控制器和多个从设备组成，主协调器必须为全功能设备（FFD），从设备既可为全功能设备（FFD）也可为精简功能设备（RFD）。在通信网络中，通常将这些设备分为起始设备和终端设备，PAN 主协调器既可作为起始设备、终端设备，也可作为路由器，它是 PAN 网络的主要控制器。在任何一个拓扑网络上，所有设备都有唯一的 64 位长地址码，该地址码可以在 PAN 网络中用于直接通信，或者当各设备之间已经存在连接时，可以将其转变为 16 位的短地址码分配给 PAN 设备。因此在设备发起连接时，采用 64 位的长地址码，只有连接成功后，系统分配了 PAN 的标识符后，才能采用 16 位的短地址码进行连接。因此短地址码是一个相对地址码，长地址码是一个绝对地址码。在 Zigbee 技术应用中，PAN 主协调器是主要的耗能设备，而其他从设备均采用电池供电。当一个全功能设备（FFD）第一次被激活后，它就会建立一个自己的网络，将自身设置成一个 PAN 主协调器。所有星型网络的操作独立于当前其他星型网络的操作，也就是说在星型拓扑结构中只有一个 PAN 主协调器，通过选择一个 PAN 标识符确保网络的唯一性。目前，其他无线通信技术的星型网络没有采用这种方式。因此一旦选定了一个 PAN 标识符，PAN 主协调器就会允许其他从设备加入它的网络，无论是全功能设备，还是精简功能设备，都可以加入这个网络中。

在对等拓扑结构中，同样也存在一个 PAN 主协调器，但该结构不同于星型拓扑结构，在该网络中任何一个设备只要是在它的通信范围之内，就可以和其他设备进行通信。对等拓扑结构能够构成较为复杂的网络结构，例如网状拓扑结构，这种对等拓扑结构在工业监测和控制、无线传感器网络、供应物资跟踪、农业智能化以及安全监控等方面都有广泛的应用。一个对等网络的路由协议可以是基于 Ad-Hoc 技术的，也可以是自组织式的和自恢复式的。并且在网络中各个设备之间发送消息时，可通过多个中间设备以中继传输方式进行传输，即通常称为多跳的传输方式，以增大网络的覆盖范围。

在对等拓扑结构中，每一个设备都可以与在无线通信范围内的其他任何设备进行通信。任何一个设备都可定义为 PAN 主协调器。例如，可将信道中第一个通信的设备定义成 PAN 主协调器。

在对等网络中的设备可以为全功能设备(FFD),也可以为精简功能设备(RFD)。而在簇状网络中大部分设备为FFD,RFD只能作为"树梢"的叶节点,这主要是由于RFD一次只能连接一个FFD。任何一个FFD都可以作为主协调器,并且可为其他从设备或主设备提供同步服务。在整个PAN网络中,只要该设备相对于PAN网络中的其他设备具有更多的计算资源,比如具有更快的计算处理能力、更大的存储空间以及更强的供电能力等,这样的设备就可以成为该PAN网络的主协调器。

在建立一个PAN网络时,首先PAN主协调器将其自身设置成一个簇标识符(CID)为0的簇头(CLH)。然后选择一个没有使用的PAN标识符,并向邻近的其他设备以广播的方式发送信标帧,从而形成第一簇网络。接收到信标帧的候选设备可以在簇头中请求加入该网络,如果PAN主协调器允许其加入,那么主协调器会将该设备作为子节点加到它的邻居表中。同时,请求加入的设备将PAN主协调器作为它的父节点加到邻居表中,成为该网络的一个从设备,其他的所有候选设备都按照同样的方式,可请求加入该网络,作为网络的从设备。如果候选设备不能加入该网络,那么它将寻找其他的父节点。

在簇状网络中,最简单的网络结构是只有一个簇的网络,但是多数网络结构由多个相邻的网络构成。一旦第一簇网络满足预定的应用或网络需求,PAN主协调器就会把下一个从设备当作另一簇新网络的簇头,使得该从设备成为另一个PAN主协调器,随后其他的从设备将逐个加入,并形成一个多簇网络。

无论是星型拓扑结构,还是对等拓扑结构,每个独立的PAN网络都有唯一的标识符,利用该PAN标识符,可采用16位的短地址码进行网络设备间的通信,并且可激活PAN网络设备之间的通信。

网状(Mesh)网络可以看成簇状网络的一种改进型对等网络。从数据路由来看,簇状网络的结构很容易导致非均匀流量分配。与簇状网络相比,网状网络传递数据包时会选择一个更短的路径,从而减少根节点的数据流量。比如,当数据包从节点M向节点I传递的时候,簇状网络中正常的数据包传递路径是M-L-K-J-A-B-H-I这条路线,而在网状网络中,数据包可能直接从节点M传递到节点I。这样一方面减少了数据传递的延时,另一方面起到数据分流的作用,从而减轻了根节点的负担,提高了网络运行的稳定性。

8.2 移动通信系统

移动通信是指互相通信的各方中至少有一方是处于运动状态下的通信,即可能是移动方对移动方或者是移动方对固定方的通信,例如,GSM、WLAN、卫星移动通信系统(SMCS)、集群移动无线系统(TMRS)等都属于移动通信系统的范畴,只不过这些网络覆盖的范围不同。从1897年M.G.马可尼实现固定站与船只之间的无线电通信开始至今,世界移动通信的发展大致分为以下几个时间段。

第1阶段(20世纪20年代至40年代初期):

这个阶段是专用移动通信的起步阶段。在这一阶段,在几个短波频段上开发了一些专用移动通信系统,其代表是美国底特律市警察使用的车载无线电系统,工作频率为2 MHz,到20世纪40年代提高到30~40 MHz,总体来说系统所使用的工作频率较低。

第 2 阶段(20 世纪 40 年代中期至 60 年代中期)：

这个阶段是公用移动通信的起步阶段。公用移动通信业务问世于 1946 年,根据美国联邦通信委员会(FCC)的计划,美国贝尔公司在圣路易斯城建立了世界上第一个公用汽车电话网,称为"城市系统"。当时系统使用 3 个频道,间隔为 120 kHz,通信方式为单工。随后德国、法国、英国等相继研制了公用移动电话系统。

第 3 阶段(20 世纪 60 年代中期至 70 年代中期)：

这个阶段是大区制蜂窝移动通信系统的起步阶段。美国推出的改进型移动电话业务(IMTS)系统,使用 150 MHz 和 450 MHz 频段,采用大区制、中小容量,实现了无线频道自动选择并能够自动接续到公用电话网。

1G 时代(20 世纪 70 年代至 80 年代中期)：

这个阶段是移动通信蓬勃发展阶段,即小区蜂窝网阶段,也称第一代蜂窝移动通信阶段。1978 年底,美国贝尔实验室成功研制先进移动电话系统(AMPS),建成了蜂窝状移动通信网,大大提高了系统容量。1983 年,AMPS 首次在芝加哥投入商用,同年 12 月在华盛顿也开始启用,之后,服务区在美国逐渐扩大。日本于 1979 年推出 800 MHz 汽车电话系统(HAMTS),英国在 1985 年开发出全接入通信系统(TACS),频段为 900 MHz。这一阶段具有三个特点：

(1)通信设备小型化、微型化。

(2)中小容量的大区制逐渐淘汰,而大容量的小区制和频率再利用技术的出现解决了公用移动通信系统要求容量大与频率资源有限的矛盾,形成移动通信新体制。

(3)采用频分多址(Frequency Division Multiple Access,FDMA)的多址接入技术。

2G 时代(20 世纪 80 年代中期到 90 年代末)：

这一阶段是数字移动通信系统发展和成熟阶段,即第二代蜂窝移动通信网发展和成熟阶段。为了克服第一代蜂窝移动通信系统不能实现国际漫游、网络用户容量受限、不能提供数据业务和安全性差等缺点,一些国家研发出了数字化的第二代(2G)蜂窝移动通信系统,主要采用 TDMA/FDMA 和 CDMA 制式,它们是组网时用来区分多址的接入方式。采用 TDMA/FDMA 方式的代表是欧洲的 GSM、日本的 JDC、北美的 D-AMPS 等系统;CDMA 方式的代表是美国的 IS-95A/B。

3G 时代(20 世纪 90 年代末至 21 世纪初)：

随着移动技术的飞速发展,美国、欧洲、日本分别建立了各自的通信标准,中国加入了欧洲的 GSM 通信体系,首次参与了国际通信标准的制定,也据此建立了中国联通和中国移动两大网络基础设施。为此,3G 通信体系建立起来。3G 网络基于新的频谱标准而产生,并且传输速度和稳定程度得到显著提升,推动了电话、网络视频以及数据信息的广泛使用。

4G 时代(2010 年前后)：

第四代移动通信技术,标志着移动互联网时代的到来。它将 3G 技术和 WLAN 融合在一起,实现了视频影像和图片的高清晰度传输,大大提升了网络技术的应用水平,并且信息传播和下载速度达到了 100 Mbit/s,可以稳定支持高清电影、视频会议、大数据传输等网络应用。就其通信标准而言,主要有中国的 TD-LTE 和欧洲的 FDD-LTE 两种。

5G 时代(2020 年后)：

相比于 4G 技术，5G 技术具有时延低、速度稳定可靠、能耗低的优势，集合了多种新型的无线接入技术，形成了系统集成的解决方案。中国作为 5G 技术的国际通信标准制定者，在 2019 年 11 月 1 日正式开启了 5G 的商用。与此同时，5G 技术的飞速发展推动了其在人工智能、大数据挖掘、语义识别、专家系统等领域的广泛应用，促使人们在未来有了更广阔的发展空间。

1G~5G 时代移动通信发展史见表 8-2。

表 8-2　　　　　　　　　　1G~5G 时代移动通信发展史

	技术产生时间	我国民用时间	我国采用标准	多址接入技术	标志性能力指标	速率
1G 模拟时代	20 世纪80 年代	1987 年	TACS	频分多址(FDMA)	模拟语音通话	无
2G 数字时代	1995 年	2001 年	GSM	时分多址(TDMA)	数字语音、短信和低速数据业务	9.6 kbit/s(平均值)，32 kbit/s(峰值)
3G 移动互联网时代	2003 年	2009 年	TD-SCDMA	码分多址(CDMA)	短信、彩铃，互联网接入，视频通话，移动电视	2 Mbit/s 至数十 Mbit/s
4G 移动互联网时代	2009 年	2012 年	TD-LTE-Advanced(我国主导制定)	正交频分复用(OFDMA)	增加游戏服务和云计算等各种移动宽带数据业务	25 Mbit/s(平均值)，150 Mbit/s(峰值)
5G 万物互联时代	2013 年	2019 年	3GPP 5G NR(首个 5G 标准)	新型多址技术，如华为的 SCMA(副载波多址接入技术)	物联网、虚拟现实 VR/AR、云计算、无人驾驶	100 Mbit/s(平均值)，10 Gbit/s(峰值)

8.2.1　GSM 蜂窝移动通信系统

前面我们提到，1G 的多个系统之间不兼容，给设备制造商和客户带来很大的麻烦。为了解决这一问题，1982 年欧洲电话电报会议(CEPT)成立了移动特别小组，着手进行泛欧蜂窝移动通信系统的标准工作，并于 1985 年提出了 GSM(全球移动通信系统)的两项主要设计原则。1990 年 GSM 标准的第一阶段正式发布，20 世纪 90 年代中期正式商用。虽然 GSM 标准来自欧洲，但是系统在全球得到广泛应用。GSM 的主要特点如下：

(1)话音和信令都采用数字信号传输；

(2)数字话音的传输速率降低到 16 kbit/s 或更低；

(3)采用 TDMA/FDMA 结合的接入方式。

GSM 采用小区制组网方式，将整个无线覆盖区域分成很多个无线小区，经过科学的设计测量选择正六边形作为小区的形状，整个无线服务区看上去像蜂窝一样，如图 8-8 所示,故得名蜂窝网。在图 8-8 中,每个小区中标注的字母表示该小区分配的一组信道,从图可以看出,为了防止无线通信中的同信道干扰,相邻小区需选择不同频率的信道。我们把不同频率小区的最小集合叫作区群,图中粗线框内的 A、B、C、D、E、F、G 小区就构成一个区群。为了提高频率的利用率,可以使相隔一段距离的小区重复使用同一频率。

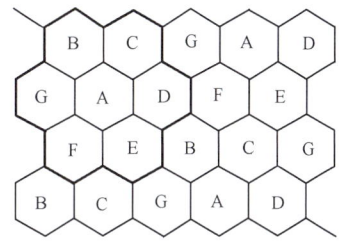

图 8-8　GSM 系统的蜂窝小区和区群

1.GSM 系统主要参数

(1)工作频段:下行链路频段(由基站发向移动用户)935～960 MHz;上行链路频段(由移动用户发向基站)890～915 MHz。

(2)系统总带宽 50 MHz,通过 FDMA 技术划分出 125 个(其中有一个没有使用)信道,每个信道带宽 200 kHz。信道总速率为 270.83 kbit/s,调制方式为 GMSK。

(3)信道分配:采用 TDMA 技术,在一个信道内每帧 8 个时隙,每个时隙信道比特率为 270/8≈33.8 kbit/s,可传送一路数字语音信号或数据,数据传输速率为 9.6 kbit/s。

(4)通信方式:全双工。

(5)话音编码:采用规则脉冲激励线性预测(RPE-LPT)编码,每一路语音信号的编码率为 13 kbit/s。

(6)分集接收:跳频为 217 跳/秒,交错信道编码,自适应均衡,判决反馈自适应均衡器(16 ms 以上)。

2.GSM 系统结构

图 8-9 表示的是一般性的 GSM 网络概况。

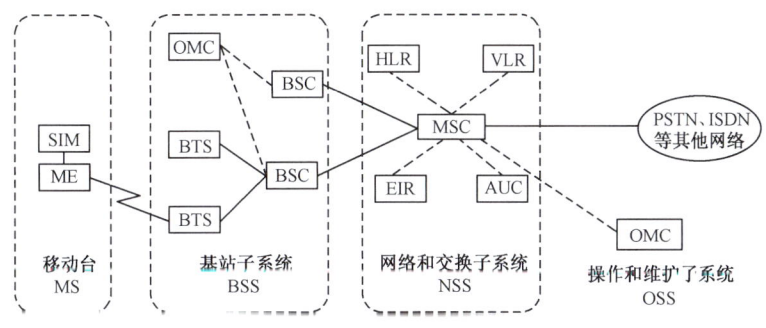

图 8-9　GSM 系统结构

由图 8-9 可见,GSM 网络由四部分组成:

• 移动台(MS):由用户携带,包括移动设备(ME)和用户身份模块(SIM);

• 基站子系统(BSS):包括基站收发信台(BTS)、运营和维护中心(OMC)和基站控制器(BSC);

• 网络和交换子系统(NSS):包括移动交换中心(MSC)、归属位置寄存器(HLR)、拜访位置寄存器(VLR)、设备身份寄存器(EIR)、鉴权中心(AUC);

• 操作和维护子系统(OSS):包括运营和维护中心(OMC)。

其中主要部分移动交换中心(MSC)与 PSTN、ISDN 等其他网络连接,执行移动用户与固定用户或其他移动网用户之间的话音与数据交换,以及移动业务的管理。

(1)移动台(MS)

MS 是移动用户的物理设备,它由两部分组成,包括具有无线电收发、显示与数字信号处理功能的移动终端(移动设备 ME)和客户识别卡(SIM 卡)。移动设备可完成话音编码、信道编码、信息加密、信息的调制和解调、信息发射和接收等功能,但是它只有插入 SIM 卡才能入网工作。SIM 卡是一个智能处理卡,用于标识一个移动终端,是唯一能够确定终端身份的要素。SIM 卡具有私人灵活性,只要将 SIM 卡插入移动终端中,用户就可以接收或拨打电话及办理其他预订的业务。SIM 卡中存有认证客户身份所需的所有信息,并能执行一些与安全保密有关的重要信息,以防止非法客户进入网络。

(2)基站子系统(BSS)

基站子系统(BSS)连接着移动台(MS)与网络和交换子系统(NSS),主要负责与用户端进行无线通信,完成信道的分配、用户的接入和寻呼、信息的传送等功能。BSS 主要包括基站收发信台(BTS)和基站控制器(BSC)两部分,如图 8-9 的中间部分所示,多个 BTS 可以以星型结构与一个 BSC 相连。

BTS 包含了收发信机和天线,用于无线电信号收发和对小区的覆盖,完成 BSC 与无线信道之间的转换。一般 BTS 可以安装在一个小区的正中央,这种方式称为"中心辐射式",也可以安装在小区正六边形的某一个角上,进行 120°覆盖,这种方式称为"顶点辐射式"。BTS 的发射功率决定了小区的大小。BSC 是 BSS 中的控制部分,一端连接一个或多个 BTS,另一端连接 NSS 中的 MSC,管理通话的切换、无线链路的建立,控制 BTS 的射频发射功率、交换以及跳频等功能。

(3)网络和交换子系统(NSS)

网络和交换子系统 NSS 的中心部件是移动交换中心 MSC,它可以提供移动用户所需的各种功能,如注册、存储、鉴权、位置更新、切换和呼叫转移、漫游用户的路由选择等。这些业务由几个功能块执行,它们的组合形成网络子系统。MSC 提供与 PSTN 或 ISDN 的连接,在功能块间进行广泛用于 ISDN 和其他现行公众网的 ITU-T 7 号信令系统的信令传递。

图 8-9 中 NSS 的其他功能实体介绍如下:

①VLR(拜访位置寄存器):它是一个动态数据库,通常与 MSC 设置在一起,作用是存储 MSC 所管辖范围内 MS 的相关数据,例如 MS 号码、位置信息、用户状态和可提供服务等,帮助 MSC 完成用户的呼叫传递和漫游等功能。因为设备制造商通常把 VLR 与 MSC 集成在一起,所以一个 VLR 具有与 MSC 相同的物理控制范围。

②HLR(归属位置寄存器):它是一个静态数据库,存储管理部门用于网络中注册用户管理的所有数据,例如 MS 当前位置、状态、访问能力、用户类别、补充业务和鉴权数据等。

HLR 与 VLR 都是数据库,但是它们的工作是完全不同的,VLR 只记录进入它所管辖范围的移动用户的信息,如果用户离开则把该用户信息清除掉,换句话说,VLR 是个不断随用户位置改变而更新数据的动态数据库。而 HLR 是一个永久性的数据库,每一个新用户注册入网,用户信息都被存储到 HLR 中,无论用户漫游到哪个区域,存在于 HLR 中的信息只会更新不会被清除。VLR 需要从 HLR 处获得用户信息。比如,一个在南京入网的网络用户,他的用户信息被存储在 HLR 中,若他漫游到苏州,则苏州的 VLR 向该用户所属的 HLR 发出请求以查询该用户信息,并复制到 VLR 中。同时,HLR 也更新了这个用户当前的位置信息。当用户离开苏州时,他的信息被苏州的 VLR 清除,但是所属的 HLR 中仍保留该用户信息,只不过位置部分需要更新。

③AUC(鉴权中心):AUC 属于 HLR 的一个功能单元部分,用来鉴权用户身份的合法性以及对无线接口上的话音、数据、信令信号进行加密,防止无权用户接入和保证移动用户通信的安全。

④EIR(设备身份寄存器):EIR 也是一个数据库,存储有关移动台设备参数,完成对移动设备的识别、监视、闭锁等功能,以防止非法移动台的使用。

(4)操作和维护子系统(OSS)

OSS 中的运营和维护中心(OMC)主要负责 GSM 系统的控制和监测,如维护测试功能、障碍检测及处理功能、系统状态监视功能、系统实时控制功能、性能管理、用户跟踪、告警、话务统计功能等,这些功能大部分都在 MSC/VLR、BSC 等实体的与操作维护相关的模块中完成。

3.GSM 的编号

在 GSM 系统中,无论是用户、设备还是一些具体操作流程,都离不开标识号码,下面我们对这些号码做简要介绍。

(1)MSISDN

MSISDN 叫作移动用户的 ISDN 号码,是主叫用户呼叫移动网络中某一用户时所拨的号码,它包括三部分,如图 8-10 所示。

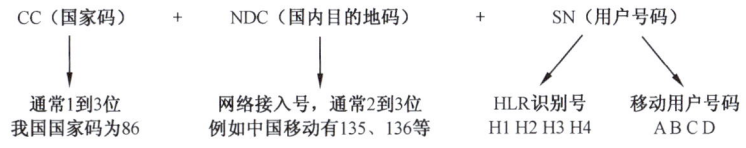

图 8-10 MSISDN 的结构

- 国家码(CC):1 到 3 位国家码,我国的国家码是 86;
- 国内目的地码(NDC):通常 2 到 3 位,每个 GSM 的网络均会分配 NDC,它其实也是网络业务接入号,比如中国联通 GSM 网络的 NDC 有 131、132 等,中国移动的 NDC 有 135、136 等;
- 用户号码(SN):最多 10 位,它包括两部分,一部分为用户归属的 HLR 识别号,我国的 HLR 识别号为 4 位;另一部分为移动用户号码,一般也为 4 位。

(2)IMSI

IMSI 是国际移动用户识别码,它是运营商为每个注册入网用户分配的唯一标识码,被存储在用户端 SIM 卡和网络的 HLR、VLR 中,网络运营商对其进行验证。IMSI 由三部分组成:

• 移动国家码(MCC)：由 3 位数字组成，用于唯一地识别移动用户所属的国家，我国为 460；

• 移动网号(MNC)：由 2 位数字组成，范围是 00～99，用于识别移动客户所归属的移动网；

• 移动用户识别码(MSIN)：最多 10 位，用于唯一地识别国内 GSM 移动通信网中的移动客户。

(3) IMEI

IMEI 是国际移动台设备识别码，用于唯一地识别网络中的移动台设备，为一个 15 位的十进制数。它由设备制造商分配并向网络运营商的设备身份寄存器(EIR)申请注册，可以通过在手机上输入 *♯06♯ 查看。

(4) MSRN

MSRN 是移动用户漫游号码，它是在每次对移动用户发起呼叫时，由 VLR 临时分配给移动用户的一个号码，该号码在完成呼叫后可以释放给其他用户使用。关于 MSRN 的使用我们将在后述内容中举例讲解。

(5) TMSI

TMSI 是临时移动用户识别码，前面我们提到 IMSI 是运营商为每个注册入网用户分配的唯一标识码，具有很高的保密性。为了对 IMSI 保密，MSC/VLR 可临时分配给移动用户一个 4 字节的 BCD 码作为 TMSI，在进行呼叫时使用。

4. GSM 的特殊技术

(1) 切换

GSM 网络采用蜂窝小区结构，每个小区都由 BSS 覆盖，小区中的移动用户与 BTS 建立无线信道进行通信。如何使处于通话状态的移动用户从一个 BSS 移动到另一个 BSS 时，通话链路不被断掉，这就是切换需要解决的问题。切换是指将行进中的呼叫转换到新的信道的过程，有三种方式：

• 在同一个 BSS 的不同信道间切换，属于 BSS 内部切换，由 BSC 控制完成；
• 在同一个 MSC 中的不同 BSS 间切换，由 MSC 控制完成；
• 在不同的 MSC 间切换，由 MSC 控制完成。

切换可以由 MS 或 MSC 开始(作为通信量平衡的一种方法)。在空闲的时隙内，移动台扫描多达 16 个邻近小区的广播控制信道，根据接收信号的强度形成 6 个可供切换的最佳候选表。这个信息被送到 BSC 和 MSC 进行切换运算。

GSM 并不指定切换所必需的算法，有两种基本的算法(最小可接受性能算法和功率预算方法)都与功率控制有关。这是因为 BSC 通常不知道不良的信道质量是由多径衰落引起的还是由移动台进入另一小区引起的，这一点在市内的小区中尤其明显。

最小可接受性能算法将功率控制优先于切换，所以当信号衰落至某一点时，移动台的功率电平会增加，只有进一步的增加不能改善信号，才会考虑切换。这是简单且常用的方法，但可能会出现这样的情况：当一个移动台以峰值功率发送信号时其位置可能超出原来的小区而进入另一个小区。

功率预算方法使用切换去维护或改善一个固定的信号质量水平在相同或更低的功

率电平上。这样它使切换优先于功率控制。它避免了"抹去"小区边界的问题,减少了同信道干扰,但技术相当复杂。

(2) 位置更新

MSC 提供 GSM 移动网与公用固定网之间的接口。从固定网络角度看,MSC 正是另一个交换节点。然而,由于 MSC 必须知道现在移动台漫游到什么地方——GSM 系统甚至可能覆盖多个国家,因此移动网的交换会复杂一些。GSM 通过使用两个位置寄存器来进行位置登记和呼叫路由选择,一个是本地用户寄存器(HLR),另一个是外来用户寄存器(VLR)。

当移动用户从一个 MSC 局漫游到另一个 MSC 局时,就要进行位置更新。移动台会向新的 MSC 发出一个更新请求,与 IMSI 或原先的临时移动用户识别号(TMSI)一起送到新的 VLR。新的 VLR 将一个 MSRN 分配给移动台并送到移动台入网登记地的 HLR 中(它总是保存着最新的位置信息)。HLR 送回必要的呼叫控制参数,同时也送一个删除信息到原来的 VLR,这样原来的 MSRN 可以被再分配。最后,一个新的 TMSI 被分配并送给移动台,以便将来的寻呼或呼叫请求使用。

(3) 呼叫路由选择

有了上述的位置更新过程,呼叫路由选择移动台就很容易了。在图 8-11 中,来自固定网(PSTN 或 ISDN)的呼叫被发给一个移动用户。使用移动用户电话号码(MSISDN,由 ITU-T E.164 建议指定),这个呼叫通过固定陆地网络送到一个 GSM 网的网关 MSC(与固定陆地网络连接的 MSC,带有一个回波抵消器)。网关 MSC 用 MSISDN 去询问 HLR,得知当前的 MSRN。根据 MSRN,网关 MSC 将呼叫送到当前的 MSC(通常与 VLR 相连)。然后 VLR 将移动台的漫游号码转换成 TMSI,通过 BSC 向它所控制的小区发出寻呼。

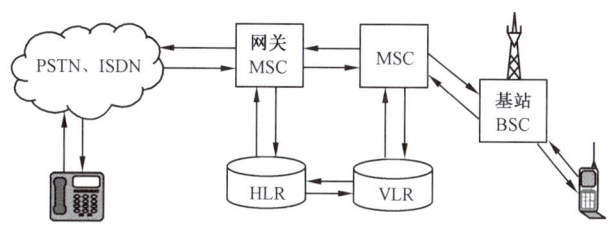

图 8-11 GSM 的呼叫路由

(4) 鉴定与安全

由于无线信道是一个开放的空间,可以被任何人接入,用户鉴定以证实身份是移动网络非常重要的内容。鉴定主要由移动台中的 SIM 卡和鉴权中心(AUC)进行。每个用户有一个密匙,分别复制到 SIM 卡和 AUC。鉴定期间,AUC 产生一个随机的号码给移动用户。然后移动用户与 AUC 都使用这个随机号码,加上用户的密钥和一个被称为 A3 的算法,产生一个号码送回 AUC。如果这个由移动台送回的号码与 AUC 计算出的相同,这个分机就是被授权的。

8.2.2 CDMA 蜂窝移动通信系统

GSM 采用的是 FDMA/TDMA 相结合的方式,但 TDMA 系统存在这样的几个问题：

(1)频谱效率不高,信道容量有限；

(2)在话音质量上 13 kbit/s 编码也很难达到有线电话水平；

(3)虽然业务综合能力较强,能进行数据和话音的综合,但终端接入速率有限(最高 9.6 kbit/s)；

(4)无软切换功能,因而容易"掉话",影响服务质量；

(5)TDMA 系统的国际漫游协议还有待进一步的完善和开发。

因而 TDMA 并不是现代蜂窝移动通信的最佳无线接入方式,而 CDMA 多址技术完全适合现代移动通信网所要求的大容量、高质量、综合业务、软切换、国际漫游等。

CDMA 是一种基于扩频通信的多址技术,即将需传送的具有一定信号带宽的信息数据,用一个带宽远大于信号带宽的高速伪随机码进行调制,使原数据信号的带宽被扩展,再经载波调制并发送出去。接收端使用完全相同的伪随机码,与接收的带宽信号做相关处理,把宽带信号变换成原信息数据的窄带信号,即解扩,以实现信息通信。

1.CDMA 移动通信网的特点

与 FDMA 和 TDMA 相比,CDMA 具有许多独特的优点,其中一部分是扩频通信系统所固有的,另一部分则是由软切换和功率控制等技术所带来的。CDMA 移动通信网是由扩频、多址接入、蜂窝组网和频率再用等几种技术结合而成,含有频域、时域和码域三维信号处理的一种协作,因此它具有抗干扰性好,抗多径衰落,保密安全性高,同频率可在多个小区内重复使用,所要求的载波干扰比(C/I)小于 1,容量和质量之间可做权衡取舍等属性。这些属性使 CDMA 相比其他系统有非常大的优势。

(1)系统容量大。理论上 CDMA 移动网容量比模拟网大 20 倍。

(2)系统容量的灵活配置。在 CDMA 系统中,用户数的增加相当于背景噪声的增加,造成话音质量的下降,但对用户数量并无限制,操作者可在容量和话音质量之间折中考虑。另外,多小区之间可根据话务量和干扰情况自动均衡。

(3)系统性能质量更佳。这里指的是 CDMA 系统具有较高的话音质量,声码器可以动态地调整数据传输速率,并根据适当的门限值选择不同的电平级发射。同时门限值根据背景噪声的改变而变化,这样即使在背景噪声较大的情况下,也可以得到较好的通话质量。另外,CDMA 系统"掉话"的现象明显减少,CDMA 系统采用软切换技术,"先连接再断开",这样完全克服了硬切换容易"掉话"的缺点。

(4)频率规划简单。用户按不同的序列码区分,所以不同的 CDMA 载波可在相邻的小区内使用,网络规划灵活,扩展简单。

(5)延长手机电池寿命。采用功率控制和可变速率声码器,手机电池使用寿命延长。

(6)建网成本降低。

2.CDMA 移动通信网的关键技术

(1)功率控制技术

功率控制技术是 CDMA 系统的核心技术。CDMA 系统是一个自扰系统,所有移动用户都占用相同带宽和频率,"远近效用"问题特别突出。CDMA 功率控制的目的就是克服"远近效用",使系统既能维护高质量通信,又不对其他用户产生干扰。功率控制分为前向功率控制和反向功率控制,反向功率控制又可分为仅由移动台参与的开环功率控制和移动台、基站同时参与的闭环功率控制。

①反向开环功率控制。它是移动台根据在小区中接收功率的变化,调节移动台发射功率以使所有移动台发出的信号在基站时都有相同的功率。它主要是为了补偿阴影、拐弯等效应,所以它有一个很大的动态范围,根据 IS-95 标准,它至少应该达到 ±32 dB 的动态范围。

②反向闭环功率控制。闭环功率控制的设计目标是使基站对移动台的开环功率估计迅速做出纠正,以使移动台保持最理想的发射功率。

③前向功率控制。在前向功率控制中,基站根据测量结果调整每个移动台的发射功率,其目的是对路径衰落小的移动台分派较小的前向链路功率,而对那些远离基站的和误码率高的移动台分派较大的前向链路功率。

(2) PN 码技术

PN 码的选择直接影响 CDMA 系统的容量、抗干扰能力、接入和切换速度等。CDMA 信道的区分是靠 PN 码来进行的,因而要求 PN 码自相关性好,互相关性差,编码方案简单等。目前的 CDMA 系统就是采用一种基本的 PN 序列——m 序列作为地址码,利用它的不同相位来区分不同用户。

(3) RAKE 接收技术

移动通信信道是一种多径衰落信道,RAKE 接收技术就是把分别接收到的每一路信号进行解调,然后叠加输出达到增强接收效果的目的,这里的多径信号不仅不是一个不利因素,还在 CDMA 系统中变成一个可供利用的有利因素。

(4) 软切换技术

先连接,再断开则称为软切换。CDMA 系统工作在相同的频率和带宽上,因而软切换技术实现起来比 TDMA 系统要方便、容易得多。

(5) 话音编码技术

目前 CDMA 系统的话音编码主要有两种,即码激励线性预测编码(CELP)8 kbit/s 和 13 kbit/s。8 kbit/s 的话音编码能达到 GSM 系统的 13 kbit/s 话音水平甚至更好,13 kbit/s 的话音编码已达到有线长途话音水平。CELP 采用与脉冲激励线性预测编码相同的原理,只是将脉冲位置和幅度用一个矢量码表代替。

8.2.3 5G 通信技术

随着移动互联网的迅速发展以及物联网业务需求的迅速增长,当前对于移动通信网络的要求也变得更高,而 5G 凭借自身所具有的成本低、安全可靠等优势得到了广泛应用,其传输效率提高了 10 到 100 倍,峰值传输速率可达 10 Gbit/s,端到端的时延显著降低,流量密度提高了上千倍,在实际应用中,可以在 500 km/h 的速度下满足用户的体验需求。通过对 5G 移动通信网络的应用,信息将打破时间与空间方面的限制,使用户的交互体验得到极大的改善,并且 5G 还使人与物间的距离变得更小,达到万物互通互联的目的。

1. 5G 系统的关键技术

(1) MIMO 技术

多进多出(Multiple Input Multiple Output,MIMO)无线传输技术通过在发送端和接收端使用多根天线,在收发之间构成多个信道,可以极大地提高信道容量。MIMO 具有非常高的频谱利用率,在对现有频谱资源充分利用的基础上通过利用空间资源来获取可靠性与有效性两方面增益,其代价是增加了发送端与接收端的处理复杂度。MIMO 无限传输技术可以在同一个频率内为不同的信息接收对象提供支持,并降低信息传递过程中所受到的干扰,提高传输效率。大规模 MIMO 技术采用大量天线来服务数量相对较少的用户,可以有效提高频谱利用率。

(2) 全双工技术

全双工技术在我国运营商的双向通信范围内应用,与 4G 相比,在理论上全双工技术具有绝对的优势。4G 只能够在同一频率上以固定的形式进行信号发射,所配备的网络接收站会受到许多影响,整体的信息传输速率较低。全双工技术的实现和应用能够使 5G 的传输速率得到进一步提升。

(3) D2D 技术

D2D(Device-to-Device)技术是 5G 的核心技术之一。D2D 技术是解决终端设备和基站通信问题所应用的通信技术,能够有效提高用户通信网络的质量,解决了 4G 中数据传输流量浪费情况严重的问题。D2D 技术的研发目的是解决蜂窝数据连接问题,降低用户之间的距离对信息传输速率的影响,进而提高用户设备之间信息传输的速率。D2D 的耗能较小,且通信距离较长,信号较为稳定,还具有很高的安全性,对于 5G 的发展具有重要的影响。

(4) 超密集异构网络技术

超密集异构网络技术是基于超密集网络技术发展而来的新型技术,对于 5G 的发展起到了重要的推动作用。超密集异构网络技术可以实现对大规模节点的协作,这正是 5G 所需要的技术,因此未来 5G 的研发人员要考虑到不规则形状网、小区的边界数量等问题,要积极引入网络动态部署技术,提高 5G 移动通信网络结构的整体质量和水平。

(5) 自组织网络技术

在 5G 移动通信网络系统中,技术人员不仅要做好网络部署工作,还应关注 5G 移动通信网络的运行情况,保证 5G 移动通信网络可以在最佳的状态下运行。5G 移动通信的网络结构较为复杂,无线接入技术具有多样性,不同网络节点的覆盖能力也有着很大的差别。因此,在自组织网络技术的应用中,要有效解决 5G 中网络部署和配置问题,使 5G 移动通信网络能够实现自我优化,再结合相关的技术,对 5G 移动通信网络运行中的故障进行排查和分析,从而降低 5G 移动通信网络的运行和维护成本,提高网络故障的解决效率,为用户提供更高质量的 5G 移动通信网络服务。

(6) 毫米波通信技术

毫米波通信技术是微波高频技术和光波低频技术的延展性应用。在当前我国通信网络发展中,投入使用的频段资源较少,主要集中在 6 Hz 以下。毫米波资源较为丰富,潜在的开发空间和利用空间较为广阔,在实际开发与应用过程中,通过将毫米波与通用移动通信技术的长期演进(Long Term Evolution,LTE)和紧急需求指示器(Urgency of Need Designator,UND)进行重叠,能够充分发挥出毫米波的技术优势,并采用增加天线数量、控制毫米波长的方式取得良好的应用效果。现如今,我国部分科研人员已经开始将毫米波通信技术与 MIMO 技术进行结合,从而使容量空间得到了一定的扩大,使得通信网络的使用效率进一步提升,提高了 5G 技术的数据下载速度。

2. 5G 系统的未来应用

5G 移动通信技术并不是独立技术体系,而是在 2G 技术、3G 技术以及 4G 技术基础上实现的技术演进和更迭,因此,其应用场景也是在原有的基础上进行了扩充和升级。目前,5G 移动通信技术的主要应用场景分为三个,分别为 eMMB(enhanced Mobile Broadband,增强移动宽带)场景、mMTC(massive Machine Type of Communication,海量机器类通信)场景、uRLLC(ultra Reliable Low Latency Communication,超可靠低延迟通信)场景,能匹配技术应用优势建立完整的处理控制体系。不仅能实现宽带信号的增强处理,保持大量数据传输的规范性,还能应用在多社交领域中,建立完整的应用模式。也正是基于此,5G 移动通信技术将实现更广泛的应用和技术处理,打造多元信息模式,在促进数据传输效率提高的基础上,维持信息服务管控的规范性和科学性。

(1)5G 移动通信技术将助力车联网体系的发展,成为车内网、车际网以及车载移动互联网发展的基础,并且配合 RFID 技术、自动控制技术等,打造多元匹配通信协议和标准的应用模式,保证动态移动通信的管控工作更加合理。

(2)5G 移动通信技术将大范围与无人机联动,发挥 5G 移动通信技术的应用优势,在无须依赖导航软件的基础上,实现机器视觉能力的拟人处理,无论是抗干扰能力还是画面传输效果都更加优秀。

(3)5G 移动通信技术将推动生态互联体系的发展,配合 5G 关键技术内容,建立范围更大、覆盖面更广的生态系统重构机制,有效实现多元模块和 5G 移动通信技术的融合,形成 5G 大生态。

8.2.4　6G 通信技术展望

5G 的主要目标是满足超高清、VR/AR、云桌面等业务在高移动、密集连接等情况下在消费场景以及工业、医疗、交通等垂直行业场景的需求,与物联网等技术融合,开启万物互联、数字孪生。但面向 2030 年及更远的未来,5G 技术上限仍然无法满足网络覆盖与应用需求。

从移动通信发展历史来看,从 1G 到 5G 都是以地面移动通信网络为主体,而 6G 将向多网融合的方向发展,实现全域立体覆盖,最具革命性的进步将是天基网络如何与蜂窝移动通信这样的地基网络融合,以实现无缝接入、无所不达。与 5G 相比,6G 将包含移动蜂窝、卫星通信、无人机通信、可见光通信等多种网络接入方式,构建空天地海一体化网络,实现全球无缝连接。不仅在传输速率、端到端时延、可靠性、连接数密度等方面比 5G 会有大幅度性能提升,6G 还将与人工智能(Artificial Intelligence,AI)技术深度融合,构建智能化网络,实现物理世界和虚拟世界的连接,实现人-机-物-虚拟空间互联互通。

2018 年 9 月,美国联邦通信委员会(FCC)官员首次在公开场合展望 6G 技术,提出

6G将使用太赫兹频段;2019年3月,FCC宣布开放95 GHz～3 THz频段供实验性应用,未来可能用于技术服务;2019年11月3日,中国成立国家6G技术研发推进工作组和总体专家组,标志着中国6G研发正式启动。2022年6月21日,中国移动对外发布了《6G网络架构技术白皮书》,这也是业界首次系统化发布6G网络的架构设计。

移动通信系统的发展是一个从沟通泛在、信息泛在、感知泛在到智慧泛在的过程,也是一个网络连接更加广泛、技术融合更加显著、数据价值逐步凸显、赋能效应指数升级的过程。从社会和技术的趋势看,6G可能具有以下特点:

(1)人和机器都将成为6G的用户,甚至机器用户的数量会超过人类用户。

(2)基于6G的快速、无线、泛在特征,AI将会渗透到各行各业;反之,6G也将通过AI进一步提升性能。

(3)6G将使通信技术变得更加开放。

(4)6G将继续在更多社会领域发挥重要作用。例如应对气候变化、丰富教育资源和教育形式等。

8.3 卫星通信系统

卫星通信是在地面微波接力通信和空间技术的基础上发展起来的一种特殊形式的微波中继通信。在国际通信中,卫星通信承担了1/3以上的远洋通信业务,并提供了几乎世界上所有的远洋电视业务,卫星通信系统已构成了全球数据通信网络不可缺少的通信链路。

8.3.1 基本概念

卫星通信是一种微波中继通信,是指利用人造地球卫星作为中继站转发无线电信号,在两个或多个地球站之间进行通信,它是宇宙通信形式之一。

通常,以宇宙飞行体或通信转发体为对象的无线电通信称为宇宙通信,它包括三种形式:(1)地球站与宇宙站之间的通信;(2)宇宙站之间的通信;(3)通过宇宙站的转发或反射进行地球站之间的通信。通常人们把第三种形式称为卫星通信。这里所说的地球站是指地球表面(包括地面、海洋或大气层)的通信站。而把用于实现通信目的的人造卫星称为通信卫星。

通信卫星相当于离地面很高的中继站,利用卫星进行通信的过程如图8-12所示。

8.3.2 人造卫星的分类

按照卫星飞行的高度分为低地球轨道(LEO)卫星、中地球轨道(MEO)卫星和对地静止轨道(GEO)卫星。

(1)LEO卫星一般在距地面500～1 500 km处飞行,运行周期小于地球自转周期,通常为2～4 h。LEO卫星对地距离较近,传输时延较短、损耗较小。但是每颗卫星的覆盖范围有限,比如图8-12中,若A站和B站相距较远,两个地球站便不能同时"看"到卫星,就必须用多颗LEO卫星组网进行大面积覆盖,建设成本相对较高。LEO卫星多用于移

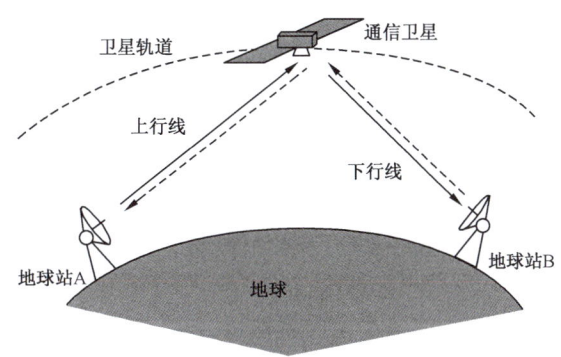

图 8-12 卫星通信示意图

动通信、气象、遥测和军事通信领域。

(2)MEO 卫星一般在距地面 10 000～20 000 km 处飞行,由于飞行高度增加,传输时延要大于 LEO 卫星,但是覆盖范围也相应增大,几颗 MEO 卫星就可以实现全球覆盖,所以系统成本要低于 LEO 卫星。

(3)GEO 卫星是飞行在距地面约 36 000 km 处的静止卫星,飞行速度与地球自转速度相等,距离地面最远,时延最长,覆盖范围也最大。

按照用途通常分为科学卫星、技术试验卫星和应用卫星。科学卫星是用于科学探测和研究的卫星,比如对空间中的粒子、电磁波等进行探测;技术试验卫星是进行新技术试验或为应用卫星进行先期试验的卫星;应用卫星是直接为国民经济和军事服务的人造地球卫星,按用途又可分为通信、气象、侦察、导航、测地、地球资源和多用途卫星。

按照卫星飞行速度与地球自转速度的关系可分为移动卫星和静止(同步)卫星。移动卫星是指飞行速度与地球自转速度不同的卫星,即它与地面上的静止物体呈相对运动关系,LEO 和 MEO 卫星都属于移动卫星或非同步卫星;静止(同步)卫星是指运动速度与地球自转速度相同的卫星,从地面上某一处看它是相对静止的,比如 GEO 卫星。

8.3.3 静止卫星

1.静止卫星的概念

其实在上面的讨论中我们已经提到了静止卫星,那么再详细一点说,什么样的卫星是静止卫星呢?静止卫星也叫作同步卫星,它必须具有以下特点:

(1)绕地球飞行的轨道是圆形,并且轨道面与赤道平面相重合,该轨道叫地球同步轨道;

(2)卫星距地球表面高度约为 35 860 km;

(3)飞行方向与地球自转方向相同;

(4)卫星绕地球一周时间为 23 小时 56 分 4 秒(等于地球自转一周的时间),在轨道上的绕行速度约为 3.1 km/s,等于地球自转的速度。

当同步卫星的通信天线指向地球时,天线发射的波束最大可以覆盖超过地球表面 1/3 的面积,同样该天线也可以接收来自这些区域的各个地球站的信号。采用三颗同步卫星按 120°间隔配置可以使整个地球除两极外的所有地区都处于同步卫星的覆盖区,并且有一部分地区处于两颗卫星的重叠覆盖区,在这些地区设置的地球站可以使这两颗卫星进行相互通信。

用三颗同步卫星覆盖全球的示意图如图 8-13 所示。这样,同步卫星覆盖区内的所有地球站之间都可以进行通信。两极区域配上地面通信线路或利用移动卫星进行信号的转发,可以间接地纳入同步卫星的覆盖区。

1958 年 2 月美国发射了世界上第一颗技术试验卫星"斯科尔"号,我国于 1984 年 4 月 8 日发

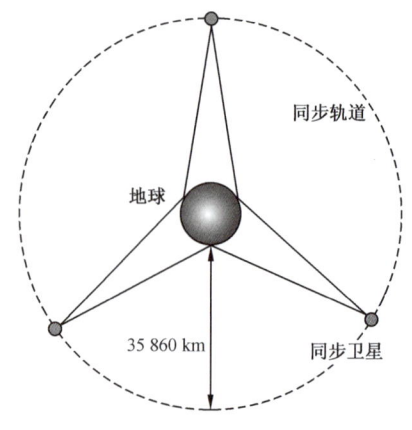

图 8-13 三颗同步卫星覆盖全球

射了第一颗同步技术试验卫星,之后又接连发射了几颗应用同步卫星。目前,各国发射的通信卫星越来越多,这些卫星广泛应用于通信、气象、广播电视、导弹预警、数据中继等方面,以实现对同一地区的连续工作。

2. 静止卫星的发射

静止卫星的发射要比低轨道卫星困难,需要多级大力运载火箭和复杂的测控技术。通常采用三级火箭来变轨发射,其过程如图 8-14 所示。

(1) 用一、二级运载火箭(或航天飞机)将三级火箭和卫星的组合体送入 200~400 km 的近地轨道(如图 8-14 中的 1 轨道),该轨道为圆形,又称停泊轨道或初始轨道。

(2) 卫星在停泊轨道上飞经赤道上空的 a 点时三级火箭点火,使卫星沿飞行方向加速,熄火后卫星与三级火箭脱离,进入大椭圆轨道 2,称为过渡轨道或转移轨道

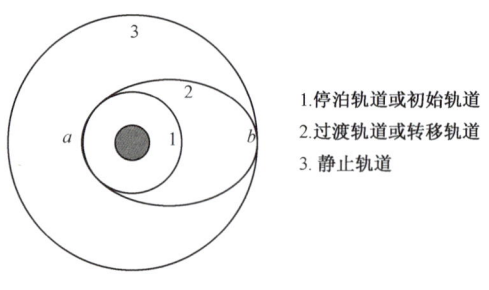

图 8-14 静止卫星的发射轨道示意图

(或霍曼椭圆)。这个轨道的近地点高度与入轨点相同,远地点高度约为 35 860 km,而且都位于赤道上空。过渡轨道 2 和停泊轨道 1 在同一平面内。

(3) 卫星运行到过渡轨道远地点 b 时,发出遥控指令使卫星远地点发动机点火,向卫星施加具有特定方向和大小的推力,改变卫星飞行的方向和速度,将卫星送入静止轨道 3。最后卫星稳定运行于静止轨道,即地球同步轨道,并且运行速度等于地球自转速度 3.1 km/s。

3. 影响静止卫星通信的因素

(1) 摄动

一个天体绕另一个天体按二体问题的规律运动时,因受到其他天体的吸引或其他因素的影响,在轨道上产生了偏差,但这些作用力与中心体的引力相比是很小的,这种现象称为摄动。地球质量分布不均匀和非球形对称性、日月及其他星体的引力、大气阻力、太阳光压等因素都会影响卫星在轨道上的正常运行。由于摄动力的影响,卫星的运动轨道

比较复杂。为了保证轨道精度,卫星需要装设轨道控制系统,用来克服入轨误差,同时抵消摄动力的影响。

(2) 星蚀

当太阳、地球和卫星运动到一条直线上,如图 8-15(a) 所示,卫星被地球遮住落入了阴影区,地球将遮蔽太阳对静止轨道上同步通信卫星的照射,使卫星的太阳能电池失去阳光而处于只放电不充电的状态,这种现象叫作星蚀。星蚀现象通常发生在以春分和秋分点为中心的前后连续 46 天中,并以春分和秋分这两天的星蚀时间最长,达 72 分钟。卫星进入星蚀期间太阳能电池无法工作,只能靠蓄电池供电,若蓄电池电力不足,就会造成卫星部分设备无法正常工作,甚至中断通信。

(3) 日凌中断

与星蚀相反,当卫星运行到太阳和地球中间时,如图 8-15(b) 所示,地球站的天线在对准卫星天线的同时也对准了太阳,太阳产生的强大电磁波直接投射在地球站天线上。地球站所接收到的卫星信号受到太阳噪声的干扰,有用信号被湮没在噪声中,通信下行链路严重恶化甚至导致通信中断,这种现象叫作日凌中断。日凌中断是卫星通信系统遇到的一种无法避免的自然现象,通常发生在春分和秋分期间,所以应准确预测日凌发生时间,采取有效措施防范和降低日凌中断对卫星通信的影响。

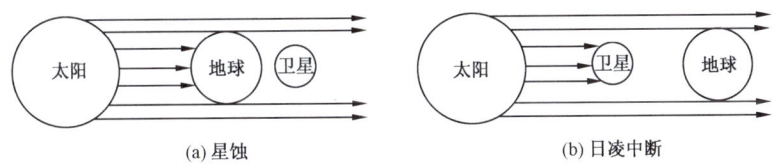

图 8-15 星蚀与日凌中断

8.3.4 卫星通信系统的组成

卫星通信系统包括空间和地面两大部分,其中空间部分主要是转发器和天线,一颗通信卫星可以有多个转发器,但通常这些转发器会共用一部或少量的几部天线;地面部分也就是地球站的主体部分,主要是大功率的无线电发射机、高灵敏度接收机和高增益天线等,一颗卫星可以与多个地球站进行通信。

1. 卫星转发器

卫星转发器(Transponder)是通信卫星中直接起中继作用的部分,是通信卫星的主体。它接收和放大来自各地球站的信号,经频率变换后再发回地面,所以它实际上是一部高灵敏度、宽频带、大功率的接收与发射机。卫星转发器的工作方式是异频全双工,接收与发射的信号频率不同,通常收发时共用天线,由双工器进行收发信号的分离。

对卫星转发器的基本要求是:以最小的附加噪声和失真,并以足够的工作频带和输出功率来为各地球站有效而可靠地转发无线电信号。卫星转发器又有透明转发器和处理转发器之分。透明转发器对来自地面的信号进行低噪声放大、变频、功率放大,不做任何加工处理,只是进行单纯地转发任务,它对工作频带之内的信号形成"透明"通路,故名"透明"转发器;而处理转发器除了具有信号转发功能以外,还具有信号处理能力,包括数字信号的再生(使噪声不累积)、无线波束之间的信号交换等。

卫星上转发器的数量各不相同,通常是把卫星的工作频带划分为多个信道,每个信道占用不同的频带,并有各自的功率放大器,这时信道的数目即该卫星的转发器数目。

2. 卫星地面发射站

卫星地面发射站(地球站)的主要设备如图 8-16 所示。来自地面数字通信网的数字基带信号,经过基带处理后都加到调制器上。对基带信号的处理主要有加密、差错控制编码、扩频编码等。

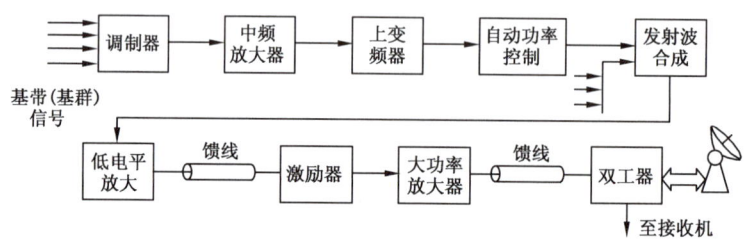

图 8-16 卫星地面发射站系统组成框图

早期的数字卫星通信系统主要采用 2PSK 调制方式,它的特点是在较低的信噪比条件下仍能保持较低的误码率,但主要的缺点是频带利用率不高。随着人们对通信容量需求的增加及卫星转发器输出功率的提高,较高的频带利用率成为左右人们选择调制方式的主要因素,人们开始使用多进制移相键控(MPSK)以及各种改进的调制方式,如参差四进制移相键控 SQPSK、最小移频键控 MSK 等。目前这几种调制方式都有应用的实例。

用于调制的载波频率为 70 MHz。已调信号在中频放大器和中频滤波器中进行放大并滤除干扰,然后在上变频器中变换成微波频段的射频信号,并将其功率放大到一定值后,馈送给天线系统向卫星发射。

如果地球站需要发射多个已调波,就必须在发射波合成设备中将多个已调波信号合成一个复合信号。最后,由功率放大器将它放大到所需的发射电平上,通过双工器送到定向天线。由于各个已调波信号的载频并不相同,复合信号中的各个信号在频谱上并不重叠,便于卫星转发器或地球站在接收后进行分离。

卫星通信系统对地面和卫星上发射机的发射功率有严格的要求,国际卫星通信临时委员会(ICSC)规定,除恶劣气候条件外,卫星方向的辐射功率应保持在额定值的 ±0.5 dB 范围内,所以大多数地球站的大功率发射系统都装有自动功率控制(APC)电路。

尽管在一颗通信卫星的覆盖区内有很多个地球站可与之通信,但从单个地球站的角度看,它与通信卫星之间的通信是点对点的通信,地球站选用方向性好、增益高的天线既可以在发射信号时将尽可能多的能量集中到卫星上,又可以在接收信号时从卫星方向获得更多的信号能量,同时由于天线的方向性好,可以有效地抑制来自其他方向的干扰。因此天线是影响地球站性能的重要设备。

目前常用于卫星通信的天线是一种双反射镜式微波天线,因为它是根据卡塞格伦望远镜的原理研制的,所以一般称为卡塞格伦天线。图 8-17 是卡塞格伦天线的结构示意图。它包括一个抛物面反射镜(主反射面)和一个双曲面反射镜(副反射面)。主反射面与副反射面的焦点重合。由一次辐射器——馈源喇叭——辐射出来的电磁波,首先投射到副反射面上,再由主反射面平行地反射出去,使电磁波以最小的发散角辐射。

在一些小型的地球站中还常用到如图8-18所示结构的抛物面天线,它只用了一次反射,结构较简单,成本低,但馈线长,损耗大。一些只用于接收的地球站往往直接将低噪声的高频头置于馈源位置上。馈电设备接在天线主体设备与发射机、接收机之间。它的作用是把发射机输出的射频信号馈送给天线,同时将天线接收到的电磁波馈送给接收机,即起着传输能量和分离收、发电波的作用。为了高效率传输信号能量,馈电设备的损耗必须足够小。

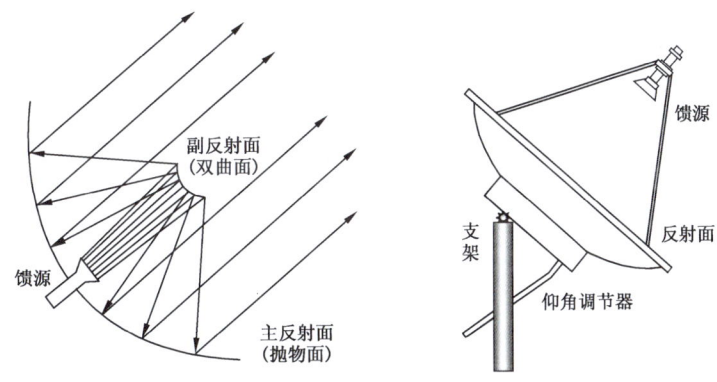

图 8-17　卡塞格伦天线结构示意图　　图 8-18　一次反射的抛物面天线

3.卫星地面接收机

卫星地面接收机的作用是接收来自卫星转发器的信号。由于卫星重量受到限制,所以卫星转发器的发射功率一般只有几瓦到几十瓦,而卫星上通信天线的增益也不高,因而卫星转发器的有效全向辐射功率一般情况下比较小。卫星转发下来的信号,经下行链路约 40 000 km 的远距离传输后要衰减 200 dB 左右(在 4 GHz 频率上),因此当信号到达地球站时就变得极其微弱,地球站接收系统的灵敏度必须很高,才能从干扰和噪声中把微弱的信号提取出来,并加以放大和解调。

卫星地面接收机的组成框图如图8-19所示。由图中可以看出,接收系统的各个组成设备是与发射系统相对应的,而相应设备的作用是相反的。

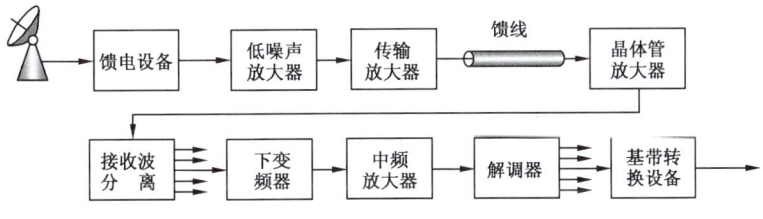

图 8-19　卫星地面接收机组成框图

由地球站接收系统收到的来自卫星转发器的微弱信号,经过馈电设备,首先加到低噪声放大器上进行放大。因为信号微弱，所以要求低噪声放大器要有一定的增益和低的噪声温度。

从低噪声放大器输出的信号，在传输放大器中进一步放大后，经过波导（馈线）传输给接收系统的下变频器。为了补偿波导传输损耗，在信号加到下变频器之前，需要经过多级晶体管放大器放大。如果接收多个载波，还要经过接收波分离装置分配到不同的下变频器中去。经下变频器后将 4 GHz 的微波信号变换为固定的中频信号（70 MHz），从中频上解调出基带信号。对于 PSK 信号，采用相干解调器或差分相干解调器。解调后的基带信号被送到基带转换装置中。

8.3.5 卫星通信的工作频段

卫星通信工作频段的选择非常重要，它直接影响卫星通信系统的容量、质量、可靠性、设备的复杂程度和成本的高低，以及与其他通信系统的协调。目前大部分国际通信卫星业务使用两个频段：C 频段（4 GHz/6 GHz）和 Ku 频段（12 GHz/14 GHz），括号中前一个数字为下行频率（从卫星到地球站），后一个数字为上行频率（从地球站到卫星）。两频段在卫星通信中的上、下行频率分配情况见表 8-3，卫星转发器的总带宽为 500 MHz。

表 8-3　　　　C 频段和 Ku 频段上、下行频率分配表

频段	上行频率范围	下行频率范围
C 频段	5.925～6.425 GHz	3.7～4.2 GHz
Ku 频段	14.0～14.5 GHz	11.7～12.2 GHz

C 频段的通信频率与地面微波接力通信网的频率重叠，存在相互干扰。与 C 频段相比，Ku 频段的主要优点为，不需要与地面微波通信相协调，干扰小，而且由于波长短，可减小地球站的接收与发射天线的尺寸。需要说明的是，实际工作频段与划分的频率范围略有出入。整个卫星通信工作频段中，1～10 GHz 频段称为卫星通信频率的"窗口"。窗口中最理想的频段是 C 频段。

本章小结

出于方便的考虑，越来越多的产品和用户会采用无线通信技术。根据信号传输的距离，我们日常生活中用到的无线通信技术主要包括短距离无线通信技术、移动通信技术和卫星通信技术。

短距离无线通信常用的技术有 RFID、蓝牙、ZigBee 以及 Wi-Fi；而移动通信更是大家须臾不可缺少的工具。随着技术的发展，从 1G、2G、3G 到 4G 和 5G，乃至未来的 6G，数据传输速度越来越快，我们可以使用的功能也越来越多；卫星通信系统将信号收发设备放置在地外空间，为超远距离的数据传输提供了可能。

实验与实践　无线通信功能需求调研

项目目的：
了解普通用户对当前无线通信技术的意见及期待。
项目实施：
设计调查问卷,通过纸质形式和网络形式搜集尽可能多的用户意见。
项目实施成果：
调研分析报告。

习题与思考题

1. GSM 系统的语音编码速率是_____,发送速率是_____,数据传送速率是_____。
2. 试述 CDMA 蜂窝移动通信的特点。
3. 5G 通信系统有哪些关键技术？
4. 什么叫卫星通信？卫星通信有何优点？
5. 要成为地球的静止卫星,通信卫星的运行轨道须满足哪些条件？
6. 卫星转发器的主要作用是什么？它有哪几种形式？

拓展阅读

大国竞争格局下新型举国体制的实践与完善
——以中国移动通信产业发展为例

党的十九届四中全会提出,要"构建社会主义市场经济条件下关键核心技术攻关新型举国体制";五中全会进一步指出,"健全社会主义市场经济条件下新型举国体制,打好关键核心技术攻坚战,提高创新链整体效能"。这些重大决定的提出让新型举国体制成为热门话题。

新型举国体制的实践案例——移动通信产业在中国的发展

近年来,在中国经济社会的快速发展过程中,是否存在一个初步具备了新型举国体制基本特征的实践案例呢？本文认为,中国移动通信技术在过去 30 多年时间里的进步和产业的快速发展,可视为一个非常典型的案例。自 20 世纪 90 年代以来,中国的移动通信技术从 1G 时代的零基础,到 2G 和 3G 时代的艰难追赶,再到 4G 时代实现与国际主流技术的并行,并进一步实现了 5G 标准下技术的领先。随着中国技术创新能力的逐步提高,政府在产业政策实施过程中,逐渐由直接指导技术创新,转变为拟定方向和引导企业等主体参与,并为各类主体构建技术创新的外部环境和提供组织保障。

具体说来,在该领域的技术和产业处于追赶阶段时,政府相关政策的目标还是以追赶国外已有技术为主；在 3G 时代认识到技术标准的重要性后,政府又推动科研院所和国有企业参与技术标准的国际竞争,从而有利于技术成果转化、产业链条建设和技术商用运营服务水平的提高;到4G标准的形成时,中国终于有了与别国水平齐步但各具特色的技术创新。在参与主体层面,政府主要是对公立大学、科研院所和少部分企业(主要是国有企业)进行扶持。在政策工具层面,政府首先运用一系列科技计划、规划、专项项目、建立国家实验室等工具,对少数具备研发基础的公立大学、科研院所进行扶持,以开展基础理论研究工作;其次,通过共享专利、设备国产配额等方式,支持大型企业负责技术的产业化;最后,通过频谱分配、牌照发放的优惠措施,推动国有企业强制执行自主的技术标准,这一方面可以减少外国技术和产品的市场占有率,另一方面也可以吸引社会资本围绕自主技术,搭建国产化的上下游产业链。

当进入4G时代后,中国的移动通信技术水平和产业发展与世界主要强国进入互有长短的并行阶段,这时,政府的角色发挥与之前有了一定的变化。为了实现技术的突破和创新的目标,举国体制主要还是依赖于政府在基础研究、试验平台搭建、频谱统筹、与国际组织的协调等方面扮演积极主动的角色;而能够参与这些项目的,除了大学、科研院所外,也包括了已经成长起来的一批大型企业。

在5G时代,我国政府又推动科研院所和多个大型企业深度参与了5G全球统一标准的制定;在现已公布的移动宽带标准中,中国公司的标准立项数和标准必要专利(Standard Essential Patents)总量都是世界第一位。在此阶段,政府的目标一方面是快速推动技术标准的产业化和商用化,以占领更大比例的国内国际市场;另一方面则是继续开展下一代技术的研发。政府相关政策涉及的对象越来越不指向特定大学、企业或机构,科技项目的申请在自主申请的基础上,明确了以专家评估或第三方评审的方式核定申请者的资质。在中央层面,开始吸收企业家加入专家组,以讨论确立某个产业是否属于优先发展的领域,或者某个方向是否被列为重点推进方向;另外,政府也开始减少了直接财政补贴的方式,增加了更多的间接手段进行扶持,例如建设大型测试平台等。总之,除了选定某个时期内重点发展或突破的领域方向外,政府较少直接指导技术创新,而是为产业组织体系提供技术生产和应用的外部保障。在地方政府层面,出于地方经济发展和增加就业等目的,还是会对特定企业给予很多土地利用、税费优惠等政策以促进招商引资。

大国竞争格局下进一步完善新型举国体制的三点建议

为了应对在移动通信技术领域来自中国的竞争压力,美国政府于2019年2月发布了《美国将主导未来产业》,并称美国政府将5G技术与人工智能、先进制造业和量子信息科学视为决定美国高端产业未来命运的四大领域。2020年10月,美国又发布了《关键和新兴技术国家战略》,将20种技术列为优先发展项目。该战略在强调私营部门的重要作用的同时,又提出了政府将采取行动创造良好环境和必要条件,使美国成为这些领域的技术领导者。同样是2019年2月,德国政府发布了《国家工业战略2030》,将有针对性地扶持光学和3D打印等10个重点工业领域;政府将为相关企业提供更廉价的能源和更有竞争力的税收制度,甚至不惜放宽垄断法以允许形成"全国冠军"甚至"欧洲冠军"企业。日本近年来也陆续推出了"新产业结构蓝图"(2016)和"未来投资战略2017",并提出了"社会5.0"的概念,将人工智能、金融科技等产业列为主要支持方向。由此可见,在当今大国竞争的态势下,各国政府在核心技术攻关领域首先考虑的,已经不是争论举国体制或产业政策的用与废,而是如何利用好各种政策有选择性地实现关键技术的突破。

借鉴中国移动通信技术和产业实现跨越式发展的经验,笔者认为,要探索构建社会主义市场经济条件下关键核心技术攻关新型举国体制,还需要在以下三方面做出努力。

一是根据不同技术和产业领域实施不同的政策。对那些暂时落后的领域,确立追赶的目标后,主要以公立大学、科研院所和国有企业作为政策支持对象,综合运用财政拨款、研发立项、税费优惠、政府采购的手段进行扶持。对那些已经与国外并行、甚至领先的领域,政策目标应该是鼓励参与国际技术标准竞争、快速推动技术的产业化和开展下一代前沿探索研究;以不同所有制企业和事业单位作为政策支持对象,逐渐采用如反垄断调查、支持产学研合作、建设研发平台和开展技术产品国际推介等政策手段。

二是注重发挥市场主体和第三方机构的作用。随着国内技术和产业的进步,大型民营企业的作用越来越重要,它们和国有企事业单位一样,都有理由成为产业政策扶持的对象;应更加充分地发挥市场竞争在资源(特别是财政资源)分配中的主体性作用。另外,在产业政策项目立项审核过程中,应大力发挥相关领域的技术专家和独立的第三方评审单位的作用,减少领导干部的主观意志影响。

三是重视国际性技术组织的角色发挥。中国移动通信技术的发展离不开在国际电信联盟(ITU)和3GPP中的标准制定参与。我国早在20世纪80年代就开始推荐和培养一批干部到国际组织任职;他们在担任了相关组织的关键职位后,为中国技术标准成为国际主流标准发挥了越来越重要的角色。未来,应继续选拔、输送和培养一大批在各个国际技术组织中任职的工作人员,从而更有利于中国参与国际技术标准制定和产业发展竞争。

(节选自:李振.大国竞争格局下新型举国体制的实践与完善[J].国家治理,2020(2):36—40)

参 考 文 献

[1] 樊昌信,曹丽娜. 通信原理[M]. 7 版. 北京:国防工业出版社,2012.
[2] 王钧铭. 数字通信技术[M]. 2 版. 北京:电子工业出版社,2010.
[3] 杨育红,朱义军. 现代通信系统[M]. 北京:清华大学出版社,2020.
[4] 章坚武. 移动通信[M]. 6 版. 西安:西安电子科技大学出版社,2020.
[5] 韩太林. 光通信技术[M]. 北京:机械工业出版社,2021.
[6] 程剑,蔡君. 卫星通信系统与技术基础[M]. 北京:机械工业出版社,2021.
[7] 原荣. 光纤通信[M]. 4 版. 北京:电子工业出版社,2020.
[8] 谢希仁. 计算机网络[M]. 8 版. 北京:电子工业出版社,2021.
[9] 华为技术有限公司. 数据通信与网络技术[M]. 北京:人民邮电出版社,2021.
[10] [美]Jean Walrand. Communication Networks:A First Course[M]. 北京:机械工业出版社,1999.
[11] [美]Leon W Couch Ⅱ. Digital and Analog Communication Systems[M]. 5 版. 北京:清华大学出版社,1998.